装配式建筑

装配式建筑

——模块化设计和建造导论

PREFAB ARCHITECTURE

A GUIDE TO MODULAR DESIGN AND CONSTRUCTION

[美] 瑞安 · E. 史密斯　著
王　飞　张　涵　李永振　译

中国建筑工业出版社

著作权合同登记图字：01-2017-6037号

图书在版编目（CIP）数据

装配式建筑：模块化设计和建造导论 /（美）瑞安·E.史密斯著；王飞，张涵，李永振译．北京：中国建筑工业出版社，2020.6
书名原文：Prefab Architecture: A Guide to Modular Design and Construction
ISBN 978-7-112-25134-6

Ⅰ.①装… Ⅱ.①瑞…②王…③张…④李… Ⅲ.①装配式构件－建筑施工 Ⅳ.①TU3

中国版本图书馆CIP数据核字（2020）第083161号

Prefab Architecture：A Guide to Modular Design and Construction/ Ryan E. Smith and James Timberlake，9780470275610/ 0470275618

责任编辑：李　婧　董苏华
封面摄影：蒲晓音
责任校对：王　烨

装配式建筑——模块化设计和建造导论
[美]瑞安·E.史密斯　著
王　飞　张　涵　李永振　译
*
中国建筑工业出版社出版、发行（北京海淀三里河路9号）
各地新华书店、建筑书店经销
北京雅盈中佳图文设计公司制版
天津翔远印刷有限公司印刷
*
开本：889毫米×1194毫米　1/20　印张：19　字数：485千字
2020年11月第一版　2020年11月第一次印刷
定价：88.00元
ISBN 978-7-112-25134-6
（35904）

目　录

译者的话

本书的特色是将建筑业置身于工业革命发展的历史洪流中探讨装配式建筑的发展历程和技术演变。本书理性批判地梳理了工业化建筑和建筑设计的发展历史，尤其是美国的历史，总结了该国装配式技术的成败得失，在此背景下，继续综合介绍了建筑业现有的总承包模式、合同结构及其发展趋势，结合工业大规模生产的历史背景探讨了精益施工和数字化技术等诸多内容。后续各章从项目管理、技术原理、部品构件、组装运输和绿色建筑的角度讨论了装配式建筑和技术的优缺点等内容。本书再将以上概念、原理、方法和技术特征贯穿于各类建筑的实际案例中，综合全面地探讨了不同类型装配式建筑的设计、发包和建造，为装配式技术在建筑业中的开发和应用提供了有价值的参考资料。

本书最后利用技术转移作为总结，这一概念与书中提及的范式转变和建造共同体成为相互自洽的逻辑语义，范式和共同体的概念其实源自托马斯·S·库恩的《科学革命的结构》。这可以从本书对第一次工业革命中建筑业弄潮者们的叙述中得到体现。在铁路电报电话时代，也就是所谓的第二次工业革命，装配式建筑作为产业的先锋采用了象征时代进步的大规模生产方式。到了第三次工业革命，第一次工业革命的自动化编织程序机器再次迎来了属于自己的时代，如本书所言，此时的建筑业已不再是改变世界的先锋，而转为信仰感化的力量。莱特兄弟第一次成功控制飞行器的原因并非来自对鸟类的格物致知，而是依靠风洞实验对众多设计原型的参数化分析；装配式建筑不会仅仅像某物一样去塑造自身，而应作为后工业时代的建筑业针对社会大众对高品质经济适用房愿望的一种具体回应。于是，装配式建筑以前，至今，往后也必然是经过某种熔炼后的凝聚之物。

本书可为装配式建筑的技术研发、设计、管理、施工和制造提供参考依据，也可作为各大学和高职院校建筑学、建筑技术、土木工程、工程管理和施工等专业的通识教材或专业教科书。本书的序言、导言、1~4、6~7、9~11 章由王飞翻译；第 5 章由张涵翻译，王飞校对；第 8 章由张涵翻译。感谢李永振博士为本书图表翻译提供的帮助。本书翻译历时近两年，感谢李婧编辑的理解和支持。

第一、三译者的专业为结构工程，第二译者的专业为建筑学，由于全书内容专业领域跨度较大，覆盖了建筑业和部分工业制造领域，而译者们的领域知识、专业水平和英文能力有限，所以书中错误在所难免，敬请读者批评指正。

王飞

序言　质量保证和质量控制

詹姆斯·廷伯莱克（James Timberlake），美国建筑师学会会员（FAIA）基兰廷伯莱克建筑事务所（Kieran Timberlake）

从人类开始建造以来，建筑一直都在工地进行。从茅草屋到金字塔，无论是古罗马和古希腊还是当今存在的现代城市和伟大文明，都是由人们一檩一椽、一砖一瓦、一梁一柱所搭建的。随着财富、劳力和技艺的累积，工期也被定义成“永久的”，其结果意义深远——最伟大、最壮观、最奢华的建筑结构。然而，提升品质意味着投入更多的劳动，增加规模意味着投入更多的劳动。直到20世纪初，人类社会利用廉价的劳动和巨额的时间成本，在大规模和高质量的工程中收获颇多。

过去的一百年中，随着经济行为的复杂化和经济的全球化，工程项目管理中的成本已被一个等式所决定：质量 × 时间 = 范围 × 成本。无论哪个变量占主导地位，其他三个都必须随之平衡。希望采用快速路径交付方法（fast-track）缩短工期？要么放弃质量，要么投入更多的成本，要么缩减项目范围。需要更少的预算？那么便控制成本，降低质量并缩减规模。需要更高的品质？那就根据项目范围增加预算和延长可能的工期。全世界的建设项目都遵从这一公式。

很多出版物都提及了装配式建筑的编年史，最著名的是巴里·伯格多尔（Barry Bergdoll）在2008年“住家之交付：制造现代住宅”（Home Delivery：Fabricating the Modern Dwelling）展览目录中的文章。这个展会是纽约现代艺术博物馆关于工厂化生产建筑的历史意义和现实意义的重要呈现。预制的早期含义较少提及质量、工期、成本和规模，更别提环境伦理理念，当时更多的是追捧工业产品商品化及其生产方式和复制模式。彼时更加关注户型拓扑和非现场制造方式的可扩展性，以便给繁荣的住宅市场提供必要的理论支撑，关于建筑系统和材料及其与大规模定制化生产过程集成的可能性则较少提及。

由于缺乏对集成性的关注，早期有关工厂化生产的尝试和努力都因没有打好坚实的底层基础而一败涂地。正如乔治·罗姆尼（George Romney）（20世纪70年代从美国汽车集团主席及总裁转任美国住房和城市发展部部长）总结的经验教训——这种“自上而下”迫使建筑业采用非现场建造方式并且还指望其大有所为的策略是非常危险的。由于建筑业缺乏必要的集成工具，加之第二次世界大战后各国经济过山车式的动荡，工厂化预制建筑的努力最终付之东流。人们因此而破产，士气低沉，从此也不再想去改变这个抱残守缺、故步自封的行业。自这些尝试改变的努力失败以来，建筑业的生产力一直在逐渐下降，留给建筑业者们独自承受这些负担。

然而，目前发生了什么改变使得预制生产再度发育？

第一，其他制造业早已改变其生产和物流方式。如斯蒂芬·基兰（Stephen Kieran）和我在《再造建筑》（*Refabricating Architecture*）一书中所总结的：汽车工业、造船工业和航空工业自 1995 年以来已重塑自身的产业形态，有时甚至是两次重塑。它们的生产方式更加精益化，更注重节约时间和材料，同时也更加人性化。这些工业产品的范围覆盖从完全大规模定制批量产品（如汽车）到近乎完全大规模定制个性产品（如轮船），其平均规模和复杂程度都超过建筑产品。轮船、飞机、汽车每天装载进出的乘客和货物四处奔袭，同时还要保证必要的安全性，而其整体功能比大多数建筑产品复杂许多。当然这种说法是可以讨论的。如果我们放下身段自嘲一下，建筑业所做的无非就是满足业主和规范的设计要求，在规定的预算和规定的时限内交付规定的建筑，要确保这东西不会倒塌和漏水。现实的情况是，往往做不到。

第二，最关键的区别在于航空、造船、汽车工业对于设计前端和供应前端的整合。它们都有专属的供应链，经过二十年的不断整合和改善，已具备更加精细的供应链和产品。这些产业的效率始自产品酝酿阶段，在随后的设计和生产迭代过程中不断深化并集约。设计过程也是融合性的——考虑到设计产品需要不断地进行评估和改进，专属设计部门和生产部门会通力协作。

与制造业不同的是，建筑业的供应链既是摊大饼式的，又是碎片化的。建筑师经常依赖未经协调和整合的产品目录作为参考，以研究、通晓还得选择产品。这些产品一般作为开放式的选项，置于设计文件和项目中，以便在招投标和采购阶段进行筛选。这便注定需要委派人工加以整合梳理这些庞大而杂乱的产品结构。就算组织得再精细，过程也会一团糟。大量产品通常汇集于项目中的某一分项工程，最常见的例子是卫生间和厨房。这些地方总会出问题，更别提还想要让这些产品一次性安装就位并能正常工作。更糟糕的是，每项工程都面临按期甚至提前完工的压力，还得面临变幻无常的环境和忍受现场的非常规工作条件，因此大多数建筑师和业主所期望的建筑品质很可能要大打折扣。

好在建筑师的集成化工具已经有所改变。建筑界已接受三维建筑信息模型及相应的生产工具。建筑师在建造之前就能发现并消除错误。建筑业也具备更好的沟通工具，如在线文档和项目管理软件，这样便可能实时分享设计信息和成果。目前可以将完整的可视化虚拟模型交付于生产部门，如此便能跨越往复检查纠错的技术交底阶段，从而提升完工产品的品质。

第三，建筑界和建筑业已经开始关注环境伦理问题，虽然这种转变是缓慢的。据估计，现场作业耗损了近 40% 的新建建筑产品。试想那些 4 英尺 × 8 英尺（约 122 厘米 ×244 厘米）的待安装的崭新石膏板，建设完毕后每一块中都有近 2 平方英尺（约 1858 平方厘米）被当作废料扔进垃圾坑。算上那些被丢弃的成堆五金件、电线、玻璃、铝制品、混凝土砌块和砖块，每次我们在新建建筑过程中浪费的这些材料的总和都可以再建一座小型建筑。建筑业同与之关联的产业乃至全世界都无法继续承受如此巨额的损耗和浪费，更别提我们的社会还要承受建筑业本身带来的经济冲击。

集成性建模是非现场建筑和生产制造的基石，因为可以精益化产品供应链，可以帮助建筑师和建造师在处理需求材料的同时，重新有效分配余料以供再次生产。非现场装配也使拆卸和重新组装成为可能。不必拆毁整座建筑，我们可以拆卸建筑并重组这些材料，以得到全新的建筑功能。对可持续材料的通盘整合方法有助于生产更加绿色化的建筑产品。需要提及的是，对于随意乱用材料和建筑系统以标榜可持续性的方式，我通常称之为“绿色炫耀”。非现场建造和生产方式提供了一种或许可称之为的“整体可持续性”，在广泛的意义上可将其定义为，所有的建筑材料和系统在经济和效用方面都百分之百符合可持续性发展的要求。非现场建造技术通过集成、备案、供应控制和材料管理等方式呈现出达到高度整体可持续性的机遇和可能。

此外，虽然目前已显著改善工作场地的安全性，但工地仍然是充满潜在危险的场所，而且一般将女性排除在外。建筑业必须变得更加精益和安全，还需拓展劳动力来源以实现安全保障、经济效益和社会效益。一个更加包容并具安全性的工作场所对大多数项目而言也是一种长期可持续发展方式。室内作业方式消除了室外作业的天气影响因素，如此便能实现更高的生产效率，保证行业的持续发展，也能提供无穷尽的劳动力来源和无限制的工地场所。

瑞安·史密斯通过大量的建筑实验、协作实例与本书所列举的无数过往同仁的艰辛努力证明了一个假设——“某物必然于他物之前先天存在”*。《装配式建筑》是各位建筑师和业主在拥趸装配式建筑之前的“预读之物”。本书为前载项目提供了指南，反过来也给予我们一套关于改变经济结构、改变对建筑和设计的认知以及改变产品成本和品质的方法集。我将其称之为“下一代”建筑逻辑。本书超越了理论，超越了我们大多数人关于舱体（pod）、集装箱、模数与模块（mod）以及节点的认知。本书不只是“装配式建筑 101”，还是为建筑界和建筑业写就的扩大版的《烹饪之乐》。**

---

* 此语源于康德在《纯粹理性批判》中的叙述文字。——译者注

** 美国大学的课程编号由三位数字组成，第一个数字代表年级，第二个数字代表学科，第三个数字代表课程顺序，101 意指概述和入门；《烹饪之乐》（*Joy of Cooking*）于 1931 年出版，销量超过 1800 万册，是美国最畅销的烹饪书籍，被誉为“美国民间烹饪的圣经”。——译者注

导　言

《装配式建筑》面向的读者群体较为宽泛，这其中包括设计独立式住宅的建筑师，建筑学和建筑技术专业的学生，以及对装配式技术用于建筑生产方法感兴趣的学者和相关的从业人士。另外，喜欢类似《居住》(*Dwell*) 杂志的读者群体也会对书中的装配式建筑实例及其未来的可能发展感兴趣。

装配式 (prefabrication)——通常与“非现场”(offsite)、“组装”(assembly) 或只是简单地同“制造”(fabrication) 联系在一起。这一术语影响之深远，以致至今仍横亘于 19 世纪的标准化协定和 20 世纪的现代主义之间，难以改变。在过去的 80 年里，常规的施工手段并没有发生太大的变化。建筑之成果——真正建成之物——需要耗费大量时间和大量投资。建造过程中充满了自相矛盾的目标、不同价值的考量和不可详述的殚精竭虑。相对地，新式材料和新式生产方法却一直在推动其他产业的发展。约翰·费尔南德斯 (John Fernandez) 在其书中写道：“人们普遍认为，在实施已经过证明的、科学合理的技术创新方面，在所有具有类似规模的产业中，建筑业的步伐最为缓慢。”[1] 建筑生产缺乏创新的原因有很多，本书也将探讨这些因素。必须明确的是，建筑施工技术缺乏创新这一现实，无可辩驳地，应当成为追求并从事装配式事业的缘由所在。

首先，我们需要定义“非现场制造”(offsite fabrication) 的所是与所非，以免读者混淆其在本书中的含义。在美国《韦氏词典》中，“预先制造”(prefabricate) 指“在工厂中制造零部件，施工过程就是这些标准化零部件的装配和连接。”[2] 该词进入这部当代词典中的时间是 1932 年，词条的定义似乎再没改变过。“预先制造”是及物动词，其名词形式“装配式”(prefabrication) 指预先制造的零部件在现场组装；大家或许会存有困惑，“装配式”中为什么会有一个看似多余的前缀——“预先”(pre)？唯一的解释是，制造活动曾被认为在现场进行；由此，当时的装配式意指在实际现场制造开始之前，或者用今天的术语讲，于现场装配之前所开展的那些工作。那么，装配式是否应该被称为“工业生产”(manufacturing)？自 1932 年以来，工业技术持续进步发展，但这个名词的含义却没有变化。于是便造成了这样一种局面，当我们继续沿用“装配式”这一术语时，其实所要表达的含义却可能大有不同。词汇使用方式的停滞也表明社会中缺乏有关施工方法和整个建筑行业发展的讨论和对话。

装配式依然是一个无处不在的术语，在这种背景下，试图还原其本来面目的做法是徒劳的。本书姑且认为“装配式技术或方法”“非现场制造”和“非现场生产”这些术语可以相互替代，都表示用于建造的各建筑单元具备较高的工厂化生产完成度，可以在施工现场直接装配。本书以装配式技术这一主题为起点，探索了与建造文化相关的诸多内容，其中包括住宅产业、建筑技术以及当今的建筑实践。本书阐述了工业化建筑的历史、建筑学的技术论、工业化建筑的原理和分类、工业产品的分类，以及一体化建造过程为何能更好地兼顾经济、效率和美观。

建筑、工程和施工（architecture、engineering and construction，AEC）行业持续关注并正在开发高效率、高精度、环境保护取向、优化利用持续减少的劳动人口和缩短建设周期的建造方法。整个行业越来越多地依靠非现场生产和制造部品在现场直接组装的建造方式，来替代传统施工业务。规模不断扩大的中产阶级对普通房屋和地标建筑的需求持续增长，而工薪阶层能提供的技能型工人却在持续减少。因此，建筑业必须反思其设计和建造方法，而实际情况是许多工程都要依赖由制造业转移而来的工业技术。或许我们在10年前就预测出关于建筑师与面向大规模定制化的非现场生产和计算机数字化制造技术之间的联系，目前来看，这种关系的密切程度远超我们先前的估计。

装配式建筑不是新事物，其发展历史中的某些最有价值的关键节点也是对当今现实的写照。1851年由约瑟夫·帕克斯顿（Joseph Paxton）建造的水晶宫被认为是最早的装配式建筑（尽管之前也有许多类似的实例）。这座建筑反映了19世纪英国的技术进步及该国中产阶级的不断壮大。整个19世纪后半叶，英国的经济都在持续发展之中。新兴中产阶级对住房的需求不但养活了各式各样的住宅套件供应商，也让他们的足迹遍布世界各地。第二次世界大战期间，建造整座城市也成为战事的组成部分，这便需要复杂的建筑生产系统，但往往会牺牲施工质量。二战后，生产质量和设计品质之间的扭曲关系延续至今。与装配式建筑一起预制的还有其历史污名，甚至到今天，建筑业的专业人士仍不愿从事与工业有关的生产和制造。

装配式技术不是万金油，更不会对自身做出低成本和高质量的承诺。虽然对工业化生产的过度依赖会造成呆板乏味和了无生趣的城市建筑风貌，然而这并不是依靠工业制造技术的普遍性结果。相反，采用工业化制造方法建造的建筑究竟如何，其实取决于人们对它的要求为何。于是，由于对工业化生产的机会视而不见，建筑师已确保自身的工作对大部分建筑业从业群体而言越来越没有意义。另一方面，依靠工业生产工艺可以实现高精度、较短的施工周期、更高的附加价值和更强的可控性。远离施工现场受控环境还能提供更安全的工作条件，减少建筑垃圾和浪费，促进建筑材料回收利用，减少施工现场对环境的损害。但是，这些特性其实是经过反复权衡的或然机会或者是某种妥协，不单纯是优势而已。

初看起来，似乎每个人都会赞成改良的工作条件：工作场所不再受天气支配，制造部门为施工部门提供的受控工作环境中，采用了经过人体工程学设计的生产设备。然而，许多生产制造场所会最大限度地减少对劳动者技能的依赖，生产工人自身的技术几乎得不到改进和提高，而运用知性解决问题的机会也是寥寥无几。虽然装配式技术可以减少材料浪费，但除了从工厂到工地的运输距离之外，它并不涉及建造材料对环境的影响（需要指出的是，LEED 认证体系也没有提供具体的节能核算方法）。装配化的建筑可能容易拆除，正如其容易装配一样，或许也可作为工业养料重复使用。装配式技术说不定会成为建筑物的一种溶剂。在围绕装配式建筑铺天盖地的广告宣传中*，建筑业对以上概念的解说一直都无法令人满意。

建筑师、工程师和建造师必须加深对装配式技术的历史、理论和语用学方面的理解，这样就可能将其发展为一种建筑生产方式。职业建筑师缺乏关于何时何地采用何种工业制造方法的认知结构，也不知道有些选择其实天然依赖于工业部门。在建造过程中有效地使用制造工艺，要求重新思考设计过程的初始阶段。本书作为一本专业教科书有其教育意义，提供了关于制定知情决策的必要信息，在涉及有关商业和公共装配式建筑系统时能使问题切中要害，也提供了未来与工业生产部门和制造部门共同开发新式装配式建筑系统的必需方法。

本书的主要内容为非现场制造方式在建筑构成（making of architecture）中所扮演的角色，为建筑师和工程技术人员综合介绍了非现场制造技术的历史、理论及相关技术资料。本书之目的是促进装配式技术在 AEC 行业中的流转和扩散，为此，书中探索了需要克服的障碍和需要把握的机遇。全书分为四个部分：

- 第Ⅰ部分——背景，回顾了装配式技术的发展历史和相关理论。

第 1 章聚焦工业技术的发展历史，阐述了某些历史性节点及其对社会的影响。建筑业已将装配式技术作为一种建筑工业化（industrialized construction）**的概念和实践来理解，该章所介绍的历史对这种理解方式产生过巨大影响。

第 2 章从建筑学的角度介绍了装配式技术的发展历史。该章认为建筑师职业的成熟与工业革命的发展同时展开，而社会性的现代主义运动使装配式技术成为一种植根于建筑文化中的设计伦理。

第 3 章介绍了一般性的技术理论和非现场制造技术的具体原理。是否使用非现场施工技术以及实施到哪种程度取决于三个约束条件，即环境、组织和技术背景。以此为基础，本章继续介绍了协同工作、一体化实践、精益施工、建筑信息模型和大规模定制生产等概念的背景。

- 第Ⅱ部分——应用，介绍了界定和表征非现场建造技术的原理和度量。

第 4 章讨论了装配式技术的一般性原理，包括

* 作者在书中提及的装配式住宅在美国已经成为一种流行文化风尚，很多广告都会宣传上述内容，比如可回收、工期按天计等。——译者注

** industrialized construction 直译为工业化的建筑工程。在国外，该词是一个宏大的概念，包括建筑物的产品化、设计和施工的自动化，以及更先进的工程项目交付方法等内容。国外学术界和工业界都会把建筑业与工业革命、大规模生产和精益生产联系在一起，也就是强调生产。译者在翻译时将建筑理解为偏向于建造的全过程，而把建造理解为偏向于生产的建筑设计。——译者注

成本、进度和范围三要素以及与之伴生的劳动力、质量和风险三要素。该章旨在帮助建筑业专业人员衡量装配式建筑面对的机遇和挑战，以便就何时以及如何实施非现场制造策略做出有效的决策。

第 5 章涉及技术和结构的基本原理，这是理解装配式建筑的基础。该章重点介绍以下基本原理：建筑和结构系统、材料、方法、产品、分类以及网格。

第 6 章确立了装配式建筑的三种建筑单元，即部品、拼板和模块。每种类型都以木结构套件式建筑、预制混凝土建筑、金属建筑系统、拼板化建筑、SIP 建筑、轻型拼板、围护墙板（包括玻璃幕墙和外墙）以及木模块和钢模块单元作为示例而详加讨论。

第 7 章讨论了面向装配的设计方法，在实践中会演变出多种概念：面向细部的设计、面向提高工业生产率的设计、建筑单元的装卸和运输以及现场的装配策略。

第 8 章主要关注非现场制造技术在建筑可持续性发展中的作用。从根本上说，装配式建筑的材料用量更多，但它也可以控制建筑材料的使用方法，所以能够提高建筑工程的质量。该章大部分内容在讨论可拆卸设计和全寿命设计这两个概念。

- 第Ⅲ部分——案例研究，各章介绍了非现场制造技术在建筑设计和施工方法方面的应用实例。

第 9 章涉及单户独立式住宅领域中的装配式风尚，讨论如何利用在大众集群住房中所获得的那些经验教训。过去 10 年中，在独栋住宅和装配式住宅领域工作的建筑师有：

- 罗西奥·罗梅罗（Rocio Romero Prefab）
- RS4 建筑事务所（Resolution： 4 Architecture）
- ecoMOD 项目（ecoMOD Project）
- 米歇尔·考夫曼（Michelle Kaufmann）
- 马莫尔·雷迪策（Marmol Radziner）
- 詹妮弗·西格尔（Jennifer Siegal）
- 融合建筑事务所（Hybrid Architects）
- PF 公司（Project Frog）
- 安德森兄弟建筑事务所（Anderson Anderson Architecture）
- 本森伍德（Bensonwood）

第 10 章通过当代建筑案例研究讨论了预制混凝土、外墙板、模块、幕墙和数字化制造领域的装配式技术在商业和公共建筑以及室内设计中的应用。该章介绍的建筑师有：

- 基兰廷伯莱克建筑设计公司（Kieran Timberlake）
- 劭普建筑事务所（SHoP Architects）
- 斯蒂文·霍尔建筑事务所（Steven Holl Architects）
- 莫希奇·萨夫迪建筑事务所（Moshie Safdie Architects）
- MJSA 建筑事务所（MJSA Architects）
- 尼尔·M. 迪纳里建筑事务所（Neil M. Denari Architects）
- Office dA 建筑事务所（Office dA）
- 迪勒·斯科菲迪奥与伦弗洛（Diller Scofidio + Renfro）
- 第Ⅳ部分——结论

第 11 章作为全书的总结，呼吁教育机构、政府部门和工业界共同致力于促进建筑业的一体化建造实践，加快装配式技术的转移和发展。

致 谢

作者在此对帮助本书写作和出版的个人和机构表示诚挚的感谢：

• 感谢约翰·威利出版公司（John Wiley & Sons）的高级编辑约翰·E.恰尔内茨基（John E. Czarnecki，美国建筑师学会非正式会员）和工作人员在本书写作和出版过程中所给予的支持与建议。

• 感谢犹他大学建筑和城市规划学院院长布伦达·希尔（Brenda Scheer）、建筑系主任普雷斯科特（Prescott）和教职人员缪尔（Muir）、迈拉·福赫特（Mayra Focht）、卡赛·埃里克森（Cathay Ericson）与德里克·宾曼（Derek Bingman）。

• 作者过去6年一直在从事有关非现场制造、CAD / CAM和材料集成技术、围护系统和组装的教学工作，许多学生都是书中主题的灵感和动力来源。

• 特别感谢参与研究的学生们：布赖恩·赫布顿（Brian Hebdon）、乔纳森·莫菲特（Jonathan Moffit）、詹妮弗·曼奇亚（Jennifer Manckia）、蔡斯·赫恩（Chase Hearn）、亚当·拉福蒂纳（Adam La Fortune）、克里斯滕·布什内尔（Kristen Bushnell）、瑞安·哈杰布（Ryan Hajeb）、詹尼·吉尔（Jenny Gill）、汤姆·莱恩（Tom Lane）和斯科特·怀巴尔（Scott Yribar）。他们不知疲倦地采集图像，设计案例研究，绘制图纸，并参与了有关建筑领域中当代非现场制造技术的批判性讨论。

• 感谢夫人林赛（Lindsey）以及孩子们的耐心和支持。我爱你们。

特别感谢接受采访并为本书提供示例图像的相关企业和个人。照片和图像授权说明附于书后。以下是为本书提供写作素材的个人和公司：

Anderson Anderson Architecture，San Francisco，CA

• Mark Anderson

• Peter Anderson

Architectenburo JMW，Tilberg，The Netherlands

• Jeroen Wouters

A. Zahner Co，Kansas City，MO

• L.William Zahner

Bensonwood，Walpole，NH

• Tedd Benson

BHB Engineers，Salt Lake City，UT

• Don Barker

Blazer Industries，Inc.，Aurnsville，OR

• Kendra Cox

Blu Homes，Waltham，MA

- Dennis Michaud

Burton Lumber, Salt Lake City, UT

- Debbie Israelson
- Clint Barratt

Professor Charles Eastman

Georgia Tech University

Atlanta, GA

DIRTT, Calgary, Canada

- Lance Henderson

Dwell Magazine, San Francisco, CA

- Sam Grawe

EcoMOD—University of Virginia, Charlottesville, VA

- John Quale
- Scott Smith

Eco Steel Building Systems, Park City, UT

- Joss Hudson

Professor Edward Allen

MIT/University of Oregon

Nantuckett, MA

Elliott WorkGroup, Park City, UT

- Roger Durst

Euclid Timber Frames, LC, Heber City, UT

- Kip Apostol
- Joshua Bellows

Fast Fab Erectors, Tucson, AZ

- Michael Gard

Fetzers Architectural Woodworking, West Valley City, UT

- Paul Fetzer
- Ty Jones

Front, Inc., New York, NY

- Min Ra

Professor George Elvin

Ball State University

Muncie, IN

GMAC Steel, Salt Lake City, UT

- Gary MacDonald

Guy Nordsen Associates Structural Engineers LC, New York, NY

- Guy Nordsen

Hanson Eagle Precast, Salt Lake City, UT

- James McGuire

Hybrid Architecture, Seattle, WA

- Robert Humble
- Joel Egan

Irontown Homes, Spanish Fork, UT

- Kam Valgardson
- Amanda Poulson

Kappe + DU Architects, San Rafael, CA and Berkeley, CA

- Ray Kappe

Professor Karl Wallick

University of Cincinnati

Cincinnati, OH

KC Panel, Kamas, NM

- Craig Boydell

KieranTimberlake, Philadelphia, PA

• James Timberlake
• Chris Macneal
• Richard Hodge

Kullman Buildings Corporation, Lebanon, NJ

• Tony Gardner
• Amy Marks
• Casey Damrose

Living Homes, Santa Monica, CA

• Steve Glenn

Marmol Radziner Prefab, Los Angeles, CA

• Todd Jerry
• Alicia Daugherty

Michelle Kaufmann Design (formerly), San Francisco, CA

• Michelle Kaufmann
• Paul Warner
• Verl Adams

Minaean International Corporation, Vancouver, BC Canada

• Mervyn Pinto

MJSA Architects, Salt Lake City, UT

• Christiane Phillips
• Christopher Nelson

Modular Building Institute, Charlottesville, VA

• Tom Hardiman
• Steven Williams

MSC Constructors, South Ogden, UT

• Jason Brown

Office dA, Inc., Boston, MA

• Nader Tehrani
• Suzy Costello

Office of Mobile Design, Santa Monica, CA

• Jennifer Siegal

OSKA Architects, Seattle, WA

• Tom Kundig

Professor Patrick Rand

North Carolina State University

Raleigh, NC

Emeritus Professor Paul Teicholz

Stanford University

Berkeley, California

Professor Phillip Crowthers

Queensland University of Technology

Brisbane, Australia

POHL Inc. of America, West Valley City, UT

• Udo Clages
• Zbigniew Hojnacki (Ziggy)

Premier Building System, Fife, WA

• Tom Riles

Project Frog, San Francisco, CA

• Nikki Tankursley
• Evan Nakamura
• Ash Notaney

Resolution: 4 Architecture, New York, NY

• Joseph Tanney

Rocio Romero, LLC, St. Louis, MO

• Matthew Bradley

SHoP Architects, New York, NY

- Greg Pasquerelli
- Chris Sharples
- Georgia Wright

Steel Encounters，Salt Lake City，UT

- Derek Losee

Steven Holl Architects，New York，NY

- Julia van den Hout
- Tim Bade

Sustainaisance International，Pittsburgh，PA and Hallandale，FL

- Robert Kobet

Tempohousing，Amsterdam，The Netherlands

- Quinten de Gooijer

3Form Material Solutions，Salt Lake City，UT

- Willie Gatti
- Jeremey Porter
- Ruben Suare

Tripyramid Structures，Boston，MA

- Tim Ellison
- Basil Harb（formerly）

VCBO Architects，Salt Lake City，UT

- Nathan Levitt
- Steve Crane

第 I 部分

背景

第1章　工业化建筑的历史

“在建筑中，有三件事可以信赖。每一代人总会重新发现装配式技术的优点。每一代人总会再次萌生将人们堆往高处的想法。每一代人总会重新找到住房补贴的优点并造就更加实惠的城市生活。这三者的结合便是三位一体的建筑典范和社会理想。”[1]

——休·皮尔曼（Hugh Pearman）

装配式建筑是一段关于生计和愿望的往事和预言。个人和社群起初为使用功能而修建屋舍。为了在远离他乡的处所更快地建造更大体量的建筑，人类社会开始使用预制生产方法，将传统意义上诸如框架、模块、墙板等构件的建造活动由现场场地移至工厂。巴里·伯格多尔（Barry Bergdoll，纽约现代艺术博物馆首席策展人）在2008年的会展“住家之交付：制造现代住宅”中回顾了装配式住房的发展历程，将预制生产（prefab）与装配式建筑（prefab architecture）区分开来。他声称，有关预制生产的历史是一段自古至今源远流长的建筑产业史和经济史，这其中涵盖了古代庙宇和大木作的建造方法。相反，装配式建筑的历史则是“现代主义建筑理念和实验的核心主题，诞生于建筑与工业的合流之期”[2]。虽然装配式技术的研究仍在开展之中，但其中有关需求和愿望的关系可确证为：“如果工业化生产过程可以为社会提供更多的产品和商品，那么同样的过程为什么不能用来生产更优质且更亲民的建筑呢？”

其实很多建筑类型都已经实现了预制生产，只是覆盖面没有其他产业广泛而已。然而作为一种植根于意象（image）的学科，能否利用制造业的原理使自身更接近于装配化？装配式技术能否作为一

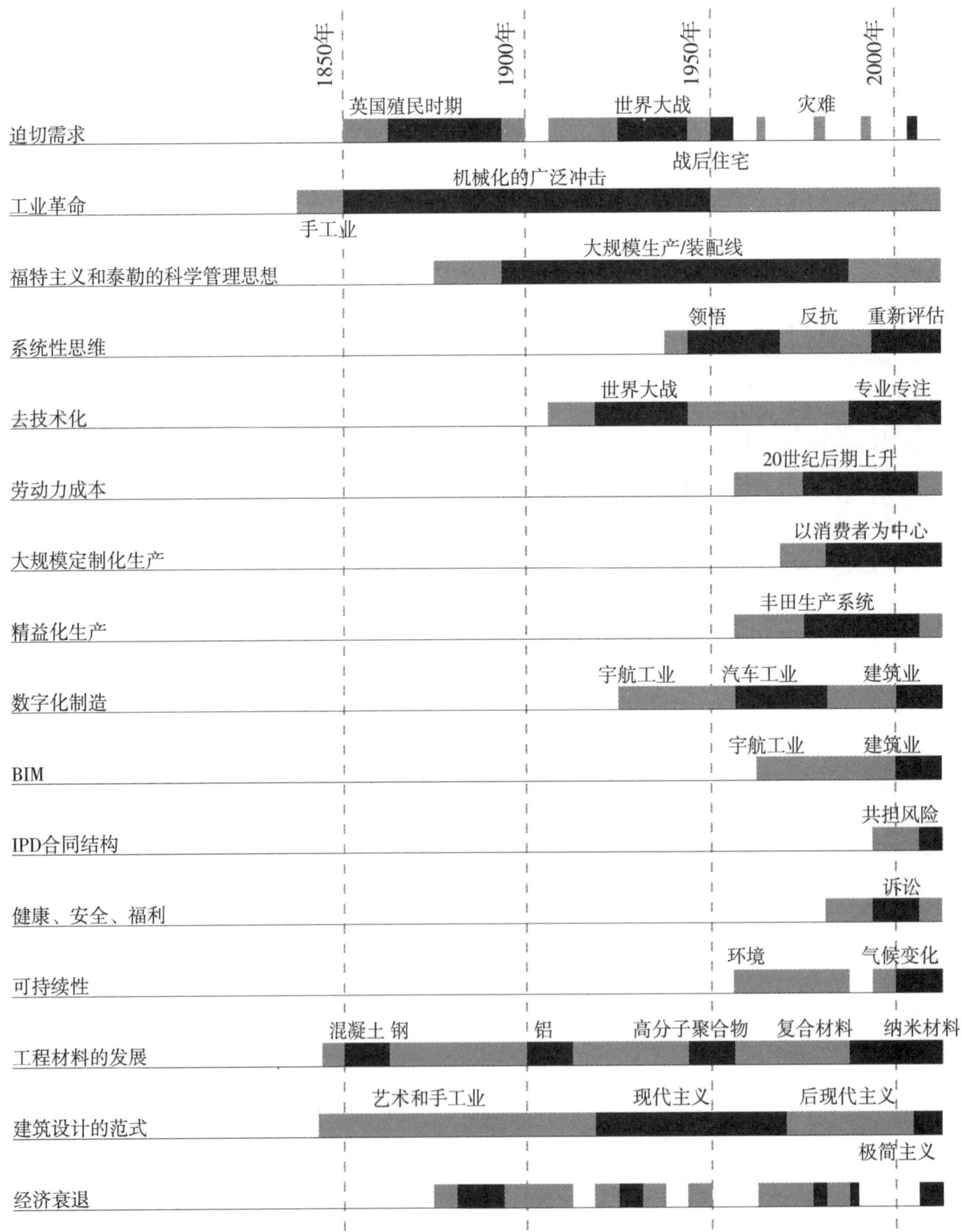

图 1.1 图示为历史发展的关键期对装配式技术的影响力。影响栏的颜色表示相对影响力。白色：影响很小或没有；灰色：有影响；黑色：影响大。注意，真正产生影响的年代出现在 20 世纪的后半叶，大多数在 1960 年以后发生

把利器对所有的已建成环境施加影响？最为重要的是，如何对住宅建筑产生影响？要怎样做才可能同时提升设计品质和生产质量？过往的现代主义建筑大师——勒·柯布西耶（Le Corbusier）、格罗皮乌斯（Gropius）、密斯·凡·德·罗（Mies van der Rohe）、赖特（Wright），以及设计工程师富勒（Fuller）和普鲁韦（Prouve）都问过这些问题，基兰廷伯莱克建筑设计公司（Kieran Timberlake）、劭普公司（SHoP）和米歇尔·考夫曼（Michelle Kaufmann）等当代设计者还在发问。若要回答这些问题，我们必须回顾和审视工业化生产工艺和建筑生产之间的历史联系，以便理解当今建筑学所处之背景，从而揭示以往在装配式建筑领域的尝试和付出中所获得的种种经验和教训。

本章回顾了工业化建筑的发展历史，这段历程塑造了我们对建筑领域中装配式技术的认知和理解。第2章评价了建筑师职业的发展历史及其与装配式技术的联系，揭示了其中的成败得失。本章最后从装配式建筑实验的失败案例中总结出的经验和教训可为重新评估21世纪装配式建筑的发展提供参考。其他工业部门开发的工艺已经转移至建筑施工部门，这些技术为房屋建造提供了更加适用的生产方式。除技术转移因素外，许多社会和文化因素也一直在影响装配式建筑的发展。

1.1 英国的贡献

西方的预制建筑始于英国的全球殖民时代。在16和17世纪，实现快速建造的创新方法是当时抵达今天印度、中东、非洲、澳大利亚、新西兰、加拿大和美国的移民们的刚需。由于英国人当时并不熟悉这些国家的大部分物质材料，建筑构件都由英国本土生产并航运至世界各地。最早记录的实例是1624年，英格兰准备将一所住宅运至开普安（Cape Anne，现为美国马萨诸塞州的城市）的一个渔村。[3] 17世纪晚期到18世纪早期，英格兰开始往澳大利亚运送移民。据悉，新南威尔士最早的殖民地也是预制医院、零售店和农舍的出产地，从1790年开始就将这些建筑运送至悉尼供当地移民使用。这些简单的住所由木制框格、屋面板、楼板和墙体组成。我们可以推测，其内填充材料或许是帆布和附有挡雨板的轻型木龙骨内填充系统。据报道，多年后类似的建筑系统被运送至弗里敦（Freetown）和塞拉利昂（Sierra Leone），并被建为教堂和商店等不同类型的建筑。[4]

英国的殖民建筑也扩展到了南非。1820年英国往南非的东开普省（Eastern Cape Providence）派遣了营救人员，附送供其使用的三室木构农舍（three-room wooden cottages）。吉尔伯特·赫伯特（Gilbert Herbert）提到，这些简单的结构类似于棚屋，采用预制木龙骨结构*，外墙附有挡雨板，在现场切割固定，有些还附加了扣板条板壁板（board-and-battern siding），而门窗很可能也是预先制作好的。[5] 根据我们现代人对非现场制造技术的理解，这些结构还

* precut timber frame，直译为预切割木制框架，国内一般将类似的轻型结构称为轻型龙骨，本书中的龙骨结构是房屋的主体结构。龙骨的英文为“keel”，属于造船业用语。本章后续提及的建筑龙骨技术与造船业相关，本书翻译沿用这种行业称谓。——译者注

没有实现大规模生产；然而同以往的现场作业方法相比，这种方式节省了大量的劳力和时间。预制木龙骨屋舍连同其复杂节点的结构和制造精度都依赖于非现场建造方法。

1.1.1 曼宁活动农舍

H. 约翰·曼宁（H. John Manning）是伦敦的工匠和建造师，1830 年为其移民到澳大利亚的儿子修建了舒适而易于施工的农舍。这类农舍其后被称为移民专用殖民地曼宁活动农舍（Manning portable Colonial cottage for Emigrants）。这种房屋在当时可认为是经过专业设计的预制木龙骨体系。约翰·劳登（John Loudon）在《关于农舍、农场和别墅的建筑与家具的百科全书》（*Encyclopedia of Cottage, Farm, and Villa Architecture and Furniture*）中这样描述——由开槽的柱、楼地板和三角形桁架组成，农舍中的标准化和可更换墙板嵌入开槽柱中。[6] 这种被设计为移动式的、方便运输的建筑系统推动了英国的殖民扩张。曼宁本人也提到，一个人就可以搬运组成这种住所的任何零部件。曼宁农舍对早期英国龙骨和内填充建筑系统的改进在于方便建造。曼宁农舍可由标准扳手栓接，符合殖民者的自身能力要求，也迎合了便利需求。赫伯特提到："曼宁系统是装配式技术中核心概念的先兆，这个概念就是尺寸协调和标准化。"[7] 曼宁系统对所有的柱、板和填充墙板都使用了相同的尺寸逻辑，悉数精细协调。此类房屋的目标是满足殖民者快速搭建的需求，但技术其实脱胎于英国造船业中的工匠技艺。

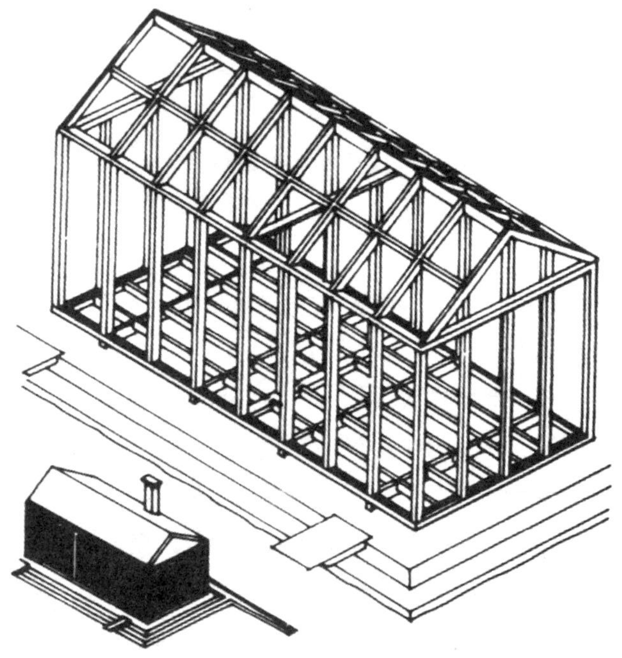

图 1.2 曼宁移民专用殖民地活动农舍木制填充板预制房屋系统。由曼宁设计开发，这是为 19 世纪英国在新西兰和南非迅速扩张其殖民统治而提供的快速部署方案

在整个 19 世纪，英国的"殖民者活动农舍"大行其道，对于北美殖民地和此后未来美国建筑工业的影响无从知晓，但可推断英国对木结构建筑的这种经营是北美轻型木龙骨结构——气球龙骨（balloon frame）* 发展的开端。奥古斯丁·泰勒（Augustine Taylor）于 1833 年在芝加哥附近迪尔伯

* 关于"气球龙骨"的称谓来源有两种说法：一种是来自当时经验丰富的专业技术人员对这种看起来非常轻柔的新型工业化建筑的嘲讽，认为这种房屋像气球一样，一阵暴风雪就能把它吹跑；另外一种是，建筑历史学家认为这种工业化建筑起源于法属殖民地密苏里州的法国建筑风格——maison en boulin，因 boulin 的法语发音和英语的 balloon 相近而得名。——译者注

恩堡建造的圣玛丽教堂中便使用了这种轻型木龙骨结构，所以他也经常被称为“气球龙骨”的发明者。包括平台框架（platform frame）和气球龙骨在内的轻型框架或龙骨结构（light frame）的产生原因主要有两个：一是这个新生国家的充足木材供应；二是工业化经济的快速扩张促生了铁钉和木制品的大规模生产。这种结构建造速度极快，一个春夏便能搭建150所房屋。在1871年那场大火之前，整个芝加哥城几乎就是由气球龙骨搭建的。气球龙骨的建造速度使芝加哥的建筑业领先于整个西方，尤其在轻型木结构领域。[8]

1.1.2　预制铸锻铁*建筑

英国殖民扩张的另一个贡献是为建筑业引入了制铁生产技术。过梁、窗户、梁柱和桁架等构件由铸造厂生产，然后在小工厂中加工制作[9]，再运往现场拼装成结构和围护系统。不像今天的装配式木结构建筑，预制铸锻铁建筑目前未被广泛采用，但它却是美国和世界其他各地钢结构现代主义建筑运动的鼻祖。

在英国，最早使用铸铁的是桥梁建筑。1807年修建的煤溪谷公司铁桥（Coalbrookdale Company Bridge），其构件几乎全部由预制方法生产并在现场组装。** 随后出现的一大批桥梁纷纷效仿并逐渐实现组装线式的生产和施工。零件为标准化的可重复制造产品，被运至工地现场。同传统的手工制木结构建筑和砌体建筑相比，建造过程只需少量建筑工人和未经训练的民工，从而赢得了节约工期和成本的好评。位于牛津运河上的某些知名铁桥由斯塔福德郡（Staffordshire）蒂普顿市（Tipton）的霍塞利炼铁厂（Horseley Iron Works）制造。约翰·格兰瑟姆（John Grantham）提到，这家铸造厂是第一家生产铁制蒸汽船的企业。蒸汽船由厚板铆接成组装单元，可以拆卸并能重复组装。威廉·费尔贝恩（William Fairbairn）*** 便是这些生产商/加工商中的一位，他于19世纪中叶建造的4艘乘船，在当时被称为“居住小艇”，今天一般将其称作“邮轮”。铆接技术在各产业间流转开来，费尔贝恩之后也建造过预制铁板建筑。19世纪中期英国的轻型房屋和其他类型的建筑也会采用铁板和铆接材料。[10]

铸锻铁建筑是当代钢结构建筑的先驱，它利用大规模生产铁铸件并将之构想为建筑的装配套

---

* “cast iron”一般译为铸铁。译者将“wrought iron”翻译为“锻铁”。第一次工业革命中为桥梁结构所广泛采用的“锻铁”必然至少要保证强度和塑性，而手工业时代的“熟铁”不可能满足上述的性能要求。用“锻铁”一词表示工业时代的材料性能与手工业时代的“熟铁”有本质区别。——译者注

** 煤溪谷也是英国工业革命的发源地之一。煤炭是工业革命的能源，铸锻铁是工业革命的材料，铁桥和隧道是其支撑，蒸汽机是其动力装置。工厂化生产的装配式建筑和铸锻铁材料的大规模生产几乎是同步开展的。2012年伦敦奥运会官方解说将英国的土木工程师（civil engineer）布鲁内尔（Brunel，也参与蒸汽船建造）称为工业革命的中流砥柱（one of the pillars of The Industrial Revolution）。1840年以前的铁制建筑大多采用铸铁材料，其后被锻铁和铆钉所取代。1880年之后，锻铁因成本原因逐步被低碳钢取代。锻铁和普通碳素钢的元素构成相同，碳含量基本相当，但前者的防腐蚀性能更好，因之较强的涂层附着作用和本身的防腐能力。1889年建成的高度达324米的法国埃菲尔铁塔已被证明采用了工厂化生产的预制锻铁结构构件。——译者注

*** 苏格兰的土木工程师和发明家。——译者注

件（kit-of-parts）。标准化生产和规模经济实现了成本和时间的集约化。这种技术措施主要用于框架结构建筑，也能将建筑外观装修成哥特式或巴洛克等风格。除了在桥梁、船舶、轻型住宅和常规房屋有广泛应用外，一次性大量运用铸锻铁材料的单体当属 1851 年英国世界博览会主会馆“水晶宫”中的标准化结构和内填充围护体系。主会馆的庞大骨架主要由标准化生产构件组成的相似单元重复组装而成。该项目的设计师，具备温室设计经验的约瑟夫·帕克斯顿声称：

> “所有屋面系统和竖直窗框的制作都应实现机械化生产，应最快速化地与玻璃拼接。（建造的）大多数工作已提前完成，因此，除却拼装这些材料，现场别无他事可做。”[11]

水晶宫肯定不是第一个铁制建筑，当然也不是最后一个。它将曼宁农舍的预制木龙骨结构和当时的新材料——铸锻铁联系在一起。从那个时代设身处地地看，水晶宫中数量庞大的工厂生产构件及其所体现的完成细节令人备感震惊。此外，水晶宫之所以重要的原因还在于它代表了建筑师群体的思维转变——美的意义或许和产品的功能目的一样简单。帕克斯顿对工程、加工和组装工艺的兴趣远胜于对传统美学的考据。

1.1.3 波纹铁（瓦楞铁）建筑

19 世纪早期还有一种创新性金属材料：波纹铁。虽然 19 世纪早期的预制框架结构相对已得到充分发展，但是大跨度板式材料的发展还很缓慢。曼宁农舍和预制铁桁架建筑中都使用传统的帆布或木板作为屋面材料。波纹铁是一种针对屋面和墙面开发的，建造速度更快、更经济、结构效率更高的材料。1837 年锈蚀问题开始显现，许多公司开始采用热镀锌作为金属的防护措施。理查德·沃克（Richard Walker）在 1832 年就注意到波纹铁的潜力，可用于建造用作出口的波纹铁活动房屋。波纹片在搬运过程中可以相互嵌套成多层，3 英尺 × 2

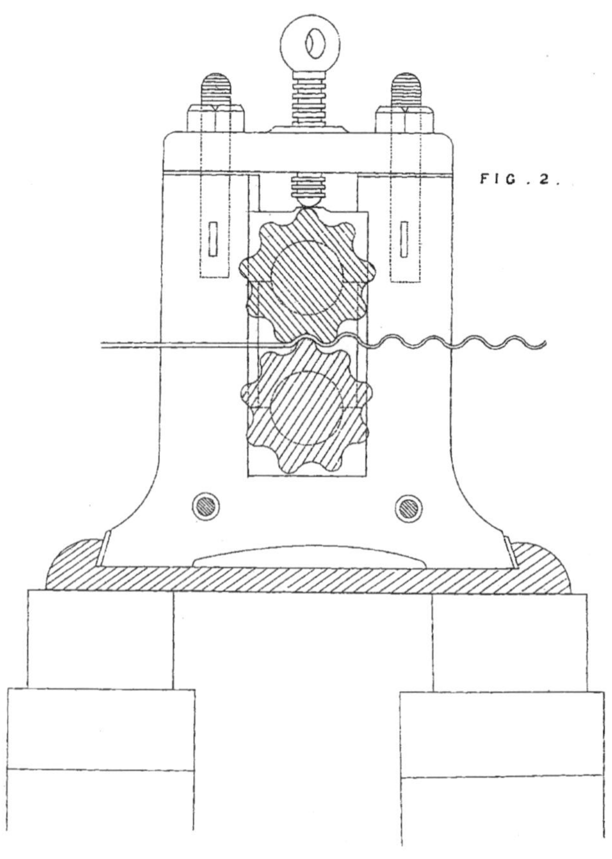

图 1.3　这是约翰·斯宾塞于 1844 年 11 月 23 日在英国注册的 10399 号专利。它是一种广受欢迎的波纹铁滚轧机，因为在 19 世纪 30 年代铸铁和热浸镀锌技术已被广泛应用

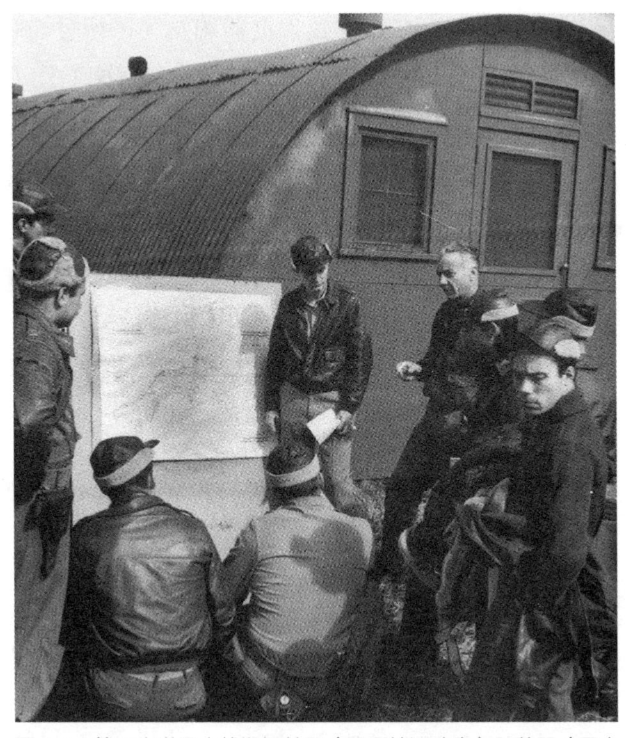

图 1.4　第二次世界大战期间美国（匡西特活动房）和英国（尼森小屋）的军队营房是一种最为常见的波纹铁建筑

英尺（约 91 厘米 ×61 厘米）的切割面板也容易装卸，稍事绑扎便能运往工地。沃克经营和出口的波纹铁连同曼宁活动农舍一道成为世界上第一个广泛使用预制铁木（结构）* 的建筑系统。[12]

在 19 世纪中期旧金山的淘金热中，人们就已在使用波纹铁建筑。为赚取金钱，大量人口涌入该地，住房需求因此极为迫切。为应对这种情况，美国东海岸的企业家们开始利用英国最新的制铁技术制造简单的居所。来自纽约的奈洛尔（Naylor）在此期间运送了 500 多套波纹铁套件式房屋（house kit）。许多房屋的广告都刊登在杂志和其他出版物上，顾客可以直接订购他们需要的居屋。[13] 建筑物中的波纹铁没有随淘金热时代套件式住宅的结束而终结。第二次世界大战期间，匡西特小屋（Quonset huts）** 的普及就源自这种屋面板的巨大影响力，以后的工业建筑、仓储设施甚至乡村教堂也都受到影响。*** 考虑到现代建筑设计规范和标准的陈旧性，人们通常都不了解，波纹铁 **** 能够得到广泛应用的根源在于其满足了人们对方便运输和快速建造的需求。目前，波纹铁在城乡临时建筑中仍有应用

1.2　美国的大规模生产和套件式住宅（Kit Home）

在杂志的产品目录中，订购套件式住宅的潮流并未随淘金热的消散而停止。在 19 世纪和 20 世纪之交，随着工业革命的迅速发展和气球龙骨的全面应用，由预制木料制成的轻型龙骨套件式住宅随之普及开来，这其中便有阿拉丁住家（Aladdin Homes）。索夫林兄弟（W. J. and O. E. Sovereign）于 1906 年成立公司，他们相信大规模生产的概念可以用于生产大众集群住房（mass housing）*****。连接东西海岸的横贯铁路（Transcontinental Railroad）于 1869 年建成并促成了这些公司的发展和扩建。随

* 钢木结构建筑在欧美地区有广泛应用。——译者注

** 一种军用房屋。——译者注

*** 这些低层房屋现在大多采用冷弯薄壁型钢。——译者注

**** 包括更先进的冷弯薄壁型钢。——译者注

***** 大众集群住房属于社会福利房的范畴（social housing/public housing）。——译者注

着美国向西海岸的迅速扩张，迫切需要能快速建造和方便施工的可负担型住房。阿拉丁住家公司遵循邮购贸易和可拆装船舶的先例，让买家自由订购零件，自行组装。服装业也早已通过基于标准化尺寸的顾客邮政订购服务实现了大规模生产。索夫林兄弟认为，住宅产业可从这种不同产业都在使用的同一概念中获益。因此，他们向市场推出了称作“易于切割”（Readi-Cut）的建筑系统。建造整个住宅所需的所有木料都在工厂中预先加工再交付于用户。这一过程消除了现场制作中的材料浪费，提高了生产速度和建造精度，而购买者要做的只是用一把榔头，花时间去拼装。尽管阿拉丁公司是预制气球龙骨木结构房屋系统的先驱，但只有西尔斯·罗巴克及其公司 * 以其经营能力和雄厚的资金维持了那段在 20 世纪 30 年代开展的预制建筑事业。[14]

西尔斯·罗巴克的成功很大程度上归功于提供多种住宅可选项和自身的融资能力。提供样板型住宅（model-based）**，无论目录选择还是建立沙盘模型，这种销售方法至今都仍为许多住宅建筑商所采用，也配有现场金融服务和房屋升级选项。西尔斯采用了阿拉丁公司的想法，以零售业的资本和邮政订购的运输经验为后盾，创立了一种强大的商业模式。最后，西尔斯公司和阿拉丁公司都失败了，撤销了他们的订购目录和产品。这种失败在很大程度上归因于 20 世纪 20 年代早期和 30 年代的经济大萧条和住房危机。据报道，作为抵押贷款经纪人和产品开发方的西尔斯在这段时间内损失了超过 560 万美元的未支付抵押贷款。[15] 西尔斯和阿拉丁公司从未声称要在建筑设计方面取得进展，相反，他们对装配式建筑的贡献是为消费者提供更高效的现成构件系统、强大的营销策略、亲民的价格以及标准化产品中的多样性选择。尽管他们没有在建筑学层面上显著影响装配式技术的走向，但那些隐藏在木制壁板和屋面瓦片之下的工业化生产方式隐默延续至今。总之，20 世纪初美国住宅建筑的标志就是用饰面和装饰掩盖其工业化生产方式。[16]

1.3 福特主义

预制轻型木龙骨系统的进步是因为在生产过程中采用了新工艺和新技术。亨利·福特发明的 T 型车的流水线装配工艺使汽车的成本更低廉，质量却更高。他既能够提供精度更高的产品，也能减少单位产量所消耗的劳动力和时间。这一标准化和流水线生产工艺也转移至住宅产业，到 1910 年，一些公司已开始提供规模和质量各异的预制房屋。

渗透于工业生产中的标准化、大规模生产、互换性和流水化（flow）等原理都可以追溯至福特。标准化是对产品变化的限制，这样机器就可以输出固定的长度、宽度和装配件，也就消除了与可变性选择相关的浪费和终端产品的误差幅度（margin of error）。大规模生产是标准化的姊妹概念。所谓规模经济——某物生产得越多，它的质量就能变得越高，也更便宜。福特后来还投入了大量资源生产可互换型汽车（automobiles in interchangeability）。这

* 西尔斯公司，曾经是美国最大的零售企业，其特色是邮政订购商业模式。——译者注

** 这种样板房类似于工业产品，可以直接购买。——译者注

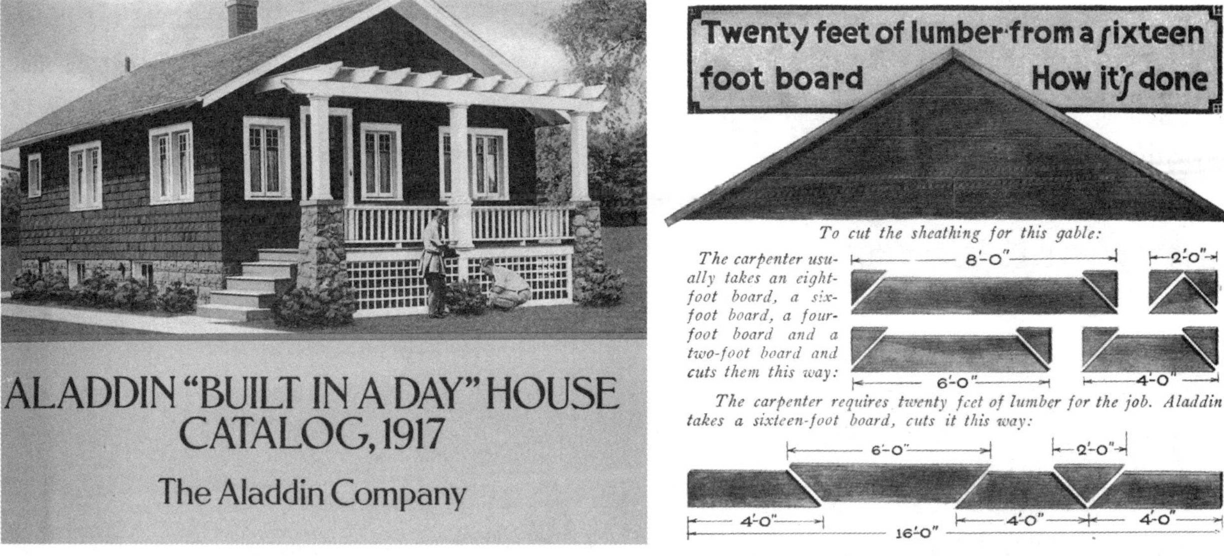

图 1.5 阿拉丁公司大约于 1917 年销售的名为“一天建成”的房屋。其“易于切割”系统使标准长度的木料产量最大化，因此宣称能降低每平方英尺的材料成本（右图文字：用 16 英尺长的木板做成 20 英尺长的木料，如何做；山墙板的切割方法：木工通常选用 8 英尺、6 英尺、4 英尺和 2 英尺的木板，如果像这样切割：木工就需要 20 英尺长的木料。然而我们阿拉丁公司是这样做的：）

一概念指同一种零件可用在不同的终端产品中。这种概念最典型的例子就是构造为 2×4 的住宅*，这些房屋可能完全不同，但都由标准化的大规模生产部件建造而成。诸如螺栓螺纹等产品在福特的工厂中也实现了标准化，连接因此变得更加简单快捷。流水化是装配线的概念，装配线上的劳动者在操作中只需执行有限的作业步骤便可驱动产品生产。这种重复作业方式减少了生产时间。

工业化世界默认这些原则，因为它在很多方面已成为社会运行的法令。这些原则本身已被我们自己接受，成为标准。它们已被许多产业的产品制造商所使用，也包括建筑业在内。斯蒂芬·巴彻勒（Stephen Batchelor）指出，福特的生产原则对技术发展的影响是相当重要的：

> “但在更广阔的世界里，它被视为 20 世纪的重要思想之一，它从根本上改变了西方生活的质感。艺术、音乐、文学、戏剧、绘画、雕塑、建筑和设计全都受到影响。”[17]

接受福特主义为一种生活方式存在某些问题。除了对艺术形式的影响之外，大规模生产只是当今技术所能设想的众多生产策略之一。因此，正如萨贝尔（Sabel）和蔡特林（Zeitlin）所主张的，包括装配式建筑在内的未来产品的生产方式绝不是由福

* 2×4 指墙体龙骨柱截面为 1.5 英寸 ×3.5 英寸（约 38 毫米 ×89 毫米），后续各章有详细介绍。——译者注

特等人在大规模生产范式下开发的技术所决定，而应由当下所面对的社会矛盾（social struggles）所决定。[18] 正如福特式生产理论塑造了当时的社会环境，福特的生产理论也是彼时社会愿望的产物。消费主义是大规模生产蓬勃发展的社会背景之一。但近年来住房市场的危机以及对新事物持续渴求已将经济运行和人民生活置于严峻的困境。尽管短期的愿望已经得到满足，但长期的稳定远未达到。无论在经济学层面还是在环境伦理学层面，这种模式的可持续性都无法持久。大规模生产方式还存在工作重复单调、穷人易遭受剥削和人工世界缺乏多样性等问题。本文后续将继续讨论福特式生产主义的危险性和装配式技术。虽然质疑这种生产方式的新范式正在涌现；但目前只能说它对美国社会信仰的影响将长久持续下去。

1.4 战时住宅

19 世纪末和 20 世纪初，美国的装配式建筑用于向西部地区的移民扩张。许多福特式大规模生产方式的开发技术也被用于开发套件式住宅。这次创新是首次重大范式转变，即生产建筑的场所由现场移至工厂。随着经济泡沫的破灭，20 世纪 20 年代和 30 年代的大部分生产也随之紧缩。这期间不像 20 世纪初那样以大规模新建住宅、市场战略或成功的商业业务为标志。相反，它表现为，采用汽车工业和造船业（shipbuilding）的技术在建筑业中生产一次性原型实验性住宅产品以检验福特式的大规模生产模式的可行性。

1932 年，建筑师霍华德 · T. 费希尔（Howard T. Fisher）创办了通用房屋股份有限公司（General Houses Corporation）生产战后住宅。他们的产品类型同西尔斯和阿拉丁住家的区别在于不求模仿以往的美学传统，而求反映自身的开发方式——装配式技术本身。费希尔房屋以福特式大规模生产方式为主题，他自己的家实际就是一辆装配而成的汽车。通用房屋公司打算利用市场中服务于其他产业的供应商生产的建筑构件。费希尔最伟大的技术成就在于开发金属夹芯板墙体系统，该系统采用了战时航空业的类似技术。他也得到了通用电气、匹兹堡玻璃工业和普尔曼汽车公司的支持。与同时代的建筑师类似，他的努力成果是生产现代建筑、平屋顶式的工业美学。费希尔对大众的品位极度乐观，他的市场策略是贩售最具革新性的，在便捷性和美观上都最为现代的住宅。这就几乎让他濒临破产。讽刺的是，多年后这家公司在 9 个州都成功地生产了传统式住宅。费希尔的革新掀开了装配式技术的崭新思考篇章——房屋可以在工厂内建造，非现场装配构件可由其他公司供应，如同那个时代所生产的汽车那样。[19]

通用房屋股份有限公司为其他试图生产现代房屋的类似公司开辟了一条通途。他们中间最著名的是由建筑师麦克劳林（McLaughlin）和工业家杨（Young）成立的“美国房屋公司”（American Houses）。他们于 1933 年开发的“摩托住家”（Motohome）也曾陷入困境，直到麦克劳林更换机器设备，开发了传统的预制木结构房屋才扭转局面。这些房屋同费希尔公司的平屋顶和三明治夹芯外墙系统极为相似。通用房屋公司和美国房屋公司开发了新型墙板系统，而皮尔斯基金会（Pierce Foundation）则开发了预制服务核心*，包含厨房、卫生间和各种管道器具，还装配有供暖和空调系统。美国房屋公司在其原型房屋中采用了皮尔斯基金会开发的服务核心建筑产品。这种服务核心是装配式房屋中最早的标志性模块化案例。装配式服务模块和巴克敏斯特·富勒（Buckminster Fuller）的Dymaxion**住宅舱（house pod）有异曲同工之妙，后者将在第2章加以讨论。[20]

钢材在航空业、造船业和汽车工业中均有广泛的军事应用，同样摄人心魄的钢材美学表现力也令设计师和建筑商为之倾倒。建筑商乔治·弗雷德·凯克（George Fred Keck）为1933年的芝加哥世界博览会开发了“明日之宅”（House of Tomorrow）和“水晶住宅”（Crystal House），在展览现场展示了钢结构住宅的应用案例。凯克的原型以钢框架和内嵌玻璃墙为特色。“明日之宅”由包含12个面的3层结构组成，更像是一个机库。凯克利用可装配的钢构件开发了上部结构、围护板和栏杆。据报道，有75万人访问了这座“住宅”，但是最终没能收获任何订单。“水晶住宅”的建造理念基于钢框架结构，3天就能建成，但在市场上它仍然是个失败的产品，最后被当作废品贱卖，用以偿付凯克的欠债。[21]

* 服务核心（service core）是建筑设计中的重要概念，在高层建筑中尤为重要，通常集成楼梯、电梯、设备等设施。——译者注

** 富勒将最大限度利用能源，以最少结构提供最大强度的思想称为“dymaxion”。——译者注

1.5 战后住宅

与前一时代不同的是，战后住宅的发展不以科技进步为标志，而以发展商业模式为标志。第二次世界大战尾声，回归的士兵成为住宅市场的购买主力。1946年，美国政府通过了《退伍军人紧急住房法》（Veteran Emergency Housing Act——VEHA），命令全美国在两年内生产不少于85万套的装配式住宅。这项政府动议激发了无数的战后住宅设计成果，其中就包括建筑师沃尔特·格罗皮乌斯（Walter Gropius）和康拉德·瓦克斯曼（Konrad Wachsmann）设计的“预包装套装住宅”（Prepackaged House）***，本书将在第2章加以讨论。虽然该法案颁布后，并没有达到预期的影响范围和完成效果，但其后10年间却促生了许多装配式住宅生产公司，这其中有卢斯特伦股份有限公司（Lustron Corporation）****、莱维特镇（Levitt Town）和艾克勒住家（Eichler Homes）。

1948年，卢斯特伦股份有限公司开始在战后的空置飞机制造厂房内生产全钢结构住宅。这些房屋是传统形式，简单朴素的人字形屋顶和门廊，然而创新之处在于房屋外部都为预制搪瓷钢。卡尔·斯特兰隆（Carl Strandlund）是出生于第一次世界大战以前的工业家，不同于20世纪30年代的实验，他全面采用了汽车工业工艺生产房屋。卢斯特伦住宅

*** packaged 指包装好的，也含有组装的意味，例如“套餐”。但“套房”的含义却又不同，例如“成套住宅”仅指房屋功能上的组合。——译者注

**** 该公司由瑞典人创建，中文名根据发音音译。——译者注

图 1.6　1948 年的卢斯特伦住宅是一个全搪瓷钢结构建筑系统，采用汽车工业的金属夹芯板技术。这座卢斯特伦住宅位于威斯康星州的麦迪逊，至今仍在使用

的建造方法甚至连材料都依据汽车工业的标准来制造。正如汽车一样，房屋的零件太多以致无法施工。建筑构件常和那些工业标准尺寸的板材不相匹配，而造成不必要的浪费。最终，连中等收入群体都买不起这种住宅。* 在仅建造 2500 套住房后，该公司就于 1950 年被迫关闭。除了生产方式有问题之外，卢斯特伦住宅在视觉上所呈现的冰冷也表现在体感方面。由于几乎没有采取保温措施，这种金属房屋在夏季会变成蒸笼，而在冬季则会变成冰窖。[22] 在 2008 年最近一次的 MOMA 再制住家（salvaged home）巡回展中，许多顾客都听到过关于这种房屋特性的评论——没有人性的类机器之物。

威廉姆・莱维特（William Levitt）倒是充分利用了 VEHA 法案。莱维特并没有在工厂中生产房屋，而是系统化了现场施工工艺。莱维特运用流水线生产原理，借鉴泰勒科学原理将施工计划阶段和执行阶段分离开来，组织施工队伍最大限度地提高生产效率和材料使用率。[23] 莱维特天生就是一名开发商，他创建了住宅的全部细分领域。1945 年，他在宾夕法尼亚州开发了莱维特镇。这些房屋并不显眼，非常相似，应该就是后来美国沿街住宅的范本。**

约瑟夫・艾克勒（Joseph Eichler）也同样在加利福尼亚州通过开发社区住房发展了一种系统化的现场施工方法。然而，在赖特式住宅中长大，对艺术具有极大热情的艾克勒震惊于莱维特产品的单一性和美感缺失。因此，艾克勒聘请西海岸建筑设计公司的建筑师设计庭院和内外关系布局，采用梁柱结构和大面积玻璃窗。这些住宅设计并建造在一个规则的轴网中，以标准化设备和管道系统为特征，在固定系统中实现了多样化设计。艾克勒不仅对加利福尼亚现代主义风格感兴趣，同时也是一位社会主义者，想要为中产阶级设计现代化住宅。与卢斯特伦、莱维特以及其他之前讨论过的先驱相比，艾克勒所完成的使命可算是相当成功，在桑尼维尔（Sunnyvale）、帕罗奥多（Palo Alto）和圣拉斐尔（San Rafael）等地都有住宅开发项目。

艾克勒的业务始于 20 世纪 40 年代中期，到 1955 年，已能高效交付现代住宅。尽管裸露的梁柱结构会增加材料成本，但与传统住宅相近的价格也对应相同的舒适环境。这些住宅对装配式技术几乎没有影响；然而考虑到装配式技术的承诺——提高质量且降低成本，这些房屋极具参考价值。归

* 相比之下，福特的 T 型车可谓是国民产品，当时的总统和农民都是其客户。——译者注

** cookie cutter housing 也称为 tract housing，即地区性住房，也叫沿街住房。——译者注

图 1.7　建筑施工的系统化现场方法于 20 世纪中叶发展至今，目前仍为住宅建筑的普遍施工方法。这座位于犹他州的房屋以 20 世纪中叶的艾克勒房屋模式建造而成。遍及美国西部的社区均以庭院原理建造，用木结构配以大面积玻璃

根结底，这些住宅成功并持续成功的原因不仅在于其美学魅力和无与伦比的地理位置，还要归功于乔·艾克勒（Joe Eichler）本人主动对建造过程做出的承诺，对细节、设计和品质的关注。[24]

英国的战后住房开发项目与美国相同。英国的尼森小屋（Nissen huts）等同于美国的匡西特小屋，在战争期间和之后提供了亟需居所。Arcon、Uni-Seco、Tarran、Aluminum Temporary 或 AIROH 等式样都是临时平房，由政府倡议为遭受战争创伤的民众提供住房。英国使用了当时的创新性技术，包括钢框架结构、石棉水泥外墙、木龙骨结构、预制混凝土结构和铝合金结构。这些住宅没有过度的标准化，采用预制厨房和卫生间系统。正是在这个时候，美国的许多装配式住宅房屋公司都在英国重建期间为其提供住宅，同时也对当地住宅市场施加了影响。尤为特别的是，1944 年田纳西流域管理局在罗斯福水坝项目中为工人修建了装配式临时住所。英国获取了美国的技术，不仅如此，美利坚还不远万里穿越大西洋将其产品运至大不列颠。与美国的装配式首创精神相比，英国的项目为临时性住房，注重速度而非质量。[25] 除了 TVA 临时住房计划外，美国于 20 世纪中叶启动了另一项临时性住房新动议，这就是众所周知的移动式住宅产业。

1.6　移动式住宅和工业工艺住宅（Mobile and Manufactured Housing）*

随着对快速建造经济适用住房需求的不断增长，1954 年，移动式住宅产业的规模也随之开始扩张。与英国的临时住房计划相似，移动式住宅在工厂内被建造为拖车底盘上的模块，然后由货车运至现场。移动式住宅保留了车轮，以方便移动，但大多数其实都没再移动过。到了 1968 年，移动式住宅的数量占美国独户住宅总量的四分之一。[26]

类似“清风”牌（Airstream）的休闲房车在 20 世纪二三十年代和二战期间广受欢迎。这种类型的住房经济实惠，当然也等同于居无定所，对于那些在不同地区努力寻找工作的人来说，是一种理想的居住模

* 本书将 offsite fabrication 翻译为“非现场制造”，Manufacturing 翻译为“工业生产”，Industrialized 翻译为“工业化”。Industry 的翻译有时是产业，有时是行业，有时又会成为工业。目前我国习惯将工业称为“制造业”。本书将生产商（manufacturer）和制造商（fabricator）区分开来，当然也应该区分。以上名称、俗称混杂一体可能会带来混淆和困惑。如果将 Manufactured Housing 翻译成“工业生产住宅”，又可能和工业化住宅混淆，后者可能是一个更大的概念，比如现浇施工技术也能进一步自动化。因此，本书将 Manufactured Housing 翻译为“工业工艺住宅”。——译者注

图 1.8 图示为位于犹他州盐湖城附近 20 世纪 70 年代后期的单户移动式住宅，设有侧翼门廊，根据 HUD 规范建造

式。这些活动住房拖车在第二次世界大战期间被用作移民和输出劳务的临时住房，因而拓宽了其应用面。战后，许多以前生产移动式休闲房车的生产商转向生产永久性移动式住房。这种临时性住房类型缓慢地被接受为一种永久性住房方式。最终它的生产规模和市场份额不断扩大，同时也更加专业化。

从移动式住房到永久性住房的一个重大转变是将 8 英尺（约 2.44 米）宽的拖车改为 10 英尺（约 3.05 米）宽，目的是更加宽敞。这种转变不仅有其技术适应性，也意味着这项技术已被社会广泛接受。这个 10 英尺宽的拖车不再是一辆拖车，而变为一座房屋，被运输至场地并被保留。这种变化持续进展，1969 年生产出 12 英尺（约 3.66 米）和 14 英尺（约 4.27 米）宽的移动式房屋。1976 年“双宽”（double-wides）大型移动式住宅问世。* 每个模块被单独牵引运输至现场，然后组装成 28 英尺（约 8.53 米）宽住宅。1976 年设计规范发生变化，永久性住宅依据标准规范设计（也就是 IBC 规范）**，移动式住房则依据 HUD 规范设计 ***。今天，依据 HUD 规范设计的住宅已由移动式住宅更名为工业工艺住宅。令工业工艺住宅困惑的是，模块化住宅却是依据 IBC 规范建造的，没有底盘，并且是永久性建筑。[27]

美国社会和建筑师普遍认为移动式住宅是微不足道的，因为设计缺乏多样性，施工质量也没有保证。移动式住宅饱受飓风和龙卷风的戕害，这也是建筑专业人士的关注要点，他们中许多人可能都愿意看到工业工艺住房凋零的那一天。但移动式住房满足了住房的基本需求，大部分公民都能负担。尽管社会和建筑师都对这种建筑类型感到厌恶，但据估计，工业工艺住宅行业在美国新建独户住宅市场的占有率为 4%。[28] 对新房主来说，无一例外，工业工艺住宅的每平方英尺价格在市场上都是最便宜的。工业工艺住宅成功的原因在于它没有充满浪费的建筑设计，也不采用建筑业的交付方法。它自发产生并在自身的供求关系中蓬勃发展了近一个世纪。[29]

工业工艺住宅没有妄称要超越自身，当然其客户也没有这种指望。正因为根据较低的标准建造，作为工业工艺住房实现方法的装配式饱受攻击，被认为是一种低于平均标准的住宅建造方法。直到最

* 单宽（single-wide）指宽度小于 18 英尺的拖车住宅，双宽指住宅由两个单宽拖车组成。——译者注

** International Building Code，国际建筑规范。——译者注

*** Housing and Urban Development Code，HUD code，美国住房和城市发展部制定的设计规范。——译者注

近，业界才开始评估住房生产的工业工艺方法，以为主流住宅市场创造不同质量水平或等级的住房。这种明显的转变体现在模块化住房公司和某些建筑师的工作和作品中，比如米歇尔·考夫曼和 Res4 公司的乔·塔内（Joe Tanney）。这些住宅房屋的大型业主（key tenant）看重的是工业工艺住房产业的优势——建筑模块大大降低了管理成本和现场人力成本，也大幅降低了启动费用（initial cost）。与移动式住房那样的较低标准不同，考夫曼和塔内使用模块化住房技术，为工业工艺住房赋予了更高水平的可持续性、质量控制和匠心体验。有关模块化建筑工程的更多内容以及该领域中其他建筑师的作品将在第 9 章加以讨论。

1.7 预制混凝土

与预制混凝土相比，工业革命时代的现浇混凝土有更加清晰的历史脉络。预制混凝土的最早使用迹象可以在古罗马时代以及后来 19 世纪的预制喷泉和雕塑碎片中找到。20 世纪初，人们也在美国各地的墓地中发现了预制混凝土墓穴。尽管古罗马人已开发出混凝土技术，但随后这项技术在世界范围内失传达 13 个世纪之久，直到 1756 年英国的工程师约翰·斯密顿（John Smeaton）* 发现了水硬性石灰，混凝土才得以重现天日。后来至 19 世纪 40 年代，波特兰水泥首次被应用于建筑工程。法国人约瑟夫·莫尼耶（Joseph Monier）用金属丝制作了钢筋混凝土花盆。混凝土建筑中取得的最伟大进展就是借鉴这一概念，使用钢材作为加强筋。由此，混凝土材料在建筑业中的用途更趋广泛。由于先进的浇筑技术和获取原材料的便利性，混凝土的功能得以无限拓展。预制钢筋混凝土的首次应用归功于法国企业家 E. 夸涅（E. Coignet）** 的努力。1891 年，他开发了一个类似于比亚里茨（Biarritz）赌场建造单元的构件系统。5 年后，弗朗索瓦·埃内比克（François Hennebique）首次创造出预制混凝土模块（积木）（modulare），该模块用作门卫传达室。[30] 托马斯·爱迪生（Thomas Edison）于 1908 年开发了一种钢筋混凝土住房原型，确切来说并非预制混凝土，但他开发了铸铁模具一次性浇筑技术。***

预应力混凝土的发展与预制混凝土相似。在工厂中施加的预应力可使预制混凝土构件更强更轻，从而提高材料的整体效率。虽然旧金山的工程师于 1886 年就取得了预应力混凝土的专利，但半个世纪之后它才成为美国公认的建筑材料。第二次世界大战后，欧洲钢材短缺，加之高强度混凝土和高强度钢材的技术进步，预应力混凝土在欧洲战后重建期间已成为一种备选建筑材料。北美的第一个预应力混凝土结构——宾夕法尼亚州费城的核桃路纪念

* 被称为“土木工程之父”（father of civil engineering），于 1771 年创立了第一个土木工程行业协会——土木工程师社团（Society of Civil Engineers）。——译者注

** 也译为凯伊涅。——译者注

*** 当时这种已注册为专利的模具中包含楼板、隔墙、楼梯、壁炉、浴缸等所有房屋内部的结构、构造和装修。房屋一次性浇筑成型，可谓在建筑业中发明的 3D 打印技术。虽然当时已根据这种专利技术建造多套房屋，但最终未能实现应用于大规模经济适用型住房的原本设想。——译者注

桥（Walnut Lane Memorial Bridge）直到1951年才完工。

在传统的钢筋混凝土构件中，钢材较高的抗拉强度与混凝土的抗压强度结合在一起便形成了压缩和拉伸性能都很强的结构材料。预应力混凝土的原理是，在额外的外加荷载作用之前，已张拉的高强度钢筋对整体构件施加的压应力将平衡结构服役期间所承受的外加拉应力。因此，预应力预制混凝土首先被广泛用于土木工程项目，如涵洞和桥梁。建筑师路易斯·I.康（Louis I. Kahn）和工程师奥古斯特·科缅丹特（August Komendant）于1971年在宾夕法尼亚大学校园的理查兹医学实验室（Richards Medical Laboratory）中运用了预应力混凝土，这在建筑领域中尚属首次。今天的预应力预制混凝土很普遍，但主要用于规模较大的商业建筑和工业建筑，以保证建筑物的强度、体量及其投资回报率。

图1.9　爱迪生于1908年发明的一次性浇筑混凝土建筑系统是快速建造经济适用房住房方案。使用精心制作的铸铁模板和机械装置，三层高的房屋一次浇筑而成。铸铁模板结构笨重且难于制作。直到新泽西州的富翁，生产商查尔斯·英格索尔（Charles Ingersoll）提出采用木制模板，爱迪生的一次浇注概念才得以实现。图示房屋建于1917年，位于新泽西州的联合城（Union）。实际建造的房屋一共不到100间

1.8　数字化生产

装配式技术作为一种在工厂内建造的工艺，暗示了一种福特式的大规模生产模式。然而，当今汽车工业的生产方式已远远超过标准化、规模经济和流水化的概念。当今的生产工艺使用面向设计和制造的数字化技术，即计算机辅助设计和计算机辅助制造（CAD / CAM）系统，这是生产观念（production ideology）中的范式转变。这种启蒙不仅直接影响装配式技术的发展，也影响生产建筑物的社会结构、合同结构以及各参与方的链接界面。数字化制造可能实现装配式技术所作之承诺——设计品质和生产质量的互补提升。

有两种力量促生了CAD / CAM技术。第一种力量与本章已经讨论过的工业革命和大规模生产有关。另一种是数字式自动化。自动化与其说是生产技术，不如说是一种计算机技术。自动化是创建自动机式（automata）机器的过程，或者是特意构建某种机器以模仿技能型工人的技能，由数字表示的命令（numerical command）或计算机式的数字来控制（CNC）。目前包括计算机和生产方式在内的CAD和CAM这两个原理，在包括汽车工业和航空航天工业在内的许多产业中已很难被区分成独立的实体，但在理论上，为更有效地应用这些新方法推

进装配式建筑的发展，这种区分十分必要。在利用 CAD / CAM 技术进行生产和开发商品的所有领域中，建筑业的进化演变最为缓慢。

CNC 技术由军事应用开发而来。二战后，美国空军试图扩展其生产系统，为飞机和武器产品生产重复的复杂几何部件。[31] 但是，CNC 的发展历史有更深层次的影响，它也进入我们对于使品质量产化的这种痴迷当中。刘易斯·芒福德（Lewis Mumford）在《技术与文明》（*Technics and Civilization*）一书中分享了本笃会修道院（Benedictine monastery）的历史，数字控制成为一种规范僧侣行为的技术。芒福德指出，这标志着人类对时间的感知发生了变化，使我们的生理机能从太阳的周期运动中脱离出来，季节由数字控制描述。[32]

作为秩序化贸易的一种方法，数字控制也进入了欧洲城镇的钟楼。簿记方法与贸易核算同步推进，不久之后，透视作图、地图制图和行星科学的概念也得到发展。这一切都是将数学应用于理解空间和社会的结果。这种对数目字的迷恋从来没有减退过；实际上，工业革命通过“1 0 1 0”序列开启了通往现代计算的大门。随后，数字序列在美国电报和铁路时代的材料、专利化服务和通信系统中变得重要起来。[33] 在 19 世纪之初，这些标准变成了广为人知的“美国式管理和工业生产体系”（American System of Management and Manufacture）。[34]

自动化技术的第一次发展可以追溯至约瑟夫·马利·雅卡尔（Joseph Marie Jacquard），他于 1801 年开发出一种读取穿孔卡的机器以便控制织布机的编织图案。提花织机（Jacquard Loom）是可编程机器理论的杰出代表。在计算机普及之前，穿孔卡技术对建造和工业生产的影响相对有限。赫尔曼·霍尔瑞斯（Herman Hollerith）在穿孔卡的基础上开发的早期机械制表机与雅卡尔的穿孔卡系统没有什么不同，直到编码磁带（coded tape）技术的

图 1.10 花布织机是 1801 年开发的一种数字控制系统，纺织品的设计和生产由编织图案的自动化技术实现。这种自动化方法使用穿孔卡作为数字化输入装置，近代计算机中的数字排序驱动器的概念便起源于此，也即“编织程序”，简称编程

进步，最终发展为采用硬盘驱动器上传信息。直到20世纪50年代，计算机才被用于工业生产，为数字化控制机器开辟了可能性。[35]

到20世纪90年代为止，数字控制的适用范围仅限于那些可以承担其费用的群体。今天，小型生产商和制造商都已使用数控机床进行日常的生产活动。促进技术扩散的原因有以下几点：

- 开发小型且计算能力更强大的实惠亲民型计算机，能以其更快的强大数据处理能力实现投资回报。
- 开发设计－制造一体化的软件，以及
- 关于利用数字控制技术联系几何与生产的通用知识。[36]

20世纪90年代开发的新型计算机为适应市场需要而采用了不同种类的产品规格和销售价格。这十年产生了一大批机械工程领域的应用软件如CATIA及其他参数化建模软件平台。这些数字化平台逻辑化了高度不规则的非柏拉图几何体的设计过程。许多产品和机械工程应用人机界面将材料信息和生产方法连为一体，于是整合从设计决策到生产供应链的全过程就会变为可能。同样的理念目前正通过建筑信息建模（BIM）方式应用于建筑设计和工程实践中。表面上看，数字化设计和生产有提供创新解决方案的潜力，可以提高质量并控制造价。然而，随着未来社会群体和建筑业所有相关职业群体持续不断地塑造自身的未来发展方向，福特等人所拥趸的装配式技术之承诺可能将在新的范式下实现，全非目前所成之模式。

第 2 章　工业化建筑学的历史

本章提出，建筑学专业与工业革命在历史上是平行发展的。这段历史塑造了美国建筑宣言的理想、美国的建筑历史和业界的普遍当代价值观。本章将回顾 20 世纪美国建筑师职业的发展历程以及此间从装配式建筑失败案例中所获得的种种经验教训。这些从失败得到的知识正是装配式技术在 21 世纪取得成功的基石。

2.1　建筑师职业的诞生

作为一门学科的建筑学脱胎于手工业。文艺复兴时期的建筑大师（master builder）既是建筑师，也是工程师，还是总承包商。例如，伯鲁乃列斯基（Brunelleschi）于 1436 年作为建筑大师督导佛罗伦萨的圣母百花大教堂（the Duomo）的设计和施工。这种职业实践模式一直持续至启蒙运动时代。这个时代充满了对传统思想的质疑，通常也被称作"理性时代"（Age of Reason），因为科学在 18 世纪的日常生活中开始发挥作用。启蒙运动拓展至生活的各个方面，从哲学到数学，从政治学到建筑学以及工程学。建筑学教育领域中已建立起一套系统化教学方法和模式，以普及建筑科学知识，这正体现了启

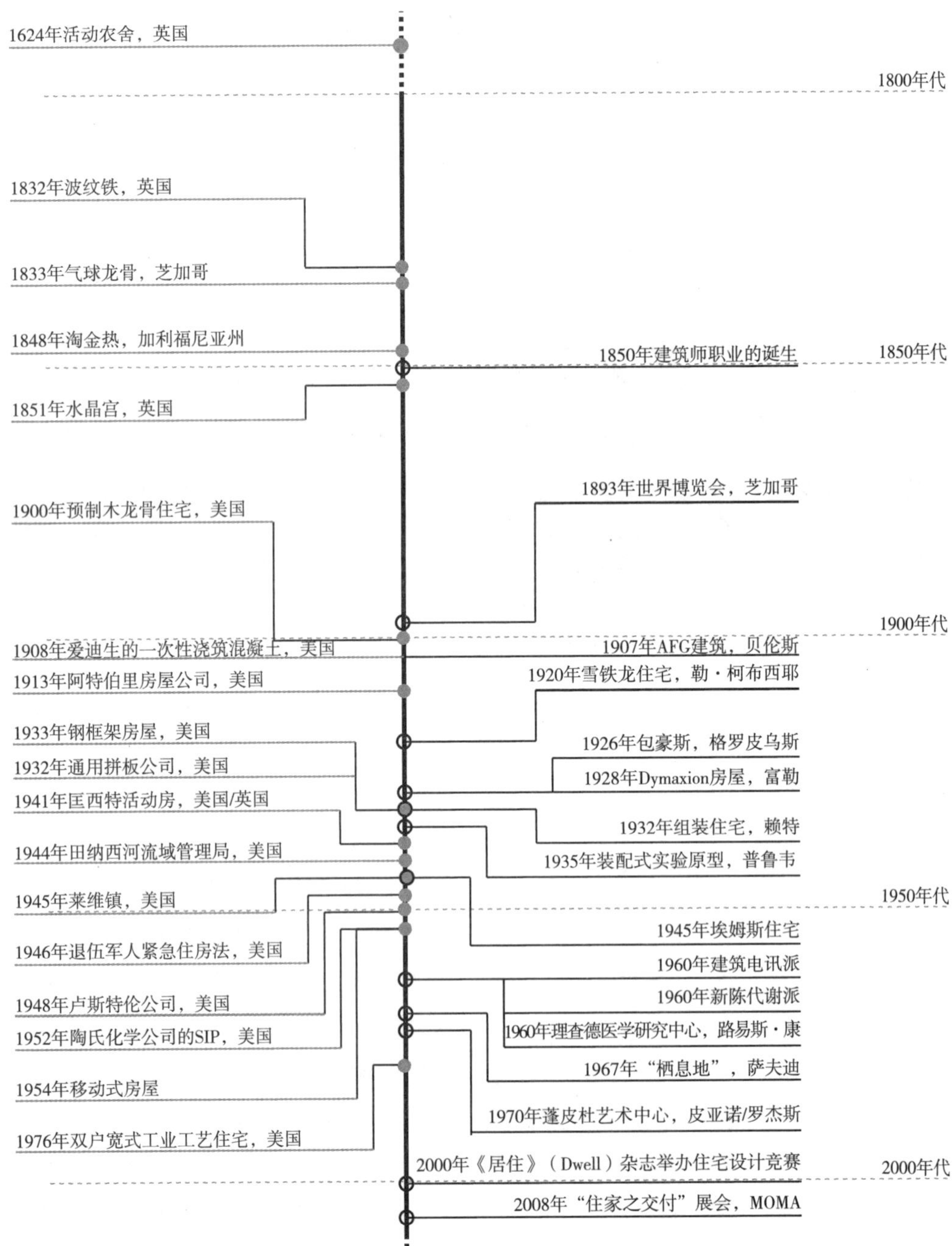

图 2.1 时间轴详述了关于装配式技术的历史性事件。左列为第 1 章中讨论过的非建筑历史事件，右列是本章中所要介绍的有关装配式技术的建筑史事件

蒙运动的影响力。18世纪后期法国创建的巴黎综合理工学院（The École Polytechnique）和19世纪初期创立的巴黎中央工艺制造学院（École Centrale des Arts et Manufactures）确立了“现代建筑师”的概念。* 让－尼古拉－路易·迪朗（Jean-Nicolas-Louis Durand）教授在30多年里培养了数代建筑专业人士和教师。他的建筑哲学对建筑师在工业生产中的作用和角色有极为深刻的理解。因此，此时的教育强调技术与构成并重。[1]

美国和一些欧洲国家在19世纪初也采用了这种教育模式。19世纪初，成为建筑师的主要方法有三种：在巴黎美术学院（École des Beaux Arts）中学习；在以工程学教育为主的工程学院中学习；或者在一位职业建筑师的办公室里当学徒，当然指导者也同样系18世纪法国建立的教育体系所培养。当时的大多数建筑师都以某种组合方式兼顾了以上三种模式。然而，在美国还有一个额外选项——根植于年轻美国的开拓精神——自学成才。这些自学成才的技术先驱对正统教育持怀疑态度，因此作坊文化或学徒教育与大学学习一样受到青睐。此外，与法国不同的是，当时美国的工业在快速发展之中。在第一批出现的建筑学系中，有许多都是由科学研究发展迅速且易被社会认同的院校中发展而来，这其中就包括哈佛大学、麻省理工学院和宾夕法尼亚大学。[2]

科学在当时受到高度青睐，社会普遍视之为

图2.2 此图取自1893年挪威的杂志《技术周刊》（*Teknisk Ukeblad*），说明那些“高贵的建筑师”（gentleman architect）已经脱离了技术性的建造活动。图中的建筑师正在亚麻布上创作建筑艺术

未来发展的促进作用。为了在建筑市场上更具竞争力，建筑师们不得不称自己为实用商家（useful tradespeople），以同工匠和“自学者”区分开来，后两者在建筑市场上有很强的竞争力，也容易占领市场。第一个建筑师组织声明，他们的目的是促进“建筑科学”（architectural science）的发展。建筑师通过建筑术科学（science of building）的标准将建筑学小心翼翼地置于对社会有益的方面。现在回想起来，这很可能使建筑职业在美国市场中产生

---

* 这两所创建于法国大革命时期的大学被誉为“工程师的摇篮”，设计和建造埃菲尔铁塔的土木工程师埃菲尔毕业于后者。——译者注

比预期还要严重的损害。因为直到今天，建筑师仍然在试图界定他们在社会和建筑文化中的职业定位和角色区分。然而更重要的是，“科学”暗示存在一种提供技术教育的系统性方法，人们可以通过这种方法成为一名建筑师。工程师、机械师和与建筑行业相关的专业都接受科学教育。以我们对应用科学的理解来看，目前关于建筑师教育的系统化方法其实并不科学，但它的确创立了一种与同时代的医生和科学家相同的专业化精神。(sense of professionalism)。[3]

建筑师通常认定自己是建筑过程中传统的和自称的龙头。在同样的时间段里，承包商通常是包工头或是管理小型项目的小公司，他们从事着大型总包项目或分包子项中的各种事务，从施工管理到砌砖抹灰一应俱全。到 1850 年，随着建筑学开始成为一种职业，承包商也开始承担大型项目的各项建设管理工作。在此期间，无论控制和监管工程项目，还是作为客户的咨询方，建筑师的能力都饱受质疑。风险开发型办公建筑 (Speculative office building)[*] 和其他住房开发项目给予承建商更多的控制权，以监管建筑项目的最终效果。随着建筑材料和建造方法的进步，各行业日益专业化，最终建筑师在建筑业中的地位已没那么重要，因为与承建商相比，建筑师被客户视为没多少资源。自此，建筑师对施工方式和方法的合同控制力持续减弱。这种合律的对建筑施工的漠视将建筑设计过程与装配式技术原理分离开来，设计决策与生产决策的决裂导致预算超支，往往连客户的基本需求都无法满足。[4] 如今许多建筑师不关心也不了解建筑产业的整体文化和市场，其根本原因可以追溯到这种责任的转变。

直到 19 世纪中叶南北战争结束，随着火车和船舶运输技术的巨大进步，建筑的工业生产方式和服务系统才涌现出来。工业革命时代是一个技术系统和信仰体系都在发生改变的时代，因为“更好、更快、更便宜”的愿望已成为一种既存的社会价值观。在此期间，美国的蓝领工人和白领工人在建筑行业中具有同等价值。例如，收割机制造商赛勒斯・麦考密克 (Cyrus McCormick) 与接受法国式建筑教育的建筑师勒巴龙·詹尼 (Le Baron Jenney)[**] 的报酬相当，且都受人尊敬，后者是芝加哥学派的创始人。作坊文化与学术训练的联姻，这种独一无二的结合火速推动了美国技术创新的进步。铁路等民用建筑工程领域中的工业生产方法和科学技术的发展为高层和超高层钢结构塔楼的发展铺平了道路。组装线式 (assembly line) 工业生产和制造方法被建筑生产中的装配式技术的新理论和新方法所取代。[5***]

1893 年在芝加哥举办的世界博览会体现了美国建筑理论的混乱根源。这里既有斐吉尼亚州首府的杰斐逊式学院派建筑风格(Beaux Arts)[****]，又融

---

* Speculative construction，风险开发型建筑工程指房屋和土地的开发类型不由业主指定，产品也没有确定的终端买家，故投资的风险性很高，也有很多不良影响。——译者注

** 美国的土木工程师和建筑师，为现代摩天大楼做出过最重要的技术创新，被认为是摩天大楼之父，是家庭保险大楼 (Home Insurance Building) 的设计者。——译者注

*** 福特的 T 型车于 1908 年上市，此前美国最为发达的组装线生产行业是屠宰业，可见这种生产方式早已遍及各个生产领域。——译者注

**** 也称“学院古典主义风格”。——译者注

图 2.3　信赖大厦（Reliance Building）的建筑设计由丹尼尔·伯纳姆（Daniel Burnham）建筑设计公司的艾特伍德（Atwood）完成，工程设计由结构工程师尚克兰（E. C. Shankland）完成。由约翰·鲁特（John Root）设计的地下室和底层楼面于 1890 年开工建设，其余楼层由伯纳姆公司于 1895 年完工。这座建筑采用全钢框架结构和大面积的玻璃，背离了当时的古典建筑传统惯例，因而成为第一座现代摩天大楼

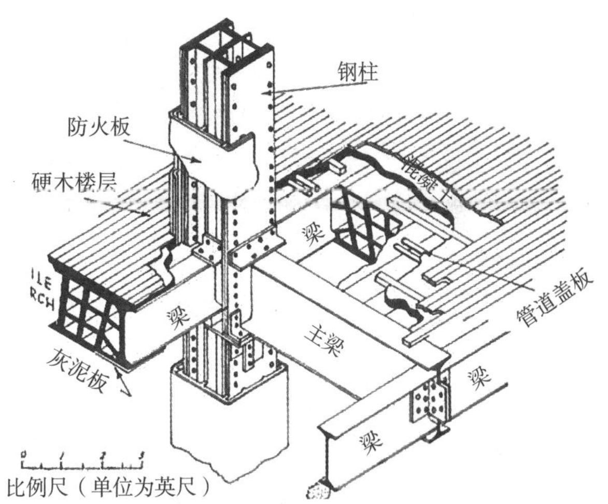

图 2.4　这是信赖大厦（Reliance Building）等早期摩天大楼所采用的钢框架结构细部构造

合了由本杰明·亨利·拉特罗布（Benjamin Henry Latrobe）从英国和法国带来的铁制技术所表现的工业美学。* 在芝加哥郊区建造的“白城”装饰了学院派建筑的所有传统，而市中心充满了新式建筑。钢框架和石材玻璃幕墙结构暗示了这个工业主义的新时代。19 世纪是工业生产预制建筑构件在技术上大踏步发展的时代。铸铁与随后的钢结构和幕墙也变为建筑语汇。这项技术基于标准化协定。作为建筑系统的大规模生产部件也被开发出来。修饰同效用相比，变得越来越不重要。然而，这种变化不单缘于经济发展，还伴有表达建筑生产的工业化本质的愿望。砖石被遗弃，人们转而拥护在工厂中生产的部件。

芝加哥论坛报大厦（the Tribune Tower）的设计师理查德·亨特（Richard Hunt）对世界博览会发挥了重要作用。1855 年，他为美国带来了新的文艺复兴，按照巴黎模式创建了自己的工作室。他也是美国建筑师学会的创始人之一。亨特的门徒威廉·韦尔（William Ware）根据法国美术院校的原则在麻

* 这两位都参与了美国白宫的设计和建造。——译者注

省理工学院创办了美国大学的第一所建筑系。虽然亨特对美国建筑的影响与新传统式（neo-traditional）居住者有关*，但社会似乎对相反方向更感兴趣——考虑用工业技术改造建筑生产的可能性。虽然半数建筑师仍在坚守传统主义的理想，但芝加哥学派却是另一番景象。

摩天大楼技术是南北战争后标准化、技术完善和系统化装配套件（kit-of-parts）技术发展的结果。威廉姆·勒巴龙·詹尼是芝加哥学派的创始人，他培养了威廉·希拉伯德（William Hilabird）、马丁·罗奇（Martin Roche）等建筑师，也对丹尼尔·伯纳姆（Daniel Burnham）、约翰·鲁特（John Root）、路易斯·沙利文（Louis Sullivan）和后来的弗兰克·劳埃德·赖特（Frank Lloyd Wright）产生影响。他的发明和创新由密斯·凡·德·罗继承发扬，用作钢铁和玻璃城市中的现代建造方法。赖特拒绝接受学院派古典主义建筑风格的教育，也不参加与之相关的任何运动。他的导师沙利文曾谴责于1893年在芝加哥举办的白城（White City）世博会展览，深信这次展出既是一种情绪复古，也是一种历史倒退。沙利文在结合装饰性和实用性的基础上发展了自己的美学，这也正是赖特所掌握的方法，并最终成为美国建筑学的代表——将创新和传统联结为一体。芝加哥学派有两种并存的世界观，一种是工作室文化氛围下的艺术传统，另一种是对科技创新的渴望。[6]

平衡创新与传统是一种持续不懈的追求。有人可能会认为20世纪早期和20世纪中叶的现代主义是在古典主义建筑理论的建筑构成和标准化的工业效用之间取得的一种平衡。但是在随后的运动中，作为生产开发的建筑范例和非建筑范例继续分化。然而，装配式建筑作为一种美学和审美，在建筑学的现代改革时期被广泛采用并普及开来，以贝伦斯及其追随者沃尔特·格罗皮乌斯、密斯·凡·德·罗和勒·柯布西耶的作品为开端，再至后来的美国人弗兰克·劳埃德·赖特。建筑学历史本身就是一种现代主义者的格言，寻求设计和生产的创新途径，这也必然与装配式技术密不可分。

彼得·贝伦斯（Peter Behrens）将自己训练为建筑师，将建筑学视作提供社会变革的职业。贝伦斯于1907年被任命为德国电气公司的工业设计师，设计灯具、电器以及各种工厂建筑。贝伦斯于1908年在柏林设计的AEG工厂唤起了人们对工业

图2.5　图为彼得·贝伦斯于1908年设计的柏林AEG工厂。贝伦斯是现代主义建筑师勒·柯布西耶、密斯·凡·德·罗和沃尔特·格罗皮乌斯的导师

* 与新古典主义建筑对应。——译者注

的美学体认。贝伦斯设计的工厂就像放在内部的那些机器一样——其美学直接反映了其用途。虽然贝伦斯的影响力在于将建筑设计转化为实用性领域的设计方法，但也可以说贝伦斯一生中最重要的成就是培养了推动现代主义建筑和装配式建筑发展的三位关键性人物，即德国人沃尔特·格罗皮乌斯、密斯·凡·德·罗和瑞士裔法国人查尔斯－爱德华·让纳雷－格里斯（Charles–Édouard Jeanneret–Gris），也就是勒柯布西耶。[7]

2.2 格罗皮乌斯和瓦施曼

沃尔特·格罗皮乌斯所关注的两个建筑理念分别是：工业化和社会平等。应用其导师贝伦斯的工业美学，格罗皮乌斯创造了一种表达绝对功能的建筑。他于1919年在德国创建了包豪斯。最初，这所学校的目标是将所有的设计艺术与广泛的教学法相结合。然而，随着其他教师的加入，格罗皮乌斯和阿道夫·迈耶（Adolf Meyer）于1926年为这所学校设计了一座新大楼，工业化生产开始成为学校的核心使命。格罗皮乌斯强调，新课程将坚持以下内容：

> “物体的本质取决于其功能。集装箱、桌椅或房屋在正常工作之前，我们必须先研究它的本质，因为它必须完美地达到自身之目的；换句话说，它必须在事实上履行自身之功能，必须便宜、耐用、美观。”[8]

他后来表示，除教学外，包豪斯的主要目标之一是为民众创造经过设计的物品。格罗皮乌斯于1934年离开德国，1937年抵达美国。由于他在包豪斯的声名以及参与了斯图加特的魏森霍夫现代建筑展（Weissenhof Estate），哈佛大学为其提供建筑学课程（architecture program）主任一职。他在包豪斯就表现出对装配式技术的兴趣，利用非现场制造技术降低住房成本。1910年，他与贝伦斯设计事务所合作，为德国电气公司设计了大规模生产的庇护所方案。在20世纪30年代早期，格罗皮乌斯就开发了铜制外墙板系统。最后，在另一次合作中，格罗皮乌斯和康拉德·瓦施曼（Konrad Wachsmann）提出了对装配式建筑思想或许算是最出名的贡献——大规模生产的“套装住宅”（Packaged House）*，这是为美国市场设计的战时住房提案。[9]

吉尔伯特·赫伯特（Gilbert Herbert）在《工厂制造房屋的梦想》（*Dream of the Factory-Made House*）一书中详述了这个项目的设计和生产历史。两人在该项目上投入的时间超过五年。作为一名建筑师，格罗皮乌斯思考问题时与工程师相差无几。瓦施曼是一位自学成才的建筑师，受过木工训练，一生都保持着对装配式技术的恒久兴趣。其职业生涯特点是痴迷于技术，全面接受机械化生产，精通细部连接以及热衷系统逻辑。[10]对于生产战时和战后住宅产业的亟需住房产品来说，具有公共影响力的格罗皮乌斯和具备专业技术的瓦施曼似

* 此处英文用词与第1章不同。——译者注

乎是一对完美的搭档。1942 年，该团队使用瓦施曼开发的专利化四向连接技术设计了一种拼板化系统（panelized system）。所有房屋构件均在工厂生产，于现场组装。他们与通用拼板股份有限公司（General Panel Corporation）合作生产这种房屋。直到 1947 年，工厂的生产线才全部建成并准备投产。遗憾的是，此时政府早已撤回资金，项目错失良机。[11]

关于该项目为何以及如何失败的复杂细节将在本章后续部分逐步展开。格罗皮乌斯和瓦施曼被视为建筑界的英雄，试图通过使用工厂化生产技术为大众提供住房。他们是建筑设计师，也是工程师、工业设计师和生产商。当然，他们不是生产工厂化住房的唯一团体；事实上，在战争期间及战后阶段，近 20 万个家庭所需的住房都是这样生产的。但格罗皮乌斯无疑是现代主义建筑之父，在其中一所最具名望的建筑院校中担任系主任，并深刻影响了建筑文化。他们对建筑学在社会中所扮演角色的看法在那个年代的实践建筑师中产生了轰动。这个团队所要传达的信息是，建筑师也可以承担从概念设计到生产制造的项目全过程建造，也许就是几个世纪前建造大师伯鲁乃列斯基的方式。* 至少在理论上说，建筑师实现所创造作品的全部归属权和项目的经济效益似乎是可能的。格罗皮乌斯和瓦施曼传达了这样一个信息，如果他们能够在微不足道的建筑类型——住宅中成功应用装配式技术，那么或许建筑学能够对美国民众的日常生活发挥更大程度的影响。

* 伯鲁乃列斯基当过工匠，是文艺复兴建筑的奠基人，是建筑师、工程师也是建造师，还发明过机械。——译者注

2.3 密斯·凡·德·罗

密斯·凡·德·罗也对作为设计手段的工业化建筑感兴趣。很明显，密斯从贝伦斯那里学会了对细节和技艺的关注。他对设计和建造中的精确性和高品质有种难以抑制的渴求。密斯有计划地利用工厂生产；设计标准化部件；但在组装过程中，却又专门设计具体的部品。为了简单和精致的外观，他要求手工装配作业，这就使工厂生产过程所节约的成本变成忽略不计之项。援引密斯的叙述：

> “我认为，在我们这个时代，工业化是营造的核心问题。如果我们成功地贯彻了这种工业化，那么就能轻易解决社会经济、技术和艺术方面存在的问题。”[12]

与格罗皮乌斯和瓦施曼为大众提供住房的目标不同，密斯并没有这种心愿，他的设计从来都是不可负担的。密斯对建筑学历史和建筑学未来的最大贡献是他对钢结构和玻璃高层塔楼的热爱。密斯精通纤细钢结构的美学表现。这不仅是芝加哥建筑学派优雅精致的标志，而且在世界范围内创造了一种全新的、属于现代美国的建筑类型。建筑师在密斯时代和当今世界的大多数摩天大楼中都使用了这种由玻璃、钢材和铝材组成的建筑系统，勾勒出世界各大城市的天际线。[13]

> “第一个事实——技术事实——由直线型钢构件或混凝土构件组成的建筑框架将被继续使

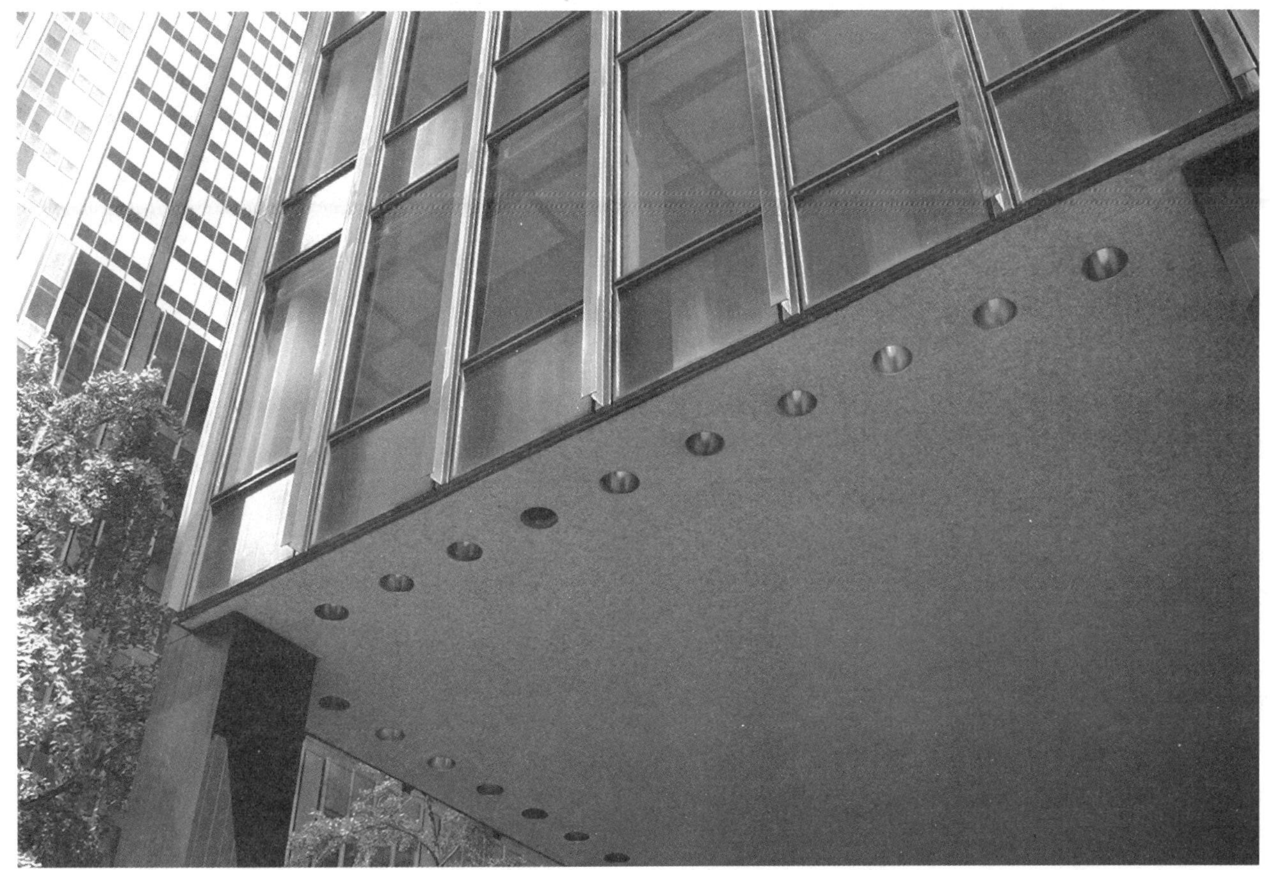

图 2.6　由密斯·凡·德·罗设计的纽约市西格拉姆大厦（Seagram Building）中采用了功能的细部作为美学的装饰

用，因为它高效、经济并易于组装。简言之，密斯提炼出的这个矩形笼子，在那些对雕塑表达感兴趣的人看来，功用有限。然而在其后的许多年里，它确实控制了大部分建筑物的形状。”[14]

密斯对装配式技术的贡献并不在于开发用于生产的新技术、拼板系统或模块产品，而在于将钢和玻璃塔楼的社会认可变成一种现代审美的主流观念。他影响了整整一代建筑师，他们都迷恋于创作这种技巧。密斯的巴塞罗那世博会展馆和伊利诺伊州法恩斯沃思住宅（the Farnsworth House）的美感在很多方面都是这种极简主义的具体表现，也在20世纪后期和21世纪初的住宅建筑设计中再度复兴。今天，由建筑师和其他人士推向市场的许多现代装配式房屋都表现了材料的简约、线条的简洁和高度的透明。无论出于有意还是无心，密斯对建筑认知和表达的深刻影响，特别是对于装配式建筑，在未来很长一段时间内都将持续存在。

2.4 勒·柯布西耶

为贝伦斯工作之前，勒·柯布西耶接受过美术和工匠训练，在钢筋混凝土大师奥古斯特·佩雷特（Auguste Perret）处当过学徒。正是基于这些经验，勒·柯布西耶获得了对新材料和建筑生产方法的鉴赏力。随着工业革命的深入开展，距他接受训练之时也有很长一段时间，勒·柯布西耶在1923年写下了《走向新建筑》一书。他在这本个人宣言中主张在实用之处发现现代建筑之美。他称赞他所感觉的美观和功能的完美典范——汽车、飞机和轮船。他认为这些科技奇迹是现代的“希腊神庙”，一旦现代主义的理念被社会认同，建筑最终也会这样发展。他宣称的“住宅是居住的机器”（the house is a machine for living in）应该从字面上去理解，因为对勒·柯布西耶来说，“要么建筑，要么革命”。* 他认为，建筑特别是大规模生产建筑，是社会弊病的解决方案。为了创造一个用于生存的机器（machine for living），勒·柯布西耶设计建造了一个名叫“雪铁龙住宅”（the Citrohan House）的房屋原型。“雪铁龙”是双关语，也指法国当时的雪铁龙牌汽车（Citroën）。

目前尚不清楚勒·柯布西耶是否打算在工厂中预制其房屋，还是说，想以更加传统的方式在现场采用大规模生产方法和组装线工人。他确信，建筑师可以通过标准化协定建立一个基于理性的建造系统。雪铁龙住宅将勒·柯布西耶的建筑五要素原始思想联系于一体，也包含了多米诺系统（the domino）。这个建筑系统是混凝土框架结构，设置了内部和外部的内填充墙体，以便在需要视野和采光之处开设洞口。门窗都为工厂化制作，覆盖建筑物的外立面。这些房屋采用规则轴网，材料未必是标准尺寸。勒·柯布西耶联系设计与生产的概念和实践略为松散。虽然类似的设计已建成，勒·柯布西耶在其著作中也探讨过大规模生产和装配式理念，但未能在那种尺度和数量上将其变为现实。

尽管勒·柯布西耶从来没有在自己设计的建筑中采用预制方法，但有关他要利用工业生产的想法却妇孺皆知。勒·柯布西耶发现了日常物品的标准化所体现出的美感。正如他的建筑所要表明的那样，他认为最纯粹的物体是效用和精致的统一。这些理念为装配式建筑中的当代低成本大众集群住房实验提供了许多理论基础。可以说，作为20世纪最具影响力的现代主义建筑大师，勒·柯布西耶对装配

图2.7　勒·柯布西耶关于“居住的机器”的想法体现在20世纪20—30年代的雪铁龙住宅中。这所房屋的灵感来自早期的标准化汽车工业中所使用的生产方法

* 作者暗示不要过度解读这句话。后一句话也可理解为“要么生存，要么革命”。——译者注

式技术和大规模生产在住宅产业中的作用发挥了重大而深远的影响。今天的装配式建筑仍然因这种对“纯粹主义摩登小盒子”的痴迷而遭受困扰。正如勒·柯布西耶那些没有长腿的计划一样，当今很多装配式建筑实验或也能满足住房的基本需求，但无法满足有关提升住宅品质的社会愿望。这可以由勒·柯布西耶完成的那些精练的住房项目来体现。其中许多项目已被住户改头换面，住宅街区多数已经损坏并已拆毁。

2.5　弗兰克·劳埃德·赖特

弗兰克·劳埃德·赖特是一位独立的，在政治倾向和身体方面都比较开放的，没有偏见和富于冒险精神的美国人。[15] 据相关记载，他很了解欧洲现代主义建筑大师们的作品，后者也关注赖特在美国的作品。同格罗皮乌斯、瓦施曼、密斯和勒·柯布西耶一样，赖特也相信新式革新建筑。他在沙利文处接受有关新建筑的训练，但也会借鉴传统。赖特是最知名的美国建筑师，因为他对理解空间和材料造诣的发展作出了重大贡献。

1932 年，赖特谈到了他所谓的“组装住宅”（assembled house）。这些房屋由空间标准单元组成。这些单元也是空间建筑积木，用来定义各类房间类型。这些模块在概念上是装配套件，可以添加或移除。赖特了解装配式厨房和卫生间的进展，也读过并看过巴克敏斯特·富勒的 Dymaxion 住宅和皮尔斯基金会的服务核心。他曾提及在保温金属板内填充墙体以及由客户选择的定制化房屋选项。[16] 赖特对装配式技术持高度怀疑态度，因为觉得其缺乏可触知特性，并且会引发对设计师的设计归属权（authorship）的质疑。然而，他将思考进一步推进到装配式建筑如何能够拓展为“居住有机体”（living organism）* 的层面。[17] 尽管赖特对非现场制造的装配式建筑持怀疑态度，但他毕竟超越了理论上的修辞，并且早在 1916 年就以气球龙骨系统为蓝本设计了预制木结构建筑系统。据记载，在 20 世纪二三十年代，赖特用钢结构和木结构尝试了许多建筑实验作品，但是都没能取得商业成功。他采用的方法与现场施工的标准方法差别不大，他对手工制作的细部品质要求使得房屋造价高昂，这就让更庞大的人口群体无法成为其房屋的住户。

赖特实现可负担型住房的成功案例是 20 世纪 30 年代末和 40 年代初的美国风住家（the Usonian home）。** 威斯康星州麦迪逊的雅各布斯住家（the Jacobs Home）是为其例。赖特起初在 1932 年提及用预制方法建造这种住房，最后都没有实现，但目标却是让民众买得起，并根据理性建造的逻辑方法设计房屋。住宅的服务核心由砖石建成，布置壁炉和厨房 / 卫生间服务设施。核心筒也提供了房屋横向稳定性，材料为配筋砌体。内填充墙由胶合板制成，外墙由板材制成。房屋虽小，但非常精致。规则轴网和标准化材料对装配式建筑来说有巨大潜力。然

---

* living organism，意为生命体。此处有双关含义。前一句赖特指出装配式建筑因为单调同一而缺乏触知感，而生命的多样性恰恰是基因、细胞、蛋白质等装配单元重复组装的结果。本书此处的翻译与之前勒·柯布西耶那句话的翻译保持一致。——译者注

** Affordable housing 一般译为经济适用型住房，美国风住家的历史背景是为中产阶级提供经济适用型独栋住宅。——译者注

而，赖特最终没能通过装配式技术达到他所期望的手工艺水准，他在自己渴望的美学与他所理解的经济型住房生产之间达成了妥协。* 赖特从不希望他的房屋是真正意义上的“大规模生产”；他的建筑首先由客户和场地驱动，科技驱动因素在于其次。

2.6 建筑工程师（Architectural Engineer）

尽管巴克敏斯特·富勒和让·普鲁韦都没有经历过成为建筑师的正式训练，但他们对装配式建筑的影响却受到高度重视。富勒和普鲁韦的贡献与前面讨论过的建筑大师至少是同等重要的。此外，他们的作品在某些方面更加成功，在建筑领域以外的其他领域被认可并且广为人知。** 这种成功源于设计者的卓越技术和最终的产品效果。

巴克敏斯特·富勒受过工程师训练，在与格罗皮乌斯、密斯和勒·柯布西耶相同的时代开展实践。在众多建筑师中，他更受社会青睐，这与他使用科学方法处理复杂几何问题，如短程线穹顶和张拉整体结构，以及最后隐秘地设计大规模生产住房有关。1928 年，富勒注册了 Dymaxion 住宅的专利权 ***，其中包括看起来像飞机的桅杆和索网结构系统。到 1936 年，他又为该房屋设计了装配式卫生间单元，并在 1940 年为军队开发了可展开结构单元。到 1944 年，富勒因其在装配式大规模生产房屋中的创新设计已非常出名，最终促成了“威奇托住宅”（the Wichita House）的诞生。因战争在 20 世纪 40 年代中期结束，航空工业困难重重。富勒开始着手将飞机生产工厂改造为房屋生产设施，以满足员工在战后的就业萧条期能够继续工作的需要。

威奇托住宅是一个技术奇迹，像生产飞机一样用铝材和铆接制造。富勒甚至采用了飞机设计原理，促使气流环绕穿过房屋。所有服务功能集中于房屋中央，其余的楔形居住空间像是被切分的馅饼。富勒在设计演进中的真正创新之处在于房屋的重量，威奇托住宅只有 6000 磅，仅用一辆货车就能运输。富勒声称房屋一天就能建成。尽管威奇托住宅的成功之处在于提供战后的工作安置，但富勒突然停止生产，声称还没准备好量产工作。不久，公司便被出售。[18]

让·普鲁韦也不是建筑师，从事家具设计和制作。他是法国人，曾与包括罗伯特·马莱 - 史蒂文斯（Robert Mallet-Stevens）和托尼·加尼耶（Tony Garnier）在内的建筑工程师一同学习。1935 年，普鲁韦设计了一座小型批量生产的庇护所，并为客户建造了一座度假屋原型。虽然他从未阐明自己的设计理念，但很明显，他信奉采用先进生产和制造方法来创造新式动态建筑物（dynamic building）。[19] 他指出：

“应避免或禁止不顾实践的研究。所有无关之事很少符合现实要求，也会浪费时间。建

---

* 住宅建于 1937 年，套内面积约 140 平方米，造价 5500 美元。1937 年 1 美元的购买力相当于 2018 年的 17.61 美元，房屋造价约为 692 美元 / 平方米。——译者注

** 例如 C60 分子被命名为富勒烯。——译者注

*** Dymaxion 指用最少的材料或能源取得最大的强度或效率。——译者注

图 2.8 利用二战时工业生产的基础设施，巴克敏斯特·富勒着手在 Dymaxion 房屋的基础上开发一种经济型房屋。这种房屋利用铝合金建筑结构和表皮，屋顶采用预应力素杆张力结构。房屋模型在威奇托建造，因而得名“威奇托住宅”

造师将会在现场发表批评和评论意见。设计师必须能快速发现并能提前意识到自己的错误；因此设计师和建造师必须像团队一样开展工作并持续对话。”[20]

普鲁韦的车间为法国制造军事营房，后来生产战后住房。这些设计是易于安装的轻型装配式简易居所，用于临时性住房。普鲁韦的设计从一开始就采用冷弯薄壁型钢框架结构、木制屋顶和内填充楼板。此外，1949 年普鲁韦在巴黎附近的郊区建造了 25 个实验性装配式房屋，被称为“默东住宅”(the Meudon Houses)。这些住宅至今仍然存在，但已被改造得无法辨认。[21]

普鲁韦致力于浪费最小化和收益最大化。他能用最小的体量获得最大的空间。他设计过模块的吊装方法、内填充墙板的龙骨结构和工厂制造的建筑

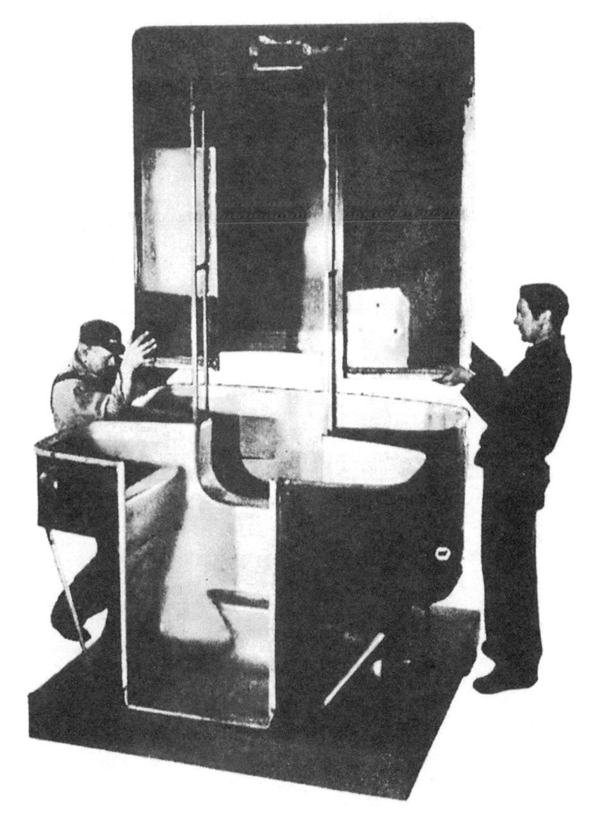

图 2.9 图示为富勒为 Dymaxion 房屋系列开发的装配式卫生间舱体

图 2.10 图示为已被修复的由让·普鲁韦设计的加油站，图中所示正为其在莱茵河的维特拉设计园区（Vitra Campus）展出的情景

系统。普鲁韦有关建筑和家具的审美效法塑模、成型、弯曲、栓接和焊接的制造模式——工业生产的加工方式。他的预制项目数量也远远多于其建筑前辈。没有人确切知道为什么普鲁韦会被自己创办的工厂扫地出门，他后续的设计生涯出人意料地同生产制造没有任何直接关联。然而，建筑学的许多设计和生产原理都可以追溯到20世纪初普鲁韦所建立的这个设计－建造总承包式的生产工厂。

2.7 20世纪后期的装配式建筑

> “然而，在20世纪后半叶，建筑学和大规模生产房屋之间的关系发生了变化。建筑师……似乎失去了那种通过直接干预去改变世界的意愿，反而去信仰感化和表率的作用。”[22]

1945年启动的个案研究住房计划（Case Study House Program）用于生产加利福尼亚风格的原型住宅。这些住宅与当地景观有密切联系。这些项目用于经济适用型独栋住宅，设计精良且易于建造。其后二十年间总共建造了36套住宅，但大多数设计师从未与制造商合作过，大多数都是独一无二的现场建造建筑作品，至今仍会受到欣赏和追捧。设计这些住宅的建筑师有：理查德·诺伊特拉（Richard Neutra）、克雷格·埃尔伍德（Craig Ellwood）、拉斐尔·索里亚诺（Raphael Soriano）和皮埃尔·凯尼格（Pierre Koenig）。许多房屋都由钢框架预制构件和内填充墙板组成。装配式技术在查尔斯·埃姆斯和雷·埃姆斯（Charles and Ray Eames）的住宅中有最为明显的体现。[23]

查尔斯·埃姆斯和雷·埃姆斯夫妇是工业设计团队。同普鲁韦一样，埃姆斯夫妇认为建筑和家具大同小异。他们对建筑设计感兴趣，对20世纪中期的现代设计也颇具影响力，设想自己的住家完全由现成的构件建造。房屋中的每一个单元都从某家工业产品制造商处订购。钢框架也采用标准化构件。查尔斯·埃姆斯表示，这座房屋的主要目标是尽可能地创建最便宜的空间，实现最高程度的工业化水平。这种房屋没有被重复建造过，但最大程度地利用了当时的工业技术。如果他们提交过指导手册和图纸，从理论上说可以复制这所住宅。这种系统化的设计和建造过程既不“经济实惠”，也无效率可言。埃姆斯夫妇最终放弃建筑设计，转向他们所擅长的工业设计，但是他们的装配式技术的原理也随他们一起进入其职业领域中。[24]

20世纪后期第二次大量使用装配式技术的形势当属“高技派”运动（high-tech movement）。参与其中的建筑师有英国的建筑电讯派（Archigram）、迈克尔·霍普金斯（Michael Hopkins）、理查德·罗杰斯（Richard Rodgers）和诺曼·福斯特（Norman Foster）。在20世纪60年代，由彼得·库克（Peter Cook）、沃伦·乔克（Warren Chalk）、罗恩·赫伦（Ron Herron）、丹尼斯·克朗普顿（Dennis Crompton）、迈克·韦布（Michael Webb）和戴维·格林（David Greene）等人组成的建筑电讯派本质上是一个纸上谈兵的建筑设计公司，通过宣传活动和营销形象创造未来的建筑宣言。建筑电讯公司的创意可算是高度工业化的奇迹，其中包括“步行城市”（walking cities）、“即时城市”（instant cities）和“插件城市”（plugin cities）。实际上，建筑电讯公司没有为这些想法开发任何技术标准和实现方法，也没有建造任何原型房屋。然而，这些合伙人激发了关于未来建筑和城市化的理论探讨。其他建筑师也的确想将该团队的理念发展为完整的设计和施工方案，但建筑电讯派的大多数实验都属于一次性冒险，造价高昂且高度个性化。这些装配式建筑实验中就包括罗杰斯于1968年设计的房屋，被称为“拉链住宅”，由带有圆角和玻璃端头的铝制保温夹芯板墙体构建。这是一种管状设计，可加入模块形成整个场地分区。1975年，霍普金斯和他的妻子帕蒂（Paty）建造了一个与埃姆斯夫妇房屋雷同的住宅，该房屋也采用标准化的型钢构件，甚至还炫耀在埃姆斯夫妇作品中找到的主色调。福斯特的门徒理查德·霍登（Richard Horden）于1983年设计了“游艇住宅”（the Yacht House），采用船舶工艺建造的系统包含轻型框架和内填充板。高技派运动及其装配式技术的时代是建筑理念的时代。据有关历史记载，建筑师从未同工业生产商和制造商建立过富有成效的合作关系，并且这些建筑系统都为高度定制化，除了那种一次性的建筑实验原型外，社会无法负担更多类似的建筑。

在1967年世博会中，富勒建造了一个高61米，四分之三球体大小的短程线穹顶。与之前的实验一样，富勒的测地线概念从来不会附和主流建筑。24岁的莫希奇·萨夫迪（Moshie Safdie）也在这个世博会中设计了其第一个建成项目。158间房屋由354个模块化单元组成，共有18种非现场制造的预制钢筋混凝土模块。模块相互堆叠，在它们之间形成了室外花园和平台。这些模块太重，不便于安装和重新安置；种类变化又太多，需要特定的设备和模具来浇筑。除了工厂化生产的困难，现场作业还需大型起重机和大量人工将这些模块连接为一体。这种即插即用的概念没有节省任何费用，实际工程造价远远超出预算。萨夫迪将他的装配式建筑梦想留在了大众集群住房中，称其建筑实验是个失败品，并在当时声称建筑领域中的装配式技术是不可能实现的。[25]

保罗·鲁道夫（Paul Rudolph）表示这些模块难以制造和安装的问题源自萨夫迪采用的钢筋混凝土建筑材料。1971年，鲁道夫在康涅狄格州纽黑文市的一个被称作“东方共济会花园”（Oriental Masonic Garden）的开发项目中实现了模块化住房。他在技术方面肯定没有创新，但将移动式房屋类型应用于多户公寓住房，这是一种对民间建筑风格的重新诠释。那个时代的建筑师已断定移动式住房不值一提，而鲁道夫在这里则饶有兴味地设法提供低成本的高端设计住房。该项目同移动式住房的筒形屋顶一样单调乏味，房屋尺寸全部重复，结果是创造了一种贫民区，而不是一个充满活力的邻里空间结构。

20世纪60年代还出现了日本的新陈代谢派（Japanese Metabolists）。像萨夫迪和鲁道夫的设计一样，新陈代谢派也采用模块化系统，但不同的是模块可嵌入结构核心筒和服务核心。最著名的项目是黑川纪章（Kurokawa）于20世纪60年代末设计的中银胶囊大楼（Nakagin Capsule Tower）。黑川认为当住户要搬家或模块的内部装修需要更新时，取出模块和建造时嵌入模块一样简单。该项目原本是为不能回家的夜班工人提供住宿的旅店。胶囊完全在工厂制造并配有现代化生活设施。具有讽刺意味的是，这座现代主义建筑现在已经过时，不再现代。这些胶囊从未被拔出过，已经年久失修。钢结构和服务核心的造价很高，初始成本远超采用传统现场施工方式的同等规模项目。如果这种可更换模块的概念能被更广泛的社会群体所接纳，那么这种移除建筑单元的能力或许可以节省建筑的全寿命周期成本。

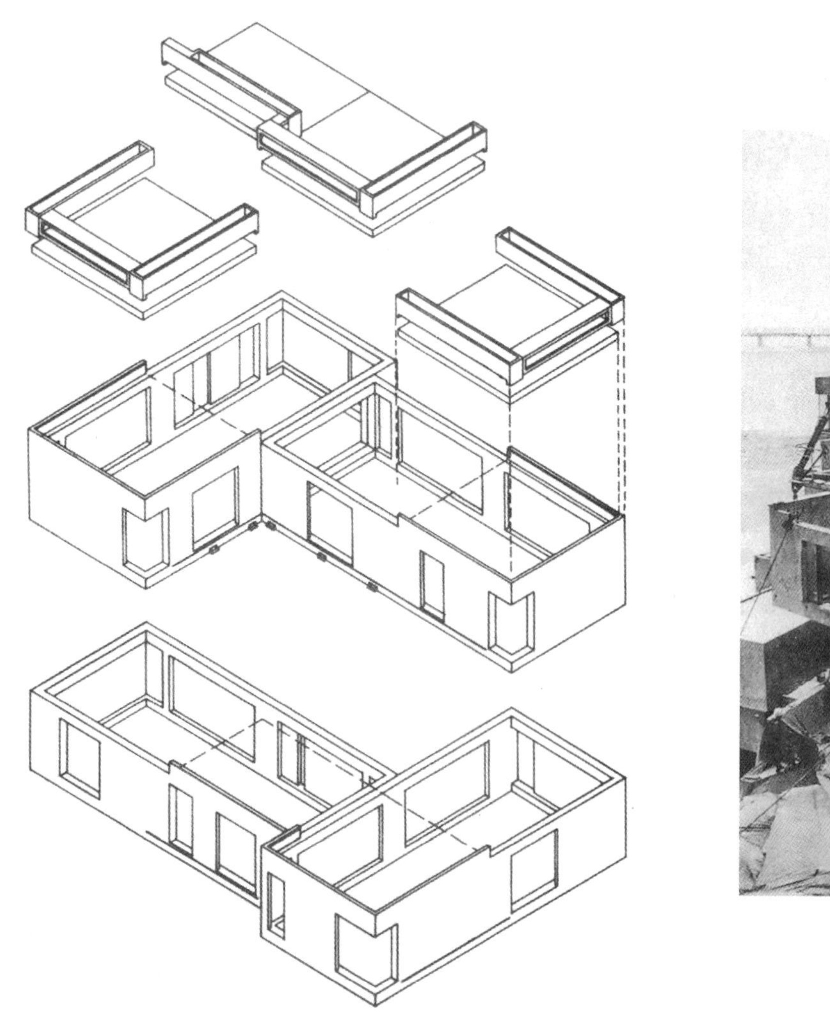

图 2.11　莫希奇 · 萨夫迪为 1967 年蒙特利尔世博会设计了这座名为“栖息地”的住宅区。24 岁的萨夫迪开发了一套由 354 个预制混凝土模块单元组成的包含 158 套寓所的综合体

20世纪后期的装配式建筑，除了小型独栋住宅和经济适用型多户住宅外，还包括更大规模的定制公建项目。路易斯·I.康是美国现代主义流派的建筑师，20世纪50至70年代在费城生活工作并从事教学。他希望建筑能够回归纪念碑式的本源，在更大程度上影响建成环境的公共感知力。他的作品所体现的不是工业美学，而是纪念碑式的、坚固的和技艺性的美学。康还在宾夕法尼亚大学教授建筑学。学生和教师都敬重他。今天仍能感受到他对建筑设计中有关材料运用方式的影响。康对装配式建筑的兴趣并不在于技术本身，而在于它可以揭示关于美学和设计伦理方面的材料、系统和建造方法。康的建筑观可总结为他自己提出的问题："砖块想成为什么？"这个问题还在挑战那些最伟大的设计师们，也在继续鼓舞建筑师去揭示材料的本性和材料的使用方法。1956年，康联系到德国工程师奥古斯特·科缅丹特，希望他为宾夕法尼亚大学的理查兹医学实验大楼（Richards Medical Laboratory）设计预应力后张拉预制混凝土结构。此时预应力混凝土只用于桥梁、高速公路等大跨度土木工程项目中。康式建筑学对预应力混凝土材料的改造应用，不用说对房屋建筑，乃至对建筑业都是一次重大的技术转移。在科缅丹特的帮助下，康能够设计和建造复杂的预制混凝土空腹梁－柱系统，用于表达结构逻辑和总体建筑构思。预应力单元通过后张拉方法实现组装，如此便使预制混凝土构件比其现浇堂兄更加修长而优雅。构件制造由大西洋预应力公司（Atlantic Prestressing Company）完成，竞标价格比竞争对手少了75000美元。据估计，若采用传统的

图2.12 保罗·鲁道夫于1971年在纽黑文实现了模块化房屋的设计开发，这是20世纪60年代和70年代的众多装配式住宅项目中的一种。对移动式住宅单元加以改造并将模块相互并置以营造住宅社区的感觉

图 2.13　图为路易斯·康和工程师科缅丹特在 20 世纪 60 年代末设计的宾夕法尼亚大学的理查兹医学实验大楼，这是座预制预应力混凝土建筑，也是最早采用预应力混凝土材料的一种建筑

现场浇筑混凝土，那么在 20 世纪 60 年代初期，该项目将额外花费 20 万美元。大西洋预应力公司的最终成本比预算超出 82000 美元，客户可以接受这个裕量。此外工程建设格外顺利。该项目出名的原因是成功达成工期要求。康的成功在于他愿意聘请预制混凝土结构设计专家，不仅如此，双方协同工作设计了装配式建筑结构的创造性解决方案。[26]

20 世纪晚期的现代主义者在设计中使用夸张的表现和简约的态度，将暴露建筑物内部机制当作一种审美。这本来带有试验性质，但到了 20 世纪 60 年代后期，由意大利建筑师伦佐·皮亚诺（Renzo Piano）和英国建筑师理查德·罗杰斯（Richard Rodgers）设计的蓬皮杜波堡中心（Beaubourg Centres de Pompidou）将高技派的纪念碑式的表现主义提升至前所未有的高度。在 1971 年到 1977 年的施工阶段中，巴黎的标志表现在工地的起重机持续不断地将卡车后部装载的建筑部件吊来吊去。为了完成这个在当时技术最为先进的高度装配化建筑，建筑师需要与最优秀的工程师协同工作。皮亚诺和罗杰斯与奥雅纳（Ove Arup）公司一同工作，他们聘请了后来创立布罗哈波尔德工程公司（Buro Happold Engineers）的结构工程师泰德·哈波尔德（Ted Happold），以及继续与皮亚诺和其他建筑师合作设计复杂技术项目的结构工程师彼得·赖斯（Peter Rice）。[27]

这座建筑物最具创新性的元素是其上部结构，作为外骨骼完全暴露在外，由精致的柱、桁梁、次梁和交叉支撑组成，其中还有用于平衡恒载和活载的热贝尔型悬臂梁（gerberette）。* 这个建筑细部被确证是最富表现力的元素，它很难在工厂中生产。每个重达 17 吨的热贝尔型悬臂梁是大体量钢结构构件制造能力的证明。波堡的预制构件往事总体来说就是蓬皮杜中心的往事——所有构件和零件都要屈从于那个更大的建筑理念。在面对预算、进度和技术要求等方面的对立时，这个理念必须得到维护。蓬皮杜中心不是对装配式技术实用性的表现，而是表现了注射过兴奋剂的装配式建筑的实用效用，被炒作成比本身用途更为重要之物——不是关于建造和生产的工具，而正为建筑本尊的肖像。山重水复，装配式建筑在 20 世纪 90 年代及以后时代的地位就此确立。[28]

皮亚诺和罗杰斯的设计重新定义了装配式技术在建筑创作和建造中的作用。包括格罗皮乌斯、密斯·凡·德·罗和勒·柯布西耶在内的现代主义者的梦想是将装配式技术作为一种实现新美学和经

* 德国的结构工程师 Heinrich Gerber 于 1866 年用自己的名字注册了 Gerber 悬臂梁专利，此为蓬皮杜艺术中心中的这个结构构件的历史出处。——译者注

济适用型住房的方式——满足社会需求的解决办法。20 世纪后期的现代主义者似乎不太关心作为生产方法的装配式技术可以为社会问题提供解决方案的这种可能和事实——实现前所未有的规模、质量和形态——直接回应社会大众的心愿。从 20 世纪后期到现今的 21 世纪，对创新的诉求压倒了对社会平等的愿望。洛杉矶的迪士尼音乐厅（Disney Concert Hall）采用高度的数字化设计、制造和建造技术，没有什么比这个家伙还不真实。音乐厅的建造过程历时十年之久，超出预算数百万美元，奢华的美感与效率正好相反。这个不锈的表皮所遮盖的是一段关于挣扎与奋斗的历史——资金链的断裂、几何差错、复杂的 CAD / CAM 技术和各式各样的法律诉讼。对于那些从事该项目或为其提供资金支持的人来说，这座建筑让他们爱恨交加，痛并快乐着。这座建筑的创新之处在于将装配式技术的数字化交付过程逼向极致。[29]

图 2.14　蓬皮杜中心由皮亚诺和罗杰斯完成其建筑设计，奥雅纳公司的工程师彼得 · 赖斯和特德 · 哈波尔德于 1968 年完成其结构设计。该建筑完全由预制构件组装而成，1971 年开始修建，1977 年建成

2.8　经验教训

装配式技术是渐进性的演化技术，不是革命性的突破技术。与医疗领域取得的进步类似，都是通过实践和失败发现问题的解决方案。每次失败都会获得不可为的知识，也距可为之的目标更近一步。建筑的非现场制造技术的发展喜忧参半。每个具体案例都提供了是否应该采用装配式技术作为建筑交付方法的洞见。每次具体实践也都有其独特性，但其中的共通主题可为建筑界和建筑业在取其利和除其弊时提供参考。

第 1 章中讨论的非建筑设计案例有西尔斯住家和卢斯特伦股份有限公司、预制混凝土的发展和最为多产的装配式建筑类型——移动式住房，它们在大多数情况下都与建筑学无关。那么建筑师为什么还会如此关心装配式建筑？科林 · 戴维斯（Collin

Davies）解释了建筑学和装配式技术的关系如此紧要的原因：

> “（装配式技术）挑战了建筑学中最为根深蒂固的偏见。它对建筑设计的归属权概念发出质疑。设计归属权是建筑学视自身为艺术形式的核心所在；装配式技术以生产方法、市场营销和施工知识为基础；它不允许建筑师以某些特别客户的需求为核心，也不允许他/她迷恋特定场地的具体性质；装配式建筑一直都以其轻巧和便携式技术嘲讽建筑学的那种纪念碑式的伪装。但是，如果建筑学能够适应这些条件并在装配式技术方面取得成功，那么它或许会恢复部分过去三十年间所失去的那些影响力，开始对建成环境的品质发挥重要影响。”

装配式建筑的那些失败不仅是建筑师的失败，置身其中的投资方和商业人士也同样失败了。与这些经验教训同样重要的是，如何利用装配式技术在建筑设计和施工方面所做出的那些承诺。从这些失败中可得到如下启示：

2.8.1 专有系统不适用于大众集群房屋

马克·安德森和彼得·安德森（Mark and Peter Anderson）指出：

> “在众多生产装配式住宅的尝试中所获得的一种教训便是，独有专属系统中供应来源单一的构件开发成本太高，并且几乎总是因经济失败而覆灭，即使其设计、细部和生产概念都非常杰出。”

按照年代排序，大众集群住房的专有系统和失败案例总结如下：

1928年，1944年：富勒的Dymaxion和威奇托住宅（Wichita House）：圆形和定制化的铝材表皮，配置专利化卫生间和厨房的服务舱体。

1932年，1933年：费希尔通用房屋有限公司（Fisher General Houses Corporation）和麦克劳林美国房屋公司：类似航空用的金属应力蒙皮外墙板。

1932年：赖特的“美国风组装住宅”：定制的砌体服务核心和木制组装外墙板。

1933年：凯克的明日之宅和水晶住宅：钢结构装配套件，构件需要现场组装。

1942年：格罗皮乌斯和瓦施曼的预包装套装住宅：四路连接节点，框架结构，内填充墙板。

1948年：卢斯特伦公司住宅：搪瓷钢表皮，定制建造的钢制固定设施和橱柜。

1967年：萨夫迪的栖息地：多种预制混凝土住房单元拼接为独一无二的布局。

1968年：新陈代谢派胶囊：与主体结构和服务核心配套的预制混凝土插入式模块。

这些建筑师、公司和他们的专利系统全都合格，也的确准备好为市场服务。这些系统的问题在于它们没有为更变和维护提供便利。例如，富勒的方案在技术上是先进的，但为了维持建筑系统在全寿命周期内正常使用，那就需要稳定持续的供应链。特别是服务舱体，10年或20年就要更换一次，直到房屋报废。居住建筑的质量通常会低于商业建筑和公共建筑，但住宅也是最耐用的建筑类型，这是因为业主一般会根据需要采用相当初级的方法改变居住空间。

相同的问题还在于经济适用型住房并不保证能开发出全新的住宅系统。不仅老旧住宅需要更换，审美偏好也会随时间而变化。专有系统在有关审美事项中往往也趋向垄断性，强加的特定想法、风格和材料难以改变，也很难适应每个个体的生活方式。适应变化的概念性设计方案是萨夫迪和新陈代谢派的项目，但历史证明，纯粹是拆卸模块或替换所带来的巨大成本就已经导致这些建筑几乎很少改变。此外，即插即用的专有系统过分依赖于其基础设施，如果改变则会大费周章而且费用高昂。因此，很难确保这种建筑物的全寿命成本。

安德森兄弟（The Andersons）继续指出：

> “我们开始相信，实现装配式技术优势的最有效途径应由现场施工工艺逐步过渡到非现场部品化建筑单元的装配，应对设计和力学领域之外的社会和经济作用进行更加深入的分析和理解。”

成功的非专有系统按年代顺序描述如下：

19 世纪：曼宁农舍：标准化的木制品和内填充系统，运输非常方便。

1832 年：波纹铁（瓦楞铁）：轧制的带肋金属薄板，轻质、可堆叠、多用途，目前仍在广泛使用。

1833 年：气球龙骨：铣削切割的标准尺寸木制承重墙体、楼面和屋面结构。

1851 年：水晶宫：可互换标准化铸锻铁节点和构件，一次性使用，拆卸成本可以负担。

1906—1940 年：阿拉丁住家和西尔斯住家：预制气球龙骨系统，产品均提供“外卖式”邮政订购服务，产品由用户自行拼装。

1851 年的水晶宫虽然是个性化设计，但依靠标准化生产和可互换部件大大减少了建设周期和制造所需的劳动力。由于建筑系统的灵活性，这座宫殿也可能被改装。

与失败的装配式住房案例相比，上述所提供的这些具有敏锐洞察力的相反案例可用来解释，那些具有明确界限的建筑专有系统失败的原因。上述的建筑案例共同指向了一种百年前由美国创造的特殊技术：气球龙骨。2003 年，约 75% 的美国新建住房都使用这种方法。* 这其中约有 28% 使用了密肋框架（stick-framing）的概念，但是会利用拼板化技术在工厂建造；或者是由平板半挂运输的系统化 2X 房屋建筑，类似于预制木结构桁架或结构保温板（Structural Insulated Panels）。** 其余住房是工业工艺住宅或由砌块和混凝土等材料建造。装配式密肋框架（龙骨）拼板和模块化系统是目前工厂化生产住房的主要交付方法。拼板化技术、模块化技术和夹芯板技术的应用将在本书第 6 章中详加讨论。以上住宅建筑都使用了密肋框架的概念，也提供了改变建筑内部分

* 考虑到美国每年会遭受上千次龙卷风和飓风的袭击，这种住房系统的生命力的确令人震惊，也包括其名称。——译者注

** stick-framing 是木结构的传统现场施工方法。在美国住宅建筑市场中，预制木结构桁架常被当作其竞争伙伴和对手，本书翻译的依据是其构件布局。龙骨已暗含密肋意味，因而采用密肋框架之谓。——译者注

图 2.15　泰勒于 1833 年在芝加哥开发气球龙骨结构。轻型木龙骨墙是 19 世纪的美国能够向西部迅速扩张的完美解决方案

隔的便利性。因其灵活多变、快速建造和易于组装的特性，这种基本建筑单元已占据市场主要份额。

2.8.2　装配式建筑既关系设计也是一种技术研发

装配式建筑不仅涉及产品的美观、细致的连接、标准化或独特的材料汇接处理方式，而且还要求必须以生产的立场来设计。建筑师通常都不精通工业产品和工业生产方式，也没有受过成为工业实业家的训练。我们擅长的是形式和设计；一般来说，与我们渴望创造独一无二的激情相比，制作事物的过程是次要的。我们回过头来考察一下关于生产方法和过分关注设计的两个主要案例,勒柯布西耶的“雪铁龙住宅”和赖特的“美国风住家”。

“雪铁龙住宅”被当作汽车来建造。勒・柯布西耶在其著作中也明言过，但如前所述，尚不清楚他是否真正打算在自己的建筑中实施这种工业生产方法。然而，显而易见的是，勒・柯布西耶着迷于社会的工业化，认为建筑必须从美学上反映这种状态。他对汽车和其他现代技术发展的研究也表现了这种迷恋，但是他自己设计建造的建筑物大多为现浇钢筋混凝土结构。他对形式和材料的关注似乎更胜于任何种类的面向生产运行的设计方法、现场连接的工厂化生产或是大规模生产方式。值得庆幸的是，他实际就是这么做的。勒・柯布西耶为建筑学在公共住房领域（public housing）提供了大量关于应该做什么的知识，尤其重要的是，提供了关于不应该做什么的知识。如果他当时像生产雪铁龙汽车一般试图大规模生产“雪铁龙住宅”，那么我们很可能就无法取得这些宝贵的经验和知识了。从勒・柯布西耶处得到的经验教训是，为了建筑（设计）而建筑（设计）不可能满足社会对高品质经济适用型住房的需求，因为关于生产过程或方法的设计必须成为建筑设计的一个环节。

科林・戴维斯指出：

“建造设计和空间设计之间的区别非常重要。建筑师通常会对这两者都负有责任，也似乎将这两者当作同等重要之事。但是房屋建筑行业可不这么看。一项建筑工程技术无论是经由几个世纪的实践发展而来的，还是在工厂中发明的，都弥足珍贵，这其中倾注了大量能工巧匠的技艺和汗水。建筑技术的开发需由真正的专家来完成，最好有亲身体验过的关于材料的知识以及对用于塑形的实用工具的认知。在绘图板上闭门造车的新技术不可能成功。技术

是开发出来的，不是设计出来的，你得在一座工厂里研发技术。”[30]

赖特同样在与设计和施工这对可能无法调和的隐性矛盾做斗争。他经常否认这种矛盾，并且发表言论，利用“美国风”中的多样系统、标准化服务和结构核心，以及内填充墙板系统，尝试并成功交付了经济适用型大规模生产住房。然而就算是最成功的案例雅各布斯住宅，当时已然超出预算，但赖特依然在施工过程中改来改去。他对方案设计和业主所展现的激情和合作姿态总是远超对大规模生产系统的探索。这表明，对于从事装配式技术的建筑师来说主要存在以下两种障碍：场地独特性和设计归属权。

首先是特定场地的设计观念。肯尼思·弗兰姆普敦（Kenneth Frampton）总结了建筑师对场地特殊性的理解：

“非常明显的是，所谓的高技派建筑师，他们用现代化生产性方法重新解释建造技艺，但实际上已经在从事由生产方法决定的建筑创作……对此，我们可以设置场所－形式（place-form）或基础地形元素，尽力将其筑入地层作为重型的场地组成部分，提供实实在在地抵抗位于其上的量产型建筑形式。”[31]

场所－形式指作为雕刻实体的场地，设计像处理浅浮雕一般为其做减法。场地是用于安装建筑产品－形式（product-form）的容器，或者是透明或半透明的钢框架或木制框架的工业制造型生根部位。* 对于当今的建筑师和前几代建筑师而言，场地在真实性方面至关重要。但是场地是建筑的必要条件吗？赖特当然这么认为，弗兰姆普敦也一样。马克·安德森和彼得·安德森的著作名为《装配式原型建筑：非现场建造的场地特定设计》。[32] 标题和内容及书中的引言都强调了一个固有的观念，即建筑等同于场地。然而，经常被忽略的是，如果为了让建筑对人们的日常生活产生更多的影响，那么它也必须等同于生产。安德森兄弟和很多建筑师一样，担心装配式技术会导致设计过程中缺乏个性和归属权。

戴维斯总结道：

“建筑对‘场所’细微差别的敏感性是令人钦佩的，但这已经成为一种恋物癖……有一种引人入胜的想法是，建筑物的形式应从特定客户的需求和特定地点的要求所形成的唯一性组合中自然而然地浮现出来，这是种虚幻。大多数房屋都是适用于任何场地的标准产品。这并无不妥，建筑一直就是如此。人人都喜欢的唯一建筑形式，乡土建筑，就是采用标准化构造细部的标准建筑类型。”[33]

建筑师也担心装配式技术会威胁自身的设计归属权，导致荣誉被分享而不由其独占。这种担忧体

* 原文为 layering，指农业的压条法繁殖，作者将上部建筑比作植物。——译者注

现在一位著名设计师的最近演讲中，他阐释了纽约市一座新建剧院的设计概念。为实现这座建筑，他设计了先进的材料、方法和装配式系统。显然，这个演讲中没有提及任何合作者的名字，包括让这个项目成为物理实体的工程师、制造商和承包商们。建筑文化中最大的一种谬误就是让建筑物的设计归属权都归于一个创造者。如果我们想为当今之问题创造出真正伟大的建筑解决方案，建筑师们就必须要克服这个英雄主义障碍。装配式建筑只能在相互合作的文化氛围中蓬勃发展。

这个障碍和难题未必是当代设计师的错。本章讨论过的前几代建筑师塑造了我们理解自身职业的方式。现实是，建筑学和建筑物都需要创造性的进取心，但创造性的发展来自对设计和工业生产历史中所形成的标准、模式和语言的不断适应和重新解释。建筑师其实也对工业生产很感兴趣，但在多数情况下是肤浅的，因为这种兴趣只会在工业生产支持我们自身设计意识形态中概念和观念的条件下产生。然而，如果建筑学打算真正关注装配式技术中让设计和生产的联系更为紧密的这种特征，那么建筑师必须分享对创造性和设计归属的独占权。

2.8.3 作为经营规划的装配式比作为产品的装配式更重要

装配式业务的失败案例在建筑师和投资方的工作中都有体现。从 1948 年到 1950 年，卢斯特伦公司建造了装配式瓷釉（porcelain-enameled）钢住宅。托马斯·费特斯（Thomas Fetters）在《卢斯特伦之家》一书中详细地介绍了这家公司的兴衰。[34] 这并不是说卢斯特伦公司的产品品质低下或功能有问题。这种住宅采用战时的航空业技术建造，对当时来说是完美的住宅典范。其搪瓷钢结构，可用普通园艺软管清洁，内置的厨房电器设施十分便利，也受到广泛关注。据报道，1948 年超过 6 万人参观游览了位于纽约市的卢斯特伦展厅，《生活》杂志广告所带来的业务咨询超过 15 万人次 [35]。1950 年卢斯特伦公司被迫取消回赎权，在其存活的两年时间里共建造了 2680 套住宅。卢斯特伦公司由美国 35 个州的 234 名经销商组成，其产品远销至委内瑞拉、阿拉斯加和其他军事地区。从很多方面来衡量，卢斯特伦公司及其住宅是成功的。但是，导致卢斯特伦最终覆灭的主要原因是管理层不善于财务规划。

在实际生产房屋之前，卢斯特伦公司就已经债台高筑，其主要资金来源方是复兴银行公司（RFC），但 RFC 于 1949 年底撤除资金。短期内卢斯特伦公司在没有外部资金帮助的情况下无法寻得足够的市场需求继续其独立运作。RFC 的撤资出于政治性因素。费特斯指出，一系列糟糕的宣传文章将 RFC 对卢斯特伦公司的投资当作是对公众资金的滥用。随后的国会听证要求 RFC 要对其投资行为负责。此外，战后这段时间人们对政府公开支持的住房动议存有担忧，公众可能将其解释为与共产主义或社会主义相关联的行动。尽管已经有足够的贷款资金用于更新设备，生产工艺业已流水化，而且改造后的设计可以在标准化类型中提供更多的选项，但是卢斯特伦公司的声名已被玷污，社会大众包括那些即便感兴趣的小部分群体也不再关注。[36]

格罗皮乌斯和瓦施曼的预包装套装住房方案是忽视商业支持的案例。该房屋的平面图、细部设计、透视图及许多连接节点的原型实验都表明这是一套完全开发的组装建筑系统。设计周全而且精确。瓦施曼竭尽全力确保房屋不会因技术因素而致失败。他设计了包括供应链、加工制造、装配线生产、运输和安装在内的建造系统。1942 年间格罗皮乌斯和瓦施曼曾计划每年生产 10000 套住房，甚至还在工厂中生产了实际运行的房屋实验原型。瓦施曼觉得还有必要继续完善细部构造和生产方法。赫伯特指出，尽管两人具备极大的热情、精湛的专业技术和良好的声誉，并且政府和私人也都给予投资支持，在工业部门中也有合作伙伴，但该项目错失了可能在 1942 年取得成功的良机。[37] 没有了战时需求，尽管技术超凡，住房方案依旧失败。

1946 年发布的 VEHA 法案正为鼓励工业生产商改造那些曾经生产战争用品的工厂。VEHA 希望工厂为数百万个家庭生产住房以满足退伍军人和扩大家庭的需求。瓦施曼投入了更多的高效装备并进一步完善了整个系统，但导致工厂的准备工作大为延后，还没开始生产，联邦政府就撤除资金。这个失败案例并不缺乏资金，不像卢斯特伦公司那样过分依赖 RFC 和政治支持而垮台；相反，对生产本身的迷恋使二人罔顾市场的真实需求。这套建造系统中天才般的技术是瓦施曼在战时服役期间根据以往的实验和经验，用近十年时间发展而来，但仅凭技术不足以引起消费者的兴趣。实际情况是，无论看上去有多么精巧，购房者对生产方法或制造以及装配系统的创意并不感冒。顾客真正感兴趣的是其日常使用特征：耐用性、便利性，以及也许是最被看重的，潜在的保值升值能力。

因此，无论是对住宅还是其他建筑类型来说，装配式技术既要符合技术原理也要遵守商业市场原则。同任何技术或产品一样，装配式系统也容易遭受商业或金融方面的失败影响和政策环境带来的冲击。在这些案例中，通过满足这些原理和原则，即使没有建筑的参与装配式建筑也能存在。但是如果不能满足装配式建筑用户的基本需求，那建筑肯定无法生存。

2.8.4　保证装配式技术实施的条件

从过往尝试装配式建筑的失败案例中所获得的一种主要经验教训是，不应在任何情况下都采用非现场建造方法，应具体评估具体项目的预制生产方法的可能性。不同的项目有不同的业主、地点和劳动力背景。[38] 不管建筑师或其他专业人士的积极性有多高，也不管装配式系统在外观和功能上是多么的精巧与精致，上面这三个变量才真正影响建设项目是否应该采用装配式技术。我们通过许多建筑师设计的装配式案例已经了解到，采用工厂化生产方式的决定并不是出自对业主、地点和劳动力背景的考虑，而是出自一种设想推动技术美学运动前进的设计理念。当然，早期的现代主义大师和战后的许多建筑实验都在这样做。然而在某些情况下，一次性的特定设计项目若不考虑其环境背景，仅将装配式技术作为一种实现新奇性的手段，那么这种行为是不负责的，甚至是不道德的。这些一般性原理将在第 3 章进行更深入的讨论。

2.8.5 必须来自一体化过程

装配式技术的许多失败原因是项目前期规划阶段缺乏综合过程。在设计初期就应考虑是否采用装配式。思考设计过程中装配式技术的时机应被置于项目投资的前期。阿拉斯泰尔·吉布（Alastair Gibb）指出，有关非现场制造方法的总体策略是必要的，因为装配式技术的优势不在于降低个别要素成本，而体现在节省现场作业时间、减少财务记录工作、需求方案说明书（RFPs）和各种变更的附属效应中。[39] 前期就致力于将装配式技术确定为实施方法的努力将会鼓励业主、设计团队、承包商和关键制造商在既定背景条件下通力协作从而实现一种亲民实惠的技术。

特克尔设计公司（Turkel Design）的乔尔·特克尔（Joel Turkel）指出：

“装配式建筑的未来将会越来越非建筑化。建筑师在传统上试图利用现成的或新式手段设计预制之物，不会设计实用的和综合的建筑交付方法……建筑业的真正发展将出自那些能够根据前端至终端（front-to-back）的完整商业模式来思考的年轻专业人士。他们知晓工业生产工艺的需求和限制，也精通新技术、创业方法、资本运作、战略合作关系以及市场营销和品牌的重要性。未来的设计团队不是在设计建筑物，而是在设计分布式交付方法的解决方案……引导我们通往全行业的理性化从而使所有人受益，而不仅仅是提升某个人的洞察或审美。”[40]

第 3 章　环境、组织和技术

项目团队可以运用非现场建造技术实现建设项目的效率和创新目标。虽然业主、设计师和承包商可能希望开发并使用装配式技术，但在实际中很多方面都会受制于其使用背景。在《科技创新的过程》（*The Process of Technological Innovation*）一书中，托马茨基（Tormatzky）和弗莱舍尔（Fleischer）归纳出在其他产业中技术要蓬勃发展所必需的三条准则——环境、组织和技术。[1]

- 环境指市场、产业、基础设施和文化背景。
- 组织指合作成员的联系、沟通和责任。
- 技术指获取的便利程度及本身特征。

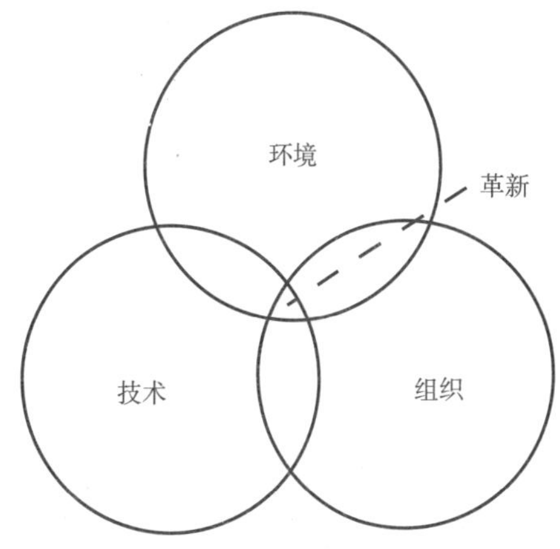

图 3.1　在协作环境中创新发展所必需的三个准则：环境、组织和技术

有时，装配式被定义为一种技术，仅仅是材料的和信息的输出。然而要蓬勃发展，装配式必须满足这三个背景变量的所有要求。装配式技术所包含的以过程为导向的方法回应了环境背景的需求、组织结构的要求和工业生产的数字化与物料的产出能力。这三条原则在很大程度上决定了能否实现装配式或以何种程度来实现。本章将按以下顺序分别讨论：环境背景、组织背景和技术背景。

3.1 环境背景

技术不是机械决定式的，相反由人能动地确定。有种观点认为技术自身有生命，其使命是塑造社会。这种错误的观点在建筑文化中尤为盛行。社会往往指责科技的负面影响，例如，那些肢解家庭的电视、孤立城市的汽车以及由廉价石油生产的玻璃幕墙摩天大楼所致的城市景观的单调乏味。* 要责怪的不该是技术，而是部署和利用技术的人。然而，讨论技术的目的不是确定“好与坏”，因为这是主观的，而应该强调技术源自社会和文化的需求和愿望这一规律。这将有助于对这项技术感兴趣并正在参与研发的建筑师和建筑商保持批判性态度，能够清楚地意识到他们所面临的潜在的机遇和挑战。影响装配式技术的环境背景有三类：团队、类型和地点。

3.1.1 团队

项目团队由许多成员组成，每个参与者都有不同的关注点和兴趣点，这也是他们被称为利益相关者或股东（stakeholder）的原因。客户是业主或投资方（developer），可能是个人、团体或业主代表。客户是建筑项目背后的推动力，因为他们提供资金和金融支持。在很大程度上，客户确定采购或交付方式以及建筑物的最终尺寸、形状和完成状态。因此，客户决定了建筑的建造方法，也决定是否采用装配式以及在建筑师和工程师设计团队的协助下所能达到的装配程度。设计团队成员根据客户的目标和计划开发满足项目预算、范围和进度的设计方案与交付策略。设计团队对项目是否运用装配式技术有很大影响，这取决于团队成员的合作关系以及客户给予设计团队的信任度。承包商也是决定性因素，特别是对于传统的设计 – 招标 – 施工总承包项目（Design–Bid–Build，DBB）中没有确定施工方法的情况。虽然装配式技术在这种模式中取得成功的概率不大，而且如果在招投标或施工阶段才决定采用装配式方法，那么很可能会对项目造成不利影响，但是承包商仍可在工程局部利用装配式技术提高生产效率。

以下因素决定了项目团队使用装配式方法的可能性：

• 经验：项目团队如果在其他项目中使用过或接触过非现场制造技术，那么再次应用的可能性将会大大提升。大多数客户或业主以及许多设计师和承包商将非现场制造技术视作替代方案，这意味着与传统交付方法相比，装配式建筑的初期风险会大大增加。然而到目前为止，没有任何数据可以证实这一论断，实际情况恰恰相反，但是这种成见依然

* 石油是生产玻璃的燃料。——译者注

存在。拥有装配式技术运用经验的设计团队和承包商有足够的信心和技术实力再次发包装配式建筑。装配式技术所需要的技能可能与现场施工技术有很大区别，因为运输、安装和现场拼合的协调工作要求整合流程。

• 控制：希望对项目成本、进度和完成质量有所控制的客户可以选择非现场生产方法。这并不是断言装配式项目的造价低廉，但它可明显提高项目的可预测性，提前了解特定价格点（price point）对应的项目质量和进度。* 当然，这也会减少设计和承包商团队的曝光率。现场施工技术中有太多悬而未决的问题。如果客户和设计团队不想在前期开发过程中就制定施工方案，那么也就缺乏交付装配式建筑的决心。

• 重复：经常合作的业主和承包商可能会发现非现场制造的优势，已开发的装配式系统有可能应用于其他项目。对于那些已经有过尝试和冒险的项目团队尤其如此。对于像英国特拉韦酒店（Travelodge）这样的业主来说就是这种情况。他们开发了一种国际标准建筑单元（International Standard Building Unit，ISBU）制造系统。该系统已经过验证，在随后的建造迭代过程中不断降低造价并提高了效率。附加好处是项目团队成员继续与制造商保持紧密联系。制造商也可能是承包商，总之他是参与项目交付的关键成员。苹果公司在其商店中就采用这种模式，在不断交付更具创新性项目的过程中，分包商变成了关键利益方。

* 经济学术语，价格点指在理想情况下最大利润所对应的价格。——译者注

• 工业生产：在其他产业有工业产品开发、制造和生产经验的项目团队成员也有为建筑业展现其技术风采的机会。应当指出，熟知现场施工技术的客户通常会对现场作业的微小工作量感到焦虑，工厂化建造单元一旦进场就会被要求加快项目进度，对那些小型装配式住宅和商业建筑来说更是如此。

• 融资：在项目开始阶段就有资金支持的客户更可能在装配式项目中取得成功。非现场生产的初始投资可能较高，这取决于装配式技术的水平和预制度（degree of prefabrication）。有能力聚合（bond）项目的承包商（即在整个项目的交付过程中尽早支付，这与惯常的“四两拨千斤”不同）能够从容应对装配式建筑的生产过程。实现“三板”和模块租赁模式的项目将会收获装配式技术的额外收益。装配式建筑的其他融资方案将在第 4 章加以讨论。

3.1.2　类型

项目类型决定装配式技术的实施程度。通常认为，高度专利化的和独一无二的项目不应采用非现场生产方式。实际上，虽然建筑物的定制化产品的重复率并不高，但仍需要那种只能由非现场方法所提供的对项目的控制力。在提高标准类型建筑和独特建筑的生产率方面，非现场制造方法可用于提升建筑单元的质量和终端成品的可预测性。以下的一般性指导原则多用于采用装配式技术的项目类型：

• 持续时间：装配式技术能够缩短建设周期，工程进度限制较为苛刻的项目可从中受益。工期较短的例子有：试图在特定日期开张的公司，确保新学期就能投入使用的学校和宿舍以及驻外使馆等。

目前几乎没有不要求加快施工进度的建筑类型，但对于某些建筑类型而言，在项目酝酿阶段，工期就是关键的驱动因素。为这些不同类型的项目确定相同的施工进度将有助于项目团队选择更合适的装配式技术以满足进度目标。

• 重复性：有大量重复性工作的建设项目可从装配式技术中获益。库尔曼建筑产品股份有限公司（Kullman Buildings Corp）在模块化建筑中采用精益生产方法生产高科技医疗设施、通信铁塔和高度完成的装配式卫生间、厨房服务舱体（pod）。这些重复性的和规模化的建造单元专为联邦政府、通信公司、酒店和学生宿舍量身打造。预制混凝土项目同样使用铸床浇筑技术为监狱、仓库、体场馆和停车库等项目提供重复建造单元。重复单元或模块可用于交付一栋建筑物，也可用于大量相似的项目中。对于具有复杂几何的设计，逻辑化的几何表达方法可用来提高制造效率。盐湖城图书馆的设计和制造团队通过对预制混凝土墙板模具的归类，将原设计方案所需的数千种模具铸床最终减少为 7 种。

• 独特性：采用独特形式、独特可持续发展要求或独特程序化解决方案的建筑项目要求高水平的终端产品控制力。非现场生产方法可能实现这些项目的特殊要求。弗兰克·盖里（Frank Ghery）的曲面表皮拼板都由 A. 策纳建筑金属公司（A. Zahner Architectural Metals）开发。这些表面几乎不可能在现场制造。尺寸要求精确和几何复杂的项目可利用装配式技术消除误差并确保质量。这些类型的项目建设速度未必更快，其实正好相反。为了真正在现实中交付这些建筑，非现场制造技术一般会得到研究和开发的资金支持。这些高度专业化的建筑项目所关注的是品质和创新。

• 采购：客户选择的交付方式对是否采用装配式及其实现的程度都有很大影响。尽管非现场生产方法可用于任何发包模式，但在设计 – 招标 – 建造合同结构（DBB）中会存在更多困难，因为承包商在招投标阶段会做出施工方法和手段的决定。在这种合同类型中，项目经理往往在不知道客户意见的情况下就确定了施工方案。设计 – 建造（DB）发包模式或综合合同结构可将承包商和关键制造商及分包商前置于项目的设计和规划阶段，这样便可以提前制订有关装配式的决策，从而减少其他项目交付方法的弊端。

3.1.3 地点

房地产行业所咏唱的“位置，位置，位置”于建筑产业看来，其实对两者都不适用。对装配式建筑而言，项目位置的场所背景和劳动力资源背景可能才是最具决定性的因素。以下是确定非现场制造程度和类型的地点特征：

• 地理环境：如果交通便利，土地廉价，一年四季都可施工，那么在这样的场地使用装配式方法便没有意义。然而对于偏远地点，如果现场作业所需的大型设备没有进场条件，员工也需要日常通勤，那么工厂化生产的建筑单元无疑大有益处，还能在现场实现快速组装。此外，在地形高程变化较大的场地或通行受限的场地，会使用起重设备在现场安装较大的拼板和模块。城市中心昂贵的土地价值和有限的空间也要求更快的建造速度。这也是市区项目通常会采用快速路径（fast-track）交付方法的原因。非现场制造的装配式建筑可快速建设，非现场制造的建设时间更短，临时施工场地因封锁街道而致的运输限制也更少。

• 工业生产：距离工业城市和工厂制造设施越远，装配式技术的实施机会也越少。由于预制厂商（prefabricator）——特别是模块化制造商在美国各地越来越普遍，所以预制商不太关心距离问题。另外，对于独特型项目，预算可能会直接投资于专业化生产商。专业化生产商的运输可遍至世界各地。但是，对于预算吃紧的项目，如果在当地找不到生产商，那么运输成本可能会大于装配式技术所节约的成本。一般来说，如果生产制造设施很少，从运筹和成本的角度来看，现场作业方式则更为可取。

• 材料：正如工业生产的可达性，材料的获取便利性也决定了装配式技术的实施程度。非现场制造方法依赖于材料的类型，通常会决定材料的获取、加工、生产和安装方式。例如，美国某些地区钢框架结构占主导地位，而另一些地区则是钢筋混凝土的天下。这种区分正变得不那么重要，然而，如果已经存在生产特定系统的基础设施和劳动力，那么这种系统的成本仍会大大降低。项目团队应在项目前期就确认可利用的材料以便确定装配式的实行能力。

• 劳动：劳动力成本是影响建设项目总体成本的主要因素。如果劳动力价格昂贵，如欧洲和日本，与劳动力便宜和充足的地区相比，能够减少工人数量和劳动时间的装配式方法将取得更为显著的收益。另外，前文已讨论过，没有劳动力的偏远场地也能从装配式技术中受益。在专业化项目中，由于缺乏技能型工人完成建筑，可能需要利用远离该地区的非现场制造技术，但工业生产所需劳动力成本要和运输成本相匹配。

• 管控：尽管不同规模和类型的装配式建筑正变得越来越普遍，但相关的政府和监管机构却无法跟上这些发展。不习惯审查、许可和检测非现场制造建筑构件的市政机构可能不会较快完成审批，也可能需要特定的工程审查或第三方验证确定建筑系统在健康、安全和社会保障方面的合法性。某州制造的项目在运往其他州时，工业生产公司通常必须雇用第三方检测机构向当地拥有审验管辖权的部门汇报场地作业、工程安装和现场拼合等事宜。

3.2 组织

项目的团队、类型和地点对装配式的运用程度有很大影响。然而，同样重要的一个因素是团队的协作环境。在任何建筑项目中，团队成员必须及早确定非现场生产项目的生产能力。这就需要协同化的和综合化的交付过程。

总体来说，建筑业效率低下，充斥着错误和诉讼。传统的合同模式严格制定相关责任并附以详尽的失败后果条款。这些合同强化了规避风险的行为，导致项目各团队不会参与一体化实践模式，这就使各利益相关者都处于不利地位。在传统的项目交付过程中，业主可能会亏损，建筑师可能无法提高设计品质，承包商也将承担大量的财务负担和金融风险。除经济纠纷外，传统交付过程在装配式的技术

北京国家游泳中心——“水立方”

“水立方”就是环境背景决定生产的案例：北京国家游泳中心在 2008 年夏季奥运会期间是新闻媒体和互联网中人所尽知的建造场地。这座建筑是关于斜交网格中钢结构交错编织效果的奇妙展示。工程设计方奥雅纳公司（Arup）建议采用装配式作为交付方式，以控制昂贵的现场焊接费用。装配式技术既能节省时间也能缓和施工协调的复杂性。然而，中国方面拒绝了这一要求，由于当时存有大量的现成劳动力，因此最后改用现场焊接方法。施工现场安装了大约 12000 个焊接空心球节点和 22000 根方钢管构件。参与现场施工的工人多达 3000 名，其中包括 100 多名焊工。奥雅纳公司针对限元分析软件和钢结构细部设计软件开发的信息处理技术，可以直接将数据传入数控机床实施管材切割加工，但考虑到廉价的劳动力而弃用。虽然在施工过程中采用数字化工具处理复杂三维几何建模和制造可以加快进度并提高效率，但综合考虑各方面因素，如此方式被认为确无必要。归根结底，社会环境裁决技术手段。[2]

图 3.2　2008 年北京奥运会场馆的“水立方”由多达 3000 名工人建造而成，其中包括 100 多名焊工。设计和施工团队评估了非现场施工技术的适用性，但业主选择了现场施工方法，为中国的建筑工人提供了大量的工作机会

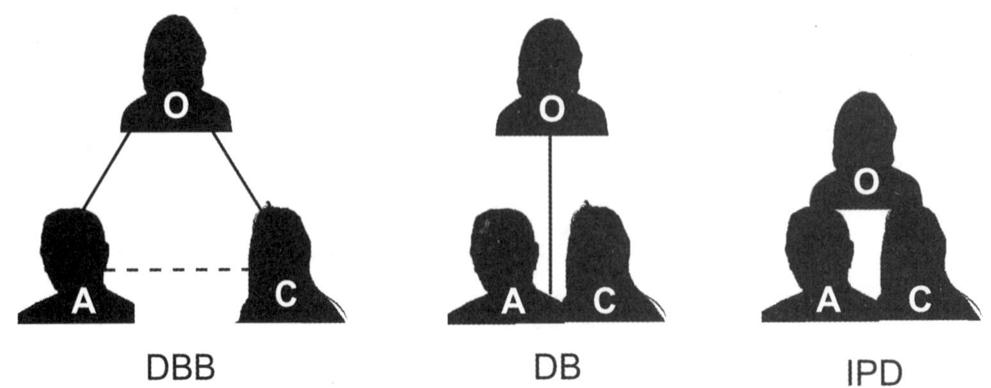

图 3.3　施工中的项目交付方式暗示着一种向综合程度更高的方向的演变模式，从设计 - 招投标 - 建造交付模式至设计 - 建造交付模式，再发展为综合项目交付合同。这些努力旨在破除美国建筑文化中常见的相互指责和法律诉讼。装配式技术是正在不断涌现的新式综合项目交付方式中不可或缺的一种集成性原理

研发、技能培训和教育等方面几乎没有投入。因此可以得出结论，建筑业需要创新协同交付方法的形式，采用更加灵活和更加积极的合同结构。

3.2.1 设计－建造（Design—Build）

综合的程度必然取决于各参与成员所处的法律环境。与设计－投标－建造（DBB）合同相反，设计－建造（DB）项目“缩短了项目的整体持续时间”。[3] 例如 DB 合同的采购方法早期就能制定有关装配式系统的决策从而改进项目的协调性和可建造性（constructability），最终能够缩短施工时间。此外，孔恰（Konchar）和圣维多（Sanvido）在 1998 年的一项研究中发现了 DB 合同在成本和质量方面的优势，采用装配式技术还能带来附加收益。[4] 设计－建造合同有可能在设计和施工的组织之间创造出更顺畅的信息流动过程。在传统的移交式方法中，团队完成设计后，会将后续工作抛出自身的围城，要求城外的其他项目团队接好了接着干。而 DB 合同则会通过合作方式将装配式明确为建造方法而实施。DB 合同允许项目成员“更少关注组织间的具体发包而更多地关注为业主提供总体性交付”[5]。

提高质量和成本效益的一种途径是扩大一体化

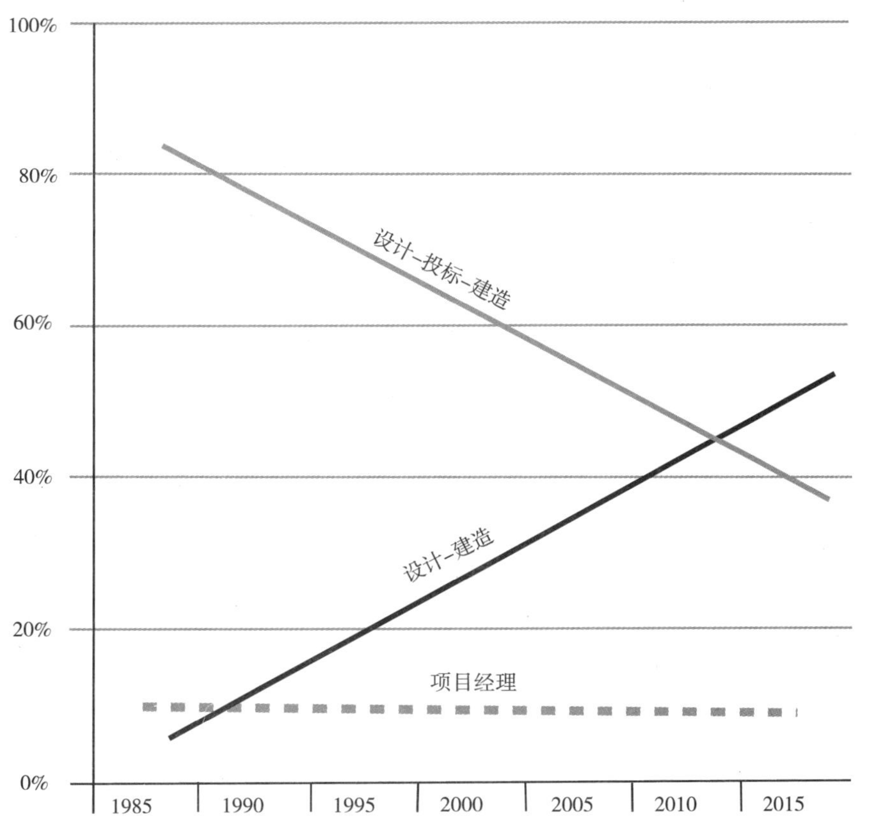

图 3.4 自 20 世纪 80 年代开始酝酿以来，包括综合项目交付方式在内的 DB 发包模式在美国的占比一直在持续增长之中，在全美施工项目发包中的百分比从最初的几个百分点一直增加到 2010 年的 40%以上。另一方面，传统的设计－投标－建造发包模式的使用率则在稳步下降。施工经理交付方式（construction manager delivery）也类同。这表明，业主和项目各方强烈希望建筑工程项目承包模式转向一种更加综合的交付模式，而事实上行业也正在这么做，因而使装配式建筑项目在未来更易成为现实

过程。得克萨斯大学的一项研究表明，很多业主不再根据低价竞标这种传统方式选择供应商。该研究特别提到，业主和承包商都认为，具备协作关系的项目会更加成功。[6]一体化过程中的关键要素之一是尽早确定项目团队并让所有人员都参与到项目中。这仅仅有利于装配式建筑的成功部署。在基于选择的模式中，业主在设计过程的早期阶段就让承包商参与项目定案，尤其是预制混凝土制造商或钢结构制造商等主要分包商的尽早参与可为项目难点问题提供建议和解决方案，从而避免后期建设过程的成本因变更而变得高昂。

虽然设计－建造模式已经过充分检验，但它的问题在于通常仅由建筑师或承包商主导。DB 合同的各实体可以是由 AEC 行业公司组成的联合总承包公司，交付完整发包，但通常他们只在建设项目持续期间才表现出这种短期的联合体性质。这些合作关系一开始就存在一定程度的不确定性，因为相互间不了解在什么时间由谁做什么工作。相对地，相继参与过多个项目的各合作方可以在第二轮或第三轮的合作中取得更好的结果。值得关注的是，如果这一过程由建筑师主导，那么设计品质将压倒生产价值；而在承包商主导的模式中，施工将成为唯一考虑因素，施工会简化设计特征和功能以降低成本或加快进度。

3.2.2 成效式合同（Performance Contracts）

除了传统的 DB 和 DBB 合同，成效式合同是一种新兴的项目交付方法。这些合同通常采用固定费用，以结果为导向，允许服务供应商以自身的最佳实践方式进行工作。与规定性方法*相反，这种合同模式的重点是业主确定的目标，业主根据各项目团队达成这些目标的绩效支付酬金。联邦政府总务管理局于 2007 年开始采用这种合同模式，目前这种方法仍被广泛使用。这种类型的合同可能是重要的，因为装配式目标已被列入业主的项目价值清单，用以降低成本，提高生产力，同时也不放弃质量。成效式合同可以通过共享激励计划来实施，将所有成员都融入项目交付过程中的大多数阶段。由于没有明确分割各方的组织性贡献，于是可能出现一荣俱荣，一损皆损的情况。装配式技术与成效式合同一样，都依靠互信互利和风险共担。

3.2.3 综合项目交付（Integrated Project Delivery）

在 2007 年和 2008 年，两个行业组织分别发布的合同都结合了设计－建造合同在速度与信息共享方面的可取之处与成效式合同中通过分享激励和共担风险注重产出的合意特点。2008 年，美国建筑师学会（AIA）发布了两种相互独立的综合项目交付合同族（integrated project delivery，IPD）：即所谓的过渡性质的 AIA A295 合同模式，根据施工管理风险模型构建（construction management at risk model）和单一目的实体（single purpose entity，SPE）系列，采纳 AIA 在 2007 年出版的《综合项目交付指南》（*Integrated Project Delivery*：*A*

---

* prescriptive approach，有时被也译为“惯用方法”。——译者注

Guide）* 原理和原则而实施的具体化合同方案。[7] ConsensusDOCS 出现在 IPD 合同族之前，特点是协同项目交付的三方协议标准形式（Standard Form of Tri-Party Agreement for Collaborative Project Delivery），2007 年发布的 ConsensusDOCS 300 则更为普遍。[8] ConsensusDOCS 和 IPD 合同与传统的 DBB 合同之间的明显不同在于其“关系合约”（relational contracting）概念。[9] 这种合约可解释为当事方根据合同创建一个组织，内部各方都同意在此框架内对协同决策（collaborative）和集体决策（collective）共担风险。

培养集体化决策方式将使项目团队比以往更加自由地交流信息，也允许不同专业间共享建造信息。例如，传统合同模式不允许建筑师将数字化信息分享给承包商或分包商。对于装配式建筑，这会不利于产品的综合交付，因为制造商不但要自己制作给自己看的加工详图（shop drawing）**，还得获得其他人的审批认可。由 IPD 合同推动的未来项目实践应允许各方自由共享信息，设计信息能直接转换为制造信息。例如，基兰·廷伯莱克和特德·本森（Tedd Benson）的火炬松住宅（Loblolly House）项目在交付过程中没有使用任何加工详图。该项目将在第 10 章中加以讨论。

* 关于 integrated 和 integration 的译法较多。本书根据以下原则来翻译：涉及具体技术的译为“集成”；涉及项目管理和市场行为的译为“综合”；较大范围内的组织或行业的联合参与存在全体意义时译为“一体化”。——译者注

** shop drawing 与我国通常理解的设计阶段的施工图或施工详图有区别，“shop”有车间或工厂的含义，本书翻译为“加工详图”。——译者注

AIA IPD 合同与 ConsensusDOCS 之间的主要区别总结如下：

> “这两套文件在理念上的主要区别在于，在 ConsensusDOCS 协议中建筑师在项目执行中的作用被极大削弱。在 ConsensusDOCS 框架下，建筑师在业主－承包商的法律关系中几乎没有正式责任。因此，在 ConsensusDOCS 框架中，建筑师更多地被当作业主的顾问，而不是 AIA 协议所建立的那种整体项目的管理者和促进者。”[10]

这是建筑师在尝试开发装配式工程项目时应该关注的问题，因为他们为施工提供有意义信息的能力有限。AIA A295 合同族为传统交付方式至完全整合项目各参与方的过渡提供了更多便利。它使用建筑师与承包商协同工作的类似结构提供包括成本估算和可建造性审查在内的前建造阶段（preconstruction）服务，也将每一方的职责与其他各方的活动融为一体从而创建了一个协作的工作环境。

同样由 AIA 开发的 SPE 合同族与传统合同模式毫不相干。AIA 表示，这种合同模式是从产品设计和工业产品的交付方式中开发而来，例如汽车工业通过 DB 合同模式利用自身和独立承包商的联合技术力量生产产品。实际上，SPE 框架中的各项目参与者都变成了一个有限责任公司。虽然所有参与方都属于一个实体，但项目参与者（例如建筑师）负担的成本可能会被偿付，也能通过绩效获取利润。

欧特克（AUTODESK）公司陈列馆——旧金山

位于旧金山的面积为 16000 平方英尺的欧特克（Autodesk）陈列馆是由安德森兄弟建筑事务所会同麦考设计集团（McCall Design Group）与其客户欧特克（Autodesk）、建筑设计公司 HOK 和承包商 DPR 建筑公司（DPR Construction Inc.）在 IPD 合同框架内交付的展览空间。该馆利用多种媒介全方位地展示了数字化设计和制造技术。该项目完全由欧特克公司的 Revit 软件来开发和施行。建筑空间由展览大厅、数字化设计工作室、教育空间和建筑领域的数字化综合制造系统组成。设计过程团队和概念生成团队共同强调了四种集成要点，也是既作为设计建造方又作为业主方的这几家公司所要着重传递的信息：参数化建模（以支持其后的）、一体化实践、可持续发展和设计创新。各方都将此目标铭记于心，有意识地利用陈列馆这个独特的场地将多行业软件制造商的创意项目同乏味的实物产品展览区别开来——建筑师引入了这样一种空间设计意图——“在媒介创造的变幻无常中获得的每一种创造性心流体验都将绽放在旧金山的云朵之间。”*

这个项目是面积为 35000 平方英尺的大型综合体的一部分，综合体集办公室、会议室和陈列馆于一身。项目管理由两家建筑设计公司安德森兄弟建筑事务所和 HOK（设计临近的办公空间）、建筑商（DPR Construction）和业主 [欧特克（Autodesk）] 在平等的 IPD 伙伴关系框架下进行。这种新式的 IPD 合同方法使各方利益协调一致，增加了关于成本节约、项目进度、质量和设计创新的激励条款。项目团队共同交付的这个可持续发展项目获得了 LEED 铂金级认证，这是绿色建筑领域的最高评级。该项目的设计和施工时间极为紧迫，项目施工过程中还增加了大量额外设计方案，最终仍能满足目标预算和预定工期的要求，这得归功于预算内的成本节约和这种灵活的协作式合同结构。安德森兄弟建筑事务所与其设计合作伙伴麦考设计集团将合同分包于由工程师、咨询和技术设计等人员组成的多元化团队。在第三方同行的评审中，该项目在 IPD 合同激励评估中获得了最高评级——100% 的品质和创新。[12]

图 3.5 安德森兄弟建筑事务所为看似一样但各不相同的盒状顶棚开发了一种参数化模型，用投影接收装置和零售空间为用户创设了一个互动区域。该项目使用 IPD 模式交付了 16000 平方英尺的展览空间并获得 LEED 铂金级认证

* 根据资料显示，该陈列馆利用多种视觉、材料和机械技术以体现人本身的创造性。——译者注

在建造过程中的激励措施为建筑师、工程师、承包商和制造商提供了协同工作的动力，所有人将因此而受益。如果一方盈利，那么所有参与方都会获得利润。同样地，团队成员同意相互赔偿，所有争议都将在法庭外解决。[11]

很少有项目根据以上合同模式运行。随着相关的案例研究越来越普遍，每种合同模式的利弊也将更加明晰。在最近的 AIA 犹他州分会的会议中，盐湖城的律师克雷格·科伯恩（Craig Coburn）讨论了 IPD 交付方式的潜在困难，但也同意这种方法可使所有项目利益相关者都有收益。在会议间歇期间，IPD 为律师们布置了更多的任务，因为整个行业重新认识了相互间的联系并打破了学科间的偏见。Autodesk 为推广 Revit Architecture 软件，在美国主要城市的办公和零售商业区租户改善项目中都参与实施了 IPD 合同模式。

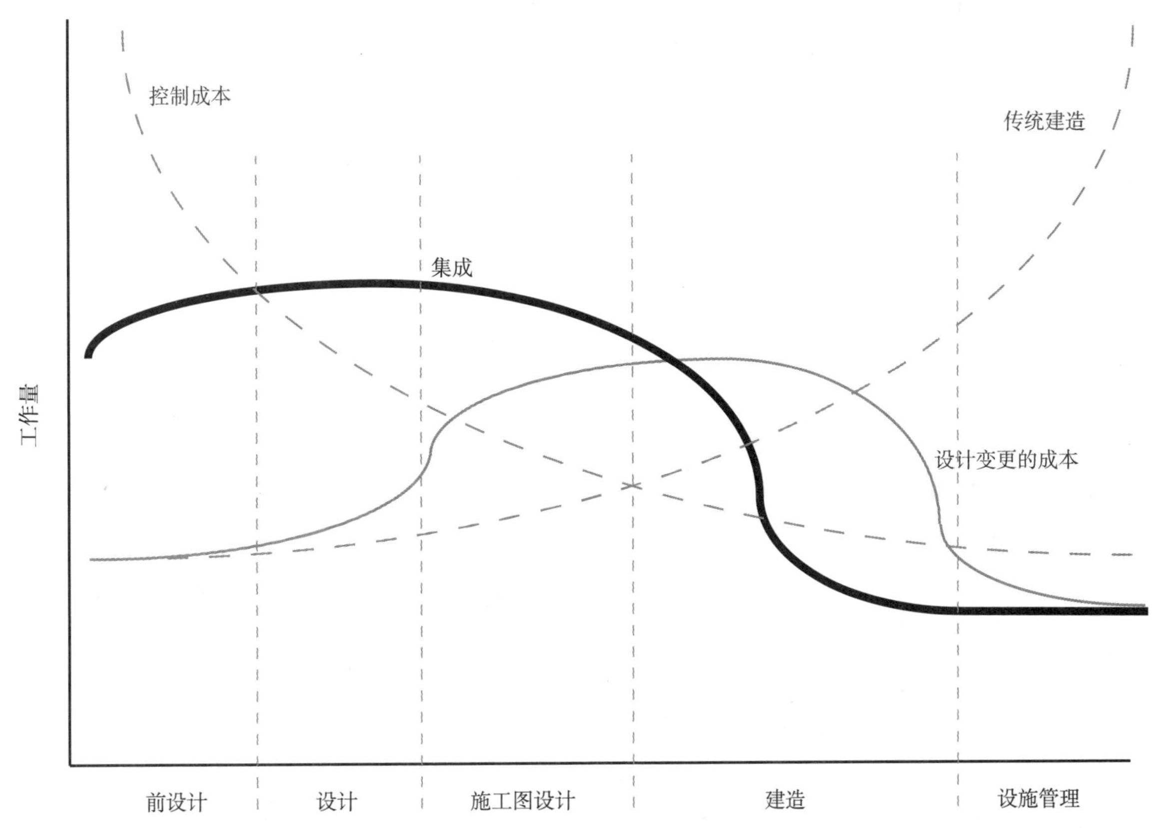

图 3.6 “麦克利米曲线”（MacLeamy Curve）阐明了应尽早制定项目设计决策的概念，项目前期的决策能取得最大化的正向产出并最小化变更成本，设计方和设计咨询方的影响作用尤其突出。必须在项目早期就以协作方式制定装配式技术的决策从而控制成本并实现收益

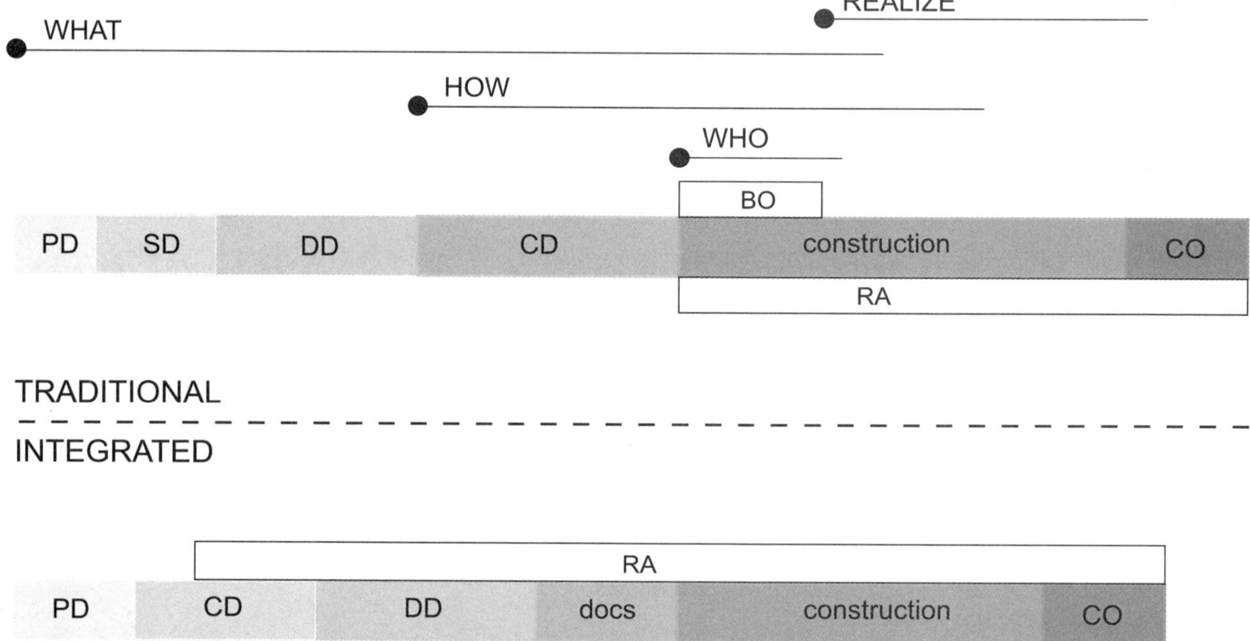

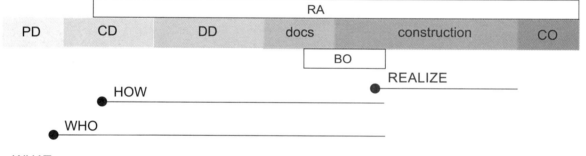

图 3.7　综合交付方式中的项目流与传统方式不同，它不使用 SD、DD 和 CD 等传统设计阶段，因为这些阶段往往会造成工作流的阻塞。在传统的设计过程中，这些阶段不会促进项目各参与方之间的协作行为。IPD 建议尽早确定项目目标，在项目起始就考虑制定有关生产方法的决策。设计过程中必须考虑“做什么”“谁来做”和“如何做”的问题，其中不仅涉及业主和建筑师，还涉及承包商和主要分包商，如制造商，后者在项目交付中也肩负有重要责任。在综合交付方式中，文档只是早期决策中关于“如何做”的延伸——缩短总体的设计交付时间。在装配式项目中，他们可以采用过渡性文件（bridging document）形式，这样制造商便可进一步开发和深化工程发包中的各要素并用于其后的施工阶段。将监管机构、分包商和制造商置于项目前期参与决策制定的方式，可以缩短评审和买断阶段的耗时。由于在施工阶段开始之前就开展了这些高水平的协调工作，因此非现场制造和现场装配的效率也会更高，施工周期便也更短 *

* PD（Predesign）指正式设计阶段之前或称为预设计；SD（Schematic Design）指方案设计或概念设计；DD（Design Development）指设计深化，包括初步设计和扩初设计；CD 或 CDs（Construction Documents）指施工图设计，包括建筑和工程施工图图纸、说明和技术文件等；FM（Facility Management）为设施管理；CO（Change orders）指工程变更。——译者注

3.2.4 一体化实践（Integrated Practice）

装配式建筑的综合交付方法具有很多优势。从事分包业务的构件生产商三金塔结构公司（TriPyramid Structures）的副总裁迈克尔·马尔赫恩（Michael Mulhern）表示，对于设计、制造和建设过程中的建设项目来说，有关材料或系统适用性的讨论不但有技术方面的考虑，还关系到财务和审美。设计团队中每个成员都会要求来自其他关键成员的充分信任。[13] 对于那些担心失去控制力的建筑师来说，充分依靠生产商可能是件难事；然而，很多范例正转变为建筑师确实在依赖生产制造商而提供设计服务，因为分包商对于特定材料或系统的专业技术可以提高建筑项目的质量和创新性。在《科技创新的管理》（*The Management of Technological Innovation*）一书中，马克·道奇森（Mark Dodgson）建议，这种类型的合作所需要的不是传统的垂直组织而是水平组织结构；水平组织结构中的项目合作者彼此信赖并有足够的自由，由此确保项目取得成功和创新。[14]

面向设计的生产商包括前面提到的 TriPyramid Structures，他们经常聘请建筑师作为项目经理与客户合作，比如苹果商店。该项目由业主史蒂夫·乔布斯（Steve Jobs）与博林·西万斯基·杰克逊建

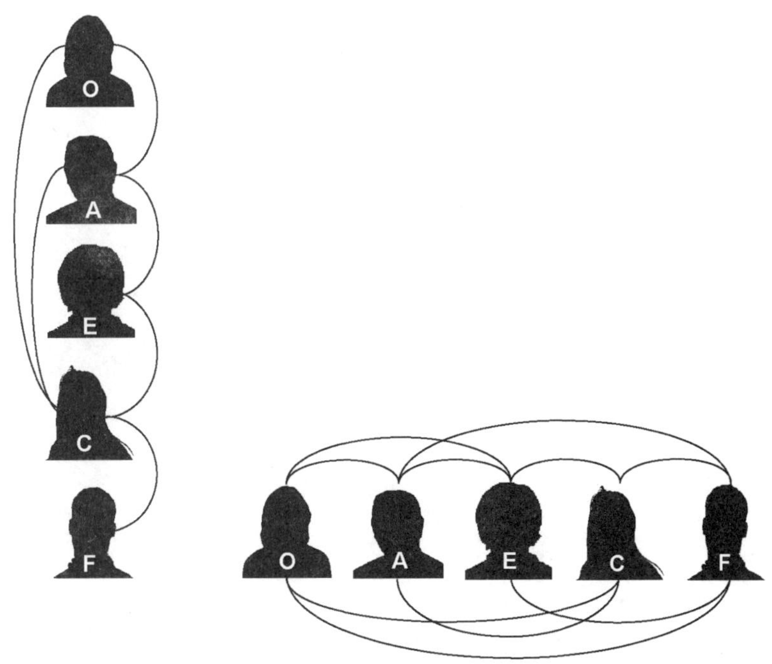

图 3.8 项目过程中从业主至建筑师和承包商，再从建筑师至工程师和承包商以及从承包商传导至制造商的信息流动过程都受制于传统交付方式而不能有效进行。这种交付模式没有建立设计团队与制造团队之间的有效沟通流程。综合交付过程建议采用“水平组织结构”以利于项目各利益相关方交换信息

图 3.9 遍布全球的苹果公司，其旗舰店从诞生起初就一直是关于技术开发的一种建筑实验。这种实验是通过业主史蒂夫 · 乔布斯、建筑设计公司波林 · 西万斯基 · 杰克森（Bohlin Cywinski Jackson）、工程师杜赫斯特·麦克法兰 / 三金字塔结构（Dewhurst Macfarlane/ TriPyramid Structures）和材料科学学家以及生产商德普（Depp）和西利玻璃之间紧密而深入的合作而开展的。图示为位于曼哈顿第五大道苹果商店“Cube”的建筑结构细部

筑事务所（Bohlin Cywinski Jackson Architects）共同设计；詹姆斯 · O. 卡拉汉（James O'Callaghan）为结构工程师；分包商为德普（Depp）和西利玻璃（Sealy Glass）。这个团队在遍布世界的苹果商店中实现了玻璃楼梯的渐进式创新。A. 策纳建筑金属公司还聘请建筑师担任项目经理并经常与知名的建筑设计公司展开合作。最近，A. 策纳与赫尔佐格与德梅隆（Herzog & de Meuron）在旧金山德扬博物馆（De Young Museum）的合作就是利用材料和数字化过程中取得创新的案例。3Form 股份有限公司是一家新兴的生态树脂建筑板材制造商，与扎哈 · 哈迪德（Zaha Hadid）、FOGA 和迪勒 · 斯科菲迪奥和伦弗洛（Diller，Scofi dio + Renfro）都有过合作。在纽约市林肯表演艺术中心爱丽丝塔利音乐厅（Alice Tully）的项目中同迪勒 · 斯科菲迪奥和伦弗洛利用 CAD / CAM 数字化设计和制造方法设计生产了一种创新材料：半透明木材（夹在树脂板之间的浸渍木饰面）和复合曲面板。第 10 章将更深入地讨论爱丽丝塔利音乐厅这个项目。

应用产业链之间的合作模式，通过联合材料科学、建筑学和工程学的合作，3Form 公司与建筑师合作开发出了新式内装修 / 外围护半透明板材，用于特殊设计应用场合。3Form 通过逻辑化几何、数字化建模和 CNC 加工热成型树脂生产定制化的面板形状和室内安装用胶料。通过专注于高水平的协同工作模式，3Form 开创了与建筑师合作实现高水平创新的先例。3Form 的方法遵循了斯特凡 · 托姆科（Stefan Thomke）在《重在实验》（*Experimentation Matters*）一书中有关创新型工业生产商典型实践的阐释：设计至生产的迭代过程属于前端负载型，将

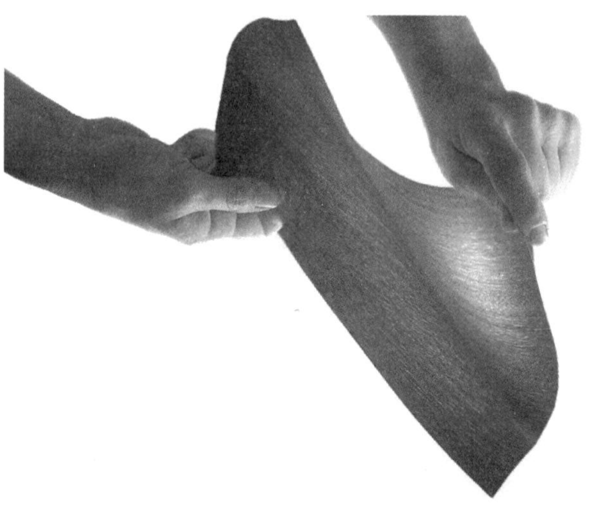

图 3.10 图示为 3Form 公司的半透明木材试验。这种木材为纽约市林肯表演艺术中心中爱丽丝塔利音乐厅的背光板专门研发

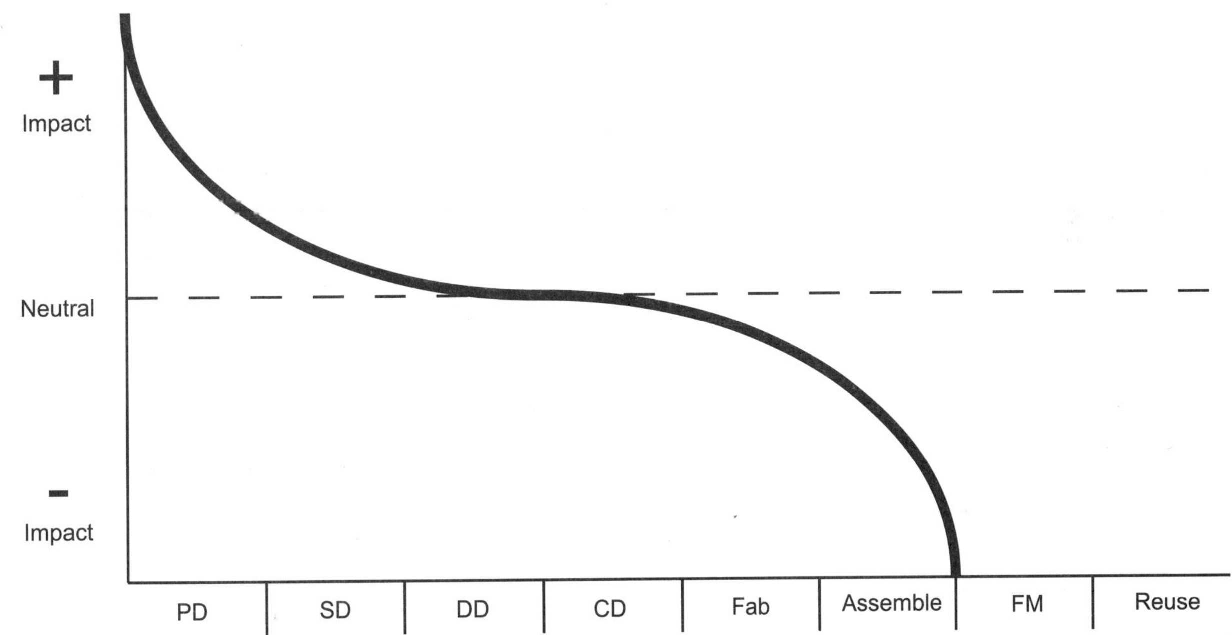

图3.11　此图表显示了装配式技术的项目决策在传统交付模式中所产生的积极影响和负面影响。装配式技术越在项目生命周期的后期施行，则其收益也会越少。一体化交付需要在前期就制定有关施工方法的决策。在项目概念设计期间讨论有关装配式技术的优缺点将有助于发挥其优势

材料和数字化创新置于前端以避免后期再行开发的方法是很有问题的，因为前期的“草率定案”（quick fix）会阻碍创新。创新经常通过新旧技术之间的往复转换并依靠实验解锁性能目标而实现。最后，3Form公司组织实施了快速实验，将项目管理也作为一种实验。这种组合实验模式使公司能够采用前期频繁试错模式（fail early and often）以避免现场变更带来的风险和损失。[15]

装配式技术与过程相关。没有综合交付方式，其成功的概率也不大。在项目过程中要么使用大量预算驱动装配式技术的创新，要么实现规模经济证明专有系统的有效性。然而，在一体化实践中，针对装配式技术的顶层设计应能够及早展现失败和错误，从而促进发现合宜的解决方案以满足任何建筑项目在经济性、环境性和社会方面的要求。A. F. 吉布（Gibb）指出，为了实现装配式技术的最大效益，必须在早期就制定全过程项目（project-wide）策略。[16]一体化实践就是一种全过程项目策略。在项目开始的原点就确定交付方法（合同结构），在概念上让所有项目成员都参与创新。虽然这种新兴的建筑设计和施工实践存有多种定义，但一体化的概念不由当前的实践或合同结构来定义，而由其重组建设项目过程和参与方的能力来定义。

总之，马克·道奇森在《产业中的科技合作》（*Technological Collaboration in Industry*）一书中就创新的团队组织结构提出过如下看法：

> “不可能存在对每个联盟都正确的方案或答案；每个解答都必须以自身之独特方式进行设计和管理以适应其所处的环境……创新过程是迭代的，而所有不同阶段的管理也应与之综合为一体。战略管理的凝聚力必然贯穿于全过程。”[17]

3.2.5 精益施工（Lean Construction）

一体化实践虽然涉及在所有层级中整合项目交付，但它侧重于设计至生产过程的扁平化组织。精益施工是其姊妹概念，与全过程项目策略类似，但主要关注在所有层级中有关生产和组装的集成。无论对设计还是生产而言，一体化实践和精益施工都是实现装配式建筑的关键原则。

在20世纪30年代，丰田公司以制造卡车和劣质汽车艰难为生。丰田喜一郎（Kiichiro）在密歇根之旅中研究了福特的生产工艺并研读了其著作——《今天与明天》[18]。喜一郎很欣赏他所看到的大规模生产和美国式工业厂商体系（American System of Manufacturers），但也注意到许多可改进之处，即很多生产工序的间隔中存在明显的浪费。丰田生产体系（Toyota Production System，TPS）并非一步登天。第二次世界大战结束后，喜一郎的表弟丰田英二于1950年再次访问了福特的工厂，其任务是扩大丰田公司的全球影响力，取代当时的世界级工业生产巨头。丰田公司认为传统方法无法达成这一目标*，

图3.12　遍布材料垃圾的典型施工现场。这表示了现场施工方法在时间和资源方面的浪费。在一体化交付方式中采取装配式技术可实现施工过程中对时间和材料的节约

他们需要汲取福特式大规模生产的精华并将之改造成高质量、低成本和柔性产出的生产方式。丰田英二认为达成这一目标的最佳方法就是在生产中消除浪费。[19]

大规模生产方式中充斥着浪费。举例来说，美国的生产系统从20世纪初基本就没再变化过。这种生产过程使用许多不同类型的机器，每一种只执行一项操作。首先将产品储存起来，之后再移至组装位置，致使产品在流水线完成组装前就存在大量的等待时间。丰田意识到此过程中的混乱，认为其中所缺乏的流动性可为己所用。利用现代化的超级市场模式，丰田公司实施了一种拉动系统（pull system），工业生产可以在该系统中持续流动从而在生产流中消除多余的浪费。丰田公司逐渐进化为以效率和柔性并重，以大规模定制生产为理念和以顾客为中心的企业。今天，TPS的原则被广泛称为

---

* 丰田公司曾经是日本最大的织机制造商。——译者注

“精益生产”。关于精益生产的文章多不胜数，其中沃马克（Womack）和琼斯（Jones）的《精益思想》（*Lean Thinking*）一书将丰田原则改造后应用于传统的商业领域。[20]

精益化原则非常宽泛，超出了本书的装配式建筑这一主旨，但其中的一些基本概念也是装配式理论的基础。从精益化原则看，装配式建筑要求建筑师不仅要在形式处理和意象生产上有所创新，还要求在界定设计和生产过程的社会和组织结构方面有所创新。在过程（人员 / 组织）和产品（实物 / 技术）之间找到平衡既是装配式建筑的挑战也是机遇。精益过程首先要确定客户对这种过程本身的需求。这定义了项目的价值所在。

除车辆外，丰田公司也生产装配式房屋，将工业生产的精益化概念应用于建筑生产。虽然 20 世纪 70 年代丰田公司就已在生产装配式住房，但它于 2004 年成立了新的分支机构开始全面生产工厂化建造住宅。当年丰田住家公司（Toyota Home）建造了 4700 套住宅，此后每年都在提高产量，计划将于 2010 年生产 7000 套住宅。[21] 丰田住家公司认为住宅产业不会是精益思想的例外。丰田汽车的精益生产原则有 14 项，其中有 5 项被用于装配式住宅市场。这些房屋采用模块化建造，运至现场前已有 85% 的完成度。完成的房屋中包括门、窗、管道、电气和装修。[22]

这 5 项基本原则是：

- 准时制生产（Just-In-Time，JIT）
- 自动化（Jidoka）
- 均衡化（Heijunka）
- 标准作业（Standard Work）
- 持续改善（Kaizen）

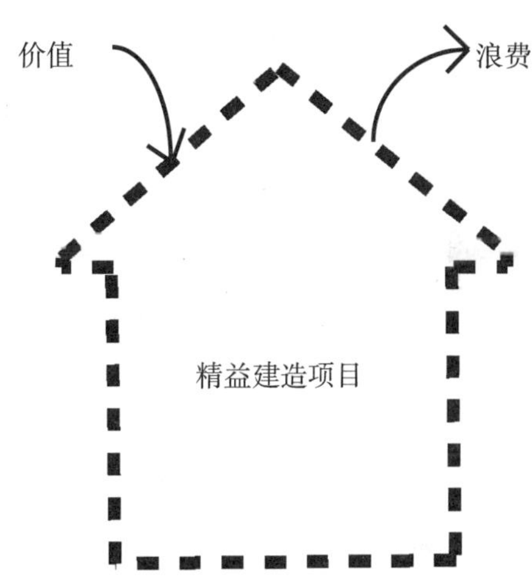

图 3.13 精益建造包括：消除浪费—时间和材料—创造价值或任何有益于居住者的事务。装配式技术是精益建造的关键组成要素

准时制生产方式统筹生产流程的各个环节，在需要的时候按需要的量完成最终产品。原材料存货内置于装配零件中，通常控制在易于移动和清点的规模。已完成的装配零件被拼合成更大的建筑部品，如墙板、屋面和楼板等。模块的基本主体结构或“骨架”连同其他硬件一起建造，以备后续安装隔墙、屋顶或楼地层等“填充部分”。每个模块都由自动化机器和专业团队组装并调制。

通过持之以恒地减少浪费和提高效率，丰田的精益生产方法可谓是一枝独秀。大野耐一（Taiichi Ohno）描述了需要立即消除的 7 种浪费行为（“muda”）和住房生产的持续改进方法。[23]

1. 生产过剩：每个丰田住家住宅都按订单生产。

2. 运输：即使在路上，生产仍在持续。

3. 移动：工作空间必需整洁，根据组装流程规划组织。

4. 等待：线性组织（linear organization）带来的空闲等待会对生产造成阻碍。

5. 加工：对业主没有任何价值的任务，包括清洁、文书等。

6. 库存：仅存储顾客需要之物。

7. 缺陷：即使是简单任务，瑕疵或缺少零件都会致使工作时间翻倍。

自动化概念认为只有在人工工作已被完善，以及没有任何手工艺价值的情况下才能使用自动化技术。通过研究那些已消除所有浪费的完美技术，无需经过昂贵的研究和开发阶段，通过自动化模仿这些技术便能消除浪费。丰田公司也相信，机器绝不应取代工人，而应和工人一起生产更精密的高品质产品。自动化用于提高装配式建筑的精度和质量。根据日本装配式建筑工程供应商和生产商同业公会（the Japan Prefabricated Construction Suppliers and Manufacturers Association）的调查，23%的日本房主对装配式房屋有强烈的购买意愿。消费者们感兴趣的主要原因是体察到了房屋的高水平品质。[24]

丰田住家公司通过均衡化方法保持低库存和持续供应，通过直接面向顾客的订单来生产。标准化作业让丰田住家保持充裕的货源供应。未来房屋所有者还可浏览丰田住家公司的网站，搜索更多的建造选项和具体特征。公司主页允许住房业主在自由定制的环境中根据喜好和口味虚拟配置外墙造型、房屋颜色和内外装饰。所有这些定制选项都基于相同的库存原料，所以，订单一旦发送，就能立刻进入生产过程——从货架上卸下材料，装配成部品，再组装为模块，直到完成整个房屋的现场建设。

标准化作业：丰田住家模块中的建筑单元并非都是定制化的。丰田公司在生产汽车方面拥有几十年的经验，理解标准化部品和系统的使用原则，也知晓如何利用这些原则更简单地驱动效率。丰田每年只会推出为数不多的车型，其中大多是前些年产品的改良。在几年时间里不断小幅改进基本车型的做法让丰田公司得以通晓车体的核心结构，从而生产出效率更高、成本更低的周边零部件。因此，建筑用模块是标准化单元，定制化设计被内置于结构布局和模块间的连接关系中。

除模块外，在现场安装的住宅散件也在工厂内制造，以确保它们在所有场地中都具有相同的容差水平。大约80%的丰田住家生产车间都采用计算机控制技术，确保不同批次零件间仅存在最微小的差异。丰田汽车和住房生产部门共享其独有技术。例如，普锐斯混合动力汽车的智能钥匙也被用于住宅。大门能够识别业主，回家时自动开门，离开时则自动关闭。内墙和外墙使用与汽车工业相同的防划痕技术。发动机的隔振器使车辆行驶得更为平稳和安静，“安静行驶”（quieter ride）技术也用于钢结构和楼盖系统之间的连接，用以最大限度减少楼层间的噪声传递。隔声不良是大多数住宅建筑工程的通病。[25]

标准化作业使得制造商和消费者完全相信，无论是即将生产出来的产品，还是即将到手的商品都会具备最高水平的工程质量和使用品质。丰田的自信体现在对装配式房屋提供的高达60年的寿命保证期。

持续改善是精益生产中的人力要素。公司要求生产线的技术人员把每一天都当作最糟糕的一天，培养他们发现和解决问题的批判性意识。持续改善要求员工以团队形式找到问题的解决方法，聚焦于一系列经过检验的微小问题的答案，而不是宏观上的包治百病式的解决方案。丰田住家公司聘请了包括建筑师、工程师、制造商、机械师和计算机科学家在内的全链设计和生产人员。多样化领域的团队协作，高效生产高品质产品。过程中的任何一个环节出现问题，都容易找到解决问题的专业代表。设计和制造工作在同一层级上开展并在各自独特的领域中合作，有助于实现更有价值的解决方案。这种缺少组织层级结构，强调沟通和解决问题的模式使得装配式过程能够快速而高效地运转。

霍曼和肯利（Horman and Kenley）经过广泛调研发现，49.6%的施工作业“致力于”浪费活动。[26]伊士曼与同事指出：

> “从概念上讲，在建筑项目的生命周期内，项目团队负责将劳动和物料转化为建筑物。换句话说，设计和施工可以被看作一系列相互连接的活动，其中某些增加了价值，另一些则没有。在设计过程中有太多耗时又无附加价值的活动，例如纠错、返工、装卸和组织文件以及施工过程中的运输、检测和搬运。”[27]

同样，精益生产惯例中的价值由消除浪费，为业主/客户提供高质量/按时交付的产品来衡量。美国建筑业协会（The Construction Industry Institute）研究了工业和建筑业之间存在的广泛差异，证明工业中的浪费在经营业务中的占比为26%，而建筑业中的浪费则高达57%。增加价值的活动在建筑业中的占比为10%，而在工业中则高达62%。关键是确定建筑业的浪费所在，设法清除并用增值活动来替代。

美国建筑工程用户圆桌会议（The Construction Users Roundtable，CURT）是由一些经常从事建筑的巨头公司组成的公会团体。它最近发布的《关键代理主体的变化》（*Key Agent's of Change*）表明，精益需求已变成建筑行业的新文化，每个人都需要转变思考模式。CURT将精益施工重新定义为精益项目交付（lean project delivery），用以强调精益原则不仅有关施工或工业生产，还与整个建筑业相关，包括建筑师和工程师。这种范式的转变使设计和施工交付过程综合为一体，鼓励新型合同结构、设计创新和供应链管理创新，尤其鼓励促进在现场组装的非现场制造技术的发展。[28]

3.3 技术背景

“技术”（technology）一词源自希腊语“techne”，意味着技巧、人工制品或当代的工艺（technique）这一词汇。词语的第二部分，“logos”，意为研究。因此，“技术”可以定义为“系统化的原理知识可转化为器具或通过器具来表现”。这些工具反过来又应用于人类的需求。[29]与其将装配式技术视作决定性的必然（有关器具），不如说它是由人类的行为过程确定（研究工具的制作）的。

在 2006 年美国建筑师学会全国代表大会上，普利茨克建筑奖获得者汤姆·梅恩（Tom Mayne）发表了热情洋溢的演讲："如果你想活下去，那就要改变；如果你不这么做，那就要灭亡。"[30] 梅恩当时正在谈论数字化工具为增强沟通和制造能力提供了机遇，讨论有关建筑信息模型（BIM）和自动化（CNC 工业生产）的潜力。在作出这番陈述时，梅恩延续了那种可能是建筑师身上最为明目张胆的不负责任：尽管科学技术在我们的建筑、惯例和生活中占主导地位，建筑师对此却知之甚少。没有技术能够将我们从工作中拯救出来，但它可以成为一个附加价值，使集成性原理更易流转。本书以下内容将把数控工业生产和 BIM 审视为实现更高水平的过程协作和定制化产品的当代主义运动。综合交付方式中的这些工具可以使装配式技术得到更多的应用。

3.3.1 自动化

戴维·奈（David Nye）在《重在技术》（*Technology Matters*）一书中指出：

> "既然技术不是确定性的，那么它就能用于许多目的。在 19 世纪和 20 世纪的大部分时间里，社会学家和历史学家都曾认为机器时代只会导致社会同质性的破碎。但实际上，人们经常使用技术创造差异化。"

消费者更喜欢多样性，汽车大亨福特最终也不得不屈从于公众对 T 型车不同车型和配置的需求。二战结束后建造的如今已面目全非的那些相同标准的住宅便印证了这一点。如果我们建筑师和建造商缺少将技术应用于社会和文化的自信，那种认为装配式技术会造成环境单调乏味的顾虑会演变为恐慌。即使我们不提供多样性的装配式建筑，客户和用户最终也会提出这样的要求。

结果，装配式技术在美国名声极其不佳。这源于依靠组装线进行大规模生产的工业化历史。标准化变成了用户的死对头，因为创建了乏味划一的生活方式和城市景致。在福特式的标准化主义之前，弗雷德里克·泰勒（Fredrick Taylor）于 19 世纪后期将劳动力分为技能型和非技能型工人。泰勒的科学管理理论是管理大规模生产的成果。每项任务都交予特定的人员反复操作，于是在上层社会和底层社会之间出现了较大的分化——管理层与劳工层。根据泰勒理论创建的组装线系统生产了一批又一批身心皆饱受摧残的劳动者，从长期来看，这种方式既无生产率也无法持续。[31]

工作流程缺乏可变性和生活环境缺乏多样性导致了消费者对定制化产品的要求。我们继续讨论汽车工业，可以将丰田生产系统视为在福特主义和泰勒原理的基础上糅合了可变性、定制化和工作多样化原则。就装配式理论而言，丰田公司帮助汽车工业从标准化生产方式转变为定制化生产方式。这并不是说每个客户都能买到一辆特制的汽车，将来不会变成类似于今天赛恩（Scion）* 或其他丰田车型的模式，而是说用于开发和生产某种汽车的工具和方

* 已于 2016 年停产。——译者注

法可通过自动化编程用于生产另一种型号，而单位成本的增加却不多。

> “在现代，我们专注于新式工业生产方法，从大规模生产转变为精益生产，而现在正处于下一波工业生产的创新浪潮之中：大规模定制生产。”[32]

尽管工业生产已逐步从标准化过渡为定制化，但大规模生产仍然是当今设计和施工行业所采用和理解的生产模式。*达纳·邦特罗克（Dana Buntrock）在《作为协作过程的日本建筑》（*Japanese Architecture as a Collaborative Process*）一书中指出：

> “项目团队要超越传统福特主义大规模生产的心智——设定长度、宽度和材料规格；要超越传统的经济手段（量产化致规模化）；要超越那种以为利用未经训练的劳动力便能生产经济实用建筑部品的臆想；也要超越那种以为依靠流水线生产便能轻而易举地实现迅速而高效生产的错觉。当今，后福特主义的技术不再是建筑部品的标准化，而是定制化，利用数字信息与 CNC 等自动化技术的结合生产无边界的多样化产品。”[33]

* 施工中的进度计划如关键路径法都有军事和航空工业背景，人随施工作业段流动，工作不动人在动；设计行业的劳动者更像是福特主义流水线上的定居工人（stationary worker）。——译者注

自 1770 年**以来的科技发展经历了机械化、蒸汽动力、铁路、电力技术、福特主义大规模生产方式直至当前的信息和通信技术等技术革命浪潮。[34]信息技术革命已经影响了太多的行业，而建筑界目前只利用其扁平化设计至交付的能力来拓展自己对新材料和新生产方法的视野。目前的一种趋势是提高建筑业的自动化水平，通过计算机自动化设计（computer-automated design，CAD）和计算机自动化生产（computer-automated manufacturing，CAM）以及数控技术（CNC）来实现。***这一过程可使 2D 或 3D 设计信息直接用于自动化生产和制造。

斯蒂芬·基兰和詹姆斯·廷伯莱克推崇《从个性化迈向大规模定制化》一书（*personalization to mass customization*）。[35]对于大规模定制生产的含义，这本书的书名似乎更贴切，即由客户个性化配置其产品的预定义布局，理论基础是在维持成本的情况下加强多样性和客制化。不仅如此，此概念也与客户的个性化需求一致，不会牺牲效率、效用和可负担性。[36]由于大规模生产系统的固有局限性，大规模定制生产旨在调和我们有关大规模工业生产认知中的那些明显矛盾。

** 1770 年珍妮纺织机被注册为专利。18 世纪 70 年代出现的还包括我们所熟知的工业革命的标志——瓦特改良蒸汽机。本书第 1 章提及的“土木工程之父”约翰·斯密顿早先及其后也参与了蒸汽机的改进工作。他们都在改进同一种蒸汽机——纽科门蒸汽机（Newcomen steam engine）。——译者注

*** CAD 和 CAM 一般被称为计算机辅助设计和计算机辅助制造。作者于后文列举了三种机械航空领域常用的 CAD/CAM 软件，它们都采用关系驱动型建模方式，比建筑业常用的 CAD 软件更加“自动化”，当然它们也是面向工业生产的 CAD 软件。——译者注

从标准化到定制化

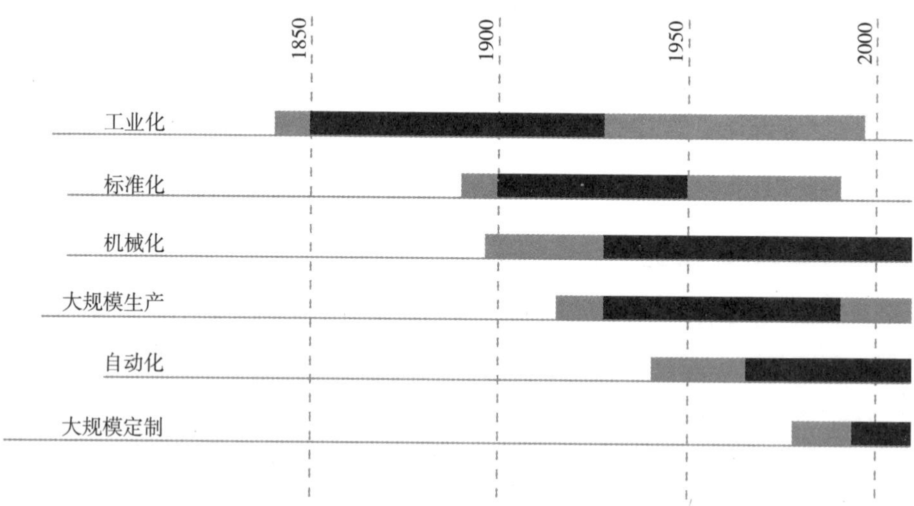

图 3.14　从 19 世纪中期的工业革命一直到今天利用 CAD / CAM 技术进行大规模定制生产的工业生产技术发展历程。图中的各概念并不是单独存在的。当工业生产技术的概念变化发展后，这些概念也代表了我们理解当今工业化建造的方式。以下是各概念的定义：

工业化：与 1848 年的工业革命相关，标志是依靠先进机器改变经济和社会思想，这种改变至今仍在蔓延和延续当中。
标准化：工业化社会的结果，产品变为标准化。在军事生产开发标准领域最为普遍。
机械化：规模经济扩大到一定程度的标准化就是机械化，引入了在战争年代中开发的附加机械化工艺，由更先进的大型机械化机器进一步推动，因此减少了人工劳动。
大规模生产：在规模经济的基础上蓬勃发展，其概念是尽可能多地生产同类事物以降低单项成本。它与消费者的需求同步增长。
自动化：通过计算机数字控制技术和 CAD / CAM 软件开发数字化驱动的工业生产大型机器。
大规模定制：结合大规模生产和自动化以实现范围经济。这一概念最大限度地发挥了机械化和自动化生产的优势，降低劳动力成本，也在生产输出中尽量保留产品的可变性的和定制化的优势。

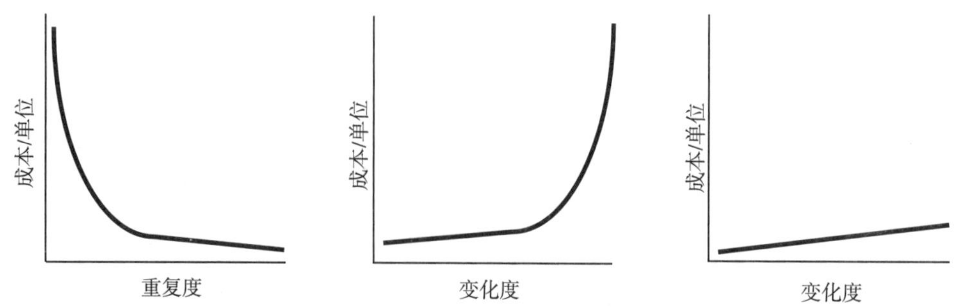

图 3.15　左图：福特式的大规模生产依赖于规模经济：随着重复生产的增长，单位生产成本会降低。中图：同样，随着产品变化的增多，单位的成本呈指数级增长。右图：大规模定制化生产表明在容许的成本增幅边际效应内可实现产品的多样性

3.3.2 建筑信息模型[*]

目前主要有两种数字化技术提高了建筑业生产率：

• 用于产品设计、生产和操控的数字自动化技术（digital automation），包括 CNC 和 CAD / CAM 软件

• 3D 信息模型（3D information model）或建筑信息模型（BIM）的数字化共享与集成[37]

根据古德勒姆（Goodrum）与其同事的判断，高水平的自动化和集成性技术可节约 30% 到 45% 的单位产品安装时间。与自动化工具（即 CNC）相比，数字化集成工具（即 BIM）提升项目性能的效果更为显著。在提高劳动生产率和改进总体成本与项目范围之间的矛盾方面，综合式契约合同和信息交换以及扁平化交付过程比自动化工具的新奇性更加重要。自动化生产工具在很多情况下仅被用来生成有趣的外表。

古德勒姆的研究指出了 BIM 和 CAD/CAM 软件之间的主要区别在于基于组件和实体对象的程序方法（在本书中称为 BIM）和驱动 CNC 工具的 CAD / CAM 等软件设计开发环境。BIM 将信息关联于 3D 物体，并且内嵌特定用途的预设部件深化建筑设计，例如内置有门、窗和墙等部品。CAD/CAM 软件没有内嵌内容，依靠设计人员或建模人员开发所有直接用于 CNC 制造的信息。BIM 平台也可以驱动 CNC 机器，但目前仅限于平面加工，其信息数据也能交换至 CAD / CAM 平台用于数字制造输出。有时，BIM 是一个全能词，用于描述包含 CAD / CAM 软件在内的所有数字建模环境。

商业 BIM 软件有：

• Autodesk Revit

• Graphisoft ArchiCAD

• Bentley Architecture

• 常见的 CAD / CAM 软件有：

• CATIA

• Pro/ENGINEER

• Solidworks[38]

BIM 技术至少存在了 20 年，只是形式不同而已。由于各种影响因素交织汇流，其中就包括业主对建筑工程项目的延迟和变更日益不满，在过去十年里，BIM 已成为 AEC 行业的主要议题之一。美国建筑工程用户圆桌会议于 2002 年发布了一份白皮书，其中记载了施工文件中协调不力和项目团队成员间沟通不畅而产生的财务成本。[39] 该文件呼吁显著增强建筑项目参与方之间的合作，BIM 可为强化这种合作提供帮助。在 2007 财政年度开始之际，当时美国联邦总务管理局强制要求所有概念设计的最终审批（Final Concept Approvals）[即方案设计（rough schematic design）] 中必须包含 BIM 三维空间模型，BIM 运动受到了相当大的支持。[40] 近来 BIM 涌现的另一个主要因素是其技术本身已显著成熟。反过来也促进了技术的进一步发展：诸如弗兰克 · 盖里等建筑师设计的开创性建筑项目需要利用 BIM 工具来创建，否则设计和施工都太过复杂而难

---

* Building Information Modeling 一般被译为“建筑信息模型”。计算机编程一般须定义两个基本要素：对象和方法。可能，“建筑信息建模”或“营造信息模型”既能体现信息技术的特点，也能体现施工运维的蕴涵，而“Modeling”也有动词意味。——译者注

以实施；也需要建筑师利用 BIM 工具以响应美国联邦总务管理局的倡议；还需要软件开发人员的努力以使 BIM 工具更具实用性。

这种被强化的连贯性是 AEC 行业采用 BIM 技术的根本核心因素。每个使用 BIM 的部门都能获得部门本身的建造效率：建筑师可以提高生产率，承包商可以缩短工期并减少浪费，业主可以更轻松地管理自己的资产。AEC 产业的传统体制是业主、设计和施工都拥有独立的信息资源库，相互间始终在谨慎地分享这些资源。所有人都意识到这个系统缺乏效率，头顶上空飘荡着要求项目团队之间加强合作的咆哮。而协作性更强的系统，其关键组成部分在于项目进展期间存在有效积累与合并海量暨多样信息的手段。BIM 增强了各方的信息共享能力。

建筑师也可能从更具协作性的环境中收获益处。建筑师工作的本质是创造、收集和组织信息。他们的工作价值以及在总体建造过程中所承担的角色取决于建筑过程中其余参与方对这些信息的依赖程度。在目前交付方式的框架下，一套图纸和设计文件中所包含的信息远远不能满足实际建造的要求。承包商、制造商、供应商等其他参与方必须额外附加巨量信息才能在事实上建造一栋建筑物。这其中最大的两个类别是关于可建造性的信息和加工详图中的细部构造和其他提交文件。如果在设计阶段就能取得施工方提供的建筑信息，那么建筑师就能够将其融入设计，而不是像现在这样忙于应付。

参数化建模提供用于仿真（simulation）的能力包括，改变 BIM 特征属性的能力和实时更新参数的能力。BIM 模型中的某些参数发生改变后，系统会自动重置整体项目以反映这些变化。此外，第三方专用软件工具已开发出与核心和附加平台兼容的应用软件和程序。这些建模工具将被用于设计、深化和施工等阶段的特定目的。某些专用建模工具提供施工进度计划、概预算建模和针对自由曲面建模的 NURBS 数理逻辑功能。某些第三方建模程序也提供基于 BIM 模型的节能分析、规范复核和其他分析功能。

可以说，BIM 的最大好处在于提高生产率。参考 AIA B151 标准合同，建筑师的传统工作量分配如下：方案设计占 15%，设计深化（design development）占 30%，施工图设计文件编制占 55%。这一分配和设计团队的工作量成正比。采用 BIM 技术会减少编制施工设计文件的时间。如果在施工图阶段中节省的时间可以转移至设计流程前端，那么在前设计阶段（predesign）和方案阶段中各项目参与方就能一体化制定有关功能、形态、生产率、装配式技术和施工方法的决策，这样不仅可以节省设计交付时间，也能节省施工交付工期。将 BIM 模型与工业生产联系为一体能进一步流水化建造过程。然而，这种转变要求各项目参与方被前载于设计前端，他们在项目中的传统结算周期也会发生转变。由于许多项目不会超出其本身开发范围，这种结算方法将使所有相关方的合作更为密切。

一些建筑设计和工程公司已开始使用 BIM 技术以改进项目交付方式。位于密歇根州迪尔伯恩的加法里联合公司（Ghafari Associates）在通用汽车公司的设计项目中，采用完整而全面的虚拟模型，承包商根据其模型实现了完全的工厂化建造。在位于密歇根州弗林特市面积为44.2万平方英尺的发动机工厂项目中，面对业主对工期的苛刻要求，工程提前5周完成，并且没有出现任何错漏碰缺所致的设计变更。[41] 尽管这些工业项目纯粹由技术驱动，设计要求也相对简单，但它们确证了BIM能够对项目交付发挥重要影响，可以实现在实际工程项目中实施全BIM的目标。

装配式建筑的未来发展将依赖于BIM技术。将时间与三维信息联系一起，可以模拟施工过程中将会出现的日常问题。二维的纸质文档无法提供此类分析。BIM工具可实现与自动化生产设备之间的接口，例如CAD / CAM的工厂方法。因为如果模型准确表示了对象的制造属性，CNC就能实现对尺寸的精确加工。BIM的巨大潜能还在于让不同的生产商和制造商并行生产，而受益于模型和制造设备的精确度，各构件便可在现场无缝组装。波音公司早已采用这种交付模式。飞机的各个部分由不同的供应商生产，分别交付后在波音公司的工厂中总装。[42] 由于施工作业流能够相互重叠，那么由成本降低和节省工期带来的效益自然十分显著。

为利用BIM技术进行工业生产和装配式建造，模型就必须包含施工层级的信息要素。目前有两种方式：

• 建筑物模型达到表现设计师和业主意图的施工深度。合同各方继续开发独立的施工模型和文件，包括分包商的加工详图和提交文件。

• 建筑物模型已经得到深化但还需进一步细化用作设计、施工和制造的各个方面。在这种方法中，设计模型仅是建造团队后续巨量细化工作的起点而已。

第一种方法与DBB总承包合同中的传统施工交付方式非常相似。建筑师认为这种合同结构可减轻自己在施工过程中所承担的风险和责任。AIA B151规定，设计团队为施工提供的图纸仅属意向性。招标完成后，责任便转移给承包商。这就要求总承包商及其分包商（包括预制部品生产商）得从头开始设计这些所谓的提案。将设计团队仅体现设计意图的图纸与需要实际加工制造的图纸混同必然导致轮次不断的提交审核、沟通交涉，往往根本无法避免工地现场的组装错误。* 这种仅仅基于设计意图的建造过程，被伊士曼（Eastman）及其同事称为“固有的效率低下和不负责任”。笔者鼓励设计师向制造商和细部设计师提供BIM模型信息，使他们根据要求推敲设计信息，这样既能保持设计意图又能完善这种面向制造的设计。[43]

BIM模型也可用于工程量估算（quantity takeoffs）。含于设计模型中的单元数量、规格和属性可直接用于向不同的预制部品生产商发送材料采购订单。正如伊士曼及其同事所述，迄今为止，许多工业产品的数字对象定义尚未被开发，因而还无法实现这种潜在的能力。然而，钢结构和预制混凝土等行业已通过这种方式收益甚多。[44] BIM可为既定工作提供各个部门所需的设计和材料的准确表达。这将改善分包商的工作规划和进度计划，确保人员、设备和材料及时进场作业，如此便可能降低

* 我国混凝土工程的施工图往往被称为直接给工地（农民）工人看的图纸，实际情况与本书所述类同。钢结构工程的施工图设计一般分作两个阶段。——译者注

成本并增强工地的协调作业能力。如果在一体化过程的早期阶段就能够制定有关材料和产品的统一协调和应对策略，那么装配式技术就会起到关键性的推进作用。

许多公司正在努力转向应用BIM。美国建筑师学会最近的一项名为“建筑业务”的调查显示，超过34%的企业购买了BIM软件。[45]在麦格劳希尔建筑工程信息公司（McGraw-Hill Construction）关于建筑师、工程师、承包商和业主的另一项研究调查中显示，约半数调查对象在使用BIM或专用建模工具。研究报告指出，10个建筑师里有6个在使用BIM软件。[46]在与盐湖城地区的公司交流中得知，其中许多都已采用BIM技术。然而如果所有的日常业务运营都使用BIM软件，那么这些公司在时间和成本方面将面临巨大挑战。差不多所有人都看到BIM中面向提高生产率的数字建模技术与联系设计咨询、业主和施工进度计划的协同平台相差甚远。以上许多公司都在等待合适的项目以便获得使用BIM的时间和自由；或者等到业主施压时才使用BIM。

BIM最终将成为一个开源平台，在这里，建筑项目从构思、计划、设计到具化可能都会采用数字化技术，包括模拟分析、规范条款审核直至服务于设施运营的数字建造。BIM模型（或多个模型）可能会是一系列相互链接的数据结构，所有项目参与者都能对其直接访问。如果这一目标能最终实现，那么工程项目在每一阶段的创建方式都将改变，从而实现设计和施工实践的新模式。然而，这一目标虽在理论上可行，现实中却是荆棘塞途。尽管BIM技术每年都在向前发展，但没人期许这一目标能在短期内实现。大多数建筑设计公司目前正利用BIM以更加自动化的方式开发二维图纸，但仍未建立与设计技术说明、产品信息和装配式技术的联系。推动BIM发展的责任并不局限于技术领域；更确切地说，正如本章所讨论过的，社会环境和组织环境裁决技术手段。

第Ⅱ部分

应用

第4章　一般原理

2008年美国建筑业的支出为1.3万亿美元。这是第二大支出国日本的两倍，后者花费了6000亿美元。由于建筑业占美国国民生产总值的比重较大，所以缺乏有关利用过程和产品技术以提升生产率和创新的投资力度令人震惊，当然其中也包括装配式技术。这不是一个新问题，美国建筑业协会于1996年就曾指摘：

> “美国建筑业每年为国民生产总值的贡献超过8470亿美元，但正面临竞争力压力，利润率已降至历史最低水平。就投资回报率而言，建筑业是目前表现第二差的产业——航空业最为糟糕。激烈的竞争迫使公司寻求保存利润的任何途径，当盈利困难时便气势汹汹地寻求诉讼以弥补损失。这种商业环境导致了负面性的对抗关系，极大阻碍了建设进程。”[1]

因此，也难怪美国国家标准与技术研究院（NIST）在2008年要求国家研究委员会（NRC）任命一个临时专家委员会，为其后20年间如何提高美国建筑业的竞争力和生产力提供建议。[2]委员会的具体任务是研讨确定能极大提高美国建筑业生产

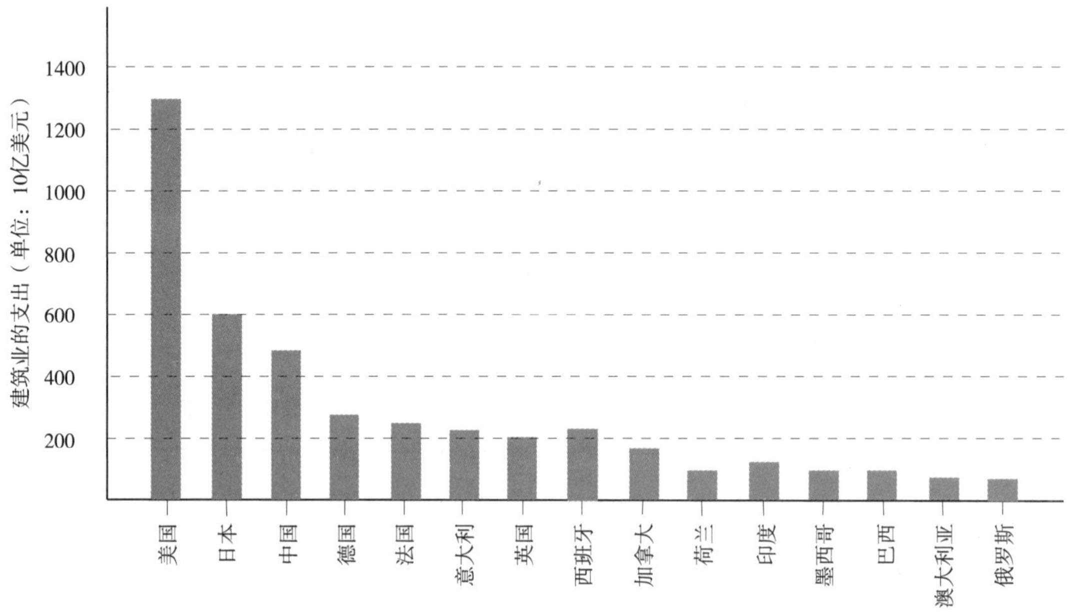

图 4.1　美国的建筑业支出为 1.3 万亿美元，是第二大支出国日本的两倍。但是，日本和英国等国通过新材料和数字技术（包括装配式技术）来推动建筑技术进步的人均研发投入却超过美国的投入

力水平和资本运营部门竞争力的最具潜力的技术、过程和部署并排出优先次序。最终，委员会提出以下五项措施：

1．广泛部署和使用交互操作技术应用，也被称为建筑信息模型（BIM）；

2．通过发展人员、流程、材料、设备和信息之间更有效的界面联结（精益施工和一体化实践）提高施工现场作业的效率；

3．更多地使用预制生产、预组装、模块化和非现场制造技术和工艺；

4．创新并广泛使用示范性安装技术；

5．采用有效的绩效衡量以驱动效率和创新。

委员会确定的这五项建议相互关联，每项所取得的成效也都能促进另外几项的发展。其中第三条是预制生产、预组装、模块化和非现场制造的技术和工艺。这一建议背后的逻辑是，以英国和日本为首的许多其他国家已在该行业取得领先地位，这些国家的住宅产业和商业部门都因使用装配式技术而实现盈利。这些收益涵盖了劳动力、进度、成本、质量和安全性等各个方面。考虑到建筑业也在不断发展之中，也由于 BIM 技术和集成工艺使各领域变得比以往任何时候都更为综合，因而装配式技术对生产劳动率将发挥更大的推动力和影响力。

2007 年斯坦福大学集成设备工程中心（Center for Integrated Facility Engineering，CIFE）的保罗·泰克尔茨（Paul Teicholz）比较了美国现场作业建筑业与所有非农产业的生产率，时间跨度为 1964 年到 2004 年。泰克尔茨的数据统计方法是将商业部

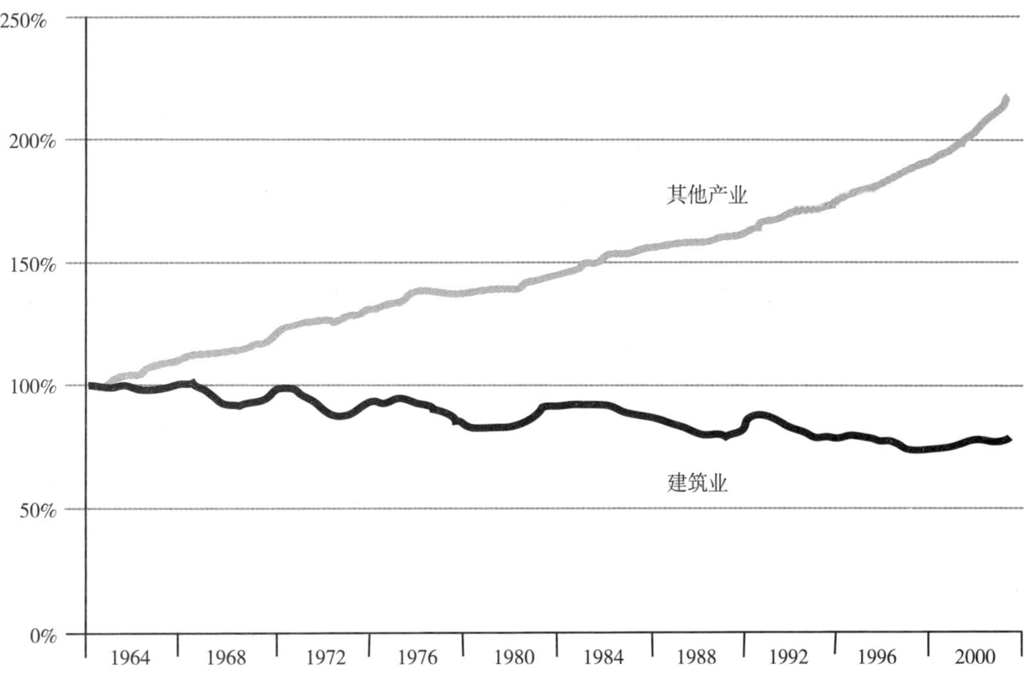

图 4.2　1964 年至 2004 年美国的工业生产率。在这 40 年间，建筑业以外产业的生产率翻了一番，而建筑业的劳动生产率据估计比 1964 年降低了 10%

的合同薪酬除以劳动和统计局保存的相同合同中的现场作业工时而得到，也即劳动时薪。合同包括软成本（设计费用）和硬成本（施工成本，包括：材料、交付和劳动力费用）。在此四十年间除建筑业以外的其他产业的劳动生产率翻了一番，而建筑业的劳动生产率据估计比 1964 年降低了 10%。据统计，历史上劳动力费用在建筑成本中的占比为 40% 至 60%。因此，业主在 2004 年支付的费用比他们在 1964 年支付同一栋建筑的费用要多出 5%。这似乎是合理的，因为现代建筑在系统和性能上都复杂得多。然而，工业产品和预制构件也更为便宜且更易获得。其他产业通过使用自动化技术已降低了劳动力成本并提高了产品质量，在统计意义上建筑业可不是这般情景。

泰克尔茨指出：

> “承包商已越来越多地使用工厂化生产构件从事施工，充分利用了工厂生产条件和专用设备。与现场作业相比，这种方式显然有更高的产出、质量和更低的成本。这些工厂化生产部品的成本已包含在建设成本中，但劳动力成本却不在其中。这往往使现场作业的生产率看起来比实际更为出色。”[3]

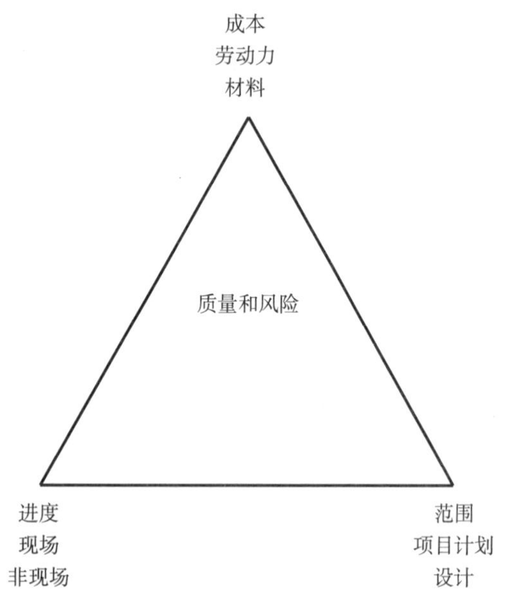

图 4.3　施工的三要素为：成本，包括劳动力和材料；范围，即项目达到的广度和程度；进度，即项目的持续时间或项目期限。每个建筑项目的质量和风险都由这些原则决定

4.1　一般原理

不管采用哪种生产方式，建设项目从来都是一项艰巨的事业，所动员的个人、团队、材料、产品、系统、通信和资金的精确数目难以计量。可将建造过程比作一首交响乐，所有演奏者及其工具、技艺、能力对于预成作品的成功都至关重要。建设设施的生命周期是指概念（酝酿）、设计、施工直至后期的运维管理。对应于建筑物漫长生命中的每个阶段，不同的参与者饰演不同的角色，至于重不重要可能不由即时的票房决定，而取决于在此周期中的演出时间。每项建筑事业都存在某些必须回答的关键原则。虽然并非所有要素都非常重要，就一般而言，建筑物必须遵循以下原理考查对生产率的影响：

- 成本：资本和运营投资
- 劳动：技能型和非技能型人力 *
- 进度：项目时间或持续过程
- 范围：项目的范围或广度
- 质量：卓越的设计和施工水平
- 风险：面临的潜在财务损失

业主团队关于项目的优先事项是确定成本、进度和范围的重要程度。鉴于建筑物价格昂贵，业主团队很少能够不受限制地为其提供资金。此外，大多数项目都有进度限制，需要保证在某个日期之前投入使用。与成本、进度和范围相关的是质量和风险。业主对系统性能、美观、装修耐久性及其他要素的要求与成本 / 进度 / 范围以及质量等要素间的平衡决策直接相关。设计团队通常要建立质量、进度和预算之间的关系，其中任一因素的变化都将影响其余项数。例如，业主团队偏向于选择低质材料以节省成本或者偏向及时完工，在这些目标平衡中风险便成为重要因素。

业主团队对风险的主要考量是项目能否在预定时间和预算内以达到所期望的质量。设计团队关注的是项目的总体质量水平能否达到要求，同时也能

* skilled 一般被译为“熟练”。该词的英文含义指具备足够的能力、经验和知识从而能做得更好。“熟练”一词深受“惟手熟尔”的负面影响，实际上欧阳修其文最后已经指出“此与庄生所谓解牛斫轮者何异”。也就是说无论是贵族的六艺还是倒油、杀牛或制轮技术都有其道，不仅仅是熟能生巧。这与作者在 3.3 节所叙述的古希腊对“技术”一词的理解如出一辙。本书翻译采用“技能型”。——译者注

满足业主的计划（项目范围）和合同费用（预算）。承建团队则关注在时间和成本约束条件下达成项目合同（项目范围）。[4]

非现场制造技术用于在工厂预组装结构部件，完整的装配体或装配子体随后运抵施工现场。建筑的非现场生产方式有能力通过制造大型建筑单元取得成本、进度和范围之间的平衡。本章将讨论项目成本、项目进度和项目范围这三条基本原理，阐述装配式技术如何具体实现三者的平衡。

4.1.1　成本

所有建筑项目都只能通过资本和设计师与工程技术人员的决策确定其最终成本。成本是任何建筑项目中都必须考虑的原则，尤其对装配式项目而言，其中需要额外的综合团队管理和项目规划。

目前通常鼓吹装配式技术比其他现场施工方法更具成本效益。这是因为装配式技术提出了三个解决成本问题的概念性方案：材料、劳动和时间。从理论上讲，其中任一种费用的降低都能节约成本，但装配式并不暗示一定会减少整体项目预算。事实上，当代的大量装配式实例已显示其优势不在于成本效率，而在于能够提高精确度和产品质量，从而实现更高程度的可预测性。对于关注成本的项目，如大多数公共和私有建筑，必须有计划地实施高水平的装配式规划方法。

降低成本的主要方法是减少材料用量。通常在现场施工方式中，购买的材料都囤积在现场等待安装。为保证工作顺利进行往往需要超额订购材料。工厂生产中的物料采购不会针对单个项目，通常为多项目并购，被称为“准时制生产”。材料实现所需即所得，从而减少总体用量。工厂中的材料在任何时段内都可能同时用于数个项目，实现资源共享和供应链并行管理。此外，材料和产品不在现场存储，与工厂制造的部品或模块类似，只有在需要时才发货用于制造装配子体。现场作业的分段和调配可能要占用承包商的大部分时间，因而会增加项目的总成本。装配式技术的材料交付按需进行，这便能减少现场安装的成本，也能减少时间成本和管理费用。

尽管装配式技术可以显著节省项目交付和进场阶段的材料用量，但工厂化生产的建筑部品和构件的初始费用更高。建立工厂需要相当大的投资。在小型项目中，除非装配商已建立特定产品的生产线，否则投资新工艺的成本会不可企及。在大多数情况下，工厂可以根据具体目标调整产品。即便是数控设备，调试生产线也同样需要时间和经费。如果成本是首要考虑因素或者定制产品在本质上具有通用性，制造商也有交付能力，那么项目的体量就必须能够确保这些投资物有所值。

装配式建筑的其他成本还包括运输成本和大型构件或部品的建安成本。虽然装配式建筑需要大型货车运输，大多价格昂贵并需大量人力协调安排，但现场施工方法通常不计入利用私人车辆运输缺料或漏料所产生的费用。这些运输的成本大多内含在分包商的包干报价中。装配式技术可能需要大型起重设备，这也会增加成本。但反过来说，预制建筑中利用起重机吊装的次数在理论上会少于相应的现场施工方法。

包括工厂管理费用的附加成本将使装配式建筑的报价高于现场建造方法。在大多数建筑项目中，无论是否采用装配式，总承包商都会承担大部分固定成本，如现场用电设施、活动厕所、急救场所和工地活动房（job trailer）等。因此，如果不对比制造商和现场分包商的这些固有成本，那么装配式技术的成本可能会虚高很多，而这些成本通常会被工期节约和质量提高等附加价值所抵消。许多预制商，如库尔曼建筑产品股份有限公司的艾米·马克斯（Amy Marks）认为，非现场制造方式理所当然会产生额外费用。快速生产物美价廉的产品几乎不可能。虽然工厂生产方式的成本有时会低于现场方法，但材料成本通常会高于后者。

装配式技术也将资本成本和生命周期成本之间的协商谈判带至设计前端。投资总成本（capital cost），有时称为初始成本，分为固定成本和可变成本。* 固定成本包括土地获取、许可和影响费用。可变成本包括含有设计费的软成本和与实际施工相关的硬成本。投资总成本对现场建造或非现场建造方法的选择有推动作用。尽管建筑物的初始成本较低，但从长期来看，投资回报率可能并不高。建筑业中较高的初期投资很难被美国资本主义社会的业主所认可。美国的风险开发型建筑意味着快速的低成本投入和高额的回报。因此，不动产（real estate）被视为一种可以买卖和交易的商品。市场利率住房（market rate housing，与经济适用房相对应）和风险开发型商业建筑同样如是。装配式建筑应当被视为一种生命周期的投资，或许最初的成本较高，但从长期来看能取得更高的收益。

与资本和生命周期成本相关的是专有系统的概念。封闭的专有预制系统本身可能非常巧妙且技术高超，但也许无法很好地为设施的生命周期服务。所有建筑物都必须得到维护。此外，建筑物的围护和服务等系统也会被频繁更换。如果使用预制专有系统，一旦需要修复或更新，改造施工就会很困难，尤其是当制造公司停业倒闭后，便无法找到可更换的部件。许多汽车也存在类似的问题。在大多数情况下，用户买一辆新款车型的性价比会更高。在建筑物中，整个系统可能会被更换，更糟糕的情况是整个建筑物被拆除，让位于不需要专门修复的标准化程度更高的建筑系统。

在独特的一次性建筑中，与装配式设计相关的软成本费用可能更高。结构工程师、机械工程师和制造商在装配式建筑项目的起点就会参与整个设计过程，这便会增加前期成本。他们的参与程度不应超出建筑系统抵偿这些支出的能力。在设计－协助（design-assist）合同模式中，关键分包商在设计前期就参与装配式建筑系统的设计，这便需要在先期投入软成本。预制生产要求为制造商支付定金以确保制造工作的顺利开展。这就是说建筑工程中有关装配式的部分需要在更早的阶段就提取更大额度的贷款。综合式合同要求设计团队和承包商的工作提前至项目进度的前期，相应的费用结算周期也会一并移至项目的早期阶段。

* capital cost 和 cost of capital 在中文翻译中有时都被译为“资本成本”，但英文的概念完全不同。——译者注

装配式技术的隐性成本

尽管装配式建筑生产商声称，装配式建筑更便宜的原因在于节省了大量的时间和人力，但此间仍存在以下隐性成本：[5]

管理费用：生产设施雇用全职工作人员，存在设备采购、维护、租用场地设施和每月水电等固定费用；

利润：非现场制造商必须赚取利润，因此为支付这些间接成本，在相同的项目范围内可能会收取比总承包商更多的费用，任何因时间和效率而节省的成本可能不会传递给客户；

运输：预制产品的单位体积费率较高，与拼板、模块和部品相比，现场建造材料和产品的运输包装更为紧密；

安装：虽然重量通常不很重要，但吊装预制构件会造成麻烦，需要技能型工人或专员来安装这些单元；

设计费：由于装配式技术需要更频繁地同建造团队和制造团队沟通和协调，建筑师和工程师会因时间成本而收取更高的费率。

4.1.2　进度

可以说，非现场制造在提高生产率方面得到的最大收益在于减少现场施工持续时间。[6]装配式建筑项目的时间成本节约来自现场作业和工厂建造的并行开展。预制基础几乎不被采用，因此场地作业可以同主体结构、围护结构、服务设施和内部装修等预制生产并行实施。传统的现场施工方式是线性的过程，前一道施工段完成后再接序进行下一段。团队可以在工厂中同时工作，允许多施工段并行建造。此外，多个制造商可同时生产各装配子体，最后汇集在现场，组装为一体。

精益生产技术也可以节约工期。工程进度的节约不会在一次性或高度定制的产品中实现，但可通过增加重复性来实现。为了在工厂和现场并行工作，项目交付方式可能会变为前端负载型，这意味着大多数项目计划的综合过程发生在施工阶段之前。尽早做出关于装配式的决策，这样在施工阶段初始就能实现加快进度。

装配式技术具备更多的可预测性。这是因为材料采购和加工过程更加迅捷，自然环境也不会对工作场所产生太大影响。融资的复利对长周期建设也有较大影响。公共建筑的建设进度可能有更多的余地，但对于收入按天结算的公司而言，根据进度计划开张的能力决定其能否全面开展业务。某种业务需要在某个特定时间开张，如羊肉涮锅店；新的校舍须在新学期迎来学生；医疗机构必须扩充病床数量满足无法就诊人群的需要；以上这些都是进度受计划控制的建筑产品。根据作者在为东亚某地设计微芯片工厂的 A / E（建筑设计与工程设计）跨国公司工作期间的经验，工期每延误一天，高科技公司的收入损失会以数十万美元计。此外，对既有建筑而言，翻新和拆毁越少越好。

布罗哈波尔德（Buro Happold）工程公司的艾德里安・罗宾逊（Adrian Robinson）分享了他在英国酒店项目中使用装配式钢结构模块从而减少项目进度的经验。在希思罗机场附近由布罗哈波尔德工

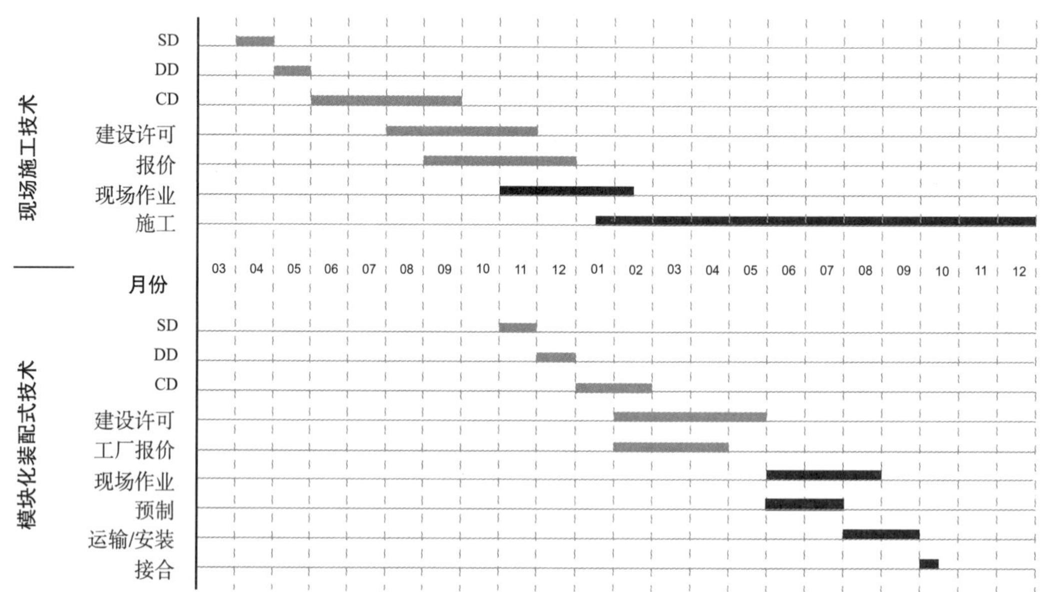

图 4.4 甘特图（Gantt chart）。图中比较了两个类似房屋从概念设计到竣工的项目持续时间，一个采用现场施工方法，另一个采用非现场施工技术。由于使用了模块化技术，装配式建筑项目同现场营造方式相比，其节约的工期超过 50%。如上图所示，对于装配式项目而言，施工总体进度和工期的最大节约源自现场和非现场工作的并行开展。这两种房屋都由米歇尔 · 考夫曼设计

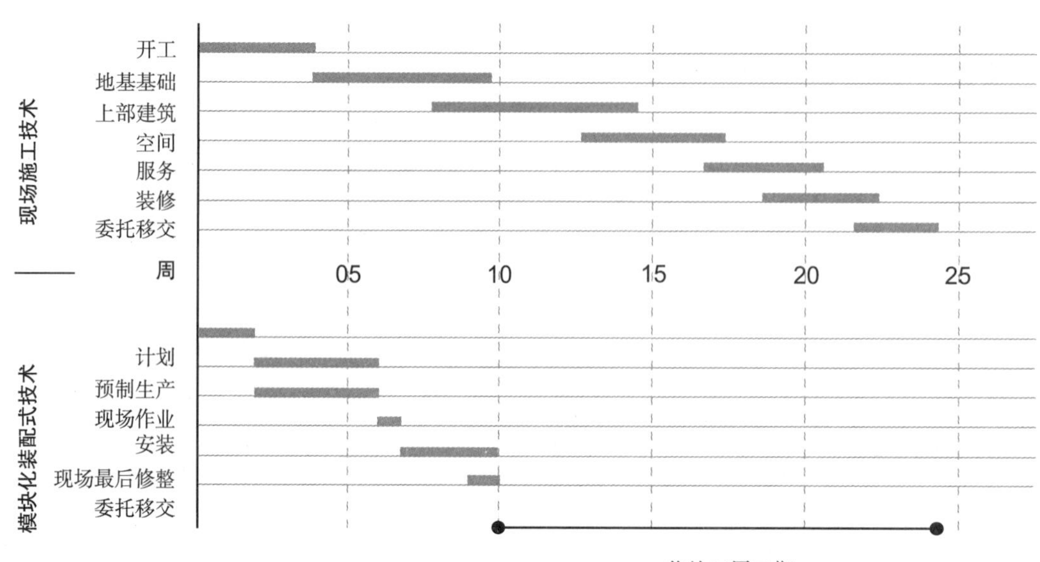

图 4.5 小型建筑项目的现场施工与非现场施工方法之间的比较。表明库尔曼建筑系统能够节省 50%至 70%的项目持续时间

程公司设计制造的特拉韦酒店动工的同时，街对面一家相同体量的宾馆也开始施工。特拉韦酒店的干湿作业已全部变干时，对面宾馆还没有完成钢框架主体结构。制造商库尔曼公司与基兰廷伯莱克公司多次合作，其员工艾米·马克斯表示，与其合作的承包商报告，平均而言，在钢结构和混凝土结构商业建筑领域中，装配式方法相较现场施工方法节省了 50% 的工期。她认为，在大体量模块和拼板化项目中尤为如是。工期带来的经济效益对大型商业建筑来说远比所谓规模生产的成本节约更为重要。在居住建筑方面，据米歇尔·考夫曼报告，以她的装配式建筑经验，使用现场施工方法建造的第一个“滑翔住宅”（Glidehouse）与采用装配式模块制造的第二个“滑翔住宅”相较而言，模块化装配式项目的施工时间几乎是前者的一半。这种节省源于现场和非现场作业的并行，但不包括基础或公用设施的施工。

天气也影响现场施工的持续时间。在犹他州的一个钢筋混凝土住宅项目中，意外的暴风雪和低温使该项目延期三个月，即便在养护过程中采取了保温毯措施。这种劳动密集型过程中的工期延误造成了项目租金收益的减损。在最近的一个住房项目中，同样位于犹他州西班牙福克市的模块化建筑商铁城住家公司（Irontown Homes）能够比预定进度提早一个月制造建筑模块。当时发现工期吃紧时，项目团队决定在冬季中期就开始运送和安装模块。施工现场遭遇一场不期而至的暴风雪，进度因此而延误一天。在如此恶劣的环境下，现浇住宅根本不可行。正如本森伍德住家公司（Bensonwood Homes）的特德·本森所说：“在工厂中，阳光永远明媚。”[7]

4.1.3　劳动力

工厂的内部作业环境可以提高工作场所的安全性。现场作业不仅要面对恶劣的天气条件和充满潜在危险的复杂地理环境，还要求工人长途跋涉，在某些情况下仅仅为完成一个建设项目甚至需要往返于几个州之间。都市圈以外的项目要求施工人员临时居住在现场，周末才能回家。装配式技术可以缩短工作通勤，降低工人在长时间工作后往返工地的成本和风险。工厂建造中的系统化施工过程为工人提供了固定的工作时间。例如，在酷热地区为了避免下午的高温一般都会在凌晨作业，工厂化建造就不存在这个问题。在许多情况下，环境天气等因素不允许工人做满一个工作日，而工厂环境可提供完全的 8 小时工作制。在快速施工项目中也可实现连续交替轮班，进一步减少总工期。

工厂环境在噪声、灰尘、空气质量、废料和回收利用方面都有质量管控措施。[8] 据国际劳工组织估计，全世界每年在施工现场发生的死亡事故至少有 60000 起。这相当于每 10 分钟便发生一次现场施工致死事故，占所有工伤致死事故的 17%。[9] 在美国，与建筑业施工相关联的工伤事故是工业部门的两倍。[10] 事实上，工业部门中的高发致伤事故仅与机械设备有关，10 人中也仅有 1 人会出现此类事故，而且不是致命性的。通过转向装配式技术，建筑业及其工人的生产环境安全系数便能加倍。利纳尔（Linard）和弗朗西斯（Francis）发现，与区域公司或总部工作的员工相比，有现场工作背景的员工容易疲劳也更易出现家庭矛盾。对于建筑从业人员来说，这可能属于少见多怪，但必须承认三天或四天的周末长假和超常规的长时间工作都可能导致心理问题。这项研究还指出，施工行业的员工离职率高于军事、科研开发和管理部门。[11] 装配式技术肯定无法治愈这些弊端，但如果建造工作由现场转入工厂，装配式技术就有机会改善员工对工作场所的满意度。

纳特－鲍威尔（Nutt–Powell）评论道，生产商可利用装配式技术雇佣非技能型工人。在现场施工作业中，某些工作要求技能型工人的加入。关于项目各个部分如何拼接为整体所需的知识和经验超出了施工行业入门职位的理解范围。如果工人在现场犯错，可能会影响整个项目的进展。大多数工地的非技能型工人通常都是无人监管的。工厂中更容易管理非技能型工人。市场供求规律决定某些劳动者的收入会高于其他劳动者。因此，非专业的建筑工人自然会选择薪水较高的工作，但不一定是最胜任或能熟练开展的工作。相反，在装配式技术工作中，从事不同任务的工厂工人将获得相同的报酬，再根据绩效获得奖金。这便鼓励劳动者主动选择自己中意的工作。纳特－鲍威尔主张这种做法，认为它有潜力提高施工作业中的技能水平。[12]

社会将某些门类的工作视为有价值的，也会相应奖励从事这些工作的个人。即使我们在本章中讨论的工厂工人可能娴熟于特定任务，但其实这项工作本身会被看作没有技术含量，这便意味着市场不会为娴熟于非技术工作的劳动给予额外报酬。此外，这些工作单调重复，工人一次又一次地操作相同的任务，没有任何变化或挑战。为了使装配式技术在道德上被建筑行业所接受，它必须摆脱与“血汗工厂”有关的或类似的污名。伴随计算机技术的应用，20 世纪后半叶至 21 世纪初，工厂生产技术的复杂程度日益提升，单件式工作流和精益项目技术的应用日趋广泛，与前几代大规模生产式的任何劳动者相比，装配式建筑工人很可能将具备更多的技能，逐渐参与需要更多知性、更数字化的工作中，甚至立足管理岗位。

宏观经济环境对非现场生产方法的可行性有很大影响。在住宅建筑中，当就业充分且经济强劲时，装配式有能力同现场施工竞争，过量工作将转移到异地开展。经济萧条时，建筑商会选择非技能型现场作业工人，即便这样会使工期延长。盐湖城等美国西部各州的市场更是如此。例如，拼板化龙骨墙在 20 世纪 90 年代和 21 世纪初期获得了很大的市场优势；然而，根据拼板和桁架预制商伯顿木制品公司（Burton Lumber）的说法，在最近的经济衰退中其拼板化市场份额实质已被抹去。在与客户、建筑商和建筑师讨论这个问题时，伯顿木制品公司发现现场施工的框架结构成本更低，因为按天结算的移民工人的出价创下了历史新低。然而，一旦经济反弹，该公司肯定更有把握处理种类更多和产量更大的非现场生产方法。装配式建筑经常会遇到这种挑战，除非占据大部分市场份额，迫使现场建造技术抬高成本。

自经济衰退以来，库尔曼建筑产品股份有限公司的钢结构和混凝土公建和商业建筑的市场份额反倒在持续增长。建筑师和承包商正试图寻找新的建造方法，也正在质疑与最近房地产行业衰退有关的那些传统经验。随着越来越多的建筑师转向在设计和交付过程中使用BIM技术，库尔曼公司几乎可以维持原有的成本、进度和可预测性。对于商业部门中那些高额投资的项目，业主和承包商希望得到最准确的成本和进度信息。应尽可能将工厂化生产的装配率和单元完成度提高到90%以上，这样就能基本排除现场的不确定性。

4.1.4　范围

项目范围涉及项目的广度、尺度、复杂度以及参与其中的个人和团队，不仅包括实际施工团队，也包括全体设计和交付团队。由于需要加强协调和协作，必须先于施工阶段项目团队制定有关装配式技术的决策，项目范围在施工和设计中都有延拓。装配式技术在物理和组织层面都必然存在集成或综合。[14]

装配式技术对劳动生产率的影响

生产率是对劳动效率的一种衡量。利用非现场制造技术，包括工厂机械化技术和先进材料科学在内的技术转移及BIM和CNC技术的数字革命都对建筑业劳动生产率产生了积极影响。古德若姆（Goodrum）及其同事发布的研究中评估了装配式技术在这些改进和高产中所起的作用。机器、工业生产工具和装配式技术，或简言之，装备科技（equipment technology）已通过以下方式对劳动生产率产生影响：

- 放大劳动力的产出
- 提高控制、精度、准确性和质量水平
- 增加生产操作的可变性
- 采用数控设备提高信息处理能力
- 使用改进的人体工程学以减少疲劳感，强化安全性
- 先进材料通过以下方式提高了生产力：
- 减少材料用量
- 提高材料强度
- 材料的养护和冷却时间
- 在不同天气条件下的安装变通策略
- 材料的工厂化定制

基于对100种与施工相关的工作调查，研究人员发现在使用较轻材料的情况下，同一工作的劳动生产率将提高30%。此外，当施工中采用易于安装或易于预制的材料时，劳动生产率也会增加。该报告还表明生产率的显著提高不仅是因为装配式技术中的材料进步，还与装备技术和信息技术有关。[13]

集成或综合要求设计团队凝聚力量，也要求承包商在设计阶段就参与建筑项目的规划过程。如果要使装配式技术发挥效用，它不仅要与其环境背景相适应，也需要建筑承包商理解设计团队并尽早给予设计团队有关施工的一般概念。因此就有必要通过施工文件建立设计意图以展现将造之物，也将施工意图——生产、交付和安装的概念融入项目设计。这其中不仅有关决策阶段中的团队整合，还暗含装配式产品的集成，这就意味着建筑业存在某种一体化营造系统。

为了控制项目范围，必须建立相应的供应链管理。供应链管理（SCM）是联结终端客户所需最终的成套产品和服务的网络化业务管理系统。SCM 跨越从原材料存储流动、生产加工备货直至成品商品的从前端到消费终端的所有过程。[15] 供应链管理一词由美国产业顾问公司于20世纪80年代初期首创，这一概念其实源于工业革命，通过福特和泰勒主义

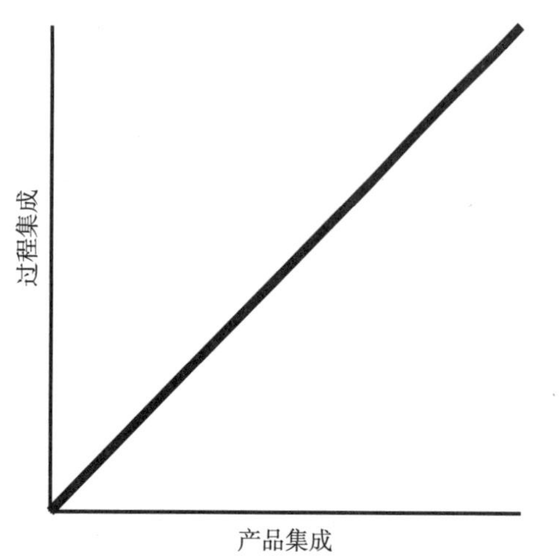

图 4.6 装配式技术意味着项目过程的集成度与产品的集成度呈线性关系

的流水线系统得到进一步的推进。今天，SCM 进入了一体化的时代，随着 20 世纪 60 年代电子数据交换（EDI）系统的发展和 20 世纪 90 年代引入企业资源规划系统（ERP），其作用更加重要。一体化的 SCM 基于万维网的协作系统不断扩散，在 21 世纪得到进一步发展。这一时代的 SCM 发展的特征是通过集成性实现价值增值和成本缩减。[16] 装配式技术可使承包商通过使用数字化工具更有效地监督 SCM 的整合过程，从而提升质量、降低成本并控制材料的可持续性。

然而，对于装配式建筑项目而言，生产率的提高不会以增加施工之前和施工过程中的沟通成本为代价。现场有关范围和进度的错误可能导致工期延误数周甚至数月。工厂中的小错可以重新安排和调整，这种生产环境更受控制，也更灵活，可以减少变更单的数量。但是，并非所有问题或挑战都能在设计阶段辨明，如果出现问题，工厂劳动也更具适应性，即使改变计划也不需引入新的分包商。变更带来的成本通常都能消解于工厂的运营中，因为有其他效率途径弥补损失。现场作业因缺乏弹性会导致项目团队陷入财务困境，而且可能会完全改变整体项目范围。

但在另一方面，现场施工的微调通常比工厂生产方式更快。例如，当一个已有 95% 完成度的模块进场时发现需要根据已经做好的基础而作出变更，这种情况通常无法在现场做到，必须将模块重新运回工厂再作调整。而对于现场方法，类似的调整则非常灵活。如果产品处于等待运输状态，那么灵活性十足；发货后则完全相反。

4.1.5　质量

质量包括两方面：本章主要关注生产质量，设计质量通常与建筑师的工作联系在一起。如果想让装配式技术在建筑领域取得成功，这两者同等重要。吊诡的是，这两种质量看上去却是对立的。一旦生产质量得到提高，那么建筑设计随之变成呆板的标准化，没有变化；而高度定制的设计无一例外地在暗示缺乏生产效率。然而，装配式建筑并不是标准化的同义词，所以它既能满足建筑设计的高标准也能满足生产质量的要求，不过这需要建筑师、工程师、制造商和承包商一同发挥创造性，洞见出使设计和生产彼此获益的未见之方，这才是装配式建筑面对的真正挑战。

法规或规范标准、产品质保以及设计和制造的容差都是保证质量的措施。各地规范互有差异。装配式建筑商意图扩大市场份额时，将面对所服务市场区域的严格监管。好在这种差异不是很大，这得归功于IBC规范。然而，风荷载、地震作用和各种环境作用在不同区域各有不同，这就要求调整非现场生产构件增强其包络性能。为了缓解这种不一致，美国许多州都已实施了第三方检测体系。装配式建筑商的产品由生产制造商聘请的经由政府部门认证的公司进行评估认定。这样当出现多样化产品或者当超出常规情况时，预制商不必仅对某一特例而改变整条生产线。因此，第三方验证方将负责所有的工厂事务，而本地检测机构则负责验证所有现场事务，包括基础施工、预制单元的安装和现场公用设施的连接。

现场施工仍然处在手工业的技术文化氛围中。虽然其他行业已在使用自动化和高精度生产方法，建筑业仍在依靠技能型劳动者生产产品。装配式技术可以提高产品精度，从而更好地控制最终产品。同样，工厂产品的保修范围可能也更趋广泛。非现场生产商可以保证窗墙单元、拼板和模块的质量及其所需的能匠巧技，还能实现工厂化生产部件的更换。因为减少了人工安装的误差，所以有能力保证产品质量。如果装配式建筑由同一家公司生产和安装，那么便能确立更高水平的质保措施。

构件的精度越高容差也越小，工厂更容易实现对公差的自动控制。这些容差不仅与构件的期望制造尺寸相关，还与其他预制构件和现场建造构件及基础等有关。机器的自动化生产与工人的重复性工作一道使这些公差在生产迭代过程中保持一致。业主希望得到可靠的建筑成品，装配式建筑降低了业主可能面临的风险，在建筑施工这样的高维度复杂问题中能够限制各种风险因素并能消除未知问题。非现场方法不但有较高的精度，而且更可能确保工期和预算，结果也更具可预测性。通过使用确证过的标准化组件可达成这些目标。在一次性项目中，在生产批量或独特构件之前进行多种原型产品的实验也能实现上述目标。但是，这并不是说现场施工不能实现高质量，而是说，装配式技术较其他技术而言可以较低的成本实现较高的质量。

4.1.6　风险

在尽最大努力又同时确保设计品质和生产质量的过程中，各方都将面临不可避免的风险。成熟系统在实施中相对容易被接受，也容易得到检验和证明。保守的业主不愿冒风险使用在市场上不易获取的装配式系统，他们不想承担任何建筑实验所带来的附加成本和工期。另外一些业主可能将风险视为一种机会，置自身为创新型公司或组织。同样，建筑师和工程师在设计定制化装配式项目时也会面临很大的风险。制造商可能是最想参与此类项目的相关方，因为他们通晓完成项目所需的参数，并可能会取得经济收益。对于利用装配式技术来实现独特性的项目或者利用非现场方法以控制成本和进度的项目，所有相关方都将承担风险，除非装配式方法相较于现场方法的优越性得到验证。

施工标准的任何变化都会给业主、设计师和承包商带来潜在的财务风险。实际上，许多装配式产品都已经过充分验证。不愿意采用装配式建筑的顾虑并不是因为风险，而是嫌麻烦或在感觉上认为设计质量与生产质量存在矛盾。在居住类建筑中，装配式技术一直在延续其负面形象，因为人们会联想到临时性建筑或与 HUD 规范相关的工地活动板房。因此，贷款机构可能不太愿意为其提供资金。在利用传统的建设转按揭贷款方式*寻求金融支持的定制住宅市场中，装配式技术可能会带来问题。如果贷款机构不熟悉装配式建筑，项目方就得多跑几家找到更熟悉移动式住宅或工业工艺住房工程的贷款机构。有些预制生产企业也会为项目提供资金，预付款将包含施工所需的费用。

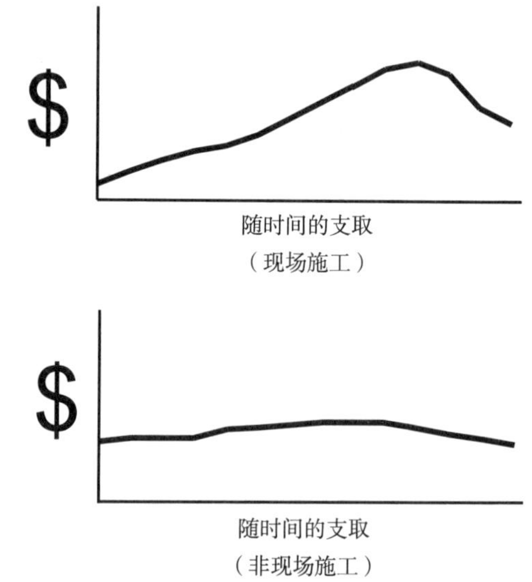

图 4.7　传统建设项目贷款的支取发生在整个项目期间，而非现场施工项目的支取计划在项目期间更趋均匀一致。现场施工难以预测何时需要多大额度的支取，因而通常会遭受短期的现金流动性困难

建设转按揭贷款方式是为营造住房提供的金融工具，最终转为长期抵押贷款。装配式建筑领域是多样化贷款和租赁选择的潜在机遇。这些金融组合工具为未来建筑业的金融服务提供了先例。短期的仅付息型信贷允许承包商在必要时"提取"资金用以交付项目。在传统的建筑工程中，贷款"提取"与项目范围相关的施工进度有关。银行对大额提款将更为犹豫，因此当项目某部分确有需要时，公司在为分包商付款时可能将面临现金流窘境。在装配式项目中，工厂按惯例需要分散型贷款。例如，在铁城住家公司的建筑案例中，25% 的头期贷款用于订购材料 / 加工详图，预留部分用于制造过程。其次 25% 的贷款用于现场施工；再次的 25% 用于中期制造加工；最后的 25% 用于完成工厂建造，也

* construction/perm loan，指住户自建房屋时，贷款机构先提供用于购买土地、设计技术资料和图纸以及后续施工所需的短期建设贷款，房屋完工时贷款项自动转为按揭贷款。——译者注

即发货之前的工作。现场施工与连缀工程所需的贷款在接近施工阶段时再具体确定。* 与现场施工技术不同的是，装配式构件的生产场所与其落户土地毫不相干，这就导致其投资会高于那些主要依靠土地获得增殖的建筑类型。如果用户业务地点发生变化或房主更换生活和工作的城市，装配式房屋有潜在能力随客户搬迁。

生产者延伸责任制（EPR）概念是指装配式部品制造商也要对二级市场中的材料和产品负责。EPR 包含了对建筑物生命周期内耐久性的管理和保障职能。[17] EPR 也可以成为用户的收入来源，也就是在市场中购买、交易和交换建筑单元。正如乔恩·布鲁姆（Jon Broome）所说，"将人们纳入住房供给全过程是实现可持续性住房的必要先决条件。"[18] EPR 暗示存在预制建筑部品的租赁方案。租赁者可与代理商签订月租协议，通常是关于部品在租赁期的折旧价值。这种模式已广泛用于活动式模块化建筑中，但在其他建筑领域还未被采用。装配式技术为利用这种概念和生产者延伸责任制的市场提供了机遇，装配式建筑的用户不仅拥有拼板或模块的所有权，也拥有在租赁协议中的时限出让权。供应商将维护这些建筑系统，合同过期后再提供给新的租户。

与汽车租赁类似，这种模式将来可用于太阳能面板或者其他可供租用的即插即用建筑系统。类似地，永久性建筑结构可将部分建筑系统和单元出租于租赁中介、供应商或总承包商。市政租赁的免税政策目前被州立和地方政府机构（包括公立学校和一些特许学校）用于融资方案，允许按预定利息分期支付，并且允许在租赁到期时以名义费用买断。即使模块化建筑的买断存在问题，购买者也享有所有权凭证。每个项目从租赁到所有的费用可以年付、季付或月付。目前银行业尚不熟悉此类建设工程的融资模式。这是必须克服的重大障碍，以使装配式建筑的融资和作为金融产品的装配式建筑变为现实。

与质量和风险联系在一起的是研究和开发。现场建设项目几乎不具备研发能力。由于设计－投标－建造这种总承包模式的弊端，承包商总试图采取最庸常的手段完成建设项目。这表示承包商会找出合同文件中的漏洞，从施工源头便探寻用以削减成本的蛛丝马迹，或者采用虚假低价保证中标，随后再想办法对付其后的工程交付。许多现场承建商都承认，对标的某些部分施行有依据的猜测是他们必须要做的事情，因为每个项目都有其独特地域背景的劳动力来源、材料供应和进度计划。装配式建筑可使工厂制造商成为招投标过程中不可或缺的一分子，或者在设计协助交付模式（deign-assist delivery）的早期阶段就与设计团队合作确定成本造价以平衡可建造性与经济适用性。对于业主和承包商而言，在建筑的独特和专门部位采用装配式技术可能存在更多风险，但如果在现场取消这些专业系统则会带来更多的附加风险。即使在低风险的项目中，试图采用更可控的工厂生产方式以获得更高质量的做法也是一种风险较低的冒险。

---

* button-up 在英文中有三个意思：系严外衣以御寒；做好密封；完成所有细节。装配式建筑中的这个术语不只包含以上三种意义。button-up 指模块安装完毕后的围护、楼屋墙面、水电暖和内部装修等的安装、接缝和细部处理等事务。缀有连接、装饰之意，本书翻译为"连缀工程"。——译者注

装配式建筑的租赁选项

得特（DIRTT）是一种模块化内隔墙系统，可供租赁。可租赁背后的真正基础是现金流随时间分配。得特将成本逐渐转移为运营预算中的支出费用，而非停留在租户改造或新建项目中的基建成本。次级市场将成为装配式系统租赁化的主要受益者，因为墙体的所有权或租赁使用权发生改变，这种费用明显比新建墙体低得多。这种模式差不多就像从苹果公司以优惠的折扣价购买一台经翻新的计算机一样。比如，得特公司从经过精细设计的 A 级办公场所购得墙体（或由其建造），转移到没怎么设计的 B 级或 C 级场所，再不济干脆搬进仓库当栅栏用。当然这种商业模式才刚刚起步，成功与否尚待观察。

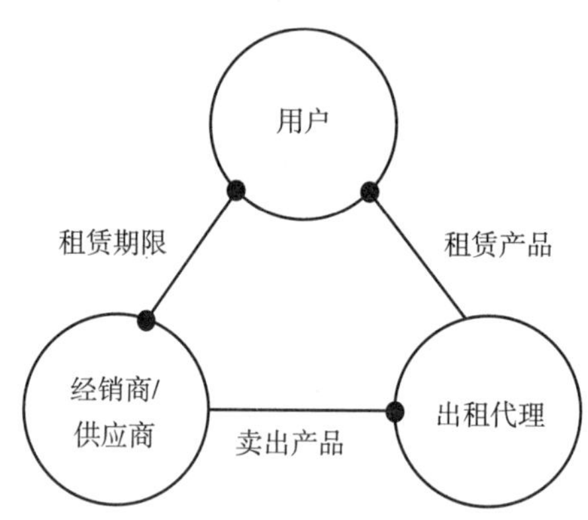

图 4.8　生产者延伸责任制可能是未来建筑工程融资的解决方案。装配式技术之所以适合这种模式，是因为建筑单元可以租赁给消费者，如同汽车的租赁模式，用户在租赁期间支付产品的折旧价值。这种方式有助于培养整个建筑产业链的可持续性发展业务，即建筑部品和构件能够回收或重复利用

4.2　折中

以上包括成本、进度、劳动、范围、质量和风险在内的有关装配式技术原理的大多数讨论都体现了某种程度的折中。装配式技术不是包罗万象的解决方案，必须根据建筑项目的特定地点和时间来实施。图 4.9 是关于现场和非现场生产原理的比较，帮助建筑师和建筑商在规划或实施装配式技术时考究其优缺点。

装配式技术优缺点的综合列表提供了抽象范畴。首先，任何有关非现场和现场建造方法的讨论都会指向生产率。这是项目参与者（包括建筑师、工程师、业主、承包商和分包商）之间加强协作的结果。美国建筑工程的传统现场交付方式没有逻辑，也无效率可言。不像其他工业生产行业，建筑业的生产是碎片化的。这种碎裂性造成了建筑物从建筑设计到工程设计再至供应链和采购过程中的全过程浪费。这种浪费在很大程度上归因于建筑业的独立合同模式将建筑师和承包商，即设计和生产，割裂开来。综合交付过程可实现扁平化交付并能提高生产力。装配式和一体化这两个原理互为补充。

4.3　总结

胡克（Hook）在其研究中叙述了一种由瑞典开发的建筑系统，被称为木结构建筑体量元（timber volume element，TVE），其中 90% 的建筑构件都为非现场生产。该系统可减少现场施工技术中错漏碰

缺，也被证明能够减少材料浪费和建筑垃圾。虽然TVE住房降低了成本、效率，产品质量的提高也带来了附加价值，然而在瑞典尚未获得市场信任。胡克推测TVE没有被认可的原因在于一种不完备的装配式策略——需要根据传统建筑环境中的规则创造价值。简单来说，如果终端用户不理解装配式系统的价值，或者对装配式技术持负面看法，那么装配式建筑在资本主义市场（capitalistic market）便很难取得成功。胡克建议通过向业主展示示范性项目、技术说明和可量化的衡量标准以及伴生的成本优势，以供其作出明智决策。[19]

TVE项目表现了公众对建筑装配式技术的普遍误解，而瑞典装配式技术文化的形成比美国要早许多年。在北美地区，客户和公众接纳非现场制造方法所需的时间可能比预期更久。尽管公众可能还在接受中，更为重要的是，因为能够增强生产力，建筑业的专业人士必须理解、接受并实施非现场建造技术。墨尔本皇家理工大学的教授布利斯马斯（Blismas）在2007年的一项研究中对澳大利亚的建筑业专业人士开展了问卷调查，确定出装配式建筑缺乏市场渗透率的原因。研究结论表明非现场方法在建筑业中主要存在以下阻力：[20]

- 客户和专业人士（包括建筑师、工程师和承建方）缺乏必要的知识；
- 投入成本确能产出附加价值的确证建筑先例没有提供足够的信息资料；
- 落后的设计和建筑业技术文化导致专业和学科之间的分离与隔阂；
- 缺乏有效的过程和计划（合同结构）。

此外，美国装配式建筑的某些障碍为我们施工行业所独有。尽管美国明显需要用非现场生产方式提高建筑业的生产率，传统的现场方法依然在我行我素。伊士曼及其同事推测，装配式建筑在美国尚未生根的原因与建筑业的劳动力有关，包括：[21]

- 施工企业的规模一般较小，65%的公司少于5人。这种情况使得这些公司很难在技术创新方面给予投资，而将业务运营转向采用依赖非现场制造商的生产方法也存有困难。交付方式的改变似乎更容易，因为在这些公司中不存在层层级级的官僚机构。小微型企业也是微小型建筑项目的产物，它们都没有投资于有关装配式和自动化技术的创新方法的预算。
- 由于扣除通货膨胀后的实际工资和福利待遇停滞不前，工会的参与度持续下降，建设越来越多地使用移民劳工，所以劳动生产率也在成比例地下降，这便阻碍了对劳动力节约型技术创新的需求，而这正是工业生产中的技术创新所在。

因此，如果要用非现场生产方式取代现场施工方法，装配式技术的推动者们必须更加保持警醒。本章概述的这些原理，包括成本、进度、劳动、项目范围、质量和风险必须在理论和实践两方面加以研究。用这两条腿走路，建筑业者便有相关的知识、信息和合同结构，也即在不远的将来拥有资本实施这些技术和过程。

原理	非现场施工技术	现场施工技术
成本		
融资	缩短项目进度将减少利息和支取支出，租赁选项等替代方法或许会成为出租方的风险	传统施工贷款方式 / 按揭抵押融资，施工会因冻结借贷而无法开展
管理	减少行政管理费用	由官僚阶层制定决策
保险	预备费较少	预备费更高
运输	两阶段交货，即工厂和现场交付	仅发送原材料
变更订货	附加成本和工期延迟	适应变化
间接费用	大量的工厂管理费——劳动、设备、空间、水电费	间接费用纳入施工预算
进度	工期缩短，更早收回投资	工期延期很普遍，会增加总预算
材料	脚手架和模板工程量少	更多的脚手架和支模作业
吊装	安装作业采用重级工作制吊车，成本高	小型项目无需起重机，大型项目采用固定式吊车（塔吊等）
初始成本	产品的投资成本高	标准项目的初始成本更低
生命周期成本	长期投资回报率（ROI）较高	运行维护要求较高
利润	分包商的间接费用导致项目成本的增加，项目范围和材料的节约不会传递给用户	对业主来说间接费用更透明
设计费	由于各参与方需要沟通协调因而费用更高	标准费用
精益化	减少时间浪费并增加价值	施工过程中充斥浪费
生产率	8 小时工作制，精密的机器装备，数字化工具	工作效率很难提高
经济性	当住宅市场繁荣时，商业和公共建筑的产量会减少；当前者市场疲软时，后者市场则会更多	住宅、商业和公共建筑随市场行为而波动
进度		
项目期限	工期的减少幅度可达 50%	工期普遍会延长
范围协调	场地和计划间需额外协调	需要用更多时间进行协调，但调整的机会也较多
进度的可靠程度	订货交付期较长，缩短建设时间，工期有保证	订货交付期较短，较长的施工时间，工期的可靠性差
许可	监管机构熟悉则可实现流水化作业，反之亦反	取决于监管机构
天气	阳光总是明媚	由天气原因造成的工期延误很常见
工作流程	并行的施工进度	线性过程
分包商	冲突更少，工序安排更合理	同时作业的施工段造成资源阻塞或窝工情况
供应链管理	协调性好，流水化管理	未经协调，浪费严重

原理	非现场施工技术	现场施工技术
劳动		
本地劳动	减少对当地劳动力的需求	需要利用当地的劳动力
工作条件	工作条件得到改善，就业市场更加稳定	工作条件多变，就业市场较为零散，就业期也不连续
技能水平	必需的手工艺和技术技能	更高的手工艺技能和解决问题的技能
分包商	更少的矛盾冲突，更多的逻辑工序	
非技能型劳动力	监督工作和质量控制流程	未受监督的作业会导致返工
工作舒适度	改善工作条件，提高工作效率	不易改善工作环境
安全	减少事故发生	现场工地易发生事故
健康	良好的生活方式利于身心健康	工地中存在更多变数
技能型人力	个人技能发展的机会较少	有更多机会提高自身的技能水平
上下班交通	工厂在住家附近，8 小时工作制，不用出城工作	非城区项目需要上下班交通
生产力	8 小时工作制，精密的机械装备，数字化工具随手可得	人工劳动的生产力水平较低
工会	移民人群致使工会力量持续衰减	能容纳各种劳动力类型
范围		
供应链管理	建立长期的材料供应链	供应链受限于项目的采购方式
协调	场地和计划之间需要额外协调	协调更耗时间，调整范围的机会也更多
灵活性	不能在现场随意变更	在现场容易进行有限的调整
变更的影响	不易改变	更强的适应性
维护	减少维护和维修	较多的维护和维修
运输	两阶段交付，工厂和现场	仅交付原材料
灵活性	现场不能更改	现场可以调整
设计	因为装配要求更高水平的细部设计，只有 50% 的项目采用衔接文件（bridging documents）	仅传达设计意图
生产	产出结果可预测，要求制造足尺模型和设计原型	难以预料，结果取决于施工团队的技术水平
监管	第三方核检	当地政府机构审查
可预测性	增加预期成果	交付的结果较难预测
临时台架	现场材料较少，但必须协调好	脚手架在物流方面存在困难
便利性	专业化公司，从事研究和工程业务	小型建筑公司

原理	非现场施工技术	现场施工技术
质量		
可靠性	在更短的时间内实现更可靠的质量	可靠性较低（取决于现场条件和劳动力的技能水平）
协调	工厂和现场的综合成果	灵活协调并便于调整
设计	一体化的设计与施工过程	设计与施工分离
生产	产出结果可预测，要求制造足尺模型和设计原型	难以预料，结果取决于施工团队的技术水平
监管	具备行业知识的第三方核检	经验丰富的地方政府机构
可预测性	增加预期成果	质量不可预测
创新	具备研发能力	没有研发周期或资源
设计灵活性	存在更多限制	更自由
设备	更易获取	设备须频繁进出工地
环境	降低浪费、空气、水污染、灰尘和噪声以及总体的能耗成本	难以控制施工过程中的浪费和能耗
装卸	装卸过程中可能发生损坏	建筑单元小，更易装卸
连接	连接较少，但细部设计存在困难	连接越多，失败的可能性就越大
容差	容许偏差大，模块在现场中无法容错	现场建造的细部更具容错性能
配合	渗水和漏风点少	渗漏部位多
材料质量	供应链采购中有质量控制措施	视材料来源而定
保修	一家供应商可为产品提供全面保修	各系统由各供应商负责
风险		
成本	整体成本可能更高，但更可预测	标准的招标过程会带来浪费，成本难以预料
装卸过程	可能出现运输损坏，大型建筑单元安装费事	多次运输，构件越小，越容易安装
公众感知	负面	NA
创新性	可能实现更大的革新	复杂创新更难实现
人身安全	室内有安全的工作条件	在统计意义上更加危险
容差	现场建造和非现场建造单元间的差异会引发问题，单元公差严格	现场安装容易调整以满足容许偏差
配装	如果装配过程中不能匹配，改变单元尺寸的费用昂贵	现场调节配合问题不需额外成本
质量	质量的提高意味着风险的降低	材料和节点的失效将导致更高的风险

图 4.9　比较了非现场施工技术和现场施工技术的建造原理，包括成本、进度、劳动、范围、质量和风险。该表旨在帮助建筑师和建造方在规划新项目或在行进中的项目中实施装配式技术时区分这两种技术的优缺点

第 5 章　基本原理

本章将讨论与装配式建筑相关的基本技术原理和工程原理。这些原理包含以下内容：

- 体系：结构、表皮、服务设施、空间
- 材料：木材、钢材 / 铝材、混凝土、聚合物 / 复合材料
- 方法：生产和制造
- 产品：库存式制造（Made to Stock）、订单式组装（Assembled to Order）、订单式制造（Made to Order）、专项生产（Engineered to Order）
- 分类：开放系统 VS 封闭系统
- 网格：轴线网格和模数网格

5.1　系统

建筑物系统通常由六类要素构成：**场地**、**结构**、**表皮**、**服务设施**、**空间**以及**容纳物**。[1] 除场地外，其他要素均可预制生产。建筑体系中的大多数“容纳物”（如各种家具和固定附着物）很容易发生改变，每年都有使用寿命到期的情况，因此它们一般不被视为预制系统。本章将重点介绍非现场预制主体结构和围护体系，并简要讨论建筑的内部空间和服务设施。

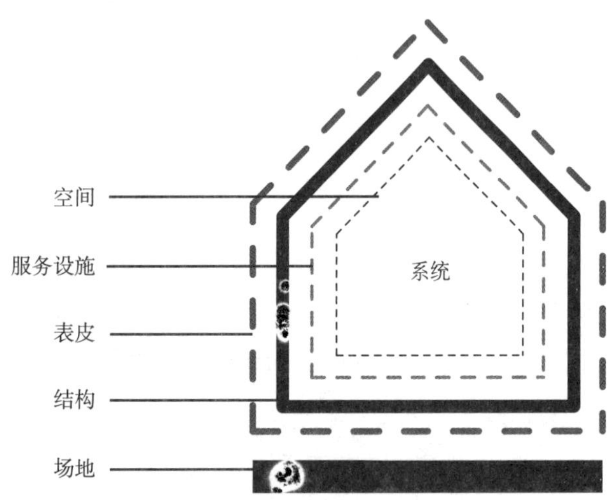

图 5.1　建筑物系统中的主要要素可以根据耐久性分为五类：场地、结构、表皮、服务设施与空间

5.1.1　结构

建筑结构系统负责承担重力与水平荷载，它将建筑物自身中由重力引起的恒载与由居住使用、风、雨雪引起的活载，以及由温度应力和相对移动引起的动力效应荷载传递至地表。地基、框架、承重墙、楼面和屋面都属于结构。用以抵抗竖向与水平荷载的建筑结构类型有以下两种：

• 实体结构（mass structure）只依靠其表面和实体承载，没有独立的结构构件。实体结构由堆叠或层压的木板、混凝土或由金属或木材制成的应力蒙皮板建造。实体结构并不太常见。

• 框架结构包括梁柱结构、空间网架、斜交网格（diagrid），主要由木材、钢材 / 铝材和钢筋混凝土制成。这些材料有足够的抗拉和抗压强度，可用来建造多层建筑物。框架结构因内部空间灵活且易于建造而成为最常见的结构形式。

框架结构体系由竖向的立柱与水平向的主次梁构件组成。框架结构本身足以承担建筑的自重，但在受到大风、地震或不对称动力活载等引起的侧向作用时会发生倾侧。因此，框架结构需要抗侧力系统，主要的抗侧力系统有三类：**支撑框架**、**剪力墙与刚框架**。

• 支撑框架：指在结构柱与梁的交接部位设置沿对角线方向的支撑。支撑有很多类型，美国最常见的是“X”形支撑和人字形支撑。在地震多发地区则会采用更复杂的支撑体系，如偏心支撑和无粘结阻尼支撑。支撑框架能大大增强结构刚度，在施工现场使用螺栓快速安装，因此在大多数情况下比刚框架和剪力墙结构更为经济。支撑可直接焊接或栓接在梁柱节点部位，也可采用节点板传递构件的荷载。然而，支撑框架看起来却不太美观，会阻碍连接处的空间，限制未来改变的灵活性，同时也会影响服务设施的穿管布线。

• 剪力墙：剪力墙填充在梁柱跨距间以抵抗水平荷载。传统现场施工方法一般采用现浇混凝土或配筋砌块充当剪力墙。装配式技术则将预制的剪力墙安装在结构节间内，墙板被焊接或栓接在周边的钢结构上。连接钢板被埋入预制混凝土墙板的角部，用抗剪栓钉加以锚固。这种节点最后被灌入水泥砂浆，确保预制板能牢固连接于梁柱交接部位。

• 刚框架：大多数框架结构都与围护系统分离开来，这样不但可以阻隔温度变化对结构的影响，也可避免内部空间划分与防火分区对结构产生干扰

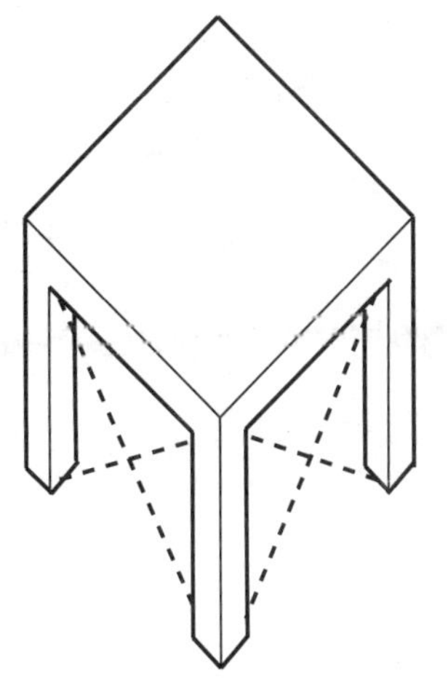
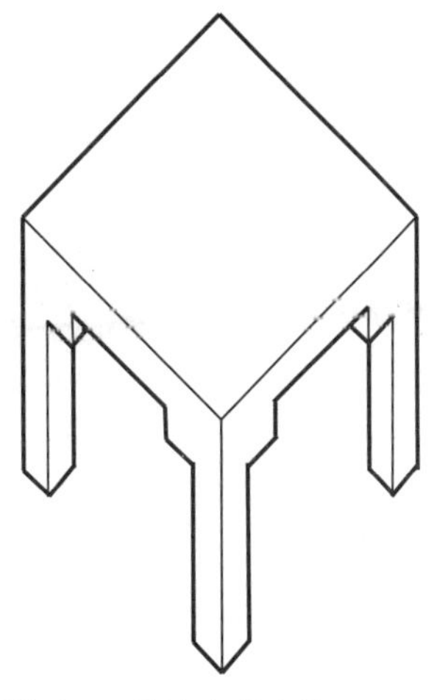
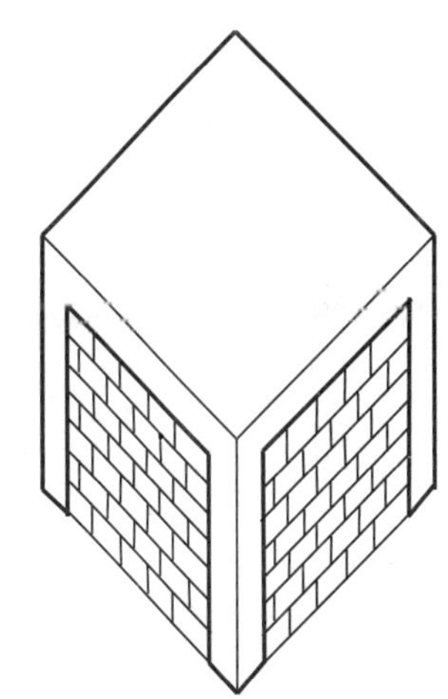

图 5.2　三类抗侧力结构系统，从左至右依次是：支撑框架、刚框架与剪力墙

（除非建筑外部以剪力墙作为围护结构）。承重框架可以与填充墙形成多种位置关系，如同轴（集成设置）、齐缘（齐平设置）或偏置（分离设置）。除此之外，框架结构需要内填充系统，所以绝热保温至关重要。无论框架外露于外界还是暴露于建筑内部，都存在热桥效应。避免热桥的最有效方法是在框架外部设置绝热层，或是直接将框架完全暴露在围护系统之外。然而，楼面梁和其他水平构件也必然连于竖向框架结构，由此热桥产生的热传导效应也无法避免。

• 核心筒：建筑物中的核心筒提供集中的服务设施，如楼梯和电梯通道。这些竖井必须防火，通常采用现浇混凝土建造，现浇核心筒也用作抗侧力结构。钢框架可通过三种方式与核心筒连接：（1）在核心筒的混凝土中设置与钢梁栓接的预埋翼板；（2）将连接板预埋于混凝土墙内，现场再与钢梁对接焊接；（3）在浇筑核心筒时预铸凹槽，槽内放置与钢梁连接的预埋钢承板。必须注意，无论采用哪种方式都必须尽量减少现场焊接。采用预制混凝土核心筒取代现浇混凝土可以做到这一点，在墙体内设置预埋件、对接板或凹槽用以连接钢结构，可显著提高施工效率及精度。[2]

• 空间网架：空间网架是三维网格化结构，由互锁的轻质杆件组成。这种结构可用于大跨度屋面，也能用作格构柱和梁式构件。空间网架的强（度）重（量）比很高，使其成为具有少量支承支座和高度重复单元的理想装配式结构。空间网架的强度源自三角化剖分所固有的刚性特征。空间网架刚度大也具有延性，因为各结构单元或压杆间会产生线位移和弯曲变形。一般认为亚历山大·格雷厄姆·贝尔（Alexander Graham Bell）在 20 世纪初发明了这种结构，而使空间网架在建筑领域大展拳脚的是巴克敏斯特·富勒（Buckminster Fuller）。空间网架成本高昂，在 20 世纪后半叶便不再流行，但在结构

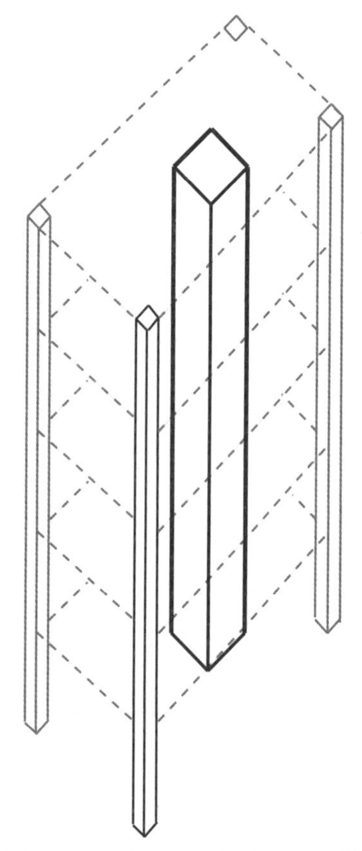

图 5.3　核心筒不但能够抵抗侧向荷载，还用于安装楼梯、电梯和机械通风等竖向设施

外露的高知名度的建筑物（higher profile buildings）中仍有应用。

• 斜交框架（diagrid）：这个词是“斜向网格”（diagonal grid）的简写，斜交框架也采用三角化网格。与在水平和竖直方向布置构件的标准框架不同，这种结构沿对角线方向布置构件。这种斜交网格不但能够传递建筑物的重力荷载，同时也是抗侧力结构体系。因此，与附加独立支撑系统的传统梁柱框架结构相比，斜交框架最多可节约 25% 的材料。斜交网格结构形态常见于自然界的植物与动物骨骼中，斜交框架也被称作“薄壳结构”（lamella structures），因各单元沿斜线方向相互连接形成网格表面。当代建筑中有不少使用斜交框架结构的实例，如诺曼 · 福斯特（Norman Foster）设计的赫斯特大厦（Hearst Tower）、雷姆 · 库哈斯（Rem Koolhaas）设计的西雅图公共图书馆（Seattle Public Library），以及由赫尔佐格与德梅隆（Herzog & de Meuron）设计的东京普拉达旗舰店（Tokyo Prada store）。斜交框架也能采用预制方式生产，工厂制造的大型网格板运至施工现场再连接组装为巨型结构。

图 5.4　空间网架诞生于 20 世纪初，经由巴克敏斯特·富勒的推广，目前这种结构形式已在建筑领域中占据一席之地。图为犹他大学建筑系的学生于 20 世纪 60 年代在盐湖城的校园中建造的网架

5.1.2　表皮

建筑物的表皮或围护系统是建筑内部空间与外部环境的分界，主要功能是遮风挡雨和保温隔热。

从建筑学的角度看，建成之物的美学主要由围护系统来表达。当今建筑结构与建筑设备正变得越来越专业化，但建筑围护系统的设计仍然是建筑师的主要职责。建筑物如何融入周围社区以及如何履行其环境功能，都是围护系统的设计产物。围护结构主要包括外墙系统和屋面系统。

外表皮是分割内部空间与外部环境并联系这两者的建筑单元，必须履行以下职责：

• 功能：即建筑表皮的实用目的，舒适度、庇护性和户外视野

• 建造：组成表皮的各单元及其组装

• 形态：建筑表皮的美学以及对文化和文脉的呼应

• 环境：建筑表皮在生命周期中的性能

建筑设计要想满足居住者和社会对建筑物的需求就必须充分考虑以上四方面内容。建筑师与建造专业人士正在面临巨大的压力：不但要交付建筑表皮实体，还要解决与之相关的生态环境问题。如何将建筑表皮开发为一系列可预制并能够快速组装的单元，对项目的整体预算有巨大影响，而建造工序必须与另外三条准则充分整合。同样地，建筑师必须通盘考虑建造表皮的初始建造能耗、运行能耗和耐久性以及维护性，要连同除环境外的其他三条准则加以确证表皮投资的可靠程度。

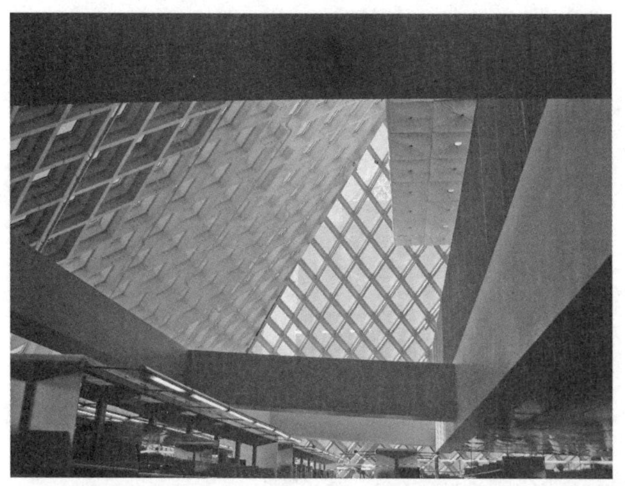

图 5.5　与传统的正交框架相比，斜交框架结构可节约 25% 的建筑材料。图示为西雅图公共图书馆，由大都会建筑事务所（OMA）的雷姆 · 库哈斯设计

相对于建筑结构、服务设施和建筑空间，建筑表皮大概是最主要的系统。[3] 这一判断的正确性体现在，表皮不仅关乎设计美学，还关乎其履行功能以及在其生命周期内对建筑总体能耗的影响。建筑表皮在许多方面都决定了建筑结构的重量和最终尺寸以及建筑服务设施和内部系统的性能。从功能角度而言，表皮必须解决通风、辐射、对流与采光问题，还要有能力整合能源系统并且具备保温绝热性能。除以上功能要求外，还能防止火焰蔓延和提供结构承载能力。所有这些功能准则也会影响到美学准则。此外，功能、美学与生态准则不仅决定所要实施的建造标准，也决定了在既定建筑物中的装配度。

建筑施工和建筑设计这二者如同结构和围护一样密不可分，都决定了建筑的表观。结构承重构件如梁柱、支座和墙体及其空间分布决定了建筑表皮的韵律、分隔和比例。[4] 根据构造组成或组装方式对建筑表皮进行分类时，可参考以下四点准则：

• 荷载传递方式（承重与非承重）：承重围护结构一般采用传统结构形式，例如层叠的砖墙、木

墙或现浇混凝土墙。目前常见的外表皮结构都为非承重式，通常是木制、玻璃、金属、陶瓷或石材外墙，与主体结构相互分离。从功能、施工、美学与能耗的角度来看，建筑表皮与建筑结构的分离源自现代社会希望建筑设施在其生命周期内更具灵活性，这种分离是自然演进的结果。

• 外壳布置（单层或多层）：实体墙可为单层表皮，依靠某种材料或某层构造既作为结构也可充当围护。如今，社会对建筑表皮功能的要求日趋多样化，建筑表皮中的各构造层都有其预定服务功能。为防止室内水蒸气渗入保温层，需要加入隔汽层，而只有保温层与隔汽层协同工作才可以有效控制建

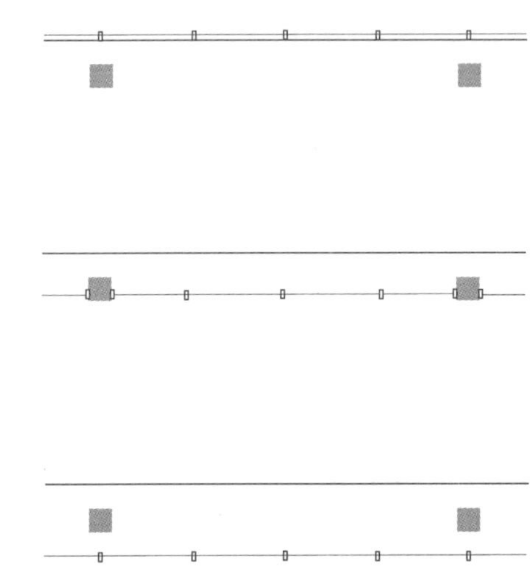

图 5.6 框架结构与围护系统的关系既决定了建筑的美学表现也确定了其节（热）能性能。围护体系可以设在竖向结构的外部或与之齐边，也可以内收于结构内侧

图 5.7 这些由弗洛恩特股份有限公司研发的大型装配式玻璃单元正在中国的工厂中制造，之后将用于建造纽约市的高架公园 23 号项目，由尼尔 · 德纳里建筑事务所（Neal Denari Architects）设计

筑表皮的露点从而预防冷凝水。现今，即便是住宅中原状墙体的功能和构造也极为复杂而精巧。

• 穿透性（透明式、半透明式与不透明式）：建筑表面能够以拼接组合板材的方式达成各种级别的光线穿透效果。虽然当代建筑中广泛使用的玻璃幕墙系统扩大了内部视野，但也带来了辐射问题。随着现代建筑材料的广泛应用和外墙板的优化布局，目前围护系统各方面性能优良而且还提供了合意的透光度。

• 结构 – 围护 – 空间的关系：如果将这三者结合为一体来看待，那么它们彼此间将互有影响。在空间上，建筑表皮既可以设置于结构之外，也可后置或与结构系统对齐。建筑表皮的设置在很大程度上既决定了美学表达，也通过创设热阻断或减少热桥的构造达到节能效用。集成结构 – 围护 – 空间同样会影响建筑内部的空间布局，内部结构会对空间定义和布设带来障碍。然而一体化设计模式会为跳出既定条框约束的建筑表现提供机遇。

装配式外墙由木材、玻璃、金属、石材和预制混凝土以及玻璃纤维加筋混凝土（glass fiber reinforecd concrete，GFRC）拼板构成，一般在工厂生产，再运至施工现场直接安装。装配式外墙系统是多层、多材料组成的复合层板，每个构造层都执行特定的功能，包括防水、防渗、透光、阻热等。这些功能层在工厂组装完毕后，在现场直接安装于主体结构之上，也可以在主体结构上预留承重龙骨，再将各种幕墙于现场附设其上。常见的非承重围护系统有玻璃幕墙、金属幕墙、预制混凝土外挂板和石材幕墙（包括石材和砌砖）。虽然装配式木制和聚合物（塑料）外墙应用不多，但目前正成为一种流行趋势。

5.1.3　服务设施

建筑物的服务设施包括供暖、通风、空调、给排水和电气以及电梯和楼扶梯等交通运输装置。空气处理器、冷凝器、空气交换器和热泵本就属于装配式机械化装置，而机械通风装置在许多年前就已实现设计和制造的自动化。服务设施的预制或装配化对建筑设计来说就是更高水平的部品化和规格化。服务设施可被制造为直接安装在建筑物中的模块，如卫生间、厨房、通信机房、功能房间和服务

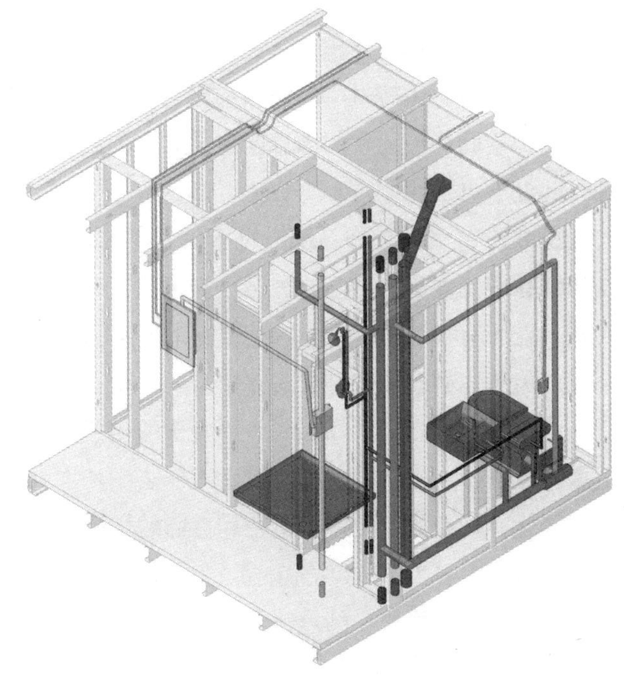

图 5.8　该卫生间服务舱体同给排水管道、灯饰和内装修整体集成制造并作为运输单元安装在建筑结构内

墙*都在工厂内全套配装，之后再高效安装于建筑结构内部。从概念上说，装配式单元中的精密装置和高等级装修的制造应在工厂完成，这样可以确保现场安装质量和可靠性。具有高度重复性的功能用房，如盥洗室和厨房，最适合采用装配式技术制造。这样的实例有，餐饮业的后厨以及住宅、宿舍和旅馆中的厨房和卫生间。更多有关服务设施的内容将在第 6 章详加讨论。

5.1.4 空间

用于定义内装空间的材料不会暴露于恶劣的天气环境中，因此装修工程可利用聚合物、饰面木板和其他新材料。由于内装系统的主要尺度直接回应人体的居住体验，因此在大多数情况下，建筑师设计的内部空间的单位体积造价更为昂贵。内装材料可细分为板材、铺砖材、涂层和饰材。详尽讨论建筑物内部空间构成元素的内容已超出本书的内容范围，此处不再赘述。[5]

虽然所有室内装修系统或可容易在工厂制造、发送并在现场安装，然而这种做法却很少在现实中实施。在所有建筑系统中，内装空间的寿命虽最为短暂，但考虑到改造和翻新的频率，其造价在建筑设施生命周期中却最为高昂。一旦有新的租户或业主搬进建筑，室内空间就可能发生改变。生产商为适应变化，已开始研发便于组装和拆卸的装配式内装系统。一家名为 DIRTT 的公司（“Do It Right This Time”的首字母缩写）已经开发出装配式临时隔断墙和楼板系统。他们设计了一种“开源式”的墙体系统，这种墙体利用由 3Form 公司开发的多种材料建造，如树脂板、木拼板和玻璃嵌砖，内部还预置了各式电气布局。

* service wall，一种集成设备的装配式单元。——译者注

5.2 材料

几乎任何材料都可被预制。当今大多数预制构件都由一种或多种材料制成为某种复合形式，其中最主要的一种材料决定了复合材料在其生命流中的取材方式、生产制造直至最终安装。建筑业创立各工种的目的是因为某种材料在其生命周期内的加工、操作和安装都需要相关的专业知识和技能。例如，过去十年里结构保温板一直是主要的龙骨结构类型，然而在其他许多领域却并不成功，原因是这种结构常被用于住宅建筑的外部承重结构或围护墙体。为了便于组织内容，我们将材料分为木材、钢材与铝材、混凝土、聚合物和复合材料。主要的建筑材料取决于结构系统、构件单元与建筑的类型。

在今天，可供选择的建筑材料比以往任何时候都要丰富。纳米材料和各种复合材料的发展日新月异，传统建筑材料如混凝土、木材和玻璃似乎将成为历史。然而，目前这三种材料的性价比仍然很高，长期来看还无法被其他材料取代。但是，在装配式建筑领域中，替代材料将会产生更大的影响，因为它们更有潜力，能够提供更具创新性的解决方案。装配式建筑行业的专业工人能够充分理解新材料的特性，因此可以更好地控制制造加工环节，利用自身技术最大限度地发挥材料的效用。材料的属性和

性能特征决定了它们在建筑物中的使用方式和工作范围，除美观外，材料还需履行结构、连接、防渗和阻热等功能。

例如，建筑结构材料通常为钢材和混凝土，因为价格实惠且方便获取。这是因为建筑工人对这些材料的特性和相关建筑系统轻车熟路，开发和生产这些材料的工具、机器和工厂业已完备，有关这两种材料的现场施工和装配式建筑的设计标准也已建立。玻璃、聚合物和铝材等轻质和透光材料一般用于非承重的围护系统中，不大适用于承重结构；在小规模建筑中，木材可用于建筑结构和围护系统；玻璃被制造为大型拼板，聚合物材料最近几年才被用于围护系统的墙板、外壳和充气结构的表皮；建筑立面已在使用黄铜、青铜以及不锈钢和钛合金等贵重金属。

约翰·费尔南德斯（John Fernandez）在《材料建筑》（*Material Architecture*）一书中根据本质属性和外在特性将材料分为五族[6]，分别是：金属、聚合物、烧制材料、天然材料和复合材料。材料族中的各材料性质一致，如烧制族就包括砌砖、混凝土、石材和玻璃等类似材料，它们都由矿物烧制，致密坚硬且具脆性。金属、聚合物、烧制材料和天然材料都很直观，因为我们每天都能接触到，由多种材料组合而成的复合材料族更难被人们所感知，但后者的发展和应用却最为迅速。

材料的本质属性有力学、物理、热传导和光学特性，这些都是实体物质形式的固有属性。材料的外在特性对经济、环境、社会和文化也有影响。建筑师和工程师在选择不同材料进行设计时必须考虑到材料的所有潜在特征，包括材料如何履行被赋予的功能以及相关的生产制造工艺和过程。材料的很多外部特性已超出了建筑师的专业领域，如扶贫的社会效用、建筑物化能以及材料毒性对人身和环境的影响。[7]

5.2.1　木材

木材是一种由木质素粘结水分和纤维素而成的天然材料。纤维素管状结构竖直生长，经由自然进化而得的木纹理将营养物质从根部输送至茎叶末梢。纹理也决定了树木的强度特征，植物内部的轴向分子（木纤维、管胞、导管）都沿竖直方向生长，而木材的顺纹抗拉和抗压强度均明显高于横纹。树木经粗加工后得到的原木就可用以建筑，但木材通常会被进一步加工为木料，经铣削或切割成型，用作建造单元。

森林木可分为阔叶林和针叶林两大类。阔叶林的枝叶宽阔而繁茂，用其加工而成的木料被称为硬木；针叶林纤细而高耸，相应的加工木料为软木。通常来说硬木质地硬而软木软，当然也有例外——热带美洲轻木（balsa wood）虽属硬木，但在所有林木中其密度最低。人们通常使用硬木制造饰面板、楼板、木工制品和窗框。软木由于生长周期快且更易取得，因此常被用来建造轻型木龙骨，软木中的某些树种也可作为硬木来使用。

木材是一种易于加工的材料，手工和机械操作难度都不高，同时还具有低毒性、自然降解、易回收和再利用的优点，若再注意维护保持干燥，便更具服役性能。从某种意义上来说木材从来就是预制

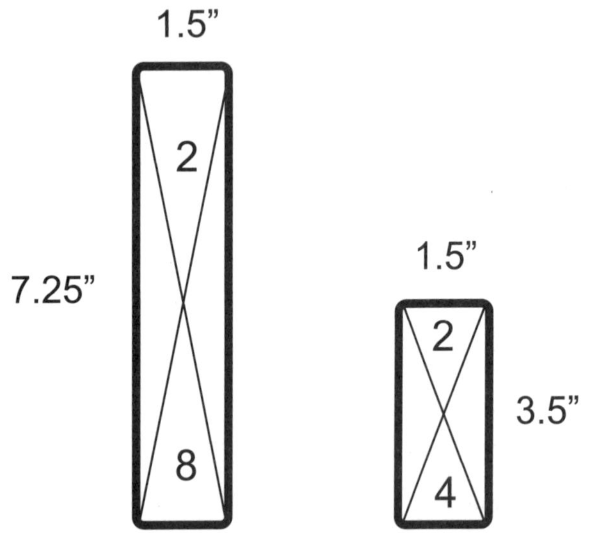

图 5.9 图示木料名义尺寸和实际尺寸的差异。右图：小于等于 6 英寸的木料的实际尺寸为其名义尺寸减去 0.5 英寸。名义尺寸为 2×4 的木料实际尺寸为 1.5 英寸 ×3.5 英寸。左图：名义尺寸大于等于 8 英寸的木料实际尺寸为其名义尺寸减 0.75 英寸。名义尺寸为 2×8 的木料实际尺寸为 1.5 英寸 ×7.25 英寸。规格材的截面高度以 2 英寸为增量，分别为 6、8、10、12 和 14 英寸，大型木构件的截面高度可达到 24 或 36 英寸

而成，因为其间涉及从原料采集、库存再至加工为框架木料的全过程。木材加工方便、造价适中且可再生，但在一段历史时期内反而变为一种过时或行将淘汰的材料，多用于低品质的居住类建筑。随着工业历史的发展，工程木结构在技术层面更为精巧，产品也日益高端。

欧洲、美国和亚洲的早期原木建筑工程（log construction）先将木材制作圆木、刻（径）切木（四分材）、对分材，之后再制作为整边锯材。伴随工业时代铣削和机床技术的发明和应用，原木已能被加工成各式各样的形状和尺寸，由旋切机具切削成卷状薄片，继续被加工为胶合板、层积材结构构件或工程木结构。冲压木板中会使用胶结剂和环氧树脂加强粘结性能，虽然存有毒性，但这种方法可将无法用于其他领域的碎小木片和边角废木料重构为结构构件。

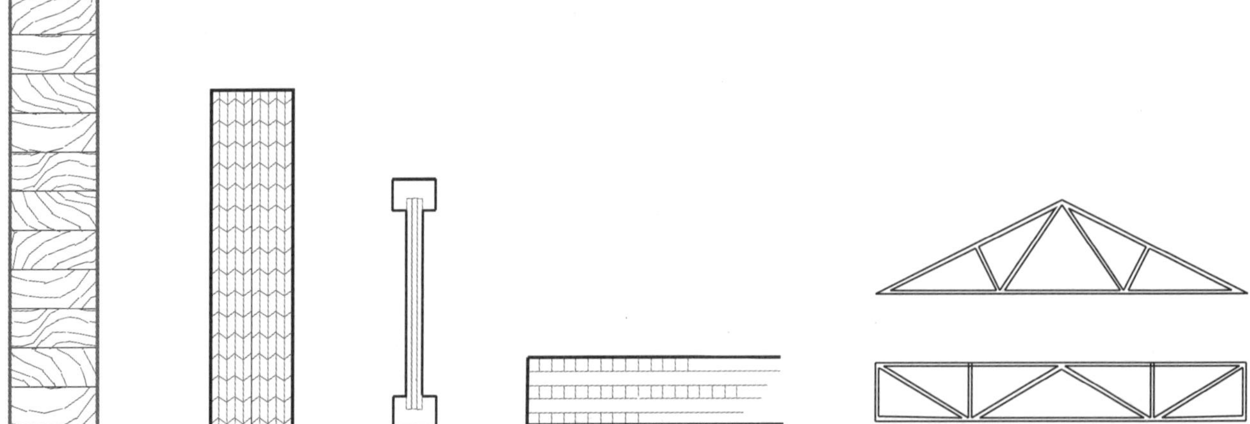

图 5.10 工程木可以显著提高木材物理强度并减少材料消耗。常见的工程木构件类型从左到右依次为：由 2X 木料制造的层板胶合梁，木料水平叠置，在压力作用下胶接而成；单板层积材和平行木片胶合木梁（PSL）由定向层积材或单板层积材（laminated strand or veneer）制造而成；工字形木搁栅的腹板为定向木片胶合板（OSB，1990 年开始应用）和上下翼缘采用精密切割材（ripped lumber）；胶合板由奇数层板片层压而成；预制屋架和楼层桁架

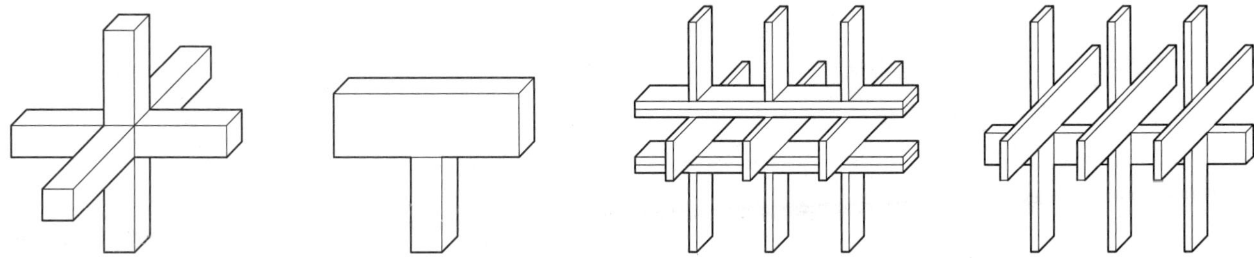

图 5.11　木制框架的搭接方式从左至右分别为：贯通柱与梁交接；贯通梁与柱交接；平台框架一次搭建整个楼层，上层墙体框架（龙骨）直接坐落于楼面龙骨之上；气球龙骨利用贯通的竖向墙骨“悬挂”楼面龙骨

欧洲大陆与北欧国家却经常采用整体式实体层板木墙（entire laminated wood panel walls）作为建筑结构，但这在美国并不常见；也用于围护结构，如边缘粘合板（edge-gluded）、正交层板（cross-laminated）、加肋板（ribbed）、应力蒙皮箱形结构（stressed skin box）；还用作槽形截面的墙板与楼板。美国常用的结构构件有当地熟悉的 2X 楼板和屋面桁架、工字形木搁栅（密排的工字梁，1969 年发明）（wood I-joist）、层板胶合木梁（glue-laminated beam）、旋切板胶合木（1977 年发明）（laminated veneer lumber）等，其他板材如胶合板、定向刨花板和复合材料板在楼板、屋面、墙面和其他木制品覆层中也多有应用。木材还被大量应用于建筑表皮，如条板壁板、地板、铺板及其他非结构用途。

目前建筑工程领域的木材主要以料材形式为主，单件木料在现场拼装为墙体，然后外覆蒙皮板形成抗侧力和竖向承重结构功能。装配式木结构虽然发展缓慢，但仍在逐步进展之中，工程胶合层积材（engineered glulam）、层积片材梁（veneered beam）和胶合木结构柱（strand column）已变得越来越普遍，有些工厂还使用木材生产整体式围护墙，

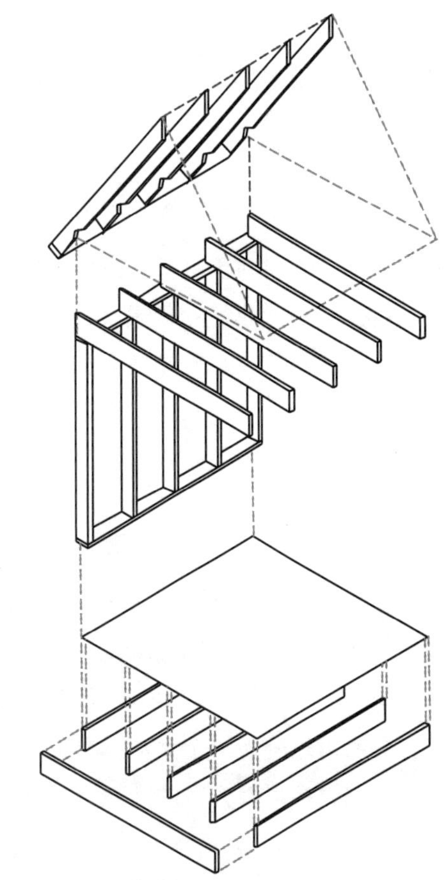

图 5.12　带椽的木框架坡屋顶（rafter-framed roof）和平台框架（platform-framed）楼面构成的单层房屋的轴测分解图。图示为轻型框架建筑结构中的常见单元，包括（框架）龙骨构件、拼板和蒙皮板

将防水层、防潮层、隔热层、壁板、石膏板集成于一体。除装配式拼板外，木制整体模块也在工业工艺住宅、普通住宅和商业建筑项目中广为应用。

木结构建筑的传统现场建造方式属于劳动密集型，构造复杂且无必要。此外，建造轻型木框架建筑所使用的材料中，近四分之一都会变为废料。[8] 装配式大型木料、拼板和模块不但可以显著提高施工效率，还可以提升产品质量、节约资源并利于废料的回收再利用。木材纤维有很多孔隙，极易受潮，工厂内的加工环境能够确保恒温干燥。装配式木结构还有一项最大的优势，就是能够保证材料切割和装配的精度。通常，工厂生产的木制构件、模块或拼板在运抵现场后，便用铁钉或螺栓以严格的容差快速连接为一体。木材易于翻新，操作简便且便于回收，可以说是装配式建筑的理想材料，在可预见的将来，木结构建筑仍会是美国住宅和小型商业建筑市场的龙头产品。

5.2.2　钢材与铝材

金属具有较高的延性、导电性和导热性，也具有高硬度、高强度和高精度。金属制品在建筑领域的应用非常广泛：普通碳素钢用于建筑结构，铝材用于围护结构的框架，立面幕墙可由铜和钛等贵重金属制成。金属可以分为两个大类，黑色金属和有色金属。黑色金属中含有大量的铁元素，当它们暴露在外部环境或在焊接、清洗时，容易腐蚀而生锈。铁矿分布广泛且材料随处可得，较有色金属而言，加工和制造的成本更低，因而常被用作建筑结构材料。黑色金属材料性能全面，它们具有较高的强度、延性和耐久性，易腐蚀生锈的缺点则可以通过热浸（镀）锌涂层解决，也容易被加工制造为各类建筑产品。[9] 有色金属较为稀缺，不被用作建筑结构材料，但它们具备天然抗腐蚀性，可被用于外墙、屋面、建筑围护或其他暴露于自然环境中的场合。

- 常见的黑色金属包括：
  - 铸铁（cast iron）和锻铁（wrought iron）
  - 低碳钢
  - 不锈钢
  - 碳素钢 *
- 常见的有色金属包括：
  - 铝
  - 铜
  - 锌
  - 钛

建筑中使用的金属材料并不是金属单质，其中或多或少加入了贵金属元素。熔炼组合不同金属的过程被称为“合金化”（alloying），其目的是提高材料强度，增加耐腐蚀性并使材料更加美观。合金化分为表面合金化（surface alloying）和块体合金化（bulk alloying）两类。表面合金化是利用化学方法处理金属表面，工艺包括镀层（plating）、覆（涂）层（cladding）、热浸锌（hot dip galvanizing）等，用以提高耐腐蚀性、表面硬度或改善表面美观；块体合金化则是在固相层面将不同金属结合起来以改变金属的基本组分，主要用来改变金属的强度特性。

---

* 包括中碳、高碳和碳素工具钢。——译者注

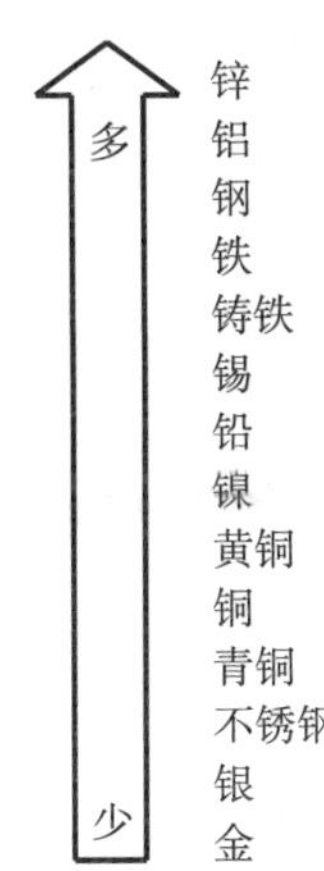

图 5.13　金属的“贵重性”（nobility，或称为惰性）与电势序直接相关。电子可以从一种金属的表面转移到另一种金属表面，金属的惰性越高则越不易发生电化学腐蚀。上表中的双金属腐蚀取决于它们在电势序中的相对位置，活性越强则越容易腐蚀。本图也说明了哪种金属在电化学腐蚀中最适合作为保护材料

低碳钢是一种黑色金属合金，主要用作工程结构材料。由于钢材的现场焊接存在诸多困难，因此结构构件通常在工厂制造。现代钢框架结构多使用低碳钢，为保护材料不受外部环境的侵蚀，需要在其表面作镀层处理。然而，在现场安装过程中钢材表层难免不被破坏，一段时间之后就会形成锈点或锈斑。从成本和质量的角度来看，钢结构工程应尽可能多地在工厂内加工制作。钢材的价格贵于木材和混凝土,但其在正常使用状态下的强（度）重（量）比极高。再加上施工快速便捷，装配式建筑中多使用钢结构，对于高层、大跨和独特复杂几何建筑结构而言，钢材是最为经济高效的材料。

钢材是弹性材料，具有优异的抗拉和抗压性能；也是塑性材料，当应力超过其屈服点时，材料就会出现明显的塑性变形。钢构件尺寸精准，适用于精确建造框架结构、拼板与模块化结构。结构钢的连接装配采用栓接或焊接，螺栓连接日后可使钢结构拆除再利用。在装配式结构的生产中，简单一致的连接工艺对于提高建筑施工速度和降低装配难度非常重要。钢结构的焊接应尽可能在工厂完成。

标准型钢经由锻造、热处理和成型工艺制造而成。型钢截面的腹板和翼缘部有圆弧边缘，在钢结构的细部设计和加工制作时应考虑这种板件的厚度改变。由于铝材经由挤出和切割成型，因此其截面尺寸更为精确，截面形状和轮廓也更加多样。在最近的一个预制公交车候车亭项目中，作者原本计划

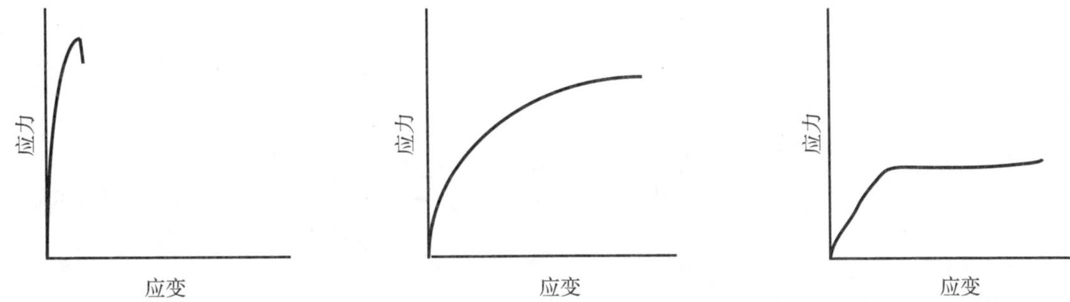

图 5.14　应力 – 应变曲线能够说明一种材料的杨氏模量。应力是对强度的衡量，应变是对变形的衡量。应力 – 应变曲线常用于描述材料的物理力学特性。左图：混凝土的应力 – 应变曲线；中图：钢材的应力 – 应变曲线；右：聚合物的应力 – 应变曲线

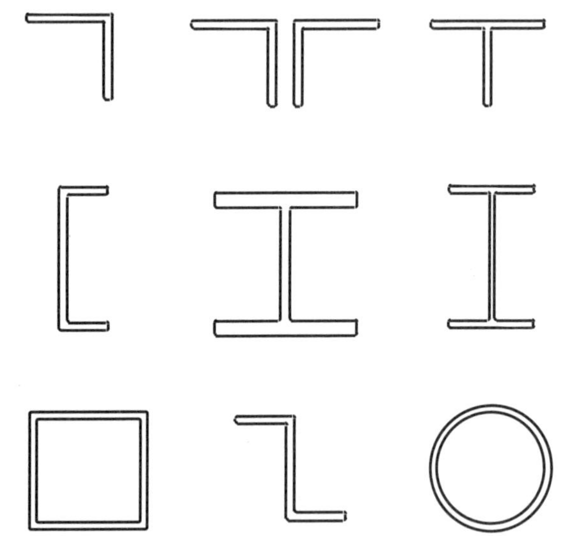

图 5.15 图示为目前建筑工程中常用的型钢截面形式。从左上至右下分别是：L 形角钢截面、拼接角钢、T 形截面、C 形截面（有时也称为槽钢）、宽翼缘 W 型截面（用作结构柱）、宽翼缘工字梁、管截面、Z 形截面、圆管或方管

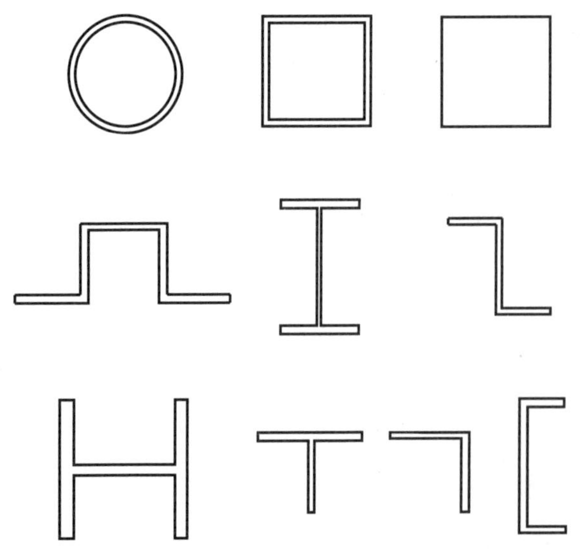

图 5.16 普通铝型材的各种截面，从左上至右下分别是：圆管、方管、实心杆、帽形截面、I 形截面、Z 形截面、H 形截面、T 形截面、L 形截面、C 形截面。铝材挤出成型，因此可以制成任何需要的形状

用角钢夹入玻璃，但是在现场却发现无法装入玻璃，最终不得不改用角铝。当然这并不是因为结构出了问题，而是 $^{3}/_{8}$ 英寸厚的玻璃无法嵌入型钢构件的内圆角。

铝是有色金属，铝元素在地壳中的含量仅次于氧和硅，是地壳中第三大元素。铝具有延性，也因耐腐蚀而闻名，然而铝矿难以开采，会对地貌造成永久性破坏。幸运的是，铝材便于回收，即便经反复循环利用，其物化能也较低，材料特性也基本不会发生改变。应用于工程领域的铝材系列有：

- 4000 系列 装饰铝
- 5000 系列 高强铝
- 6000 系列 建筑铝
- 7000 系列 航空铝
- 8000 系列 航天铝 [10]

铝材通常不被用作结构承重材料，但它在装配式领域有更大的影响力和应用范围。铝材质量轻，耐久性高，因而被制为装配式拼板和模块的组装、运输和施工都非常便捷。汽车工业和航空航天工业

图 5.17 博世铝型材被用于各种工业生产用途。长槽孔构造有快速安装、经久耐用和非永久性连接的特性，使铝材成为装配式建筑的理想材料和结构系统

普遍使用铝材作为结构框架材料。基兰廷伯莱克公司设计的火炬松住宅和玻璃纸住宅的结构框架就使用了由博世公司（Bosch）生产的结构铝型材，因为铝材施工快速、安装精确并便于拆卸，而各部件之间无需焊接，只用简单工具便可栓接固牢。只要模具允许，铝材可挤出成型为各式截面。然而，和钢材一样，工业界因细部加工制造要求也规定了标准化的铝型材。

金属合金可以用来制造各种轻型外墙，高效的强重比使其成为理想的外墙材料。金属板材可用自动化机械成型为多样的外观和几何形状，造就了当今现代建筑的形貌。关于金属板材加工的讨论超出了本书的范围，更多相关内容可以参见 L. 威廉·萨内尔（L.William Zahner）所作的《建筑金属表面》（*Architectural Metal Surfaces*）一书。[11]

图 5.18　由赫尔佐格与德梅隆（Herzog & de Mueron）设计的旧金山德扬博物馆新馆（De Young Museum）中使用了凹凸不平的穿孔铜制外墙系统，由策纳建筑金属公司制造

图 5.19　建筑工程中常用的冷成型轻钢型材。从左到右分别是：用于顶板和底板的槽钢、用于立柱的 C 型钢、用于搭接和封口的 Z 型钢、加劲 C 型钢、H 型或帽型钢、双拼 C 型钢

轻钢与轻型木龙骨（框架）结构在应用领域和尺寸规模上相仿，但前者具有更高的强度。轻钢可代替 2X 标准木构件，或与轻型木框架联合使用。表面镀锌的轻钢构件依据 ASTM A563 标准生产。C 形截面用于立柱和椽；墙体顶、底板和格栅则使用槽形截面。构件的强度和刚度由冷成型钢的截面形状决定。C 型钢构件上每隔 2 英尺预留孔洞用以电线布设和管道穿越，如此便不用在立柱中钻孔而影响到结构的性能。[12]

轻钢构件通常采用自攻螺钉连接，螺钉也需要镀锌层防腐。焊接构造因能增加结构整体的强度和刚度也能用于预制轻钢构件的连接；除通常的装修用填充墙龙骨应用领域外，冷成型轻钢的用途极为广泛。俄勒冈州波特兰市的多户住宅项目中使用了由米内恩公司生产的结构拼板外墙，这种快速建造的低层住宅结构内部没有钢框架或混凝土框架结构，相关内容将在第 6 章中详加阐述。

5.2.3　混凝土

与木材和金属不同，混凝土是一种多相（heterogeneous）材料，由波特兰水泥、砂、骨料和水通过水化作用硬化而成。通过调整基材料的配比和添加外加剂可调整混凝土的材料性能。通常而言，作为陶瓷基材料（ceramic）的混凝土属于脆性材料，依靠纤维和钢筋提供抗拉强度。混凝土可实现多种结构和围护功能，用于建造各类框架、墙板和模块，材料内部孔隙相对较少因而经久耐用。混凝土可以适应任何模板，造价经济，但施工需要大量的人工劳动。在工厂或施工现场，混凝土工程利用模板将湿态的混合料浇筑成型，而为了确保结构性能，钢筋与微筋（microreinforcing）需要与混凝土形成适当的粘结和位置关系。当现场施工量巨大时很难确保每次浇筑的质量，但在工厂中实施重复性工作和质量控制过程可以明显提高混凝土的施工质量，这其中的关键要素是模板工程。模板的材料可以是木材、钢材、复合材料或聚合物内衬。

自 19 世纪初以来，混凝土的材料性能不断得到改进，其用途和品种也日益丰富。在混凝土内添加不同的混合物，可以加快或延缓混凝土的养护时间并提高混凝土的抗拉强度和耐久性。目前有两类外加剂可以改变混凝土的材料性能：

• 颗粒注入：混凝土与其他颗粒物混合后就能够达到更为理想的胶结基质。两种常见的外加剂是蒸压加气（aerated autoclaved）和粉煤灰。蒸压加气混凝土在养护时发生膨胀形成轻质产品。粉煤灰混凝土在混凝土中加入了燃煤的副产品——煤灰，提高混凝土的和易性同时减少渗透性。由于减少了硅酸盐水泥的用量，粉煤灰混凝土更加环保，而制造水泥则需要大量能源。

• 复合材料：在混凝土基体中加入筋体改变材料性能。加筋材料可以是尺度较大的钢筋或玻璃纤维加筋，也可是尺度较小的微筋——由钢材或玻璃纤维制成的胡子筋（whisker）。本图尔（Bentur）的研究指出，1850 年混凝土的抗压强度低于 5MPa，1900 年低于 20MPa，1950 年低于 30MPa。如今，凭借先进的外加剂和加筋机理，混凝土的抗压强度普遍达到了 100 至 200MPa，甚至能达到 800MPa。[13] 某些先进的材料技术，如易于浇筑且不易离析的高性能混凝土或延性混凝土（ductile concrete），能使混凝土具有较高的早期强度，也具较高的稳定性和耐久性。延性混凝土的抗压强度为 200MPa，抗拉强度为 40MPa。[14]

混凝土的外加剂和加筋将明显增加预制混凝土的成本，但最近的技术发展表明预制混凝土结构和围护结构的发展任重而道远。未来混凝土基复合材料在非现场建筑工程中有着广阔的发展和应用前景，复合材料是工厂化预制幕墙和主体结构的理想材料。关于预制混凝土工程的更多内容将在第 6 章加以讨论。

5.2.4 聚合物

聚合物是一种现代材料，在几乎所有工业门类中广泛应用。聚合物一般分为两类，天然聚合物和合成聚合物。天然聚合物由天然橡胶和大豆蛋白质等快速可再生资源制造，合成聚合物则从原油提炼而来。目前，聚合树脂每年的消耗量已经超过了钢材，并以年均 10% 的速度持续增长。[15] 聚合物很难与其他材料发生化学反应，因此在建筑业中用途广泛，可以制为防水层、隔汽层、密封剂、粘结剂、柔性张拉膜以及其他一些复合材料的基底。

合成聚合物材料主要分为以下三类：

• 热塑性聚合物（thermoplastics）：有时单指塑

料。这些聚合物具有很高的塑性且易于回收，在加工过程中可利用热量对其塑形。热塑性塑料在固化过程中会发生硬化，回收后可再次硬化，但是会影响其分子排列，材料的质量也会因此逐步降低。常见的热塑性塑料有聚碳酸酯（polycarbonate）、聚酯纤维（polyester）、聚乙烯（polyethylene）、聚丙烯（polypr opylene）、聚苯乙烯（polystyrene）、聚氯乙烯（polyvinyl chloride）和 EFTE。

• 热固性聚合物（thermoset）：这种聚合物在受热或固化后会永久硬化。热固性材料在固化过程中会发生一系列化学反应，导致其分子链产生永久性连接。这种材料的分子键特性决定了它们有优越的耐久性，不会因为极端热力学与化学条件发生形变。因此，热固材料在稳定性方面明显优于其他建筑材料。一般来说，热固性材料是不可回收的。热固性材料通常包括甲醛（formaldehyde）、聚氨酯（polyurethane）、酚醛树脂（phenolic resins）和环氧树脂（epoxy resins）。

• 合成橡胶（elastomer）：天然橡胶种类繁多，在建筑业中合成橡胶更为普及。与热塑性塑料一样，合成橡胶也可回收。这种材料的弹性范围较大，在建筑中的应用范围也较广。硅酮（Silicone）和氯丁橡胶（neoprene）不但可以用于窗框的填塞，还可用于外墙的密封剂和玻璃的粘结剂。三元乙丙橡胶（EPDM）也属于合成橡胶，具有良好的可塑性和耐久性，是目前最常用的一种屋面材料。

所有聚合物都可以在工厂中预制用以开发部品、拼板和模块单元。用于蔽障、密封和粘合的聚合物在安装过程中必须非常小心，很多时候构件失效并不是因为材料本身的瑕疵，而是由于安装方法的缺陷。在工厂环境中，各个生产装配环节都被严格监控，这样就确保了聚合物的安装质量。此外，大多数聚合物材料都具有毒性，工厂内集中而封闭

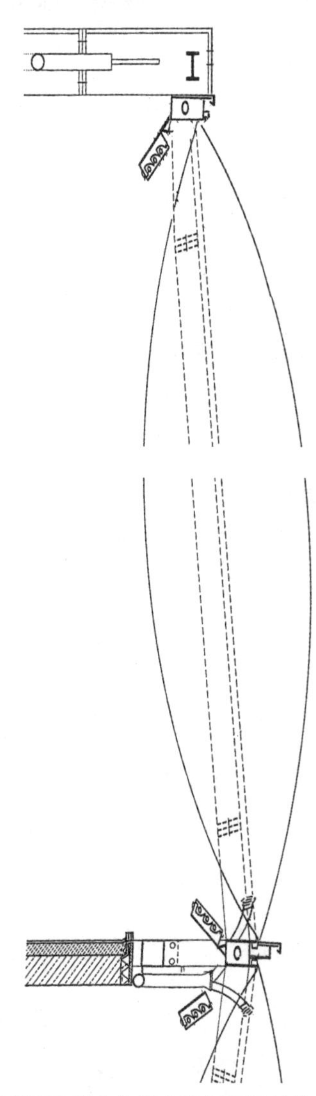

图 5.20　采用 EFTE 聚合物膜的外部围护结构。剖面图示为由 EFTE 膜制作的气枕，在膜中注入空气后就变为半透明的隔热建筑围护

的生产环境可以将材料对人体健康的侵害控制在最低程度。除用作蔽障物、密封剂和粘结剂外，由聚合物制造的织物和薄膜还被用来建造柔性张力膜结构（flexible tensile fabric structure）。这些系统的生产装配工艺极为复杂，只能在工厂中生产加工，其中较为流行的是 EFTE 膜。

材料的进步使得建筑表皮越来越透明化和结构化。EFTE 膜因自身的材料特性，只需相对较少的材料用量就可以被建造为大跨度的薄膜结构。除此以外，EFTE 气枕膜（EFTE pillows）和其他聚合物因优异的热阻性能也获得了广泛的应用。目前建筑业对外表皮提出越来越多的功能性要求，建筑表皮的隔热性能和呼吸功能（breath-ability）都被列入考虑范畴。具有主动热通风、取暖、制冷和散热性能的多层建筑表皮不但能为人们提供理想的工作生活环境，还可通过集成光伏或风电以及尚待开发的可再生能源使建筑表皮在生态节能和生产能源方面发挥更大的作用。随着这类技术的不断发展，装配式技术将成为控制建筑围护系统质量的必需方法。装配式技术和方法在低预算项目中也有能力提高产品的品质，这样标准墙系体系（standard wall systems）就能具备更高水平的建造质量，连同其他墙体构造层一起更好地执行设计功能。

5.2.5 复合材料

复合材料由两种或两种以上材料组合而成，组合材料的性质与各原材料有显著的差异。最常见的做法是，将一种材料作为基质材料（基质决定了复合材料的主要属性），通过引入另一种材料来改变基质材料的性能、外观或功能。最常见的复合材料类型是混凝土基复合材料（concrete matrix composites），通常添加用以提高强度的玻璃纤维和碳纤维，如 GFRC（玻璃纤维混凝土）和 CFRC（碳纤维混凝土）；金属基复合材料（metal matrix composites）则是将不同金属纤维加入基体金属，如加入了不锈钢丝的铝材；聚合物基复合材料，如 GFRP（玻璃纤维增强塑料）和 CFRP（碳纤维增强塑料）也越来越普遍。最常用的聚合物基复合材料是热固性树脂（thermoset resin）。复合材料中各个元素的加工过程决定了材料的强度和用途，具体取决于加筋体与基体的排布方式或定向分布方式。这些定向分布包括单向排布、正交层叠、随机晶须等排布方式。聚合物基复合材料使用拉挤成形或通过树脂浸胶槽（resin bath）加工纤维，然后再以模具将饱和纤维（saturated fiber）“拉塑”为具体形状。[16]

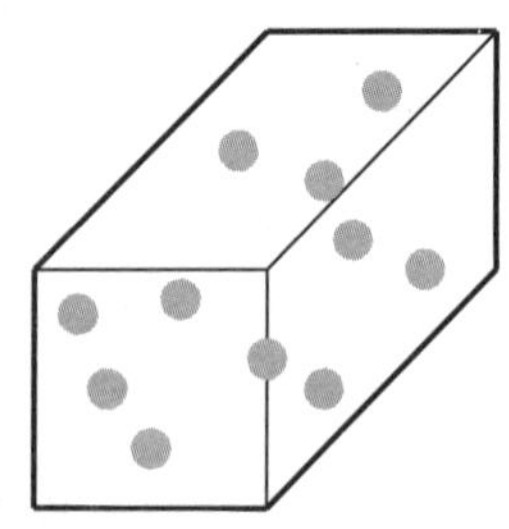

图 5.21 复合材料由基体（base matrix）和附加的次级材料组成。左图为纤维增强复合材料，即在基体中增加定向纤维以提高强度；右图为颗粒注入，即通过排列混合物直接改变基体的性质

5.3 方法

为了激发建筑的形式灵感、开发新的建筑材料或要达到的终饰效果，当代建筑师已将工业工艺作

为其关注领域。工业生产方法取决于所用的材料和操作方法，但也有一些通用的加工方式，使用这些通用方法能生产出特定的产品功能。本书的工业工艺（manufacturing）指的是为市场创造产品的各种机器、劳动和工具，其定义非常广泛，包括从制造加工到开发预制构件的全过程。工业工艺可划分为四个相互重叠的领域，在某些情况下这四种领域并没有十分清晰的界限。

5.3.1　加工

加工是指通过机械操作脱除材料的过程。加工器械包括锯机、钻机、铣床、刨床和车床。锯机利用经过精确定位的飞轮，可以沿直线切割材料并实现材料的单向分离。机械锯不但可以切割木材和金属，甚至可以轻易锯开石材。锯切通常用于在直线方向切割材料，但如果在机器内额外引入一个方向轴，也可实现斜切和曲线切割。数控加工有以下三种方法：

- 水射流切割（water-jet cutting）。顾名思义，就是使用超高压水射流切割材料。这项切割技术非常精确，可以分别沿 x-y 轴进行蚀刻和切割，水流同时还能冷却材料。金属在水射流切割过程中不会产生热应力因而更易加工，也不必使用夹钳夹住零件。
- 等离子切割（plasma cutting）。作用原理类似于水射流，利用等离子流的集中热量以千分之一英寸的精度切割材料，一般用于切割金属和陶瓷。虽然等离子切割既快速又精确，但切割过程中的热量会使金属薄板变形。因此最好用它来切割 3 英寸以上的厚钢板，但切割速度也会因此而减慢。
- 激光切割（laser cutters），激光切割也可在 x-y 轴上工作，通过受激辐射的放大光束（也就是激光束）切割材料。

横向比较这三种数控加工方式可知，等离子切割最为经济，但会带来材料发热问题；激光切割比

图 5.22　可使用激光切割机对金属、木材和塑料板进行二维切割。图中这种小型激光切割机在工业生产车间中较为常见

图 5.23　激光切割的木制板材会带有标志性的黑色边缘，这是激光灼烧留下的痕迹

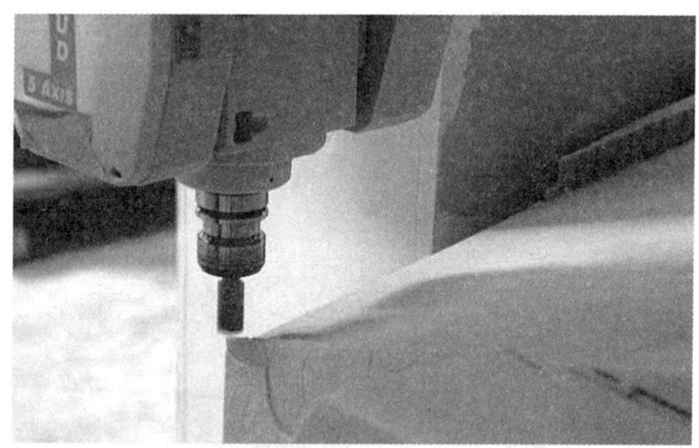

图 5.24　六轴铣床能够切割几乎任何材料。图中，铣床正在切割真空成型的聚合物基树脂材料

等离子切割更为灵活而精确，但仍存在材料受热变形的问题；水射流切割也较为灵活，材料也不会因受热发生变色或变形，但其切割速度较慢，对设备维护的要求也较高。

钻机是一种单轴机械，通过压入垂直方向的旋转钻头进行加工。数控钻机则是将材料固定后，在多个方向自动钻出孔洞或螺纹丝锥；金属薄板材料利用冲切方法打孔，只要材料的直径和厚度不超过机器的加工范围，冲压机就可以在上面冲切出各种样式的孔洞；铣削和镂铣利用具有多个刀齿的钻头铣刀以旋转方式削切材料，是目前最为灵活的加工方式。目前，六轴数控铣床可沿 x、y、z 三轴旋转，实现木材、泡沫材料、石材、金属等任何材料的多方向曲面切割，已成为大多数从事复杂几何生产制造的计算机辅助设计 / 制造（CAD/CAM）公司的首选工具；车床利用刀具对旋转的工件进行削切加工，可以加工圆形和锥形构件，还可在销钉上切割螺纹；磨削和砂磨则是通过研磨的方式削切材料，可以通过手工方式精细加工由数控机床生产出的元件，也可利用 CNC 技术进一步提高材料的精度和美观度。

5.3.2　成型

材料成型包括形变、铸造和压制，冲切穿孔也可归于这一类别。这一工艺由冷态下工件所受到的应力状态来定义决定。材料从弹性状态转变成塑性状态时，工件会发生永久变形，最终被制成所需的形状。板材、线材和管材都可通过压缩、拉伸、剪切和弯曲等冷成型方法制造。体积成型（Bulk forming）包括拉伸、轧制、锻造和挤出等作业。大多数材料都采用冷成型的方法加工，聚合物和软金属材料也会使用热成型方法，冷压挤或拉挤的铝材也会使用的热成型方法。

压力加工（pressworking）指在模具中对金属板材进行成型加工。材料首先会被剪切或切割为工件所需的形状，然后再折弯成型。在制造重复度高的非定制化工件时，压力加工法可以取代数控切割。该工艺首先通过冲裁（blanking）将金属板剪切为特定形状，经过精细化磨边或裁刃处理后，再以折叠、扭曲方式来弯曲零件。目前有多种方法可用作板材的弯曲成型加工。冲压（stamping）的加工原理是使用动力冲头将平板毛坯压入模腔以塑造形状，塑料盘或平底锅就采用这种工艺来塑型。冷冲压和热冲压都可以用于加工厚度不同的金属板。拉伸成型与弯曲加工类似，加热材料时通过控制液压油缸的压力来改变材料的厚度，一般用于制造独特的定制板材。

体积成型以拉伸、锻造和挤出等方法，依靠高热量和高应力来塑造元件形状。目前体积成型工艺中还没有大量使用数控技术，传统的操作方法仍被广泛采用。体积成型利用牵引拉杆通过一系列模具减小材料尺寸或改变其截面形状，这一过程可以是冷成型，也可以是热成型；挤出成型过程类似，但材料不通过拉伸而通过压挤方式成型。挤出成型是加工长直铝制幕墙构件的理想方法；锻造（forging）指在加热材料的同时施以锤击或锻压使之成型，这种加工工艺的精确度不高，在制造传统手工艺金属制品时仍被广泛使用。

图 5.25　图示为一台小型吸塑机，可以用碳纤维高分子复合材料（CFPC）生产滑板。利用压缩空气完成各模具板对滑板面板的整体成型

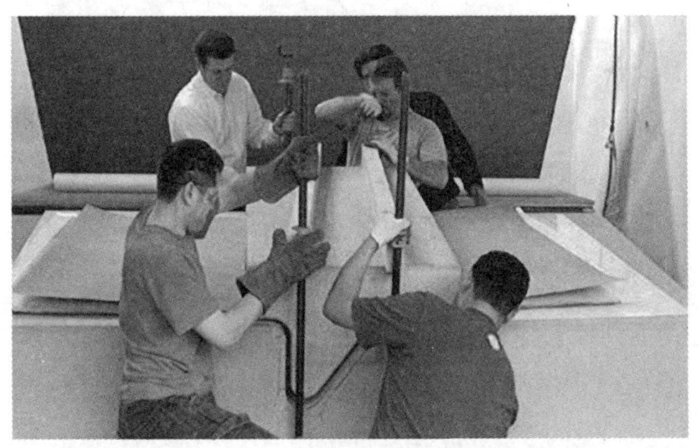

图 5.26　图示为 3-Form 公司将加热的热塑性聚合物放置在三明治模具中实现真空成型。图中的复杂模具由六轴数控铣床加工制造

铸造是将处于流体状态的材料倒入模具实现三维构型的工艺。铸造工艺中使用的模具一般分为两种：一次性模具与重复使用模具。一次性模具使用一次就会发生破坏，多使用木材或石膏制造；重复使用模具则可多次浇铸铸件，压铸（die casting）所采用的模具多采用钢材等硬质材料制造。考虑到铸件的精度，压铸模具通常由数控铣床加工制造。模具只能够浇铸出铸件的大体形状，其后铸件大多还需进一步抛光。砂型铸造（sand casting）中使用的砂模也属于一次性模具，但只能铸造形式简单的构件。砂型铸造已被用于各项工业产品，在无法获得其他工艺方法的场合，铸造大型建筑部品也会使用这种工艺；压铸是一种常见的零件成型方法，用压力将加热的金属压入可重复使用的模具中。压铸工艺的真空铸造方法可祛除铸造过程中包含在液态金属中的气窝，从而提高铸件的成型质量。

注入塑型（injection molding）主要用于生产热塑性聚合物。这种压铸工艺使用两块模具夹住（sandwich）聚合物材料从而使之塑型，产品的形态或完成效果取决于模板的内部空间或模膛的形状。这种方法可以生产各种形状的铸件，大多数聚合物产品目前都采用这种工艺制造；热成型或真空成型工艺也是常见的聚合物成型方法，主要用于加工热塑性聚合物和聚合物基复合材料薄板，具体方式是将板材拉进真空袋或吸塑模具（suctioned mold）中塑造形状，模具的材料可以是泡沫、陶瓷、木材或蜡，具体取决于聚合物的温度和种类；吹塑成型（blow molding）或压塑成型（compression molding）工艺用于热固性材料成型，材料被吹入模具的空腔后即被塑成所需形状。

5.3.3 制造

制造指将经过加工和成型的材料创建为建筑构件的过程。制造是工业生产方法中最为广泛的类别，也包含加工和成型工艺中的某些步骤，对构件进一步加工处理，是产品出厂前的最后一道工艺流程。制造与其他两种工业工艺相区别的关键特征在于，前者采用了连接紧固（fastening）的概念。连接就是将两个或多个部件接合在一起，连接紧固方法不计其数，通常可分为机械紧固法、焊接法和胶接法三种。

• 机械紧固法指使用金属螺栓、螺钉、铆钉、钉子和 U 形钉，通过对紧固件施加预应力固定零件。被连接件与紧固件的接合精度极为重要，因此需要事先考虑钻孔或穿孔的尺寸与连接公差。紧固连接本身也是建筑表现的一项要素，展现了建筑所采用的连接方法。机械紧固法为非现场制造建筑增加了装配能力，便于拆卸及其后的重新组装。关于机械紧固的详细讨论超出了本书范围，相关内容极易查找，不再赘述。

• 焊接法不使用紧固件。焊接工艺通过加热基层金属和填料使两种构件永久接合。铜焊和锡焊与钢材焊接相似，但熔焊温度较低，一般用于铅、锡和银等金属。焊接通常用作结构构件和承受较大荷载部件的连接。焊接工艺种类繁多，最具悠久传统的是气焊，而目前最为常见的是采用 MIG 和 TIG 工艺的电弧焊。焊缝类型有搭接件之间的点焊、平头焊和角焊缝，以及熔透型焊缝。焊接工作最好在工厂环境中进行，专业的焊接设备或机器人会明显提高点焊和电弧焊的工作效率。

• 胶接法利用粘结剂将材料粘合在一起。这种方法通常用于荷载较小的情况，而目前许多高性能的结构胶也能提供更高的结构强度和延性。连接粘合区域的面积越大，粘合效果越好，因此相邻部件一般通过搭接连接增大接触面积，确保二者充分粘合。构件的对接连接不应采用胶接方法。胶接法在玻璃、陶瓷、木材和聚合物材料中有更为常见的应用。在大多数情况下被粘结的部件不能被拆卸或回收。

5.4 产品

建筑制造（building fabrication）既可以采用标准化方式，也可以为定制化方式。然而标准化制造和定制生产等术语并不能反映工业生产和制造行业的复杂性，具体采用哪种制造技术取决于各项目的类型。制造商在预制过程中最关心的是制造成本、交货时间和定制产品的灵活性。工业部门采用四个专门术语来描述预制完成水平以及与之相关的生产成本开销。它们分别为库存式制造（Made-to-Stock，MTS）、库存式组装（Assembled-to-Stock，ATS）、订单式制造（Made-to-Order，MTO）和专项生产（Engineered-to-Order，ETO）。这些术语和定义能够帮助项目团队充分理解正在行进或尚处研发阶段项目的项目范围。

• 库存式制造（MTS）：MTS 产品最好通过库存补给策略（inventory replenishment strategies）进行处理。生产商会采用标准化、降低复杂性或增加重复性等方式保持库存补给。供应商管理库存（Supplier-managed inventory）方法在一些公司和项目中被证明是成功可行的。在这些项目中，供应商承担确定需求、维护和配送材料的工作。MTS 产品包括各种可被大规模仓储的建筑材料，如木材、钢材、铝型材和吊顶，以及拼板材料，如石膏板或胶合板。

• 库存式组装（ATS）：ATS 产品已有既定的设计产品和标准规范。ATS 含有 MTS 的多种特性，不同之处在于引入了定制策略。库存式组装通常与流水线生产和大规模定制原理有关，即客户要求在一套既定的产品系统内改变产品形式和生产材料之间的关系。除建筑业外，计算机公司和制鞋公司目前也可为其生产的标准化产品提供可定制的选项与元素。建筑制造行业的 ATS 产品实例有国际标准建筑单元和移动式住宅。

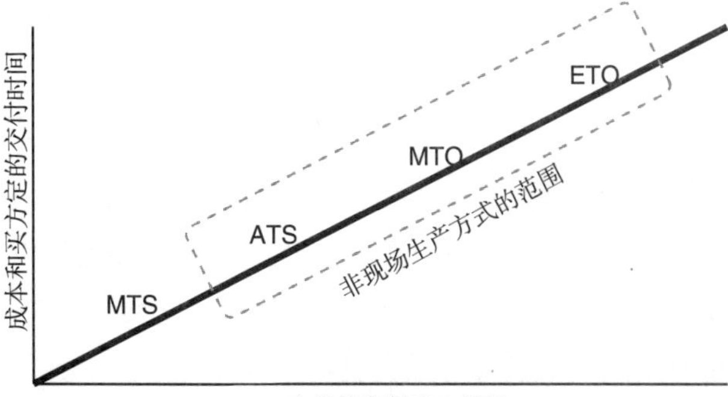

图 5.27　工业部门使用库存式制造、库存式组装、订单式制造和专项生产四种术语来定义产品的定制程度，这与生产所需的成本和交货期相关。装配式建筑单元是 ATS、MTO 和 ETO 产品。有时，MTS（标准制造）和 MTO（柔性制造）分别专门用于描述标准化产品和装配式定制产品

• 订单式制造（MTO）：MTO 的"向前拉动"（pull forward）供应链要求产品准时进场。MTO 产品与 ATS 的不同之处在于不需备货，也没有既成的设计，但在产品内有既定的设计和工程方案选择。MTO 产品在最后责任时刻（last responsible moment）* 才被交付。与 ATS 相比，由于从既定产品到售出成品的差异性有所增加，MTO 产品的交货期会更长。MTO 产品有定制窗户、定制门和其他具有众多设计选项的各类建筑单元，它们都根据项目需求由一条生产线定制而成。如今市场中的许多现代主义装配式系统都是 MTO 产品的代表。

• 专项生产（ETO）：ETO 也可以被称为"订单式设计"（designed-to-order）。ETO 产品在现有工业产品中最为复杂，技术要求也最为严格。建筑设计中的创新和研发大多属于专项生产产品。ETO 也是生产商和制造商所面对的最具挑战性的生产方式，即如何以有竞争力的价格交付全定制产品。与其他生产方式相比，ETO 产品通常价格最高，交付期也最长。建筑领域的 ETO 产品包括预制混凝土构件、建筑幕墙和其他各类型的装配式结构。

建筑师可以指定建筑物中的 MTS、ATS、MTO 与 ETO 建造单元。如果建筑师能够从工业生产原理的角度来审视设计行为，那么就会发现设计团队

* 精益生产中的术语。——译者注

可以利用装配式技术控制项目成本。如果产品不必非要定制设计，那么建筑师很可能会提供更为简便易行的交付方法。建筑部品、结构构件、拼板和模块在完成建筑设计和工程设计后被交予专项产品生产商生产。某些预制商自有工程技术团队，可以提供整体式交付服务，而另一些预制商则将工程设计和细部连接设计外包出去。此外，某些预制商会聘请安装商完成 ETO 产品在建筑物内的就位组装工作。MTS、ATS、MTO 与 ETO 这四种方式并非相互排斥。从事专项生产的公司也会利用其他三种生产方式制造产品，而 MTO 预制商也可在一定范围内提供 ETO 产品。许多预制厂商都有自己的主业，能够在高度专门化的小众市场中找到某种专业产品的市场定位。

一些建筑产品已经变得极为专业化，为了满足这种需求市场中已涌现出专门的设计服务公司。这些设计服务供应商就包括 ETO 产品工程公司。这些外包公司从事钢结构细部连接设计、幕墙专业咨询、翻升混凝土工程供应、模块化工程分销等业务。除此以外，还可通过专业化协调公司的模式采购 ETO 产品。这些分包商实际上并不设计或生产任何预制构件，转而提供沟通协调设计、供应和制造的专业化服务。越来越多的建筑分包商正转向这种模式，即不涉及加工生产，只提供专业服务。例如，生态钢公司是一家金属建筑系统供应商，他们提供工程技术、建筑设计和细部连接设计等专业服务以协调建筑系统的交付过程及相关的现场施工管理。得益于这种专业化的协调服务，小型化制造企业和建筑公司（美国的绝大多数制造业和建筑业公司均可视为小规模公司）就可以采用“工厂生产，现场安装”的业务模式。

当前，房屋建筑业中 ATS、MTO 和 ETO 的典型信息传递主要包括三部分过程：

- 项目获取：初步设计和招投标
- 详图设计：工程技术和专业协调
- 制造：交付和安装

这种惯例方法存在的问题有，工作属于劳动密集型，开发和维护相关文档的工作量极大，还有很多设计错误在现场施工时才会暴露出来。这些错误会使成本攀升，并可能导致进一步的法律诉讼。综合过程连同 BIM 技术和共担风险合同结构更有利于简化项目的交付流程，这样 ATS、MTO 和 ETO 装配式产品便具有更高的成本效益，也更为易用。

最后还需说明，尽管 MTS、ATS、MTO 和 ETO 这些术语用于描述不同的生产方式及与之相关的成本、交付期和灵活度，MTS 通常指标准化产品，而 MTO 则通常代表定制产品。

5.5 分类

装配式建筑产品可以是封闭式系统，也可以是开放型系统。在封闭式系统中，单个制造商就可以生产所有的建筑单元。预制商可以设计建造出整个建筑或者其中的部分单元，但这些构件必须与其他生产商的产品协调兼容。汽车工业产品就以封闭式系统的概念为基础。汽车工业生产的各种零件变动不大，零件之间的可互换性也更高，而建筑物的每次建造过程都是独一无二的。封闭式建筑是专有系统，考虑到特定的场地位置与设计背景，每个项目中可供选择的设计产品极为有限。

开放型系统可以使用由不同生产商制造的产品，这些产品具有多种建造用途。这种非专属的建造方法允许设计根据项目的需要整合各建筑单元。需强调的一点是，开放式建造策略不同于“从产品目录中选择建筑构件”的传统建造方法，不可混淆二者。开放式建造系统的关键在于，既能保证开放度也能维持特殊性。在许多情况下，“开放”型构件可以组合形成“封闭”式系统。例如，钢框架结构是封闭式系统，通常与其联合使用的内填充围护墙则属于开放型系统。[17]

可以说，单元的预制程度越高，它就越“封闭”。但也并非总是如此：许多模块化系统的设计能够实现其生命周期内的不断调整、增设和维护更新。此外，模块化建筑内部设置了各种卡槽、开放型空腔楼板和检修门以便日后换代升级。开放型系统与封闭式系统的区别在于项目在使用周期内是否可以不断增设、升级或维护更新。开放型建筑系统的最终目标是建筑物在改变设计功能和所在场地后能够被重复使用，在被拆除后，其中的构件也能被再次利用。

5.6　网格

网格是一套几何组织系统，用于定义建筑部品和预制单元的标准尺寸。网格一般为正方形或矩形，因而形成了线形的构件、平面的拼板和箱式的模块，当然也会存在例外。建筑结构系统通常被置于轴（线）网（格）(axial grid)，而拼板和模块的设计则以模数网格（Modular grid）为基础。

• 轴网是由建筑构件的中轴线组成的网格系统。在钢结构建筑中，无论结构截面的尺寸如何，W 型钢都会被放置在网格线上。对设计而言，轴网无疑十分有效，但其他材料和单元在与框架连接时会出现问题。如果每个梁、柱或其他结构单元的尺寸都不相同，而拼板和内填充单元及其与主体框架

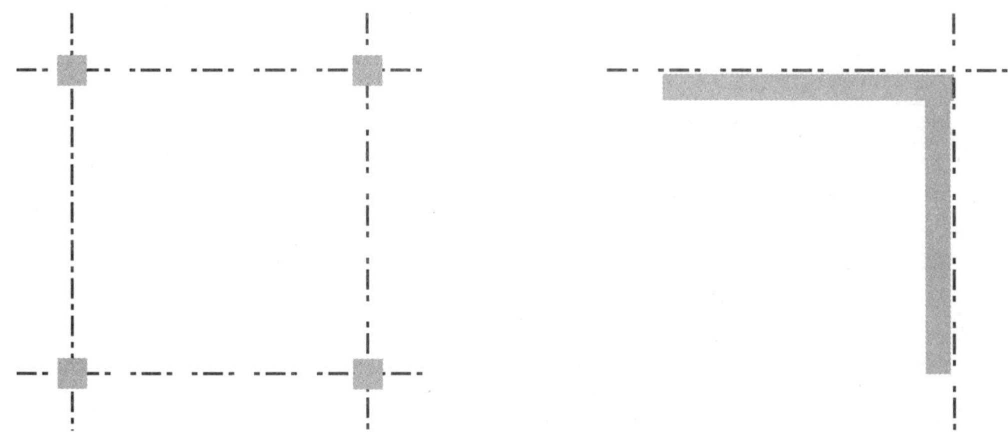

图 5.28　建筑中有两种不同类型的组织网格。左图：轴线网格用于组织结构构件的中轴线，右图：模数网格可用来组织结构外缘、建筑表皮或其他重要的建筑单元

结构的连接都为标准化设计，那么这种二维或三维的轴网组织系统便会失去效力。轴网中每个主体结构构件与外围护或内填充系统的连接都需要专门作出设计。[18]

• 模数网格基于建筑单元的实际位置和尺寸。考虑到单元的三维空间特征，包括长度、宽度和厚度，模数网格因此主要被用于拼板系统和模块化系统。美国的模数网格以 2 英尺增量为基础，因为大多数 MTS 零部件产品都采用 2 英尺分级标准制造加工，例如 4 英尺 ×8 英尺的胶合板、以 2 英尺为长度增量的螺栓等。

• 不同的建筑系统内可以使用不同的网格系统。例如，可用轴网表示框架结构构件的位置和关系，用内围护网格（fit-out grid）确定所有围护构件的位置，用服务网格（services grid）确定较为复杂的服务设施——如方便穿线布管的吊顶系统或架空楼板。任何建筑系统——结构、表皮、服务设施、空间，甚至装修和家具都可能有自己的几何网格逻辑，这就要求不同的建筑系统及其单元之间存在细致而精确的尺寸协调。[19]

在任何建筑项目中，协调结构单元和围护单元属于例行事务，但在装配式建筑设计中这种协调将成为热点议题。装配式建筑的主体结构通常为框架，内部有非承重内填充围护墙板、房间模块和非承重填充墙，如果能处理好细部设计，这种构造方式就有能力随时替换内填充系统。此外，结构框架和内填充在某种程度上也决定了建筑的内部空间。结构框架可被集成（嵌入）到其他系统中，也可将各个系统完全分离。装配式建筑中关于结构和围护的协调必须无缝衔接，对于一种建筑系统在现场建造而其余在工厂制造的情况，这种协调尤为重要。[20]

第6章 单元

预制单元指产品的形式或布局。部品（component）、拼板（panel）和模块（module）是非现场生产建筑预制单元的一般分类。这些类别并没有标准的产业称谓，也没有严格而固定的规则用于对预制单元作出分类。部品、拼板和模块的定义可能会造成歧义。例如，用于建筑室内的隔墙有时被称为模数墙系统（modular wall system），但不能与模块化建筑（modular building）相混淆，后者完全使用成品模块在现场安装。* 部品、拼板和模块的分类只是一种结构化的表达方法，用于描述在到达现场前已基本完成的预制单元。

一般而言，从效率角度来看，大型部品、拼板和模块的生产完成度越高，现场的安装速度就越快。然而在某些情况下，例如大体量框架结构只适合在

---

* component，在工程领域中一般指构件。本书中与工程相关的仍译为“构件”，凡涉及建筑专业的一般译为“部品”。本书中的部品和构件如同洋芋和土豆一般可以互换，但建筑部品的概念外延更趋广泛。module 及其变体 modular，建筑业称其为“模数”和“模数”的。该词本义指“模”，基本概念是求余或向量的长度。无论是代数学、工业还是计算机业中的“模”术语都包含两个基本要素，即变量和变量的改变方法，例如根据制造工艺和材料类型的不同可区分出种类繁多的工业模具。“模”概念早已超越了所谓整数或分数的含义，或许建筑业还需要一种由模数到线性空间的范式转变。考虑到装配式技术的特点，本书将 panel 译为“拼板”。——译者注

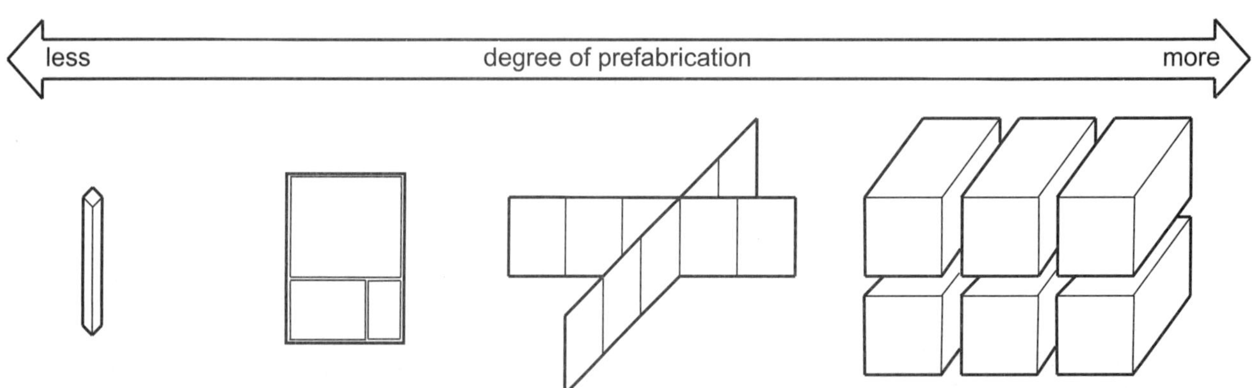

图 6.1 预制度（degree of prefabrication）可依据在现场组装之前的完成程度来分类。图中从左到右依次为：材料、部品、拼板和模块。一般来说，项目的预制度越高，装配式技术的优势就越突出

现场制作。部品、拼板和模块不是孤立的系统，可以相互组合得到不同的建筑功能和审美目标。拼板化建筑的完成度为 60%，而大多数模块化系统的完成度为 85%。全模块的预制水平高达 95%，其余的 5% 是基础工程和公用设施的现场作业[1]。南加州的建筑师詹妮弗·西格尔（Jennifer siegal）采用的一种模式，能让制造商不仅完成项目的工厂制造和现场安装，还能处理房屋方圆 5 英尺以内的一切事务。可以说在这种交钥匙合同中，除街道至建筑物位置的周边景观和公用设施外，98% 至 100% 的工作都由非现场制造公司处理。

6.1 部品

部品化的装配式技术在设计和实施阶段可实现最大的定制度（degree of customization）和灵活性。然而，建筑工地中的部品和构件的种类繁多，难以计数。因此在装配式方法中，设计和生产团队在项目初期的责任是明晰界定所要采用的建筑系统。设计沟通可能需要一种能够制定“典型”条件的方法。设计团队通过使用 BIM 环境，可以统计出主体结构、围护结构等系统中部品化单元的工程量及其相互关系。部品化体系需要更多的连接节点，所以容易出现互不协调、漏水漏风的情况，因而会降低建筑质量。部品化体系包括木套件房屋（Wood Kit）、金属建筑系统和预制混凝土结构。

6.1.1 木套件房屋

木制框架可实现快速高效制造和装配。目前，框架生产可实现定制节点设计，许多节点都含有金属连接件。重型木制框架结构在美国不太常见，在斯堪的纳维亚国家却很常见，尤其在芬兰，其木结构文化源远流长，标准建筑工程和特殊建筑类型都会采用木结构。美国的木制框架制造公司则主要为旅馆和露天公共建筑市场提供服务，从东海岸到西北太平洋和西部山区都能发现这些木结构建筑。回

收的再生木料、甲虫病害木和新生木材已被广泛用作建筑材料，而木材本身也传递了一种别致的设计美感。木结构系统通常与内填充板联合组成抗侧力结构和围护体系。是否生产内填充板取决于木制框架供应商的工艺水平和资质条件。

欧几里得木制框架制造公司（Euclid Timber Framing）是位于犹他州帕克市附近瓦萨奇山脉的定制木材生产和建设企业。欧几里得公司在犹他州北部滑雪场周边建造的重型木结构豪华住宅和旅馆中确立了自己的业务模式。欧几里得公司使用德国的专用设备用CNC数控技术加工木材。欧几里得公司的总裁基普·阿波斯托（Kip Apostol）也是德国CNC木材工装锯生产企业洪迪格[*]公司在美国的经销商。他也是其零件和设备的分销商，并且为加工机器的安装和维修提供服务。已有近30年历史的德国Hundegger设备被称为“CNC木材加工设备中的劳斯莱斯”，拥有全球木材加工市场90%的份额。

因其功能多样、精度高和快速的加工能力，木结构套件式房屋生产公司正逐步转向使用CNC数控机床生产。Hundegger的K2机床[**]最初只适用于规格材，目前可加工截面为24.5英寸 ×48英寸而长度任意的各种木制零部件，其中包括规格构件和圆木。通过使用这种设备，美国正在兴起一种加工预制木构的新行业。美国预制木材行业中有六家外包公司使用Hundegger设备为其他木制框架制造商提供用于梁柱体系的高端旅馆、住宅和粮仓建筑的专业化细木作加工业务。

Hundegger公司10年前开发的PBA机床[***]主要用于加工在欧洲广泛使用的叠层结构板（laminated structural panel）和围护板。已取得专利的MHM系统（massive holz mauer），直译为“实体木墙”，采用铝合金紧固件连接多层定向板形成结构实体墙的叠层木板[****]。MHM系统可以作为剪力墙结构单独使用，也可与框架联合用作框剪结构。Hundegger设备能够通过切割、压制和打钉等工序，利用软铝钉和PBA大木作锯机在工厂内进行加工拼板。PBA还可加工拼板之间或框架与拼板的定制化连接。面板的加工尺寸最大可达16英尺 ×14英尺，但这样的尺寸通常难以搬运。因此，一般加工成两个8英尺 ×14英尺的面板以便安全装卸。由于叠层构造增加了强度，所以面板对木材的质量要求并不高，可以是新生软木、回收旧木、因虫害死亡的朽木，甚至林火焦木。

Hundegger数控机床完全采用数字化操作。机器中的软件能够识别所有主流CAD程序。程序设置需要15分钟，加工切割平均仅需10秒钟。这些机器具备预找平、切割、组装和再找平功能。喷墨打印功能允许在不显眼的地方打印条形码、布局线或序列号，安装完成后也可将其磨除。如果这些木制构件或面板需要在现场安装之前就完成制造，该

---

* 洪迪格为Hundegger的音译。——译者注

** 该公司称其为Joinery machine，意为连接节点加工设备，借用日语可译为“细木作机床”。——译者注

*** 该公司称其为large panel saw，可译为“龙门式大型板材锯机”，也可附会为“大木作机床”。——译者注

**** 木材一般取用针叶林，紧固件为错列排布的槽销，因此该系统具有较高的结构强度。——译者注

图 6.2 洪迪格公司的 K2 和 PBA 机器彻底改变了 CNC 木材加工行业。图示为该设备正在欧洲生产大型实体墙建筑系统

设备也能刻印以上信息。

MHM 墙体也具有优秀的保温性能。欧几里得公司的乔舒亚·贝洛斯（Joshua Bellows）一直在开展研究工作以便让公司为美国生产 MHM 系统。他指出，与德国的标准建筑工程相比，MHM 面板对保温性能的提升幅度高达 80%。2007 年开发的 PHPP（passive house planning package）被动式住房规划工具包 * 正迅速成为建筑物的工程性能评级系统，可使效率达到净零耗能水平。美国能源部发起的太阳能十项全能竞赛（Solar Decathlon）和某些建筑物已在按照这种标准设计，而且已显示出积极成果。这种策略仅采用 12—14 英寸厚的喷涂泡沫材料就实现了墙体的 R-60 超绝热性能（superinsulation）**，但是这种阻热方式造价昂贵。MHM 系统在其层压板中反倒不使用保温材料，但有关研究表明其仍具备优秀的绝热保温性能。最近德国的一所 MHM 住宅获得了被动式房屋标准的最高评级。[2]

虽然 CNC 数控机床提高了木材生产商制造框架和板材的能力，但技能型工匠在行业中的地位依然举足轻重。为使 MHM 板材系统在美国取得成功，社会必须出现一个既懂技术又有能力生产的相关行业。目前美国尚未制造或安装任何 MHM 系统，但研究表明，MHM 是建筑行业发展最快的分支之一。[3] 欧几里得公司的基普·阿波斯托目前仅为 12 家美国制造商提供 Hundegger PBA 机床。尽管这些公司有能力加工 MHM 构件，但这些设备目前只用于加工结构保温板。[4] 在德国和欧洲某些地区，MHM 技术已司空见惯。安德里亚·德普拉泽斯（Andrea Deplazes）认为，过去 20 年德国的木结构建筑已由现场榫接的行业传统发展为墙体、屋面和楼板都采用 MHM 板材。现代木结构建筑的“基本单元”因此而变为厚板，不再是线型构件。这种厚板至少由三层锯材组成，可以是由质量相对较低的木材制成的叠层板或条板。[5]

身为环保材料的木材用途极为广泛。它是一种为数不多的可再生结构材料（renewable material）。在明智而审慎的林业实务模式下，木材能持续多年为建筑物提供服务。基于设计师、生产商和制造商以及建筑商的创造力，有关木材和木料的装配式技术将继续演变进化。该专业领域的工业生产和制造专家正在不断涌现，但几乎没有来自设计领域的专家。德普拉泽斯指出：“因此，最该在此处实验的不是木制品专家、木工艺专家、生物学家或产品测试专家，反而应该是建筑师。”[6] 有一点是明确的，

* 也被译为“被动式房屋设计手册”。——译者注

** R 为热阻，指抵抗热传导的能力，数值越高隔热能力越强。墙体一般为 40，屋面为 60，单位为英制。——译者注

图 6.3　MHM 或实体木墙是欧洲开发的部品和拼板化预制系统。使用洪迪格设备，CNC 数控机械加工面板可根据数字化信息实现快速压层和成型。这种拼板可用于墙体、楼板和屋面结构。这项技术在美国的住宅和商业建筑市场具备巨大的发展潜力

SIP 板或 MHM 板建筑工程的造价比标准轻型木龙骨结构昂贵许多，但质量和结构 / 保温性能方面的优势却是现场施工方法不可比拟的。更多有关已在美国普及的 SIP 建筑工程将在本章后续部分详加叙述。

6.1.2　金属建筑系统

金属建筑系统采用钢框架结构并覆以冷成型金属波纹板。抗弯框架和支撑钢框架本身结构刚度大，也极其轻巧。* 金属建筑系统早在 1908 年就用于小型工业建筑，但直到 20 世纪 40 年代后期，金属建筑行业才开始大举进入非居住类低层建筑市场。金属建筑行业已有几十年的根深蒂固，包括早期的淘金热住宅、英国的棚屋，特别是二战时期的匡西特营房。在此期间，冷成型金属板通常采用热镀锌，覆盖在 4 ： 12 的坡屋面上，在功能和美学方面都表现为完全的实用主义。20 世纪 60 年代的预涂层多彩面板广受欢迎。

直到最近，建筑师终于不会因金属建筑系统而紧锁眉头；自 20 世纪五六十年代以来，金属建筑一直由许可建筑商（authorized builder）销售和建造，而不直接面向客户。这些许可建筑商大多为专业总承包商。这种专业化使金属建筑在提高质量的同时也能维持成本，但也导致产品缺乏多样性。在 20 世纪 50 年代得到授权的经销商为数众多，于是这些金属建筑系统公司在芝加哥会面，成立了金属建筑生产商公会（Metal Building Manufacturers Association，MBMA）**。1968 年，金属建筑经销商公会（Metal Building Dealers Association，MBDA）成立。1983 年，MBDA 更名为系统建造商公会（System Builders Association，SBA）。[7] 西雅图的融合建筑事

* 抗弯框架即纯框架，钢材的弹性模量约为 C30 混凝土的 6.9 倍。——译者注

** 也译为“美国钢结构建筑制造协会”，本书采用直译。——译者注

务所和旧金山的安德森兄弟建筑事务所已将金属建筑系统的高效性、框架结构的灵活性和内填充系统一并融入建筑设计解决方案中。

金属建筑体系的主要优点是对截面尺寸、节点连接、部品生产、数控制造甚至有关运输和安装的各个层面都有广泛研究。这些标准使设计过程更加高效。采用金属建筑系统的建筑师应根据自身需求去咨询相关供应商。偏离标准化系统可能会导致成本增加，若想最大化实现效率的同时还要保证美观和工程质量，非现场和现场作业之间的调和在所难免。金属建筑体系的优点是结构与建筑内外表皮之间存有深腔，厚度一般为 12—14 英寸，取决于梁柱截面高度，因而在这个围护空间可放置大量保温材料。此外，钢框架结构可以实现大开间和大跨度，因此对表面门窗洞口的限制较少。开窗排布在加工详图阶段细化，并作为套件在现场制作和安装。据估计，目前 50% 以上的非居住类单层建筑工程都为金属建筑。在金属建筑市场中，归于仓库或工业建筑物的比例仅略高于 34%。金属建筑系统在银行、学校、教堂和住宅中的应用仍在持续增长中。[8]

金属建筑系统主要由两部分组成：

1. 结构，包括上部结构框架和内填充轻钢龙骨结构；

2. 外围护墙体面板。

生态钢铁公司（ECO STEEL）

生态钢铁公司就是以前的北方钢铁国际公司（Northern Steel International）。它不是生产商，而是提供基础设计、结构设计、工程交付和施工（包括门窗、外墙和屋面）的金属建筑系统承包合同的经销商。这种系统的目标是尽可能快地实施围护结构干法施工，这样分包商就可加快内部装修的进度。建筑系统的抗风和抗震性能远高于木结构建筑，而且高热阻值的墙体和屋面也不存在热涨间隙。保温板的厚度为 2—6 英寸，PUR（聚氨酯）的热阻值范围为 16.26—48.78。面板宽度分布在 24—42 英寸之间，保温材料当场发泡，加入异氰脲酸酯，名义密度为 2.4 磅 / 立方英尺。面板通过紧固件连于墙檩；面板的连接将紧固件遮藏其中。面板外层可以是金属涂漆、波纹板、竖向肋条、灰泥和石英砂饰面。面板在建筑内部一侧可直接裸露为光滑的金属表面，也可铺设传统的石膏板作为内部饰面。

图 6.4 生态钢铁公司与建筑师合作开发的金属建筑系统创新解决方案。图示的两层房屋：左图：现场安装钢框架；中图：注入聚氨酯的定制化生产复合金属板；右图：安装外墙和屋面金属板

生态钢铁公司擅长采用标准化的金属建筑体系并根据建筑师的要求定制设计。公司使用 BIM 技术对建筑和结构布局、构件和细部建立数字化模型以方便同钢材生产企业进行沟通，模拟实际施工过程从而降低风险并减少错误。生态钢铁公司也可以直接采用建筑师提供的 BIM 模型，或者根据二维图纸开发 BIM 模型。所有定制钢制产品都会预先备货和预成孔，再运送至现场安装。因此，生态钢铁公司从签订合同到接收最终设计图纸再至生产和交付的准备时间为 30—45 天。生态钢铁公司与建筑师合作，为面向制造的构件设计和细部设计提供工程技术支持。

该公司建筑产品的工程造价平均而言，比由多种不同体系拼凑而成的建筑便宜 20% 至 30%。建筑师史蒂夫・华格纳（Steven Wagner）与生态钢铁公司的乔斯・赫德森（Joss Hudson）合作设计了位于特拉华州利河伯（Rohoboth）海滩的多户住宅综合体 Forj Lofts。建筑师与生态钢铁公司合作，高效建造了该金属建筑系统。整个过程中不存在负责现场施工的分包商，与标准多户住宅相关的其他分包商也被排除在外。成本得以控制的原因在于生产商提供的固定成本在项目前期就使建造过程透明化。生态钢铁公司的交付业务偏好快速施工、可提前预判和自始至终都要求保证质量的项目，而且不会反对低标的采购方式。[10]

图 6.5　特拉华州的光纤阁楼（Forj Lofts）是 Eco Steel 公司与建筑师史蒂文・华格纳（Steven Wagner）合作开发的两层多户住宅项目。由于减少了工期和材料用量，该项目的成本比传统建设方法降低 20%至 30%

金属建筑系统的主要结构类型是框架结构，类别如下：

• 单跨刚架：无内柱，跨度范围可从120英尺标准跨度至200英尺非标准跨度，采用变截面构件或等截面构件。

• 变截面梁：中等跨度，变截面梁跨中截面达到最大高度。梁上翼缘倾斜，下翼缘水平，梁柱节点为刚性的抗弯连接。

• 连续梁：梁柱体系，内部结构柱用于减小主梁截面尺寸，更为经济，内柱为等截面，外柱为变截面，主梁也为变截面。

• 单跨桁架：与变截面梁和连续梁相同，屋面由桁架支承。

• 扶壁式：依靠相邻结构来抵抗侧向荷载。包括雨篷或倚靠原有建筑的新建建筑。

用于金属建筑的墙板或外覆板分为现场系统和工厂系统。墙檩是连于主梁和结构柱的冷成型“C”或“Z”型钢。墙檩可以连于翼缘或腹板，除承担围护板的风压和风吸力外没有结构承重功能。* 檩条可于现场组装，也可在工厂中组装。墙檩体系包含冷成型金属薄板外皮。金属薄板被压制成波纹状以增强其刚度，在某些情况下也会使用内装金属板。内衬板用于建筑内部装饰外包板，提供防火保温功能。工厂化体系是内充泡沫的刚性围护板，固定于框架或檩条上。金属建筑装配式墙板体系的优势有：

• 现场体系：冷成型薄板金属表皮和附加保温防火及内饰层

- ○面板可快速安装
- ○生产企业较多
- ○易更换
- ○易开洞
- ○易吊装，无需起重机或重型设备
- ○无需大型基础和层间板
- ○易于附加隔声层。

• 工厂体系：内衬板、金属外围护板和绝热防火材料

- ○重量轻
- ○内衬表面坚硬
- ○隐藏侧面搭接零件保证外观整洁美观
- ○专业试验保证面板的技术指标
- ○生产商的品牌效应[9]

6.1.3 预制混凝土

预制混凝土建筑工程指将工厂浇筑养护完成的混凝土构件和部品运至现场装配。美国预制混凝土协会（Precast Concrete Institute）是对全美各地预制混凝土厂商运营业务实施严苛质量控制认证的行业组织。预制混凝土有两大类别：建筑预制混凝土（architectural precast）和结构预制混凝土（structural precast）。建筑预制混凝土对结构或非结构单元完成度要求不只是表面达到标准的青灰色。这通常意味着建筑预制混凝土部品将暴露于外，能够被社会大众所感知。用于建筑预制混凝土的饰面包括非结构外墙板的饰面砖、骨料纹理、酸洗和喷砂等质感层。新近开发的技术是采用浅浮雕技术，第三方加工的泡沫被用于面板的浇筑面。泡沫橡胶成型内衬

* 墙梁或墙檩是否承重视结构设计方法而定。——译者注

面（或模板衬垫）脱模后形成规范规定的光滑表面或定制的纹理表面。

附有泡沫橡胶内衬面的木制模具可以浇注 50 至 100 次，比钢制模具便宜。钢模可以浇注数千次，质量更好，但须由钢制品制造厂专业生产，因而相当昂贵。玻璃纤维模具的耐久性和成本介于木模和钢模之间。建筑师应根据浇筑次数指定模具类型以便控制初始装备成本。为了生产特殊表面和复杂部品，建筑业已开发出革新性混凝土材料，例如在大体积混凝土浇筑中使用减水外加剂。对于需要快速养护的情况，预制混凝土单元会采用添加早强剂的 III 型高强波特兰水泥。另外，预制混凝土工艺还包括提高温度加速混凝土硬化，增加湿度实现波特兰水泥的充分水化。预制混凝土工厂能够在 24 小时循环生产中完成从布设预应力钢筋或钢绞线到脱模的全养护过程。这些技术发展使预制混凝土能够达成对工期、成本、高强和审美的多样化需求。

预制混凝土建筑明显优于现浇建筑。生产预制构件时模具铸床可以分散布置并可同时浇筑。在工厂内搅拌和浇筑混凝土可实现高度机械化操作，也不会受到恶劣天气的影响。预制混凝土强度可达 5000psi（34.5MPa）高于现浇混凝土的 2500~3500psi（17.2~24.1MPa），高强钢筋的强度高达 270000psi（1861.6MPa）。

目前大部分预制构件都采用预应力技术。钢绞线或钢筋在浇筑混凝土之前由液压千斤顶进行张拉。除了钢筋网和其他加筋外，还可在混凝土养护期间埋入所需的预埋件。浇筑后 10—12 小时内，混凝土的抗压强度可达到 2500—4000psi，而混凝土此时也与钢筋可靠粘结。第二天，切断台座间的钢绞线，预压力便施加在混凝土上，钢筋笼则不受力，这样也会使构件起拱。构件最后被装车或储存以备运输。

后张法并不多见，这种方法用于在现场将预制单元组合成较大的装配体，通常应用在大跨度主次梁和较高的剪力墙中。后张法利用预留的预应力筋孔洞于现场对接。各单元装配好后，将预应力筋水平或垂直伸入对齐的孔腔中用液压千斤顶张紧，再灌浆以保护连接处的钢材免于腐蚀。预制混凝土的连接技术仍在不断发展之中。在工厂中预先埋置锚板和埋件，在现场用螺栓或焊接完成构件的连接。预制混凝土系统的主体框架使用外露的金属连接，但在现场连接后外包防护材料保证防火和防腐性能。混凝土构件在连接间置入承压板以减轻由高应力、温度变化或外部荷载造成的磨损。承压板可以是高分子聚合物或橡胶材料，取决于应用条件和预期的应力水平。

除预制构件间的连接外，其他部品如墙板、饰面、内部隔墙、吊架等也须与预制构件相连。附着方法可分为三类：

• 预埋：在工厂制作地脚螺栓或带有锚板的锚筋，置入预制混凝土单元中。从结构质量和美观角度看，预埋是首选方法，但需要不同系统间的配合。工厂中使用模板在混凝土处于流塑态时置入预埋件。在采用快速路径施工方法的项目中，配合协调也许做不到如此细致。而且，突出的锚板和螺栓可能会妨碍运输或于运输途中损伤连接。在这种情况下通常会采用另外两种方法。

预制单元和规格[13]

• 实心板

◦ 宽度：多样化；厚度 / 跨度：$^{1}/_{40}$ 跨度，厚度为 3.5—8 英寸

• 空心板

◦ 宽度：2、4、8 英尺；厚度 / 跨度：8 英寸 / 25 英尺，10 英寸 / 32 英尺，12 英寸 / 40 英尺

• 双 T 板

◦ 宽度：8 英尺、10 英尺；厚度 / 跨度：1/28 跨度，厚度包括 12、14、16、18、20、24 和 32 英寸

• 单 T 板

◦ 宽度：8 英尺、10 英尺 ；厚度 / 跨度：36 英寸 / 85 英尺、48 英寸 / 105 英尺

• 次梁和主梁

◦ 宽度：1/2 截面高度；高度 / 跨度：对于矩形、倒 T 形和 L 形截面为 1/15（荷载小）和 1/12（荷载大）。倒 T 形和 L 形的伸出尺寸通常为 6 英寸宽，12 英寸高

• 柱：通常为正方形，也可以是圆形或矩形

◦ 10 英寸方柱可支撑的面积约为 2000 平方英尺

12 英寸为 2600

16 英寸为 4000

24 英寸为 8000

• 层间板、幕墙、承重墙、模块

◦ 尺寸由运输法规所决定

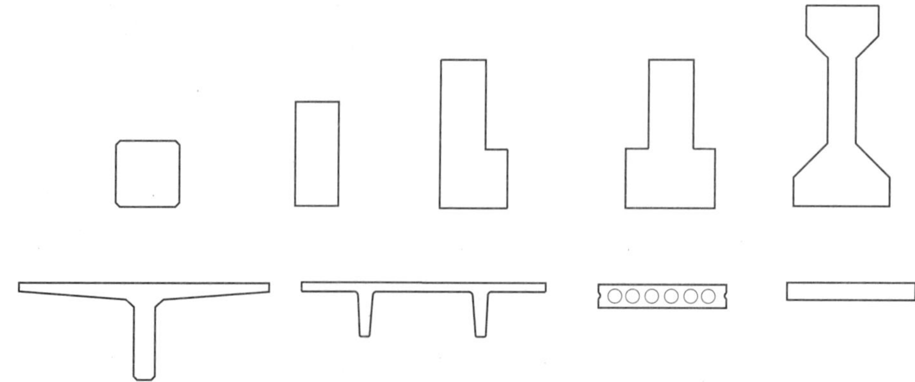

图 6.6　虽然预制混凝土可以浇筑成任何指定的形状，建筑业中一般采用通用的截面形式。以下取自汉森易构公司的预制混凝土产品目录。上排从左到右依次为：方柱、矩形梁、L 形梁、倒 T 形梁和 AASHTO 工字梁＊下排从左至右依次为：单 T 截面、双 T 截面、空心板和实心平板

＊　AASHTO 为美国国家公路与运输协会的设计规范。——译者注

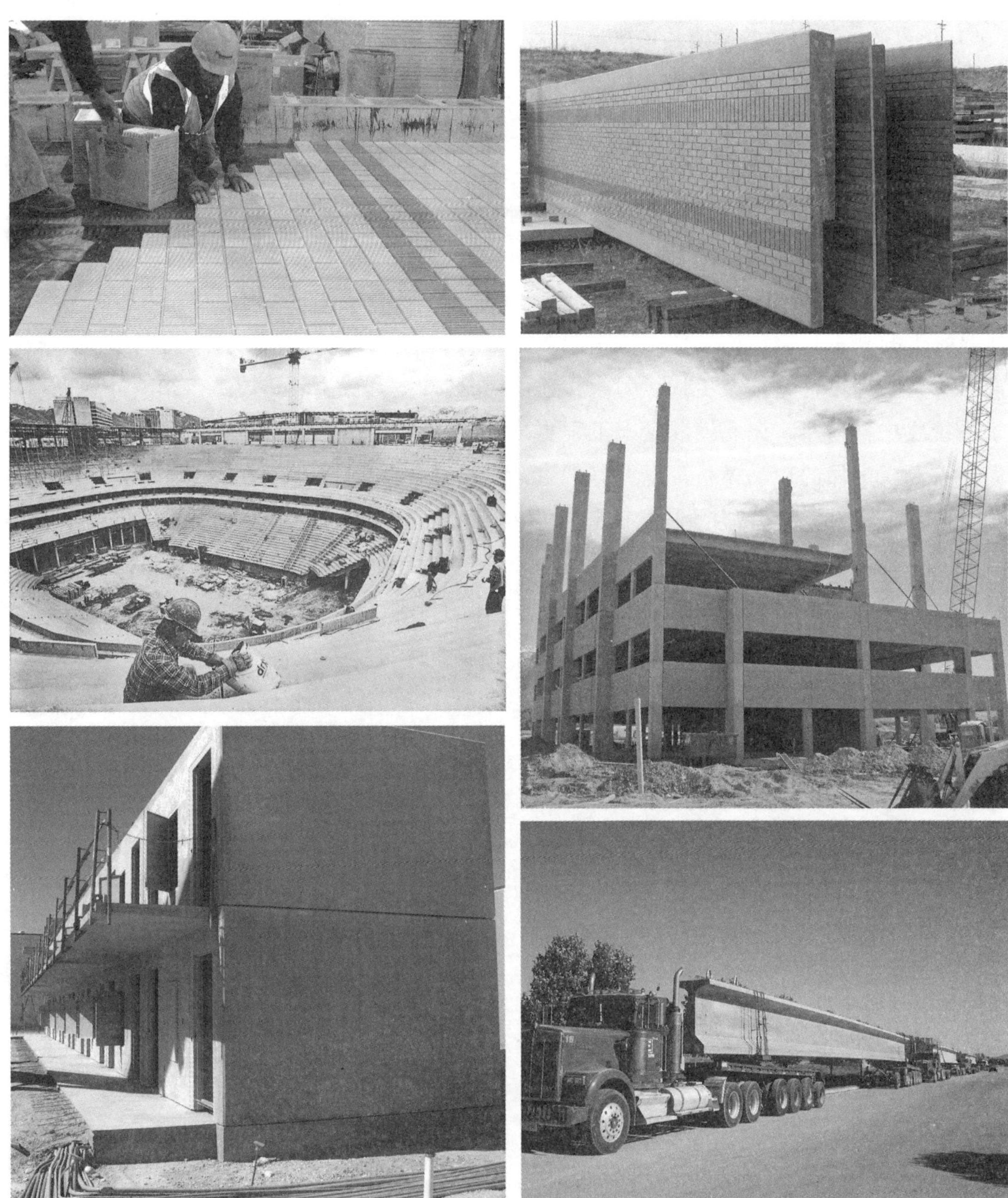

图 6.7　图示从左到右、从上到下依次为：浇筑混凝土前在铸床中排布饰面砖；工厂中等待运输的砖饰面预制混凝土外墙；盐湖城市中心的职业篮球专用体育馆完全用预制混凝土建造，节省的施工工期超过一年；正在现场施工的柱和楼板预制系统；现场安装完毕的预制混凝土模块化监狱建筑；用牵引卡车和铰接式半挂车运输的 AASHTO 预制混凝土梁

• 植筋：该方法先使用钻孔和清孔作业，再种入螺栓或吊架并使用锚固水泥、铅浆或热固性聚合物（如环氧树脂）固定。

• 膨胀螺栓：该方法也需要预先钻孔。先将膨胀锚固体放入空腔中，然后将螺栓、螺钉或支架放置在锚固体内，锚栓膨胀对混凝土产生压力限制自身移动。

预制混凝土的施工与钢结构类似。预制混凝土制造商声称建造速度比钢框架更快，因为楼盖被整合于系统之中。当然它比现浇混凝土工程更快，因为不需专门定做的现场模板，也无养护时间。来自犹他州西谷市的汉森易构预制混凝土公司（Hanson Eagle Precast）的詹姆斯·麦克奎尔（James McGuire）表示，在某体育场项目中，预制混凝土为客户节省了一整年的工期。[11] 该建筑位于高密度城区，对货车通行条件有限制。预制混凝土方法使犹他爵士队在位于市中心的主场中提前开启了全新赛季。预制混凝土构件的安装也可在恶劣的天气条件下进行，因为构件养护已在工厂完成。由于混凝土无法在极端高温或雨季中浇筑，现浇混凝土因此会受到特殊季节的限制。

虽然预制混凝土比现浇混凝土重量轻，但它仍重于木结构和钢结构建筑，会造成运输困难。预制混凝土构件的分段宽度可达 12—14 英尺，最大可至半挂车的法规限制尺寸。比预应力混凝土双 T 板宽度更大的构件不方便运输，因而也很难采用非现场制造的预制混凝土模块。美国东部地区的预制混凝土工业已经发展成熟，预制商通常不会参与安装。西部地区则相反，在难度较大的项目中，生产前就需要深入协调，确定安装方法。汉森易构公司 90% 的产品都由自己安装。他们偏好这种方法的原因在于可以增强对产品的控制力。

预制混凝土可塑形为任何三维形状。直线形铸床可能会造成部品的设计与其成型不匹配，因为混凝土的收缩变形会导致现场难以连接。表层饰面和加工通常有独特的几何形状，不能简单附于构件表面，这部分体量可能需要计入混凝土中。石材幕墙、布砖图案和保温隔热层不仅影响外观也影响装配。因成本和性能方面的考虑，需要在大型预制混凝土单元中使用不同类型的混凝土。结构分析软件已可校核预制混凝土单元在脱模、提升、存储、运输和吊装过程中的结构抗力。运输和施工过程中的外力作用与建筑在正常使用和极限状态的荷载作用也有所不同。[12]

6.2 拼板

拼板指用于建造结构承重墙、楼板、屋面、承重或非承重围护体系以及内部隔断墙的平面单元。本节将概述在美国市场上常见的轻型墙板体系，包括木结构拼板、结构保温板（SIP）和轻钢龙骨拼板；非承重玻璃幕墙和外墙预制板；（现场预制）翻升混凝土结构（tilt-up concrete construction）。*

---

* tilt-up 指各类混凝土板在现场水平浇筑，养护达到规定强度后，先翻身，再起吊至安装位置进行连接，本书译为“翻升”。我国内地其他译法有“立面平浇”“转动就位”“提拔建筑”，我国台湾译为“预铸扶立墙”。美国混凝土结构规范 ACI318-14 首次将这种结构于“墙”一章单独列出，并指明为现场预浇筑（precast on-site）混凝土，即预制混凝土。本书第 10 章介绍了部分工程实例。——译者注

6.2.1　轻型拼板体系

根据报道建筑业装配式房屋应用情况的杂志“自动化营造商”（Automated Builder）的数据，美国的所有居住类建筑中，有56%采用工业工艺、模块化和拼板化技术建造。这三者中拼板化体系（panelized systems）占比最大，占所有装配式住宅的43%。[14]拼板体系充分发展的原因在于许多建筑产品本身就是平面单元，如金属板、木板和内部装饰板，板材的内部空间方便分布各种服务设施的管线。尽管具备潜质，拼板结构也存有不少缺点。

哈特福德大学（Hartford）的教授迈克尔·J. 克罗斯比（Michael J. Crosbie）在HUD资助的研究中比较了拼板系统对公用设施的集成能力。[15]该研究将拼板系统分为四大类：木板、SIP板、混凝土板和金属板。该研究选取了15种体系，分别测试评估10种集成技术并对其单独评分。研究人员最后总结出影响拼板选择的决定性因素：

• 拼板化系统具备对电线电缆的工厂化集成能力，完成产品在节约安装时间和减低现场安装复杂度的同时还能保证墙体的保温绝热性能，从而实现更好的节能性能。与公共设施良好集成的预加工拼板系统无需施工现场变更。

• 施工完毕后管线和设施的维护不必破坏覆面板，也不用专门设置空间隐藏管井（沟槽），拼板体系对设施未来的升级改造也提升了极大的便利。

• 拼板体系应集成电线和电缆，管道不会被安装于外墙中，所以是否集成并不重要。管路通常穿行于内隔墙之间，会专门设置竖向开槽。

• 未在拼板绝热芯层中集成服务设施的体系将具备最佳的整体绝热性能，以后的升级换代也容易实施。

• 最好能隐藏拼板体系的连接界面，利用踢脚等装饰部品的建筑集成措施也是不错的处理方式。

• 拼板生产商应确保集成系统在运输过程中有防护措施。

6.2.2　拼板化

拼板化（panelization）指轻型木龙骨或轻型金属龙骨结构的拓扑设计和工业化生产。与现场搭建方式相比，这种过程加速了拼板化墙体的交付和安装过程。之前为现场建造的拼板化工程背后的理念是为了降低成本和提高速度。越来越多的建筑商成为承包商，或可称为纸质合同推进商，他们希望建筑的所有分项工程都归于一个发包中。当然，就算躺在贷款上也压不住利息的上窜。承包商和投资方周转住宅或小型商业建筑的速度越快，即使非现场建筑工程的费用会昂贵那么一丁点，比之投资于不那么昂贵的现场施工方法，前者的最终回报也将越高。预制桁架制造商转而生产预制轻型龙骨墙板体系的这一市场反应正是为了填补这种需求。

20世纪初，拼板木材供应商遍布美国西部地区，为凤凰城、拉斯韦加斯、加利福尼亚地区以及位于山间盆地的丹佛、盐湖城和博伊西等地的快速增长市场提供服务。近年来，由于经济低迷，现场框架建筑商因缺乏需求而变得更为廉价。他们的报价非常低，致使预制拼板供应商难以与之竞争。盐湖城的伯顿木制品公司（Burton Lumber）最近关闭了他们的拼板生产线，却发现现场制造桁架产品依然广受欢迎。伯顿指出，市场中拼板产品的占有率并不高，而在这次经济衰退中移民劳工使得现场制造方法的成本更为低廉。然而，桁架制造行业早在几年前就已经占据了50%以上的市场份额，因而与现场施工的木结构屋面相比费用更低。此外，屋面的几何形状更趋复杂，而工厂化生产方式在精度、准确性和质量控制方面更具合理性。

然而从性价比来看，轻型木龙骨建筑的非现场拼板化生产方式仍然很有意义。大型项目所要求的大规模快速建造仍为市场所需求。伯顿木制品公司认为，20世纪60年代出现的预制桁架直到70年代中后期才占据市场，拼板化住宅的成本稀释同样在2020年前后完成，距其开始使用的2000年约15年时间。话虽如此，需要指出的是，美国部分地区仍认定非现场方法优于其他方法。尽管加州地区一直在利用某些装配式技术进行建造，但许多地区仍在采用现场方式建造屋面，很大一部分原因在于廉价的移民劳工。[16]

6.2.3 结构保温板（SIPs）

另一种常用于住宅和轻型商业建筑的木结构拼板化系统是结构保温板（Structural Insulated Panels——SIP）*。SIP板是一种三明治夹芯板，用作结构承重和围护作用，并可作为大型钢结构或混凝土框架结构的密闭围护体系。SIP板为厚度不同的双面层定向刨花板（OSB），中部芯材为EPS（聚苯乙烯泡沫）或PUR（聚氨酯）。除OSB板外，纤维水泥板、金属板、石膏板等其他材料也开始作为SIP的内外层面板。相比之下，经过测试发现SIP板的结构强度、耐火性能和绝热性都能优于传统龙骨和空心墙构造。

近一个世纪以来，建筑师、工程师和专业设计师一直在从事应力蒙皮夹芯板的设计和制造。** 弗兰克·劳埃德·赖特在“美国风”住宅中所使用的也可勉强算作夹芯板。结构保温板SIP的概念出自1935年位于威斯康星州麦迪逊的林产品研究所（Forest Products Laboratory——FPL）之手。FPL的工程师猜想胶合板和硬质纤维板的结合面层可承受墙体的部分结构荷载。他们的设计原型是在面板内放置框架构件以组合结构板和保温材料。他们针对这种面板系统建造的住宅实行了30余年的建筑和结构性能监测，然后拆除并详加检验。在这30年间，FPL的工程师仍在继续实验新设计和新材料，意图实现以下目标：提高能源效率，应对日益减少的自然资源，提供低成本住房。1952年，陶氏化学公司（Dow）生产了第一款商用SIP板。直到20世纪60年代硬质泡沫保温材料在市场中随手可得时，SIP才因成本降低而流通开来，但仍难占有市场。1990年，SIPA（Structural Insulated Panel Association——结构保温板公会）同业公会成立。目前SIP已是一种常见的建筑材料，但在某些地方的住宅市场中仍在艰难突破之中，因为廉价的劳动力变相鼓励应用现场建造密肋框架结构。

* 这种板同时具备结构、绝热和隔声等功能，直译为结构隔绝板，木材工业和建筑业通常译为“结构保温板”。——译者注

** 应力蒙皮指屋面板、楼板或墙体中的类深梁作用。——译者注

毫无疑问，数控技术的进步对 SIP 市场来说是一个天大的好处。目前，SIP 板建筑工程利用数字化布局方式可以最大化拼板的宽度和高度。CAD / CAM 技术可使切割制造、数字化交付和安装更为精确。大多数 SIP 生产商也是经销商，有些甚至可以提供 SIP 房屋的全套件服务，包括门窗、壁板、室内装饰和木制家具。工厂可以特定尺寸预加工和开洞以便现场快速高效安装，这是因为 SIP 由标准的实际宽度为 4 英尺的 OSB 板制成。长度以 2 英尺增量变化，可以是 8 英尺、10 英尺和 12 英尺，定制最大长度可达25英尺。SIP板的厚度为4.5或6.5英寸，实际为墙体 OSB 板表面间的厚度，而 EPS 屋面结构的厚度可达 12.25 英寸，多用于更大跨度和有更严格的 R 值要求的情况。这个尺寸包含 OSB 板厚和泡沫所占据的标准框格的厚度，就卧于充当 SIP 板间连接键的 OSB 面板之间的 2 × 4 或 2 × 6 龙骨分割中。OSB 板的嵌入式连接键也可用于连接其他保温板。拼板的凸轮锁连接牢固紧密，也可轻松拆卸，但目前因成本因素较少采用。拼板可用作墙体、楼板或屋面。大多数生产商根据经验形成的板跨表设计 SIP 建筑物。SIP 板的最终结构设计须由第三方工程师或生产商的工程师提供。

为收纳电线，SIP 建筑采用竖直和水平向的圆柱槽孔。生产商根据建筑布局和规范要求定位插座间距。有时 SIP 墙体和楼板 / 屋面也需穿孔。在所有这些情况中，一旦存在设备或各种线路穿行，都须以膨胀泡沫填充密封。外墙一般应尽量减少管道的布置，但对于 SIP 建筑来说，外墙布置管道几乎是不可能的。

虽然 SIP 建筑 70%的市场份额是居住和轻型商业建筑，但由于其优越的绝热性能，SIP 也用于冷库建筑。SIP 建筑的保温效能损失值为 3%，而框架填充墙的保温损失可达25%，这取决于施工质量。减少墙体中的木制品可以最小化热桥效应。PUR 和 EPS 都可作为 SIP 的保温芯材，但聚氨酯泡沫的绝热、耐火、阻燃和防烟等级均优于聚苯乙烯。与美国环境保护局（EPA）计划逐步淘汰的一些发泡剂不同，聚氨酯泡沫不是挥发性有机化合物，因此不会破坏臭氧层。聚氨酯泡沫 SIP 板的结构强度高于聚苯乙烯板，可承受较高的压力荷载（轴向）、横向荷载（弯曲）和倾斜荷载（侧向）。EPS 只是简单地粘贴于外表皮材料上，而注入的聚氨酯类泡沫则粘附在零件和部品的表面（如表皮材料、顶板、凸轮锁、电气盒等），形成结实耐用的结合层。与其他类型的聚氨酯材料相比，HFC–245fa 聚氨酯泡沫因其密度、胞体结构和与 OSB 板优良的粘结性能而具备优越的绝热和防潮性能。

以下是 SIP 板与标准龙骨结构填充墙保温卷材的对比：

- 2 × 4 墙体 R–12
- 4.5 英寸 EPS R–17
- 4.5 英寸 PUR R–25
- 2 × 6 墙体 R–19
- 6.5 英寸 EPS R–21
- 6.5 英寸 PUR R–40

高弯折性是对 SIP 板的顾虑之一。因此，除强度外还应注意限制屋面板和楼板的尺寸以满足挠度限值要求。拼板安装经常会使用起重设备，这会大大增加小型住宅项目的成本。现场SIP板需要平坦放置，离开地表并保持干燥。SIP板的存放时间不应超过六天，此间离开地表的高度必须大于6英寸并包覆透气防水布。最近犹他州的一个施工现场遭遇暴风雪天气，拼板因未受保护而被破坏。极端高温也会损伤面板。最后，由于严格的施工控制条件，SIP拼板式建筑已将空气渗透率降至最低。因此，SIP建筑系统需要机械通风装置将新鲜空气送入结构，将潮气和浊气排至室外。通常它们可与过滤系统或其他新风装置一同使用。根据PATH（Partnership for Advancing Technology in Housing，住宅产业技术促进联盟）的研究，SIP建筑的自然通风率不应低于当地规范的规定值或0.35 ACH（当没有本地规范要求时）*。[17]

与任何新式装配式科技一样，设计和建筑从业人员的现有知识储备通常都不能实现其实际应用。例如，SIP是一种相对简单的技术，但在犹他州一直都很难发挥影响力，而最近的制造商就位于爱达荷州和蒙大拿州。瓦萨奇山前区**的地震分区为D类***，SIP板的连接和抗拔键须采用特殊构造措施。

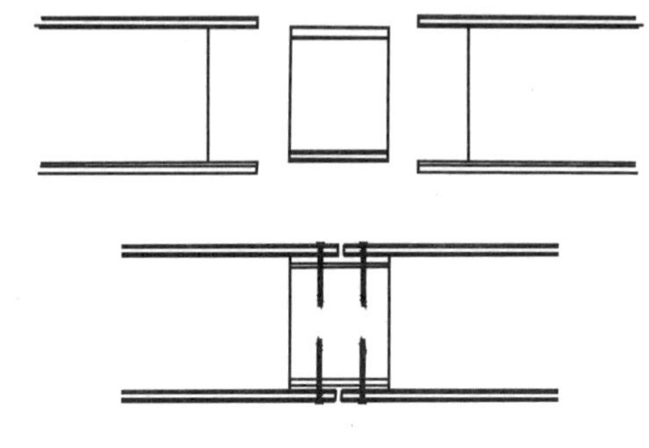

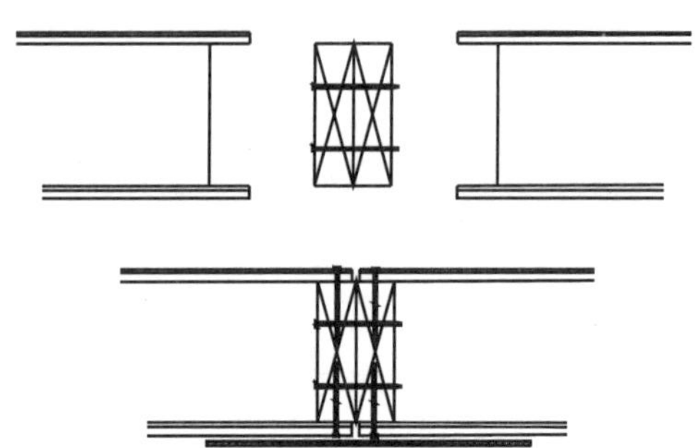

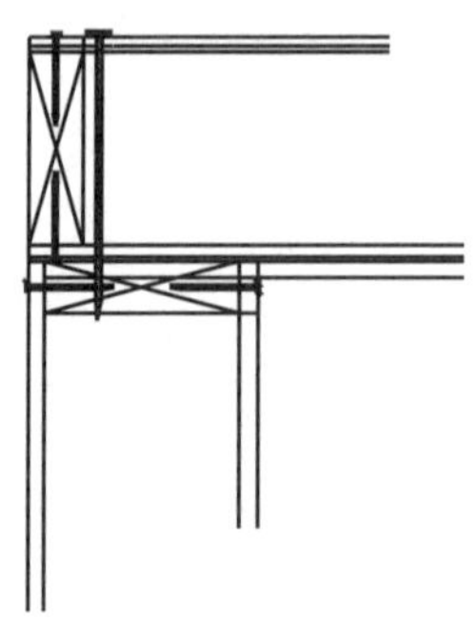

图6.8 典型的6-1/2英寸厚SIP结构的细部构造：上图：SIP建筑板-板连接键是减轻热桥效应的最佳方案；中图：SIP建筑板-板的2×6连接键，强度高但会形成热桥；底图：角部节点

---

* PATH是美国政府于1998年倡议，由住房和城市发展部HUD主导的为期10年的公私合作研究项目。该项目广泛联合政府机构和美国国家科学基金会（NSF）等研究机构，会同建筑商、材料产品供应商、金融服务机构和规范制定方等建筑业各相关利益方，合作研究开发“新一代”技术以改善住宅的品质、耐久性、效率和经济适用等性能。本书提及的拼板化住宅、SIP住宅、HUD工业工艺住宅等产品和技术均为该项目的主要研究内容。我国此前将之翻译为“智能（化）住宅技术合作联盟”欠为妥当。ACH，air change per hour，空气交换速率（每小时）。——译者注

** Wasatch Front，指美国西部地区的一个城市群。——译者注

*** 美国规范的D区场地土为硬土，普通建筑遭受的MMI地震烈度值为8度，重要建筑为7度，对结构体系、结构构件及非结构构件都有特殊抗震要求。——译者注

图 6.9　犹他州帕克城一个由 13 个单元组成的新建住宅区的 SIP 建筑。从左至右，从上到下依次为：平板拖车上准备吊装的 SIP 板；SIP 屋面板天窗部位的现场切割断面；安装就位的 SIP 屋面板；SIP 板上的吊装支架

单这一项就造成建筑师、工程师、建筑商，尤其是业主不愿意采用 SIP 结构取代常规的框架结构。作者和犹他大学的一个研究团队详细记录了由 13 个单元组成的住宅区的建造过程，这些房屋的墙体和屋面全部采用结构保温板。该项目的最初设计没有考虑结构保温板的 4 英尺标准网格尺寸，也未考虑由内置于墙体的立柱和 Double 2X 构件所提供的 SIP 板整体结构性能。* SIP 生产商和建筑师之间的合作很不顺利，致使工期延误，也增加了 SIP 的安装难度。此外，龙骨结构分包商也缺乏相关施工经

* Double 2X 指墙体龙骨柱为两方木钉接而成的组合截面。——译者注

验，起初两栋房屋的拼板安装工程花费了近两周时间，而剩余的每栋则只需几天时间就能完成。该项目体量较大，有必要在前期建造过程投入更多时间。然而，本案例的研究表明许多设计方和施工方对转向非现场制造方式存有抵触，因为初始投资未必带来利润，事实上反而可能会造成财务风险。[18]

6.2.4 钢结构拼板

轻钢龙骨复合墙体（light-gauge-steel framed wall）通常用作商业建筑的内填充隔断墙。工厂生产的金属拼板体系于现场快速安装从而节约了时间和资金。总部位于加拿大温哥华的米内恩国际建筑集团有限公司（Minaean International Corp）开发的一种轻钢龙骨体系可实现三个月完成4层至8层建筑的安装工作。结合汉布罗（Hambro）公司开发的轻钢桁梁复合楼盖体系（steel joist floor decking system），米内恩公司的产品被称作“速建手艺”（Artisan Quik Build），自诩对投资方来说是效率高而成本低的建筑系统。速建手艺最适合用于4至8层的建筑物，因为这种尺度可以实现最高的成本效益，同时也能提供可持续性的健壮结构性能、高等级的隔声和防火性能与较短的工期以及最少的现场浪费。

该公司的最初动力来源是为发展中国家生产非现场装配式建筑系统，这部分业务仍在活跃开展之中；然而，2000年他们为北美市场开发了一种轻钢龙骨墙板系统，作为钢结构和混凝土上部建筑结构的设计替代方案。2004年至2007年间的繁荣建筑市场推动了这种装配式钢板墙系统的发展。该系统采用轧制型钢生产，在液压压力台上拼装后再运至现场。尽管墙体不是成品建筑部品，但这种简单易做的装配式墙体能节省数周工期。

米内恩公司的首席执行官默文·平托（Mervyn Pinto）表示，他们认为这个非现场建造的工厂化体系远优于其他现场搭建龙骨的建造模式。[19] 在某面积为40000平方英尺（每层楼面10000平方英尺）的4层建筑中，装配式钢框架墙体和楼盖的总施工周期为7个工作日。其中两天用于制造和运输，每层安装需1天。其余时间用来浇筑和养护混凝土。显然，从施工周期看，该系统完胜现场施工方式。从成本角度看，对于4至8层的住宅、商业建筑和公建，装配式轻钢密肋框架拼板（prefabricating light gauge steel frame panel）比现场龙骨施工方式更具竞争力。最近默文·平托的这种拼板在波特兰的一座3层建筑中以每平方英尺高于传统现场施工系统2美元的价格中标。由于节省了工期，不会出现翘曲和收缩，以及装配的精度和加速完成装修的能力，与现场建造相比，该系统实现了增值收益。

米内恩公司最近在波特兰建造了一座名为“绿色小伙”（Shaver Green）的建筑，这是一个经济适用房项目，获得LEED金级认证。“绿色小伙”的施工速度为每层15个工作日。这栋6层建筑仅用6个月便完工，每层都完全采用米内恩公司的钢结构龙骨墙和汉布罗公司的装配式空腹桁架复合楼盖系统。平托指出，这个项目是一个拥有80户公寓单元的五栋联排社区中心，由约克（Yorke）和科蒂斯（Curtis）作为总承包商投标并建造，造价为

图 6.10　俄勒冈州波特兰的“绿色小伙”公司所使用的轻钢龙骨拼板化工艺。顶部左图：在工厂制造拼板；顶部中图：水平堆放在半挂车上的待运拼板；顶部右图：拼板吊装至安装位置。底部左图：完成装配，拼板正在安装中；底部右图：完成后的建筑

1975925 美元。钢结构拼板系统每平方英尺的报价比钢筋混凝土或钢框架结构低 20 美元至 25 美元。因其成本和工期优势，波特兰市至今仍在其他居住项目中采用这种建筑系统。[20]

6.2.5　玻璃幕墙

玻璃外立面，有时被称作玻璃幕墙，是非承重的透明或半透明外围护。通常为大型或高层商业建筑和公建中所采用，这些系统主要由玻璃和铝材制成，分类如下：

- 构件式系统：
  - 幕墙铝制构件在现场与主体框架连接
  - 竖框和横框由挤出成型的铝材制成
  - 极易热胀冷缩，因此节点的细部构造须能自由移动而又不会影响保温性和水密性
  - 规划安装序列以调节容差
  - 预制中空玻璃单元和现场建造铝框结构，现场安装劳动强度大
- 单元式系统：
  - 玻璃和铝框在工厂中组装为独立的预制单元

卡马墙公司（KAMA WALL）

卡马墙公司同样在制造轻钢龙骨拼板化墙体，创造了一种革新性高性能维护系统。卡马公司将重型冷成型“C”形截面龙骨柱放入截面也为C形但是较宽一点的顶部和底部导梁中。龙骨经过旋转后交错排列于顶、底导梁中，其间放置聚苯乙烯硬质泡沫保温材料。该墙体具备承重墙的性能，也具备和SIP建筑工程相当的保温性能。这种系统的造价高于木龙骨和SIP，但是更耐用也更适用于第二类结构。这种墙体不仅是多层住宅和轻型商业建筑最佳选择，也适用于高层办公楼和高层公寓的大面积墙体，这些墙体一般都需要较高的经济性和良好的隔热保温性能。[21]

图6.11　卡马墙体系统是填充硬质泡沫芯的交错式轻型龙骨体系。上图：使用卡马墙体系统建造的住宅；下图：商业建筑采用卡马墙系统围合而成的填充式围护体系

- 直接连于主体结构
- 必须适应与主体结构的尺寸容差

• 点支承系统：

- 在玻璃方格板上钻孔，嵌入用于传递荷载的固定单元
- 固定单元由不锈钢或钛合金制成
- 玻璃板之间的接缝要密封
- 所有零部件在工厂制造并于现场装配
- 必须严格控制容差，要求保温性和水密性的关键连接通常为门窗框架所在的窗台、门窗顶部和边框

• 多层玻璃幕墙：

- 包含两层玻璃，分为内外两层幕墙
- 更好的保温和隔声性能，但造价更高
- 冬季在双层玻璃间形成温室效应
- 夏季在双层玻璃间形成烟囱效应

• 复合系统：

- 单元式与立柱系统内含柱覆板、层间板和内嵌玻璃板
- 要求提供加工详图和制造图
- 适应表面整体的尺寸变化
- 构造形式常采用雨幕系统（rainscreen system）
- 与其他建筑围护系统相协调

单元式幕墙是所有类型中装配程度最高的一种。装配式单元式幕墙围护系统的优势在于安装速度和完成质量；在适应既有建筑结构方面却存在困难。这些完全装配化的单元必须在现场定位与安装。单元式幕墙最大的缺点在于外观单调，节点不易密封、闭合。为了提供合适的保温绝热和耐候性能，必须仔细设计连接节点，既保证有效传递荷载也要保证不会形成热桥或漏水透风。由于单元是制造完成后再运抵现场，所以构件必须具备结构功

莱文宿舍，宾夕法尼亚大学

由基兰廷伯莱克公司设计的宾夕法尼亚大学的莱文宿舍（Levine Hall）是最早采用双层中空玻璃幕墙体系的建筑之一。幕墙系统围合成一个连接两座历史建筑的通风大厅。定制单元式幕墙依附于外部保温玻璃幕墙并由6英寸宽的增压空气室与可开启的单窗格内表面相互隔离。在冬季，空腔内的空气被阳光加热，再由空气带回至HVAC系统。空气腔内有百叶窗，可在夏季遮挡阳光。客户预计到潜在的节能效益便采用了这种主动式压力平衡双层玻璃幕墙。幕墙由帕玛斯迪利沙集团公司（Permasteelisa Group）开发，预制单元式双层玻璃窗系统在7周内便安装完毕。

根据安装工作人员的经验，这个项目提供了一种全新的交付方法和安装方法。因此，该项目也成为新技术的培训基地。帕玛斯迪利沙与当地的现场安装分包商一道研究施工过程的细节。大厅毗邻既有建筑和新建建筑，两者都为砌体结构。砖石材料精确性不高，为保护重要的历史建筑，玻璃单元虽然紧靠已建墙体，但仍会留下大小不一的空隙。除这些结合点外，虽然玻璃单元种类繁多，但安装快速并且满足了设计要求。[24]

图 6.12　莱文宿舍采用单元式组合玻璃体系，作为双层主动控温围护表皮 * 由基兰廷伯莱克开发、帕玛斯迪利沙集团公司制造的 18 种不同类型的玻璃窗单元按照现场组装的顺序打包，就位安装后由上下层楼板支承

* thermally active，也可理解为主动房，即房屋的能源单元与建筑单元集成为一体。我国在主动房的应用其实可追溯到古代，也就是至今仍存在的我国北方各地区的“炕”。它既是床，也和烟道和烟囱一起充当房屋的“空调装置”。——译者注

能。在高层或大型建筑物中，单元式幕墙或许比钢结构或混凝土框架具备更高的精度，因此两者间不同的尺寸公差会产生空隙。对于现场安装的构件式幕墙，间隙可在安装过程中通过微缩或略微延长构件得到补偿。在单元式幕墙中，连接构造必须能够调节轻微的尺寸变化，但必须用密封胶和垫圈补偿尺寸差异。[22]

为避免各部品的密封部分相互交叉或重叠，水平连续密封作业在现场进行，通常通过压入配合密封件侧向连接各单元。各装配式幕墙单元之间的连接会使相关构件并靠在一起。这种完整框架模式对于运输来说是必需的，然而施工完成后便成为冗余。因此，必须折中考虑单层或多层单元的运输和施工的经济性与单元框架和玻璃的尺寸及其安装方法。[23]

新建工程中的细部设计通常包含在工程发包中，尺寸容差不会产生太大问题，但如果协调不当也会出现麻烦。然而，在更换窗门系统或改造历史建筑时，尺寸容差一般较大而预制单元的公差较为严格，如此便会出现尺寸偏差。这就需要采用一种综合性方法协调建筑师、幕墙制造商、主体结构分包商和总包商实现细部设计。

6.2.6　外墙系统

外墙系统是分隔内部环境与外部环境的非承重建筑表皮。因此，外部围护有以下功能：

- 防止雨雪渗入
- 阻止水汽蒸发通道形成冷凝水
- 隔断空气渗透
- 调节由辐射、对流和导热产生的热量传输
- 适应由湿度、温度、结构荷载和风荷载产生的相对运动
- 降低噪声[25]

外墙系统可以是单层建筑表皮，如预制外墙单元，但大多数都为建筑物围护分层系统中的一部分，如金属外墙。每层围护的功能各异或也可执行以上提到的多种功能。外墙（覆层）一般指建筑围护系统直面外部环境的最外层，是建筑抵御外部作用的第一道防线。建筑表皮的基本功能是建立屏障阻隔风雨雪产生的潮气，因而也称之为外覆层，目前已开发多种方法确保细部构造适用这种基本功能。水汽若能通过表皮则必有缝隙和外力。为阻断水汽，从概念上讲有三种应对策略：[26]

- 提供足够的挑出物，这样水就不会触及建筑表皮。这是最简单的减少渗水的防护措施，但仅限于没有大型外墙表面的小型建筑。
- 阻隔墙密封所有节点以消除缝隙，一般采用防水膜和密封胶。但是，这种方法几乎行不通，因为建筑外墙节点众多，难免挂一漏万，而各种荷载产生的位移和变形也会使节点构造失效。
- 雨幕外墙的外部覆层为第一道防线，外部覆层之后还有一道后援防水膜。空腔系统的这种冗余特性允许雨水透过外表覆层，而外墙系统具有排水功能，这种功能通过外墙系统的密封胶实现。* 该系统在各种荷载作用下也可相对移动。这种系统方便更换损坏的机械零件，耐候性能失效时也容易替换。

* 防水和阻止水流汇集。——译者注

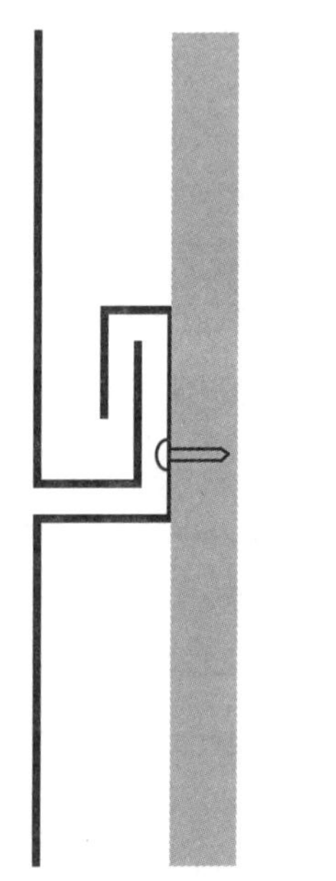

图 6.13　这种开缝的金属雨幕外墙的构造可以适应由热应力引起的位移，同时也可以减少外墙系统中由重力、风力、表面张力和压差造成的渗漏水现象

水通过重力、空气运动、毛细作用、表面张力和压差等作用由外部移动至建筑内部。雨幕系统中部的压力平衡空腔可缓冲压差。在外墙中引入迷宫式的细部构造减轻其他的外力作用，采用滴水槽、搭接汇水和凹槽抵抗渗水作用。L. 威廉・策纳在《建筑金属表面》（*Architectural Metal Surfaces*）一书中提供了更为详尽的实例。[27] 更多细部设计方法将在第 7 章中讨论。

预制外墙系统依赖于工厂化生产的拼板，外挂于建筑物外部的基座或直接连于结构框架。标准砌砖饰面和石材外墙没必要预制化。不太常见但也可能应用的情况是砖和陶土砖饰面置于结构框架中，作为悬挂面板成为建筑的外幕墙系统。石材和 GFRC（玻璃纤维增强水泥）附以支架也可外挂于建筑物，在历史建筑的临时改造中通常使用这种方法。最常见的雨幕外墙系统还是金属和金属复合材料。

金属外墙是通过弯折和冲压过程冷成型的用作雨幕的轻质薄板。钢、铝、铜和锌是常见的金属材料。这些拼板在工厂预先成型以备现场安装。由于拼板在运输过程中可能出现损坏，所以通常不在工厂中组装副框，拼板嵌套一般在施工现场进行。金属板导热性能较好，其热胀冷缩率也高。拼板与主体结构须能相对移位，因此雨幕系统再适合不过，可通过开长圆孔构造方式固定、调整幕墙拼板或通过搭接板构造实现移位。

复合金属板也为预制，中部填充泡沫芯材。芯材提供表面耐久性，防止发生油罐效应、压窝和凹陷。* 泡沫复合材料可粘合于聚苯乙烯，但聚亚胺酯注射填充更为有效。黑色金属可用作覆层，但必须施以防腐镀层。有色金属通常采用铝阳极氧化处理以呈现别样的美观效果。当金属板与木框架相连时可采用螺钉连接，与钢框架或混凝土框架连接时还需配置基结构或副框。

使用金属外墙或任何金属结构和表皮时都须减少电化学腐蚀作用。电偶腐蚀是不同类型的两种或多种金属，如钢和铜在酸、盐等电解质中相互接触而发生的电化学过程。空气中的化学物质也能在此过程中充当催化剂。在电偶腐蚀中，两种金属中活性较强的金属会优先腐蚀。有多种方法减少和防止

* 油罐效应是飞机、汽车蒙皮结构的跃越失稳。——译者注

图 6.14　图中的穿孔金属雨幕外墙由 A. 策纳建筑金属公司开发，用于温哥华费尔蒙酒店的建筑立面

这种腐蚀，包括电镀金属。电镀效果只能维持一段时间，最终还得持续维护。最常见的方法是采用聚合物绝缘体如氯丁橡胶、人造橡胶或类似物质绝缘两种金属。要确保绝缘体没有吸水性，水溶液会加速电偶腐蚀反应。另一种方法是使用活性相似的金属使电流最小化。当金属外墙薄板与紧固件或基层不配套时，电偶腐蚀问题尤其棘手。[28]

木制外墙可直接附着于基层结构、钉板、檩条或雨幕板条，钉板再连于防水结构或护板上。在小型单层和两层建筑中外墙可直接用作基层，但在较高的建筑项目中应采用雨幕承受各种环境作用。同样，雨幕木制外墙在内部也需要附加一道防水层。木制幕墙的通风功能可使冷凝水汽被排放或风干。水平放置的木制外墙连同竖直的钉板可形成自然通风腔。当外墙板竖直放置而钉板水平时，钉板须引入间隙使气流竖直运动。这种细部构造在干燥地区不需特别关注，但在北美的寒冷潮湿地区十分重要。钉板也能补偿基材表面的差异变化，表面不平整的

图 6.15 图示的模块化住房所采用的榫槽外墙板由米歇尔 · 考夫曼和保罗 · 沃纳设计，铁城住家建筑公司负责制造和安装

全木结构尤为如是。

木制外墙的细部构造可附带间隙接头或凹槽；竖向扣板的对接节点有时被称为扣板条板*，木制单元相互搭接，类似挂瓦；或仅采用条板外墙。外墙壁板布局可采用斜切连接、槽口连接或企口榫接。胶合板壁板可制作为大型板材，但板材间水平向的端部节点构造需以铝制部品扣盖。大型外墙覆层材料的表观样式应连同外墙壁板详加考量，合理确定边界，最大限度利用材料，避免浪费，这也有助于提升建筑物外观立面的韵律感。用作外墙材料的纤维水泥板与木墙的连接方式大体相同，都附着于基层和钉板条。这种薄板可配合标准尺寸的木制壁板板条使用，厚度仅为 $^1/_4$ 或 $^1/_2$ 英寸。纤维水泥的密度虽远大于木材，但更耐环境侵蚀。

人们普遍关心木材的长期耐久性。天然防腐木材如雪松和美国红杉具有天然的防腐性，但也将持续腐化，只是速度较慢。此外，这两种木材也不需其他木种所需的防护措施。暴露于外界的木材防护方法有天然密封剂和化学处理法。前者包括蜂蜡和亚麻籽油，同样需要后期维护。后者包括上清漆、着色、浸渍和涂漆。胶合板外墙系统在层压板中使用粘胶提供耐久性，应像壁板一样抛光加工。

石材、预制混凝土和玻璃纤维增强混凝土（GFRC）外墙板包含陶瓷基外墙系统，采用相似的材料、制造方法和现场连接方式。使用 CNC 机床精确切割的陶瓷墙板通过膨胀螺栓或环氧树脂植筋附接于工厂中的底座上，再用卡车运至现场安装于建筑主体框架之上。这些墙板主要传递风荷载和自重。墙架通常由竖向和水平向的钢或铝构件组成。在大型石材或混凝土墙板中会采用大型钢桁架，也可对石材墙板施加预应力以减小厚度。陶瓷基外墙的细部通常为采用胶接密封伸缩缝和水泥砂浆节点的空腔墙。通常在外墙后设置轻型非结构用后备龙骨墙形成空腔，提供空气屏障、保温隔热、设备管线穿行及内部装饰等功能。这些外墙体系非常重，不是装配式墙板或模块化体系的最佳选择。但是，轻薄石材饰面也可与加劲结构背衬板配合使用或直接置于预制板的表面。

GFRC 板与预制混凝土和石材板相似，都使用基结构背衬板，但所需材料更少。这种复合材料采用玻璃纤维作为加筋，因而重量较轻。因此，GFRC 也可在工厂中预制为轻钢龙骨复合墙体。

---

* board and batten，一种由宽窄条板相间布置的外墙壁板形式，一般把较宽的板称作“board”，宽板间的连接由窄扣板 batten 遮盖。——译者注

GFRC 可加工出形式多样的颜色和纹理，石材和预制混凝土无法做到。

嵌砖饰面向来是现场成型，一次砌筑一个砌体单元，需要大量劳动而且费用昂贵。在装配式拼板工程中，嵌砖既可作为预制混凝土板的饰面，也可作为预制混凝土构件，或者固定在钢或铝框架结构中形成独立的外墙板。砖是脆性材料，作为拼板或模块的嵌砖饰面，在需要运输和安装时必须格外小心。砌体网格有时会根据自己的规则确定建筑物的整体尺寸。砌体的宽度、高度和长度相互关联。最常见的尺寸关系是：*

- 两砖宽加一灰缝等于一砖长
- 三砖高加两灰缝等于一砖长

为便于设计和施工，绝大多数现代砖砌作业使用模数砖（modular-sized brick）和模数网格（modular grids）。最常见的砖砌模数尺寸系统使用 4 英寸（约 100mm）网格协调砖块和混凝土砌块单元，也与其他建筑材料的模数尺寸相匹配。砌体中的模数尺寸（modular dimension）有时称为名义尺寸（nominal dimension），因为它们是整数，不计入灰缝厚度的分数尺寸。对于砌体单元，模数尺寸与现场施工的实际尺寸之间的关系取决于总长度。对于由模数砖制成的长度超过四砖的长墙，单元的实际建造长度通常是模数尺寸。** 在施工期间，泥瓦工通常会调整砌砖的水平布局，采用略长或略短的端头节点，如此一来，砌体结构便能满足所需尺寸。

图 6.16　附于基础结构之上的 1 英寸厚 GFRC 面板，位于汉森易构预制混凝土公司的预制品工厂。这块板将用作某著名公共建筑的檐口

对于由模数砖制成的长度小于四砖的短墙，设计者在确定墙体尺寸时可能想要指定砌砖的尺寸和灰缝厚度，这是因为砖间端头节点需要更大的厚度调整量。此外，泥瓦工将调整砌筑的层数和通缝（bed joint）厚度以满足给定的竖向尺寸。大体上看，立面完成后灰缝宽度或层数的任何轻微偏差都不会被轻易察觉。

使用名义尺寸还是特定尺寸（specified dimension）经常由图纸提供的信息类型决定。对于包含较大建筑面积的图纸，例如立面和平面图，建议使用名义尺寸。项目的整体意图和外观表现无需使用精确的特定尺寸。当平面图使用名义尺寸时，必须清楚注明砌体构件的预定实际完成尺寸。对于为其他工种提供具体信息的图纸，如协调安装的图纸和加工图，建议采用特定尺寸。便于记忆的简单方法是对于比例小于 1/4 英寸每英尺（约为 1 ∶ 50）的情况使用名义尺寸，否则采用特定尺寸。BIM 程序通常含有砖材和灰缝的特定尺寸输入选项，因而设

---

* 美国普通砖生产商同业公会规定的标准砖（standard brick）尺寸为：214 英寸 ×334 英寸 ×8 英寸（57mm×95mm×203mm）；模数转（modular brick）尺寸为：214 英寸 ×358 英寸 ×714 英寸（57mm×92mm×194mm），标准砖非模数砖。——译者注

** 注意区分模数砖和模数尺寸。——译者注

计者可以在所有图纸中都使用带有分数的特定尺寸以指明砖砌作业的期望实际施工尺寸。但是这种尺寸系统的计量、标注和复核过程会变得较为复杂。[29]

根据定义，非模数砖不遵循4英寸的模数网格制。但是，所有特定尺寸的非模数砖都会创建一个等于砖长和灰缝宽度之和的模数尺寸。这种类似于模数砖的模数制也为砖砌作业建立了一套模数尺寸系统。非模数砖的长度大约为其宽度的三倍，通常以三分顺砌法砌筑（one-third running bond）。当采用半分顺砌法时（one-half running bond），位于端部和开洞处的砖块通常须切割才能砌筑。

模数砖和非模数砖的竖向分层类似。特定的分层数对应于4、8、12或16英寸的层高。该尺寸系统确立了砖砌的竖向模数网格。例如，非模数标准砖使用16英寸的竖向网格尺寸，因为5层砖的总高为16英寸。对于模数砖砌筑墙体，竖向网格尺寸为3层高（三砖加三个灰缝），也即8英寸。

已作为单位计量系统的大多数砌体于今天看来并不是预制单元；然而，工厂建造的预制墙板和模块的尺寸可能由嵌砖饰面的最终尺寸来确定。由基兰廷伯莱克公司设计的耶鲁大学皮尔逊学院的学生住房项目便是这种情况。该项目的钢框架模块采用了复杂的砖镶面。此外，位于俄勒冈州的布雷泽工业公司生产的一种由承重加筋砌块建造的独立式卫生间模块在运输时被分成对称两半，每部分都有木框架屋顶，最后于现场接合。劭普建筑事务所在纽约市桑树街项目中的预制混凝土外墙系统上也使用了砖饰面构造。对于使用砖和/或砌块构造的预制板、墙体和模块来说，应注意确保工厂也具有砌体

砌体尺寸

砖

- 模数砖是最常见的类型

实际尺寸：宽3-5/8英寸 × 高2-1/4英寸 × 长7-5/8英寸

名义尺寸：宽4英寸 × 高2-2/3英寸 × 长8英寸

因此，如果计入砂浆，墙体名义尺寸的长度增量为4英寸，宽度增量为2-2/3英寸，每3层的高度增量为8英寸

砌块

- 混凝土模数砌块是最常见的类型

实际尺寸：宽度7-5/8英寸 × 高7-5/8英寸 × 长15-5/8英寸

名义尺寸：宽8英寸 × 高8英寸 × 长16英寸

因此，如果计入砂浆，墙体名义尺寸的长度增量为8英寸，高度增量为8英寸

注意：宽度的模数尺寸可以是4、6、8、10和12英寸，最常见的是8英寸模数。

图 6.17　得特公司的填充墙系统。从左到右和从上到下依次为：成捆打包的材料；填充墙制成品；面板平至于货车中；即插即用的电气系统在建筑使用期间易于更换和更新；面板安装在办公空间内；高度可调节支座可使墙板灵活应对与室内净高间的微小差异

砌筑经验。许多预制商缺乏相关经验，因为大多数砌体工程采用现场作业方式。因而作者在此建议，对于缺乏经验的工厂设计部门应在图纸中应采用实际尺寸以确保用于生产的尺寸详尽而精确。

建筑师很难独立设计幕墙和外墙系统。建筑师选择的大多数系统都为专利化产品。为某项目单独开发围护系统的情况几乎不存在。无论是专有系统，还是定制产品或兼而有之，相关制造商必须参与每一个细节，确保设计和安装根据其专业知识实施。生产商最了解装配式外墙系统。如果项目需要，可以聘请幕墙专家作为设计咨询方。这样做能确保高质量的终端产品。设计咨询熟知各种技术可能方案，有助于实现既美观又实用的设计。

外墙于建筑物的现场就位工作属于劳动密集型。这些系统通过紧固件悬挂于建筑物外，工人必然将自己置于易受伤的位置，这就需要高度的注意力和平衡措施。现场的脚手架、爬梯、机械装置之间必须相互配套。工厂中开发的面板和模块可平放于地面或者离地至可操作的位置以方便安装外墙覆层。这样外墙质量得以控制，紧固件也得以正确就位，能实现美观要求和正确配装。如果需要进一步调整外墙，工厂环境更容易实施这些变化。基兰廷伯莱克公司在西德维尔友谊中学（Sidwell Friends School）和火炬松住宅（Loblolly House）中都使用了预制雪松雨幕幕墙系统。由于高质量的幕墙和高精确度的连接，现场直接吊装就位。

市场中拼板产品和外墙材料的数量和种类越来越多。就装配式拼板和模块来说，这些外墙体系一般可分为两大类：渐进式系统和开放式系统。对于开放式系统，拼板可以按照任何顺序安装。常见的开放式系统是盒式拼板（cassette panel）。这些拼板通常为金属薄板或木制外墙产品，周边有内卷边，其非现场生产不需任何修改或特殊考虑。某些外墙面板在工厂中便可就位于建筑物上，其后在现场设置内填充拼接板。对于渐进式系统，安装必须按顺序进行，通常是从建筑物基底向上移动安装。许多扣件式系统（clip system）* 都属于这一类。如果在工厂和现场应用这些系统，则必须制定特殊规定对接合过程提供施工通路。项目团队必须为外墙板提供凹槽以便在现场放置。[30] 在工厂中就位的木制、纤维水泥、GFRC 和砖饰面外墙系统也必须留出挂绳、抓取部位以保证安全吊装和卸载。在面板和模块需要连接的地方，预留接缝处必须明确而整洁，现场一旦开始连接即可严丝合缝。

6.2.7 隔断墙

建筑系统的内部空间最易改变，考虑到其更易程度，其费用可能是设施全寿命周期中最为昂贵的部分。每当新租户或业主搬入时，室内空间就会改变。模块化隔墙系统不是全新的产品，各生产商已有多年的开发经验；然而，得特公司所实施的有关未来装配式技术和室内空间的功能颇具吸引力。该公司开发了 ICE 系统，这一 BIM 界面允许用户以定制方式创造室内环境。ICE 创建零件和定价清单并为工厂生成订购代码，这样得特公司就能够准备材料存货清单并用于 CNC 加工。这些数据可直接

---

* 墙体、吊顶或楼地面中的连接件用以固定和隔声减振。——译者注

用于生产拼板，于住宅或办公建筑中现场安装。该系统使用独特的蜘蛛型即插即用系统可轻松更换电气和面板材料。全屋落地隔墙板的高度可调节，方便布置。用户能够更换整体工作环境，拼板也可选用定制的新材料生产。投资商可以根据用户需要提供更新而不必掘除整个办公空间，如此便能降低成本，节用材料。[31] 第 8 章将继续讨论得特公司的可持续性环境影响和关于预制系统的再利用。

6.3 模块

模块化建筑通常与 20 世纪 60 年代的乌托邦理想联系在一起，当时建筑师提出了临时建筑和移动建筑的概念，采用新材料和新技术快速安装和拆卸。目前，模块化建筑工程不只是理念，也被用于标准建筑工程以减少项目工期并提高工程质量。从马莫尔雷迪策公司的高端住宅到临时性活动工房（temporary construction trailer），从米歇尔・考夫曼的绿色装配式房屋到木框架（龙骨）工业产品住宅，模块化技术已经成为美国的标准建筑方法，这种首选装配式方法将来肯定会有长足发展。

在预制完成度的谱系中，模块化技术居于榜首，现场安装前便可达到 95% 以上的完成度。建筑模块也是装配式建筑中最具特征的产业之一。作为非营利性的模块化建筑协会（Modular Building Institute，MBI）成立于 1983 年，为 300 家从事商业模块化建筑工程的公司提供服务。正式会员是商业模块化建筑的生产商、总承包商和经销商。MBI 将模块化工程定义为：

> “非现场项目交付方法在质量受控的环境中以更少的时间和更少的材料浪费建造符合规范的建筑物。” [32]

但是这个定义无法将模块和其他的预制单元区分开来，马克・安德森和彼得・安德森指出：

> “遗憾的是，‘模数和模块’（modular）与‘预制或装配式’（prefabricated）这些术语在许多人的语用观念中已成相互替换之态势，这是因为如此种种术语极大地混淆了不同装配式体系（prefabrication systems）的可行性和适用性。”[33]

模块是标准化的建造单元，易于组装，完成度高于其他装配式方法，而建筑结构的尺度却不会受到限制。大型模块具有更高的完成度，但是与小型模块相比整体建筑的灵活性也会受到限制。小型模块如能排置得当也可实现整体定制生产。

模块化建筑产业可分为住宅和商业（公共）两类，住宅又有临时和永久之分。临时性模块可以活动，通常带有底盘，界定特征是根据 1976 年 HUD 规范建造的经过认证的移动式房屋，可采用轻型金属龙骨体系或木龙骨。在任一种情况下，它们都不算作常规建筑，采用薄柔构件、薄板金属表皮、塑料内隔断墙板和少量保温材料建造。如今，移动式住房也被称为“工业工艺住房”，是一种遍及美国各地的经济适用型住房。

居住类建筑部门也有模块化建筑。模块由交付方法定义，而非建筑类型。模块化住宅主要是 V 类建筑工程[*]，最大建造高度为 3 层。对于小型住宅，模块根据 IRC 规范[**]设计，而 IBC 规范适用于多户住宅。施工作业容易在工厂范围内调配。居住模块可用钢或混凝土建造，但主要采用标准木材制造，包括 2X 木龙骨、工字形木梁、胶合梁和 OSB 板。根据 IBC 规范建造的模块化建筑的墙壁、防水透气膜（housewrap）、保温隔热层和内装石膏板的标准做法与现场施工做法同样普遍。虽然绝大多数居住类模块建造工厂都集中于住宅产业，但某些也涉足商业建筑。许多商业模块化公司也生产居住类产品，大多是根据 IBC 规范设计的多户住房。

商业模块化行业生产用于现场交付的钢结构或混凝土模块化单元或整体模块化建筑。模块化商业建筑都依据 IBC 规范建造。这一行业的产品也可分为临时性和永久性结构。临时商业模块包括施工现场的活动工房、活动教室、通信舱和展示厅。永久性模块化建筑包括多层多户住宅、医疗设施、酒店、政府建筑、学校以及其他采用传统现场施工技术的任何建筑类型。商业模块的尺寸限制仅取决于其工程技术水平。

迄今为止美国最高的模块化项目是于 1968 年修建的位于圣安东尼奥河滨步道的希尔顿酒店，采用预制混凝土模块建造。酒店底部 4 层采用现场

图 6.18　奥康奈尔伊斯特建筑事务所（OEA）为英国的伍尔弗汉普顿住房开发计划设计了一所 24 层高的模块化学生宿舍。这座建筑包含 805 个嵌入式钢结构模块，在 27 周内建成

---

* types of construction，建筑工程类型是 IBC 规范根据材料及其燃烧性区分的建筑类型，Ⅳ型为可燃重型木结构，Ⅴ型为可燃木龙骨结构，这里指承重的结构，不是装修构造。考虑到我国的木结构传统，“wood frame”一词及变体本书有时翻译为“木框架”，有时为“木龙骨”。需要指出，重型木结构也能用于大跨度空间结构，不在我国传统之列。——译者注

** International Residential Code，国际住宅规范。——译者注

浇筑钢筋混凝土，5 至 21 层采用预制混凝土模块。模块集成所有内部装修，每个模块都预先安装外窗。酒店共有496个单元，每天建设安装17个模块单元。每个模块都有用于确定其位置的代码编号。该建筑的设计意图是以后能够更换模块。这个时代的类似项目还有莫希奇·萨夫迪设计的栖息地。工程的实际情况是模块太重——每个约重 35 吨——模块需要相互依靠才能保证结构整体的稳定性，更换的逻辑根本行不通。河滨步道的希尔顿项目由扎卡里建筑股份有限公司（Zachary Construction Corporation）在 200 天内建成，至今矗立于河畔，是为 1968 年的伟大壮举的见证。[34]

自圣安东尼奥的希尔顿酒店以来，美国在模块化建筑领域取得的成就很小。虽然模块建筑目前开始更具影响力，并且预计未来也会出现更大的项目，但与整个建筑产业相比该行业的规模相对偏小。英国几十年来一直在致力于发展模块化建筑产业。由位于曼彻斯特的奥康奈尔伊斯特建筑事务所

商用模块化产业

根据模块化营造建筑协会发布的“2007 年模块化商业建筑工程的报告”，经销商和生产商在各自细分行业中生产的建筑类型分布如下：[36]

- 经销商：
  - 一般办公场所（包括施工现场的活动工房）：35%
  - 教育类活动房：24%
  - 商业、零售、餐饮和便利店：23%
  - 军事营房、应急建筑和政府建筑：8%
  - 亭式建筑、警卫室和通信设施防护室：4%
  - 医疗建筑：4%
  - 工业建筑或员工住房：3%
- 生产商：
  - 一般办公室（包括活动房屋）：46%
  - 活动教育设施：24%
  - 商业、零售、餐饮和便利店：10%
  - 军事营房、应急建筑和政府建筑：10%
  - 医疗建筑：5%
  - 亭式建筑、警卫室和通信设施防护室：4%
  - 工业：2%

（O'Connell East Architects）设计的24层高模块化学生宿舍于2010年建成。该建筑包含805个嵌入式钢结构模块，27周便建造完毕。与工期为28周包含500个模块的希尔顿酒店相比，该建筑的进度计划看似更为激进，但大家也期待这30多年间的技术进步。英国伍尔弗汉普顿市住宅区（Wolverhampton development）采用非现场模块化解决方案的主要缘由在于加快施工速度。与传统现场施工方法相比，项目团队利用模块化技术将交付期限提前了整整一个学年，使客户比其计划提前获得收益。[35]

杰森·布朗（Jason Brown）与犹他州奥格登（Ogden）的MSC建筑公司（MSC Constructors）共同经营着一家家族建筑企业。布朗的父亲于1982年建立该公司，他也是开发木结构模块化建筑的先驱。布朗表示，经销商和生产商通过合约定义了美国的商用模块行业。经销商向承包商出售模块，生产制造则外包给生产商。经销商既可作为承包商，通过交钥匙合同交付项目，也可以作为大型项目中的分包商。生产商向经销商出售产品，但也可作为经销商向建筑市场提供批发产品。经销商可在现场安装其模块，或转包给生产商。此外，经销商的安装工作也可由第三方安装商完成。

6.3.1 木模块

尽管预制混凝土模块在20世纪60年代就被设想为快速施工的解决方案，但直到今天，除工业和监狱建筑外并没有太多的应用。与木制或钢模块尺寸相当，满布货车车厢的预制混凝土模块，据其长度将重达20吨至70吨。这就必须用重型起重设备组装，对于住宅和轻型商业建筑而言无法负担其成本。相反，目前木制和钢制框架模块则很常见。木模块一般用于3层以下的建筑，超过3层则不经济，因为需要在内部增设强化结构*并会影响其价格点。这意味着钢模块或现浇框架结构会更经济。模块化木结构建筑按以下顺序建造：

1. 在工厂建造楼板，安装护套，放置在枕木或滑道上
2. 在工厂车间建造拼板墙体，再翻升至楼层板
3. 在工厂建造屋面及其护罩板并吊装至墙体上（楼面、墙体和屋面可在工厂地面上同时制造）
4. 包装模块
5. 放置窗户
6. 安装外部和内部装饰，包括壁板、石膏板和屋顶
7. 模块用塑膜收缩包装并于半挂装车
8. 由半挂运输至现场
9. 起吊、安装模块
10. 模块于现场接合

木结构模块化建筑并不总以这种过程无缝衔接，期间也会变化。模块单元经常因高度、宽度或长度过大而无法运输。此外，坡屋面也可能出现问题，需要作为独立单元运输。拆装组合方法（knock-down）指将工厂建造的屋顶或面板经平叠式包装（flat-packing）后再翻身吊装，或附设支撑，最后在现场安装。** 这与拼板化建筑（前文已

---

* 如支撑、剪力墙等。——译者注

** flat-packing也为宜家（IKEA）家装产品的通用模式，既有打包运输的意味也有组装的含义。——译者注

讨论）没什么不同；但是作为模块化建筑策略中的一个环节，模块公司要直接实施制造和安装。因此，拼板连同其他模块或非模建造单元按照现场安装顺序装车。根据项目全过程装配式策略（project-wide prefabrication strategy），屋顶结构也可纳入模块发包中，或者与桁架制造厂交付的屋面桁架结构相互匹配。

位于犹他州西班牙福克的铁城住家建筑公司（Irontown Homebuilding Company）最初是现场施工建筑商。后来他们意识到在漫长的冬雪季节中可在工厂生产房屋并能全年运作，在室内从事施工作业，而产品一两天内就可安装完毕。与许多模块化住宅建筑商同行一样，铁城公司采用与传统现场施工方法相同的合同结构；然而，它将其他专业分包商也引入工厂，包括电气、管道和机械。他们没有想到的是，这种模式竟会带来建筑师的合同。他们为米歇尔·考夫曼、保罗·沃纳（Paul Warner）和炼金术建筑事务所（Alchemy Architects）生产木结构模块化住宅。最近他们在雷·卡佩（Ray Kappe）设计的"居家"（Living Homes）中为史蒂夫·格伦（Steve Glenn）生产了两层寓所，去年铁城公司的业务已扩展至钢模块。[37]

针对高度复杂的项目，铁城公司每天最多能安装 6 个模块。他们施行完全的交钥匙交付方式，包括制造、运输、安装和连接接合。由米歇尔·考夫曼和保罗·沃纳设计的位于塔霍湖（Lake Tahoe）的住宅价格为每平方英尺 200 美元，包括安装和接合费用。由炼金术建筑事务所设计的微屋（Wee House），铁城公司对一套两居室的报价为每平方英尺 125 美元。这种成本差异不是因为最终完成质量较差，而是塔霍湖住宅对结构有特殊要求。相比之下，微屋的生产过程已经建立了效率，这种房屋的制造次数已超过四次。铁城公司生产交付的这些房屋与其他建筑师设计房屋的价格点相同，而施工时间只有后者的一半。额外收益还包括减少垃圾和浪费，提高品质，以及为客户创造附加价值。

铁城公司的卡姆·瓦尔格德森（Kam Valgardsen）与不同的建筑师合作设计过住房项目。他认为装配式模块的最大优势在于可预测性。进度和预算都遵从预期计划。最大的缺点是房间大小缺乏灵活性，

塔霍湖住宅

在米歇尔·考夫曼和保罗·沃纳最近完成的项目中，铁城公司在 22 周内共交付了 3500 平方英尺的定制房屋，包含 14 周的工厂生产和 8 周的现场收尾工作。这些模块运至塔霍湖后，在暴风雪天气中仅用两天时间便完成安装。铁城公司处理了模块的接缝和防冰 / 防水后，便着手房屋的内部工作。附近的一所房屋和塔霍湖住宅在同一天动工，当塔霍湖住宅已经干透，前者还未完成龙骨施工。保罗·沃纳提到，这个项目有特殊要求，与米歇尔·考夫曼过去设计的大多数平屋顶房屋不同，这个坡屋顶屋面必须承受高达 240 磅 / 平方英尺的雪荷载，需要加强结构以抵抗雪荷载，所以房屋成本偏高。通常结构尺寸由运输荷载决定，而非环境作用。在这种情况下，由于雪荷载较大，情况正好相反。

图 6.19　两层木模块房屋的施工顺序。这座房屋在犹他州生产，运至塔霍湖附近组装第 1 行：在工厂内建造墙体和楼板，调平，然后提升就位创建模块；第 2 行左图：在工厂生产模块的同时在现场开展地基基础施工作业；第 2 行中图：模块预拼装为整体房屋并完成包装；第 2 行右图：正在工厂内精心安装的集成辐射供热楼面系统（地暖）；第 3 行：模块在运输前用塑膜收缩封装，模块在工厂内装车位的多轮轴矮平板拖车上就位，模块运抵现场；第 4 行：现场解封后绑扎保险带以待提升就位的模块，这些模块在为期两天的暴风雪天气中完成装配，正在实施接缝作业的房屋

图 6.20 布雷泽工业公司开发的模块：左图：模块化换油站；右图：用于室外休闲公园的预制混凝土砌块卫生间模块，两个模块于现场拼合而成

即使想要个大一点的家庭活动室，房间尺寸都受限于可连接的模块数量。如果不希望出现内柱则必须想法跨越多模块，这就会使模块经常因超大尺寸而不能满足运输负载的要求。同样，卡姆认为高度也会限制模块。不仅工厂和车库门的高度决定出厂尺寸，拖车尺寸和高速公路的通行要求也会限制模块的规模。运输限制条件将在第7章加以讨论。保罗·沃纳提出住宅模块面临的一种挑战是“范围徐变”*，指制造商将原本的工厂工作延后至现场进行。如果计划不周详，许多工作任务将不可避免地被推迟至现场。沃纳建议应尽最大努力将更多的工作安排在非现场，这也将被视为一种项目价值。如果不坚持工厂建造过程，那么项目范围自然就会从工厂逐渐转移到工地，效率就会以指数方式衰减。[38]

* scope creep 也译为“范围蔓延”。——译者注

位于俄勒冈州奥姆斯维尔的布雷泽工业公司也是米歇尔·考夫曼的生产商，于 2009 年生产了六所房屋。他们目前正与旧金山的安德森兄弟建筑事务所合作生产临时置于底盘上的定制活动教室。布雷泽工业公司是一家批发产品生产商和供应商，向总包商或建筑师 / 承包商销售产品，但从来不会直接面对客户、业主或终端用户。除了居住类木结构模块，布雷泽公司也制造所有的模块化产品，包括活动工地拖车板房（portable jobsite trailer）；双宽 HUD 规范寓所（double-wide HUD code dwellings）；活动教室；商业类木结构、钢结构和预制混凝土模块化建筑。建筑类型包括医疗单位、设备防护室、咖啡棚、日托中心和永久性办公建筑。

布雷泽工业公司生产混凝土砌块公共厕所模块。每周可以开发生产一个模块，厕位采用加筋混凝土砌块（reinforced CMU）建造，带有整体式框

架屋顶。这些模块由两部分组成，分别用于男女卫生间。公司的工厂也生产双宽工业工艺住宅，生产速度为每工作周 1 栋或 5 天 1 栋。对于建筑师设计的定制型房屋，小型住宅平均生产时间为 8 周，大型住宅则为 12 周。这些数字说明与布雷泽工业公司生产的建筑结构相比，建筑师设计的模块化住房和商业建筑的效率和成本还有很大改进空间。尽管有先进的 CNC 数控加工技术，但与标准模块化建筑相比其安装调试需要更大的投资。[39]

6.3.2 钢模块

钢模块主要用于商业建筑，这类建筑需要高度较大、性能较好或经过抗震设计的健壮结构体系。因此，钢模块在地震多发的日本、诸如詹妮弗·西格尔和移动设计事务所（Office of Mobile Design，OMD）以及马莫尔雷迪策装配式建筑公司（Marmol Radziner Prefab）的西海岸建筑师中较为流行。钢框架强度高而刚度大，内填充墙体灵活多变。结构可以设计得较为纤细，因其强度高于木材，运输时不必采取冗余的强化措施。这些模块成品在工厂中集成保温隔热、填充龙骨墙和管线，尽可能完成所有成品间的接合。由于钢框架结构的材料强度和制作精度，钢模块的装配化程度非常高。

位于新泽西州莱巴嫩县的库尔曼建筑产品股份有限公司是一家专业的商业模块生产商。库尔曼公司仅建造永久性钢或混凝土模块化建筑结构。它采用具备组装工作站的单件式流水化作业过程和精益原理来减少生产中的浪费。这种模式在建筑业中很少见，项目团队能够为客户创造附加价值。该公司的产品类型主要有三种：

- 战术掩体（Tactical shelter）和大使馆
- 通信围护设施和数据中心
- 教育、医疗、多户家庭和厨房 / 卫生间服务模块

库尔曼采用嵌入式钢框架，在标准条件下可堆叠 6 层模块。他们目前正在开发 20 层高的模块系统。库尔曼所采用的钢结构技术是一种空腹桁架，模块充当一根箱形梁或大型空间框架结构。虽然这不是新技术，但库尔曼公司的艾米·马克斯相信，模块化建筑扩展对建筑业的影响正当其时。她表示，BIM 这项技术已经成熟，库尔曼公司能够在项目开发期间实施进度和成本估算。模块化制造商通过使

精益化和模块化

纽约市装配式住房设计公司 Resolution：4 Architecture 的负责人乔·塔内阐释了模块化行业中两种不同类型的生产商：（1）公司只是将建造过程移至室内，仅为现场施工作业提供庇护场所；（2）公司将装配式技术视作工业生产工艺，建造过程依靠精益化工业生产带来的高效率。固化的模块化建筑工程并不那么糟糕；实际上，通过增加法定工作日，控制质量水准和减少整体项目进度可以取得非常高的效率。但是单件式流水线（single-piece flow）对生产效率的提高效用也使工业化生产置自身于被拷问的境地，与建筑业的情况类似。[40]

用 BIM 工具能够实现真正的工业化建造过程，而此前这仅为行业的谈资而已。

库尔曼公司认为自己并不是大多数模块化制造商所认为的建筑公司，而是传统意义上的生产商，提供消费产品。他们恰巧也向建筑业交付产品。对建筑师、承包商和项目团队的好处在于“现场安装”不再只是写在图纸上，而是采用 3D、4D 和 5D 分析方法使图纸用于从生产到安装的全过程交付。在一体化实践模式中，库尔曼公司坚守这种方式以最大化生产效率，同时也不会牺牲设计品质或生产质量。

艾米·马克斯指出：

> “建筑业需要走出这 100 年来所走的老路。建筑业的生产方式是一种破碎化的过程。因为每逢建筑项目开场，就意味着揭开了一整套好莱坞式生产模式的大幕。利用数字技术的建筑工业化可以实现更低的成本和更高的质量，因为材料采购恰逢其时，因为生产商了解单元特征并能可靠预测成本和进度。”[41]*

库尔曼建筑产品股份有限公司强调，建筑师经常会问：“模块必须是方块吗？”制造商建议建筑师应该这样问：“随着建筑业逐步向采用装配式建筑以提高生产力的方向发展，建筑师在工作中遇到的设计和生产约束界限是什么？”基兰廷伯莱克公司在其著作《再造建筑》一书中发问：“为什么建筑设计和工业化生产在提高生产力和设计品质方面的步调不能更趋一致？”库尔曼公司与基兰廷伯莱克公司合作建造了两个项目：耶鲁大学的皮尔逊模块宿舍和 2008 年现代艺术博物馆“住家之交付”展览中的玻璃纸住宅（Cellophane House）。根据库尔曼的报告，与建筑师密切合作的前景将产生富有成效的伙伴关系，使建筑产业达到更大规模的装配式技术聚群效应（critical mass）。此过程中的每一步都会推进非现场制造方式的进一步发展，设计和建筑业也更将容易理解装配式建筑。

基兰廷伯莱克设计的这些建筑项目已成为如库尔曼等非现场模块化制造商所期望的标杆，行业道路的尽头皆为尽情绽放的玫瑰。虽然在过去的几年中，整体经济存在困难，但 2010 年却是库尔曼公司业绩最佳的年份。被其他公司视为理所当然的所有行业惯例似乎都将过时，因为库尔曼将自己定位为 21 世纪建造方法的革新者，提供一揽子全装配建筑套装产品（building packages），包括卫生间和厨房。传统建筑公司几乎没有能力进行研究和开发，而在库尔曼公司的经营模式中，这种研发过程是必要的投资对象。基兰廷伯莱克公司已从中获益，其他许多建筑师正在试图做同样的事情。

6.3.3 卫生间模块

自巴克敏斯特·富勒为 Dymaxion 住宅开发卫生间舱体以来，非现场制造的卫生间和服务设施模块已成为设计概念。服务核心因其高效性对设计和施工而言都很重要。集成管道和高级内装的工业工

* 国外有许多文献在对比研究电影制作、建筑业和软件开发以及精益生产和精益施工的项目管理模式。——译者注

模块尺寸

通常，模块化建筑的尺寸由运输限制条件所决定，这些限制在第7章有详细介绍。本书提及的模块化建筑商提供了以下经验法则：

- 模块宽度：
  - 普通模块最大为 13 英尺
  - 超大模块最大为 16 英尺
- 模块长度：
  - 普通模块最大为 52 英尺
  - 超大模块最大为 60 英尺
- 模块高度：
  - 最大 12 英尺
- 建筑高度：
  - 木模块为 1~3 层
  - 钢模块为 5~12 层
  - 钢和预制混凝土组合模块为 12~20 层

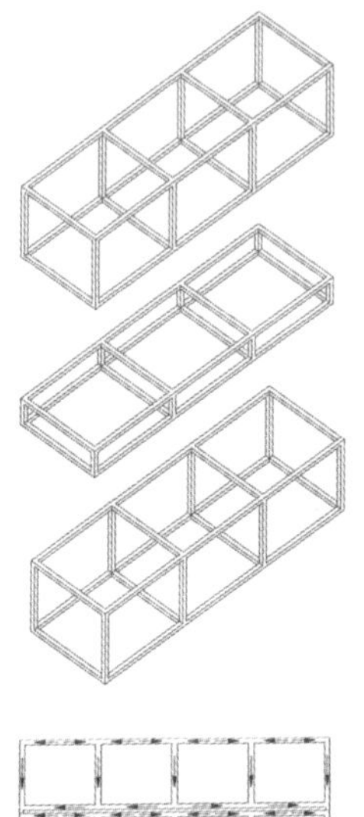

图 6.21 库尔曼框架系统（KFS）包括：顶部：带有收纳公用设施分布空间的模块；底部：空腹桁架大梁将荷载分传递至外部模块的立柱和基础，从而减少对地下连续墙和条基的需求

图 6.22 库尔曼采用的单件式工作流。在某个工作站集中处理一组任务，连续进行直至终饰面作业。模块底部的脚轮和轨道用来维系这种流水式施工作业

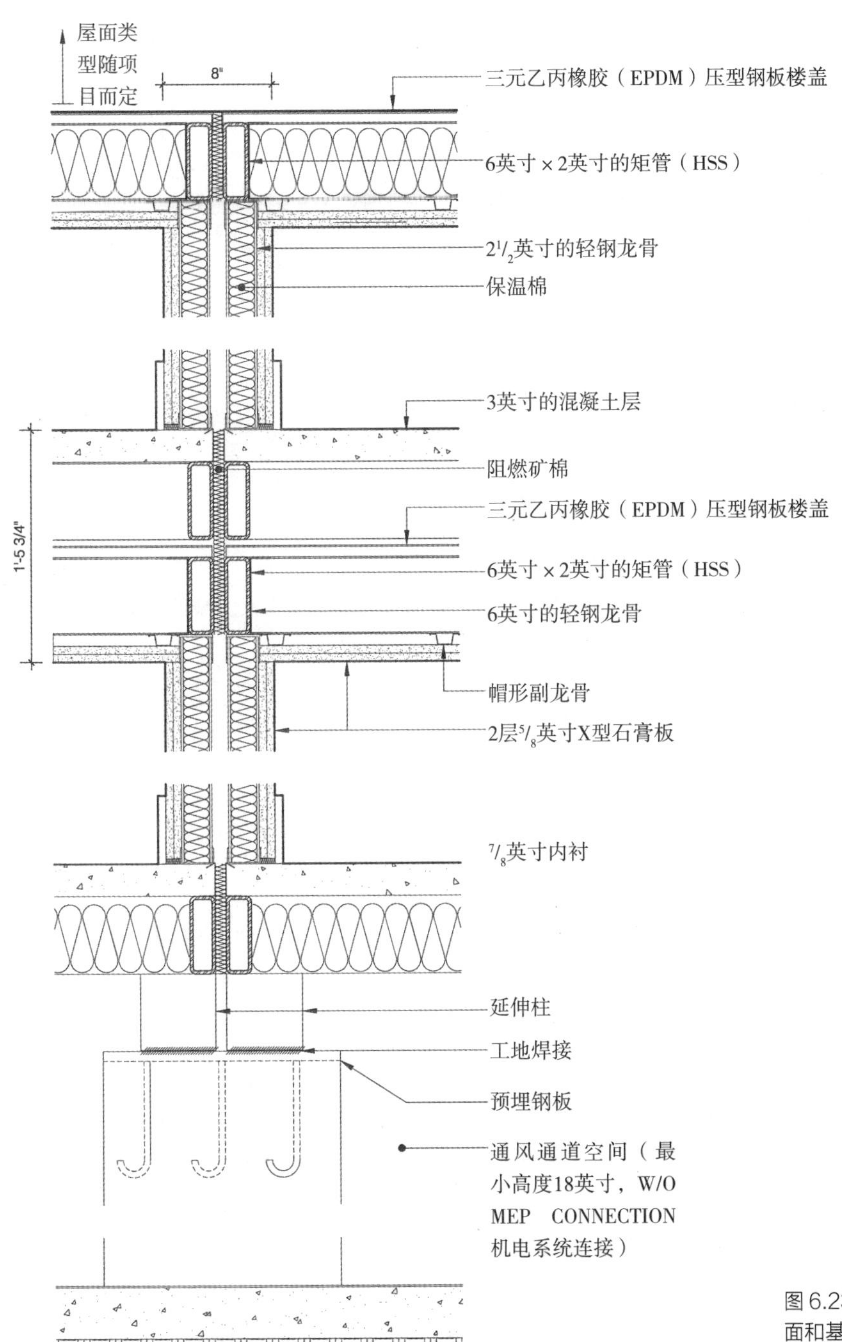

图 6.23　两层堆叠模块化建筑的屋面、楼面和基础的连接做法。图示为典型的细部构造，可以根据不同项目的要求进行调整

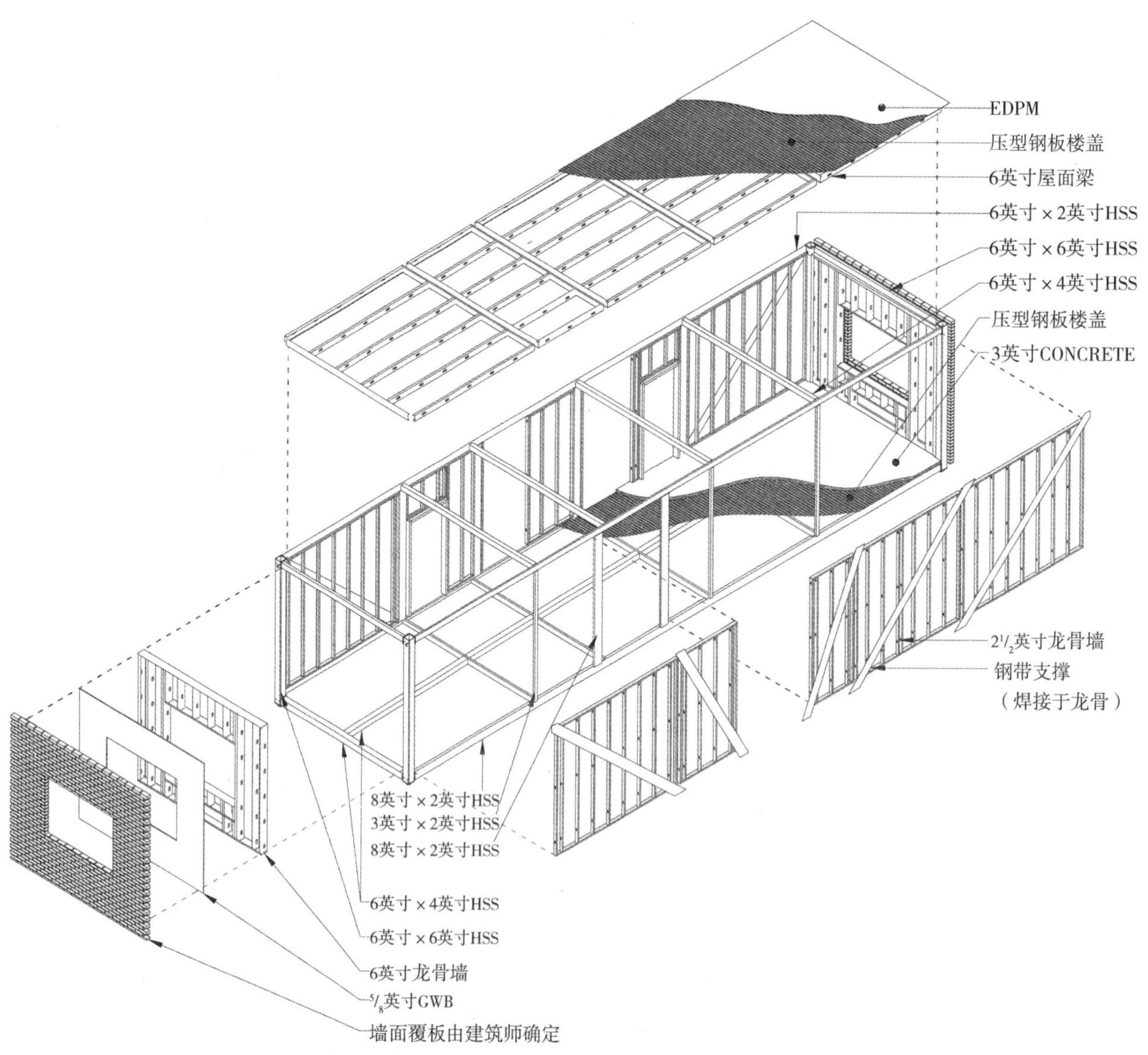

图 6.24　图示为库尔曼钢模块系统的等轴测爆炸图。该系统采用轻型龙骨填充墙体和多种外墙围护板

艺模块能显著改进质量水准、过程控制和施工速度。模块可置于结构框架内部实现与服务设施的快速连接。卫生间和厨房的传统装修做法占据大量现场施工时间，并涉及众多施工段和工种，包括管道、电气、干法墙*、瓷砖等。所有这些工作都能在工厂环境中实现扁平化作业。装车、运输和卸载是关键环节，必须采取措施确保模块不会发生过大变形，内外装修也不会破裂。

卫生间模块对于办公楼、酒店、宿舍或住宅综合体等需要重复布局的建筑类型特别有价值。出于实验目的，基兰廷伯莱克公司在火炬松住宅和玻璃纸住宅开发了经过独特设计的卫生间，结果是工厂制作的费用极高。特德·本森为火炬松住宅开发了模块化制造方法，而库尔曼建筑产品股份有限公司开发了玻璃纸住宅模块和皮尔逊模块。今天，美国只有少数几家公司真正交付装配式卫生间，库尔曼便是其中之一，这项技术在欧洲已被广泛应用，建筑师和建筑商会在他们的项目中利用模块化市场定期提供的快速建造、经济适用型高品质模块化建筑。

库尔曼于2008年为莱斯大学的邓肯与麦克墨特里学院（Duncan and McMurtry College）两栋面积为12万平方英尺的6层宿舍交付了178个卫生间舱体。卫生间包含连接于外围钢框架的玻璃纤维增强塑料（GFRP）外壳。这些模块宽6英尺，长8英尺，集成卫生器具、壁灯和装修。这些模块被发送至工地吊装，然后安装就位，最后连接管道和电气设备。在围护系统封闭前，优先采用将舱体吊至建筑侧面开口的方法，或在建造楼层时由上部吊入。后者的缺点是每次在浇筑楼层的施工间隔期内安置模块都需要现场协调。舱体可用滚轴滚动到位，类似于机械车间中提升汽车或仓库时所采用的方法。更简单的方法是吊入建筑后立刻在模块的每个角部安装空气脚轮。空气脚轮正在迅速取代滚轴成为短距离手工运输重型设备的首选方法。利用悬停技术，这些空气脚轮可支撑的重量为500磅~10000磅，手工操作这些服务舱相对就比较容易。[42]

莱斯大学项目的承包商林贝克建筑工程公司（Linbeck Construction）委托库尔曼公司制造卫生间舱体以减少现场施工的总体成本和工期。根据库尔曼的说法，与传统做法相比，舱体方法节省了50%的费用和工期。由于施工不在现场进行，舱体技术消除了建筑垃圾及其运输费用，而这两种情况在各工种的传统各项工作中很普遍。库尔曼公司的首席执行官阿维·特尔瓦斯（Avi Telyas）总结道：

> “按习惯做法建造的卫生间是新建多户住宅施工阶段中效率最差的部品……在这样一个狭小区域多达10个不同工种接续工作的结果通常就是如此。”[43]

模块化技术行业在不断发展之中，每年都会对建筑市场产生更大的影响。模块化建筑协会的汤姆·哈迪曼（Tom Hardiman）指出，2009年模块化产业中最大的增长部分来自政府部门项目，其中包括美国陆军工程兵团（Army Corps. of Engineers）、军事建筑和行政类建筑。已用过活动教室的学校

* drywall，如纤维石膏板、石膏板等。——译者注

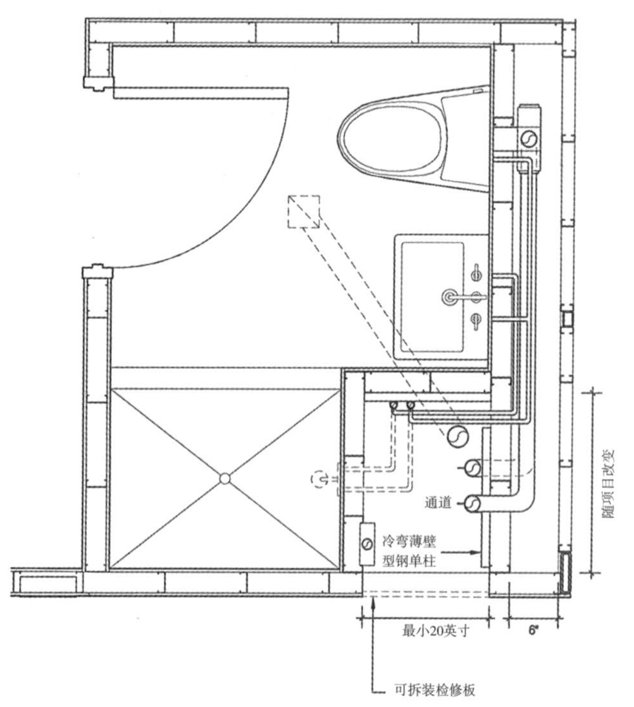

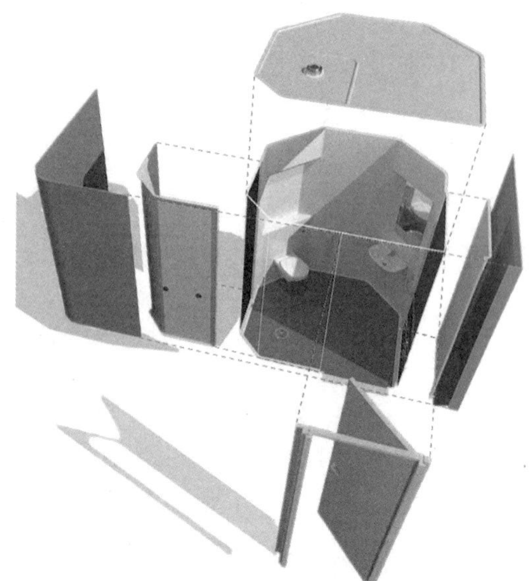

图 6.25　库尔曼的卫生间服务单元分为两种类型。上图：框架式模块集成了机械压力通风系统和传统的装修饰面，如瓷砖和标准灯具；下图：小型 GFRP 舱体式模块单元，同样集成所有饰面和灯具，略大于飞机的卫生间单元

希望其全部校舍都能利用模块化技术建为永久性建筑，因此教育类建筑市场也在继续发展当中。模块化学校的优势在于不需采用传统发债方式。因此，校方就像修建活动教室一样，可利用自有资金增建房屋。大学和社区大学也将模块化装配式技术作为校园临时项目或快速建设项目的选项。笔者参加过许多会议，临时性研究和办公建筑空间是上层行政当局讨论的重点，他们想确定究竟该以何种方式才能为学生和教师提供快速建造的可负担型用房。医疗建筑市场也将受益于模块化技术，但占比很小。模块化技术的优点在于能够为农村地区无法获得医疗护理的人群提供基本的医疗保障设施。模块化医疗建筑配备医疗器械设备和一些必需品，即建即用。其他建筑类型还包括饭店和快速换油站。模块化技术对于建造小型商业建筑的公司来说很有意义，因为他们的任务是品牌化，所有社区的建筑都要求一模一样。[44]

6.4　ISBU 集装箱

在 20 世纪 30 年代初期，美国南方的一些区域性商人和公路货运公司已着手开发标准化车厢，采用创新性解决方案以提高运输效率。汽车货运企业家马尔科姆·麦克莱恩（Malcolm McLean）在 1955 年研究了早期的货柜化努力成果，着手组建了一支集装箱运输车队以提高其家族企业麦克莱恩卡车货运公司的运输效率。到 1956 年，麦克莱恩将他的货运公司卖给了泛大西洋蒸汽船集团公司（Pan-Atlantic Steamship Corporation）。这家公司后来更名为美国海陆公司（SeaLand），致力于集装箱航运业务。1970 年国际标准化组织（ISO）集装箱设计规定正式启用。*

ISO 多式联运集装箱（intermodal shipping container）于 50 年前彻底变革了国际航运产业。** 目前，90% 的非散货由联运集装箱通过轮船、铁路或卡车运输。全球集装箱的数量激增，一些地区出现集装箱过剩的情况也在所难免。国际贸易逆差让那些未被使用的集装箱具备了潜在的建筑应用价值。目前，多达 12.5 万个废弃集装箱堵塞在英国港口，而美国因庞大的进口产业也有近 70 万个闲置集装箱。世界各地普遍在使用集装箱并已放眼于其居住功用。[45]

集装箱也称为 ISBU 或国际标准建筑单元（International Standard Building Unit），是装配式建筑的典范，因为独特的可堆叠底盘能胜任不同的运输模式。*** 集装箱能够安全运输不同种类的大宗商品，因此它们的工程设计几乎适用于任何建成环境。集装箱建筑无需附额外加强措施便可轻易堆叠 5 到 15 层，几乎不用改造就能满足大多数建筑规范的要求。

---

* 美国海陆公司开创了国际集装箱航运模式。——译者注

** module、modular、modal 这个几个词都含有“模”的意义。——译者注

*** 实际上 ISBU 在国外更多地被称为“Intermodal Steel Building Unit”，即多式联运钢结构建筑单元。例如本书提及的布罗哈波尔德工程公司或标赫工程设计咨询公司的艾德里安·罗宾逊在其 2017 年英国拉夫堡大学的工程博士论文“ISBU modular construction and building design prototypes”中仍称其为多式联运钢结构建筑单元。本书作者所下定义似乎扩充了这一概念的内涵。——译者注

集装箱的制造技术规格：

- 用于连接的角部配件
- 用于支撑独立单元的结构角柱
- 底部侧向导轨
- 顶部侧向导轨
- 底端导轨和门槛
- 前部顶端导轨和门楣
- 胶合板或木板层
- 前端壁板
- 底部交叉构件
- 顶板（波纹状）
- 侧板（波纹状）
- 门

集装箱由 14 厚（0.075 英寸）的波纹耐候钢 COR–TEN 制成。COR–TEN 具有天然耐腐蚀性能，耐候性强。相同尺寸集装箱中的金属板波纹数量变化很大。这些面板被焊接在 7 厚（0.18 英寸）的钢管框架结构上，同样由 COR–TEN 耐候钢制成。顶部、底部、侧面和端部导轨在模块的全部八个角部都装有 ISO 标准铸钢配件，全体能够承受 153 万磅的竖向载荷。当堆叠 7 个单元且无抗震支撑时，每个单元及其底板结构可承受 6.5 万磅的重量。顶板可由顶拱支撑，取决于集装箱的用途和由框架和角部配件组成的堆叠支承方式。ISBU 的公差为 ±3 毫米。此外，集装箱建筑结构有些许能力抵抗连续性倒塌破坏，因为每个单元都有完备的结构。

	40英尺典型	40英尺高柜	20英尺典型	20英尺高柜
外包长度	40' – 0"	40' – 0"	19' – 10½"	19' – 10½"
外包宽度	8'– 0"	8'– 0"	8'– 0"	8'– 0"
外包高度	8'– 6"	9'– 6"	8'– 6"	9'– 6"
内部长度	39' – 4 13/64"	39' – 4 13/64"	19' – 4 13/64"	19' – 4 13/64"
内部宽度	7'– 8 33/64"	7'– 8 33/64"	7'– 8 33/64"	7'– 8 33/64"
内部高度	7'– 10 3/32"	8'– 10 3/32"	7'– 10 3/32"	8'– 10 3/32"
门宽	7' – 8 3/64"	7'– 8 3/64"	7'– 8 3/64"	7'– 8 3/64"
门高	7 '– 5 49/64"	8'– 549/64"	7'– 5 49/64"	8'– 549/64"
内部容积	2,390 cu. ft.	2,698 cu. ft.	1,170 cu. ft.	1,320 cu. ft.
空箱重量	8,070 lbs.	8,470 lbs.	4,755 lbs.	5,070 lbs.
最大净重	59,130 lbs.	58,730 lbs.	62,445 lbs.	62,130 lbs.

图 6.26 多式联运集装箱的 ISO 标准规格

二手集装箱的成本为1500美元，新建集装箱为4000美元。实际价格取决于所在区域、当前国际贸易协定、石油成本、集装箱制造的原材料成本及其市场的供需条件。集装箱的标准尺寸为8英尺宽，高度可以是8英尺、8英尺6英寸或9英尺6英寸。集装箱的标准长度为20英尺和40英尺。除尺寸适应性外，通用集装箱还包括一些可选项，包括双开门、卷帘门、侧壁门和开口侧。集装箱在用为建筑之前，须检查确保角部配件没有裂纹、断裂、撕裂、切角、刺穿或腐蚀，保证侧壁节点没有结构安全隐患。

虽然方便运输、结构健壮还能拆卸再利用，但集装箱也存有一些缺点。改变ISBU标准模块会降低原有的结构承载能力。从成本、劳动力和结构角度来看，最能有效利用集装箱的方法是保持其完整性，但对大多数建筑应用来说这根本不实用。8英尺的模块也限制了建筑系统的灵活性。COR-TEN钢必须采取保温隔热措施来避免夏季和冬季的热量传输，可行的方法有，即在内部铺设钉板条，添加外部保温表皮，或采用航空航天工业开发的陶瓷基绝热涂层处理COR-TEN钢。

除绝热性能外还须考虑隔声。这些单元间不是直接接触，而是点接触，声音更易被抑制，隔声不是太大的问题。然而，钢是理想的传声介质，相邻单元间要进一步采取声波衰减措施。服务设施分布空间有限。特别是对于污水管道，相互堆叠的单元无法容纳大容量管道。一种解决方案是提供专门的"服务"集装箱，堆叠时充当垂直和水平分布模块和设备用房。防火性能可算是个问题，但可以通过仔细谨慎的规划和灭火措施而得以改善。

用叉车、吊臂/起重机（boom/crane）或翻斗车（roll-off truck）装卸集装箱。紧凑型车载式起重机或伸臂式起重卡车是装卸和堆叠小型建筑项目的首选方式。卡车一次可运送一个40英尺长或两个20英尺长的集装箱，40英尺集装箱的运费会有所增加。基础准备等现场作业与卸载和就位所必需的附加结构支承必须事先完成。对于20英尺的集装箱，需要50英尺的直线净空距离；对于40英尺的集装箱，则需要100英尺。竖向净空的要求为道路通行14英尺，交付场地20英尺（一层结构）。集装箱的安装速度引人注目，因为减少了现场劳动量和受伤的概率。

近年来，业界对建筑集装箱的兴趣不断增长。琼斯及合伙人建筑事务所（Jones Partners Architecture）的建筑师韦斯·琼斯（Wes Jones）自1995年以来一直在设想将集装箱转变为住房的方案。他的开创性工作指明了这种标准化单元应用的问题和潜力所在，其中包括场地平整、嵌套和紧凑运输能力、主体和次级结构系统、市场营销和文化认同等内容。从那时起许多原型实验建筑被开发出来，例如2000年伦敦的开创性工作，位于码头区领港公会漂浮码头（Trinity Buoy Warf）* 的集装箱城市。"集装箱城市"现在是城市空间管理有限公司（Urban Space Management Ltd.）的注册商标，已在英国建成近20个项目。如今，集装箱不再只是实验性的建筑单元，已变为建构建筑物的可行方法。

---

* 英国的领港公会或海务局——Trinity House 曾位于此地。——译者注

ISBU 供应商

节拍住房公司的昆腾·德古耶尔（Quinten de Gooijer）这样评论他们的项目：

"我们收到了来自世界各地的多封电子邮件，这些公司和个人均希望按照节拍公司的方式开展本地的生产业务。大多数人完全低估了建立这些生产线所需要的时间和投入：如果每年的产量并不多，比如只生产 500 套住宅，那么设置这种生产线没有多大用处。我们了解到世界各地现有的集装箱仓库（你会发现全世界每个港口附近都会有一些）也试图进入这一领域，但他们也低估了开展业务所需考虑之细节的复杂程度。从简单的工地活动板房办公室拓展到专业生产的装配式住宅，有大量的细节工作需要考虑，因为要满足标准住宅开发中的所有建筑标准，特别是室内环境、防潮防渗、通风等要素。与建筑的高度也有关，高层建筑要求较高的稳定性标准，尤其在强风或强震地区更要加强其设计标准。"[47]

以下两个例子显示了大规模应用集装箱的可能性：荷兰阿姆斯特丹的"简单生活"*临时宿舍，由尼古拉斯·莱西及合伙人建筑事务所（Nicholas Lacey and Partners）设计；英国的特拉韦酒店项目引入了独特的韦尔巴斯系统联合公司（Verbus Systems），是为 ISBU 经销商，由布罗哈波尔德工程公司创建。集装箱建筑在美国不太常见，西雅图融合建筑师事务所的 ISBU 案例将在本书第 9 章介绍。

"简单生活"是位于阿姆斯特丹的临时性学生宿舍。该项目于 2005 年由投资商德基住房基础设施公司（Woonstichting De Key）**委托而作为五年临时住房而建造，土地则抵押给银行以在将来作为他用。项目由 JMW 建筑事务所（Architectenburo JMW）设计，节拍住房公司（Tempohousing）负责建造。结果非常成功，建成后广受欢迎，直到 2016 年才被重新安置。整座大楼高 5 层，由 1000 个单元组成。每个单元都设有私人阳台、卫生间和厨房。这个综合体还设有咖啡厅、超市、办公区以及带内庭的自行车运动区和人行步道。"简单生活"的集成屋盖连接所有单元，提供高效的雨水排放功能和其下集装箱的保温隔热功能。节拍住房公司从一家中国生产商处购得一种独特的集装箱框架，再将其运送至另一家中国工厂按照节拍住房公司制定的标准制造，完成的模块再运至鹿特丹组装。就算是这样制造，成本也远低于使用现场施工和中国本土劳动力的成本。[46]

"简单生活"的集装箱单元事先完成所有建筑、结构、连接和装配等设计。这些单元被设计为可迁移至其他临时场地以解决荷兰的住房问题。但为了实现这一目标，建筑和结构的耐久性至关重要。因此，设计/建造团队派遣顾问进驻中国工厂确保 ISBU 的生产质量。工厂制造了足尺模型以供评估和验证。除品质外，该项目的收益在于制造速度：安装速度为每周 50 个单元：每个单元由货车吊装

* Keetwonen 为荷兰语复合词。——译者注

** 该公司位于荷兰，翻译由荷兰语而得。——译者注

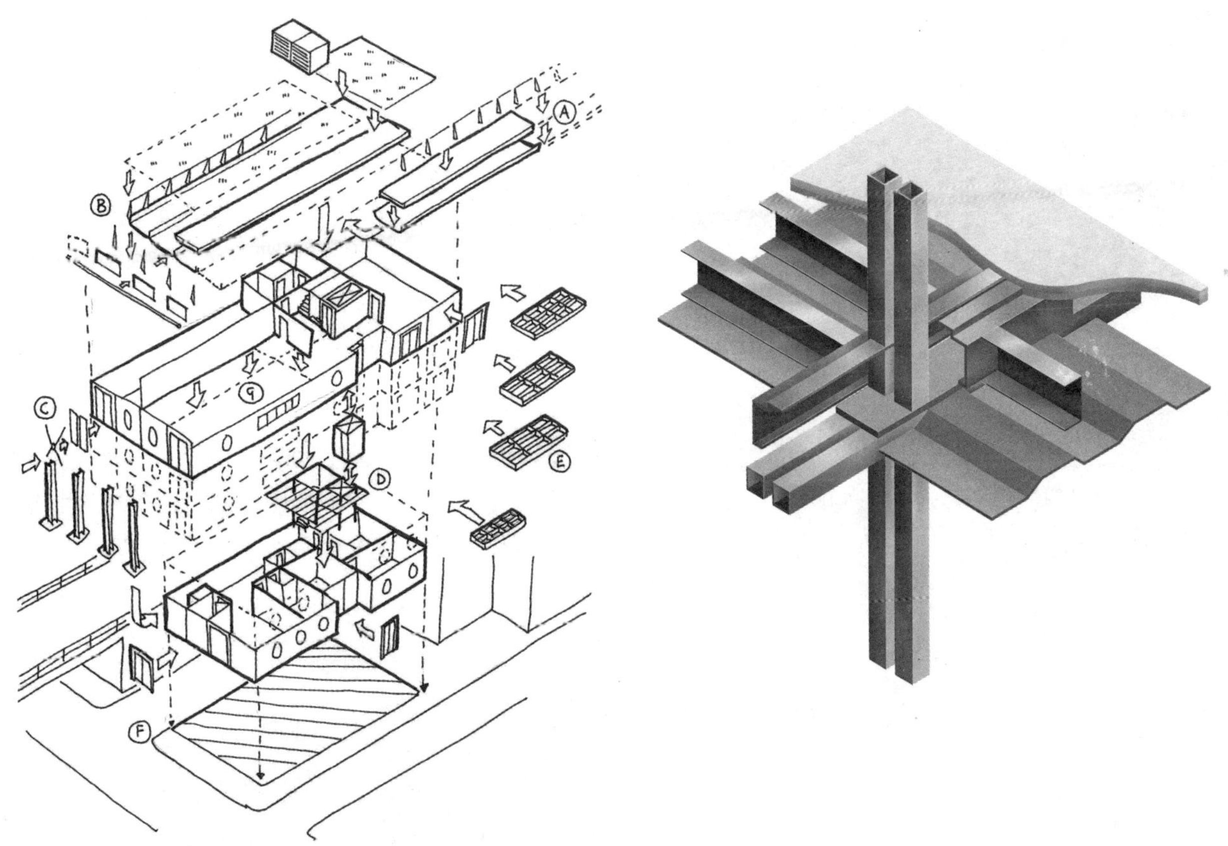

图 6.27　布罗哈波尔德公司工程公司自 2000 年以来就从事集装箱建筑的开发与设计，为城市空间管理公司（Urban Space Management）开发了名为“集装箱城市”的 ISBU 建筑系统。到目前为止已完成了近 20 个项目，其中包括住房、零售店、办公空间和幼儿园。开发小组目前正在为美国规划项目。左图：布罗哈波尔德工程公司绘制的早期概念图中确定了该系统的建筑单元；右图：ISBU 模块间的连接详图

至地基或其他单元上所花费的平均时间为 6 分钟。从 2005 年春季开始委托到 2005 年底已有 100 个单元可以入住。整个项目共计 1000 个单元，已于 2006 年夏季完工。ISBU 是唯一的可以快速建造且经济耐用的临时住房解决方案。

英国的特拉韦连锁酒店在其工程中使用类似的集装箱模块。韦尔巴斯系统联合公司是布罗哈波尔德工程公司和乔治与哈丁建筑公司（George and Harding Construction）组成的大型联合企业，专门为酒店建筑设计模块。* 布罗哈波尔德工程公司是一家提供全方位服务的创新型工程公司，开发了“集装箱城市”的工程技术。这些模块与 ISO 集装箱类

* 现已拓展至办公、学校、住宅等领域。——译者注

图 6.28 由 ABK 建筑事务所（A.B.K Architects）和布罗哈波尔德工程公司为伦敦多克兰城市空间管理公司设计的 2005 年河滨项目

似，但尺寸略大，采用 12 英尺 ×42.65 英尺以适应酒店房间的尺寸。集装箱使用标准 ISO 配件，因而无需额外结构支撑便可堆叠 16 层。与经典的现场施工方法相比，建筑和工程设计节约了 10% 的施工成本和 25% 的工期。除工期和造价之外，布罗哈波尔德工程公司的艾德里安・罗宾逊（Adrian Robinson）表示，该项目的本意是要求其品质须与标准建筑一致，声学设计也旨在卓越。施工过程中的容差控制并不像其他装配式方法那般紧要。虽然内装在中国完成，但定制集装箱的主要障碍在于外墙和主体结构是分期独立制造的。由于结构和建筑表皮需要不少现场工作，造价和工期的节约效果并

特拉韦酒店的厄克斯布里治（UXBRIDGE）项目

最近，8 层高、拥有 120 间客房的厄克斯布里治酒店和与其类似的拥有 310 间客房的希思罗酒店（Heathrow）的建设很快接近尾声。遗憾的是，特拉韦酒店因为充足的供给并没有使用集装箱建筑。ISBU 集装箱建筑专门为这家酒店量身定制。但是，运输和施工效率的好处直到最后才体现出来。这种建筑能为连锁酒店节约大量成本，因此特拉韦计划使用这种方法在 2020 年之前建造 670 家新酒店。韦尔巴斯系统联合公司声称，与现场施工方法相比，这种技术的施工进度缩短了 40% 至 60%，材料浪费和建筑垃圾减少 70%。为了保证不中断附近的工程建设，这些单元在 20 天内便完成安装，包括接缝和装修工程。韦尔巴斯系统联合公司提前 10 周完成厄克斯布里治酒店项目。现场快速施工工法的进度为 40 周，工期为 30 周的模块化建筑可使特拉韦酒店提前开业运营并提早回收投资。

图 6.29 韦尔巴斯系统联合公司是由布罗哈波尔德工程公司和乔治哈丁建筑公司为特拉韦连锁酒店开发的 ISBU 建筑。这座建筑高 8 层，有 120 个房间。据报道，该项目成本降低 10%，进度缩短 25%。项目在 20 周内建成，为特拉韦节省了 10 个星期时间，这样该酒店就可以提前营业并开始收回投资

不显著。[48]

当希望实施大规模快速建造的模块化项目时，集装箱方案最能物尽其用。此外，它是受限场地或临时场地的理想方案。鉴于较差的绝热性能，几何形状也有严格限制，集装箱建筑或许并不适宜作为普适性的解决方案，但它确是一种有效且实惠的营造方法。建筑业未来应该在建筑中使用二手集装箱以降低建筑物化能（embodied energy）* 并增加本地劳动的收益。为提供高质量与可负担型产品，建筑师必须与设计团队、客户和集装箱制造商以及外部设备供应商紧密合作。未来的港口城市可能会由ISBU制造商供应建筑用途的集装箱，但目前在世界范围内仅有的生产商是中国企业。布罗哈波尔德工程公司设想集装箱建筑可为未来住房开发提供可拆卸和再利用的技术，迄今为止还没有ISBU建造实例应用这些技术。

* 也译为隐含能源。——译者注

6.5 结论

从部品到拼板再至模块，预制度（degrees of prefabrication）逐步提高，而系统的灵活性则逐步降低。从运输尺寸的限制到公共设施分布的限制，需要在设计意图与生产方法之间须取得折中。混合建造系统可能适用既能提高生产率而又不牺牲设计自由度的情况。为实现这一目标，设计和建造团队必须众志成城——建筑师、工程师、承包商和分包商共同创建恰如其分的全过程装配式策略。

第7章　组装

1700年代后期之前的制造业仍为手工业，一人负责从生产到材料采购的全部事务。这种生产方法存在明显的缺点：产品是供给驱动而非需求驱动，固定的供给能力不能满足不断增长的需求。新产品或新技术效用低下，因为没有采用共通的建筑积木；由于工作中缺乏重复性过程，生产方法的效率也不高。工业革命提供了高效的能源和动力，推动了生产工艺的进步。从钻孔、铣削到车工和冲压成型，在工业化生产的历史中，这些主要的生产技术并没有发生过改变，改进的只是工具和材料。这些改进包括以下内容：

- 可互换性：产品零部件实现了可互换。允许随意选择零件组装成型为单个产品。
- 提高生产率：分离主要生产过程和组装过程。配装*是改进产品功能的过程，而组装是一个次要过程，目的是将完成的各个部件置放在一个有意义的空间关系中。[1]

配装是制造零部件的过程，以使组装实体成为一个有意义的整体。对于汽车生产业，装配体可以是构成单个车门的零件，而门也可以是一个配装零

---

* fitting，一般译为“配合”，本书翻译为“配装”，assembly译为“组装”或“装配体”。——译者注

件，与其余零部件一起组装成更大的装配体——整台汽车。在工业革命早期，配装过程消耗了大量时间和能源。如今配装过程在工业生产中相对可以忽略不计。而建筑业的情形正好相反，现场的部件配装是标准的作业流程，大多同早期福特汽车生产线上的运行方式类似，一次仅安装一个零件，现场施工的整体组装仍依赖于人工技术。装配式技术能够将已在工业生产中发明的可互换性和提高生产率的概念应用于建筑施工领域。

本章将工业生产的术语，**零件**（part）、**部件**（subassembly）和**组装**（assembly），用于装配式建筑领域。它们指从材料到建筑完成品的关于生产和制造的三个层面：

- 零件：指配装产品，可以是独立的建筑材料或部品。在非现场建造领域中，零件不在现场安装，而在工厂中连接、组装为部件。零件为 MTS 单元。
- 部件：指由零件构成的，在现场组装的构件、拼板或模块。部件为 MTO 单元。
- 组装：指在现场完成的部件拼装和接合工作。

建筑业的特殊性将造成直接对比建筑施工与工业生产的这种方式会存在某些障碍和困难。胡克认为现场施工有如下特质：[2]

- 独一无二的生产：工业生产利用了产品的重复性或相似性，而在工地中每次配装的产品却是独一无二的。
- 现场生产：建筑单元暴露于工地，不易受到管控，施工配装作业效率低下。
- 临时的组织机构：每个项目都是一次性产品，每次都需要现场临时组织劳动力、材料设备存放和辅助设施，如办公室、电脑机房、厕所和休息区等。零件和装配体的存置地点不会被带往下一个项目。
- 监管机构：拥有行政管辖权的监督机构对建筑场所实施检验。

装配式建筑旨在解决建筑业的特殊性问题，必须同时减少浪费并创造价值使预制解决方案真正发挥实效。[3] 建筑物的非现场制造方式意味着零件已在工厂预先装配到可在现场轻松组装的水平。然而，建筑物不是标准化的，因此建立配装所需的零件和部件仍会花费巨大的劳动和时间成本。为保证施工进度并利用工厂生产优势，配装工艺须尽可能在工厂中加速实施，尽量减少最终的现场装配作业。应更多地采用可互换零件并增加现场直接装配作业，减少现场配装作业的方式将会提高建筑生产率。

7.1 大规模定制生产

在 20 世纪 90 年代，精益生产和大规模定制的概念被视为未来的商业战略，因为它具备提供高效率交付和无限可变产品的能力，同时还能降低成本。[4] 虽然精益生产和大规模定制正在影响建筑设计，但设计软件环境与生产输出之间的联系仍然相对较少。因此，今天的大多数产品依然在采用标准化心智模式——仅提交加工详图，几乎不会集成设计和生产。肖德克（Schodek）及其同事将拥有数控设备的生产商称为“自动化孤岛”，当然这恰也展示了大规模定制生产的潜力。然而要发挥工业化的优势，建筑师需要同生产商建立有意义的合作关系。[5]大规模定制生产的典型案例是预制窗生产商，它们不但增加了设计多样性，还降低了成本。如果每扇窗户都不一样，那么这种做法所增加的成本足以保证实现严格配装定制窗户的标准化生产。

大规模定制是数字化技术和工业生产工具发展的产物。然而，只有实现从前端到终端的交付过程才能充分发挥大规模定制的最大威力从而消除潜在的低效率。这种交付过程可以通过诸如PF公司（Project Frog）和布鲁住家（Blu Homes）等装配式建筑公司来实现，但这些公司也在不断扩展业务领域。建筑师可能成为产品开发人员，就像米歇尔·考夫曼那样扁平化整体的设计－交付过程；或者，建筑师也可以与设计“居家”的基兰廷伯莱克公司等产品开发者合作；或者与RS4公司合作设计适合用户需求的大规模定制建筑系统。

大规模定制生产在工业设计中较为常规，多样性不在于要创建一个独一无二的、与先例绝不相同的建筑，而在于将经过细微调整的众多类似产品组合为与之不同的改良体。简而言之，建筑设计和工业设计之间的差异在于体量和可重复性。尽管在当下的项目开发和交付方式中，完整的集成式大规模定制模式并非完全可行，但工业设计领域中的某些设计模式可以转移至建筑设计领域。以下模式改编自肖德克与其同事的著作：[6]

• 部品共享式模块（Component-sharing modularity）：每个独立产品拥有相同的基本部品和可变的外观（根据项目不同改变立面外墙的初始设计）；

• 部品互换式模块（Component-swapping modularity）：外观布局相同，能够更换部品功能（在建筑使用后期改变外墙立面）；

• 量体裁衣式模块（Cut-to-fit modularity）：通过切割固定模块从而改变产品的长度、宽度或高度等尺寸（标准化外墙可在生产过程中增加或缩减尺寸）；

• 混合型模块（Mix modularity）：混合不同产品以实现多样性（外墙中的多种复合覆层可在制造中根据需要增加或减少）；

• 总线型模块（Bus modularity）：支撑多个附属物的基本结构，有时称为“设计平台”（可以连接多种外墙材料和体系的基础框架）；

• 分段式模块（Sectional modularity）：部件各不相同，但共用相同的连接方法（外墙板可能变化，但各种墙板与框架结构的连接方式不会改变）。

7.2　组装策略

以下是最为重要的两个面向装配的设计策略：[7]

• 减少现场装配的操作量

◦ 根据方法和过程减少装配时间和成本

◦ 较低的故障率和较低的生产成本

◦ 产品有更高的可靠性

◦ 降低生产成本

◦ 更快的实施过程

◦ 实现逻辑化组装

• 减少部件中的零件数量和装配体中的部件数量，在一次装配中出现太多部品的原因是：

◦ 零件和部件的数量越少，成本越高。然而，这不是金科玉律，工业生产已表明，在整体装配中不断减少零件也会出产低成本项目。

◦ 设计师和施工专业人士所依赖的建筑业惯例在不同设计项目间可能会保持一致，却不适合工业生产方式的发展。

当零件或部件不起作用或者不能明显地使集成化整体受益时，可将其集成至其他部件中或者完全移除。布斯罗伊德（Boothroyd）和杜赫斯特（Dewhurst）建议，在确定零件是否需要或如何与其他部分集成时，需回答以下问题：[8]

• 相对于其他零件的特定零件或部件是否必须

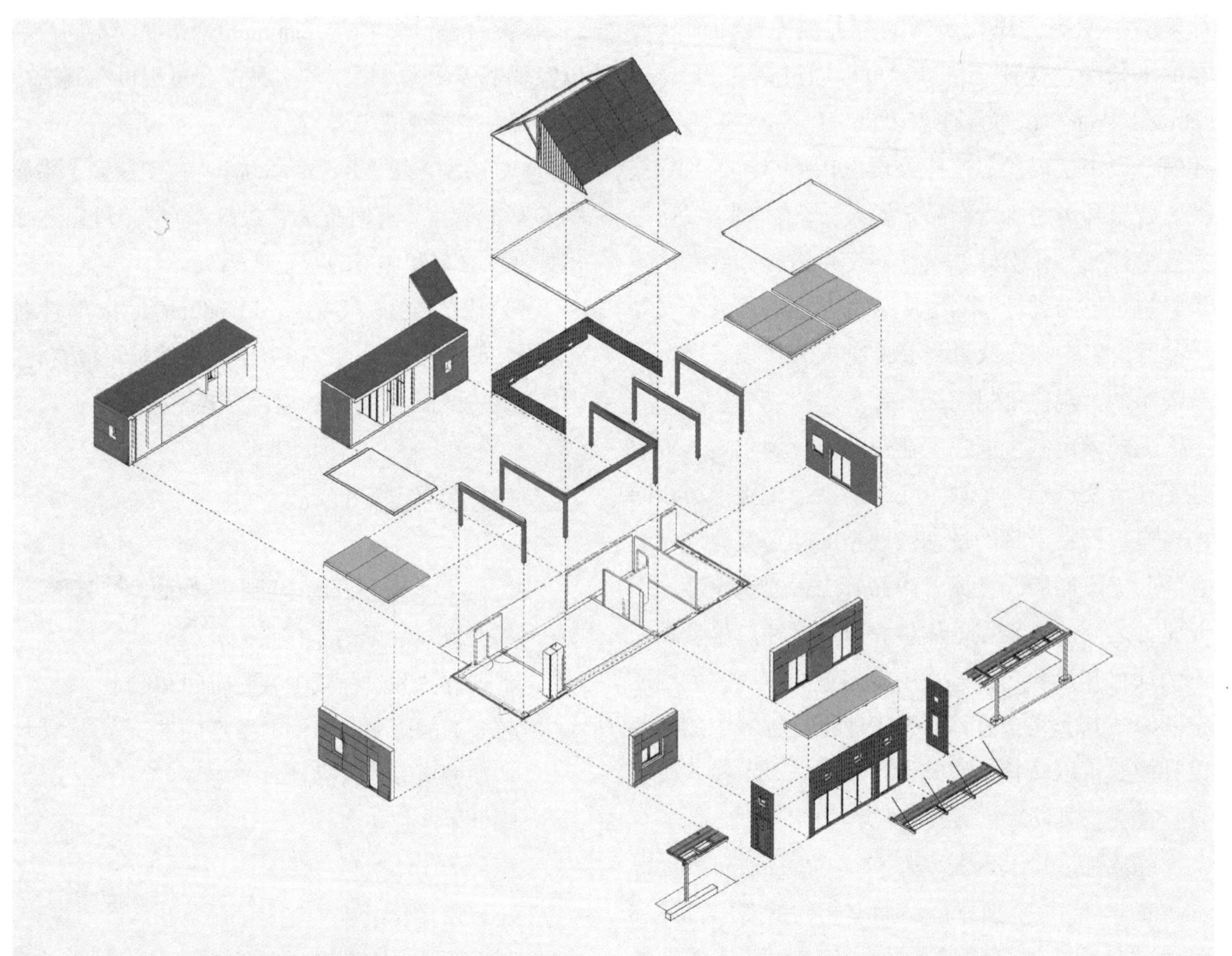

图 7.1 建造缅因州尤尼蒂学院的一统之家的建筑商本森伍德能够将采用传统现场施工技术的 5000 种建筑部品数减少为 50 种。本森伍德公司开发了一种拼板化和模块化系统用于校长的净零能耗住宅

调整才能完成预定功能？

• 是否必须使用与装配体中其他零部件不同的材料制成？

• 零件或部件是否在装配中被赋予了没有它就无法实现整体功能的能力？

• 零件或部件是否需要更换或者比其他零部件需要更多的维护？

应将不需要的零件移除或集成至另一种装配体中，这一过程可能包括重新检查其他零件和装配体以确定它们是否需要进一步得到简化或重新设计以满足作为同化部件的功能。[9] 基兰廷伯莱克公司和火炬松住宅的特德·本森致力于将现场装配数量减至最少，包括找到需要减少或移除不必要的零件或将更多零件融入某种特定的部件。本森伍德公司在一统之家（Unity House）项目中通过这种方法将房屋的 5000 个零件减少为最终的 50 个部件。

设计必然要考虑如何装配。基兰廷伯莱克公司所开发的系统用于思考建造序列中的装配和拆卸。他们利用这套系统已开发出建筑的生产方法及其现场安装方法。如果在确定装配决策的早期设计阶段没有很好地整合项目团队，那么就可能出现设计意图和设计实施的分裂。这套系统也确保建筑的拆卸和分解更为可行。设计中的逻辑化装配过程也能对项目的美观发挥巨大影响。设计中缺乏装配信息不但将导致成本超支，而且建设完成时也会缺失某些原始设计内容。在任何设计过程中都存在协商，然而如果设计信息来自逻辑化和秩序化的装配序列，那么设计概念与最终完成的实际产品的联结会更加密切。

一种考虑装配序列的有效方法是首先评估设计完成后的装配体，再反向实施系统化拆解。逆向过程可以提供更有效的装配序列。这种逆向过程需要融合建筑设计、工程设计和细部设计。大型部件中的装配模块、拼板和构件的生产可被转移至工厂，其中的 MTO 产品就可以更好地为这些部件吸收和集成。这种流水化方式需要结构化的供应链管理，通过减少交叉作业流数量提高部品交付的及时性。

无论是初始标的还是变更设计，难以建造、拆卸和组装的建筑物的成本都将更高。研发在施工现场易于装配的细部构造是装配式建筑部品的机遇所在。由于每个工作团队都有不同的材料集合和安装方法，装配式技术可以缓解各专业的冲突和某些无法预见的装配问题，即使出现此类问题也可在工厂的受控环境中即时处理。高质量的装配虽然通常被建筑师描述为具有美学表现力，但从装配作业和施工的角度看来并不完全有效。任何实效型设计过程的目标就是发现符合这两条准则的解决方案。然而对于运筹型装配式建筑（logistical prefabrication）而言*，以下组装原则非常重要，改编自艾伦和兰德（Allen and Rand）的著作：[10]

• 未切割单元：现场装配部件之间的尺寸和模数协调，用以减少或消除不必要的切割或调整。

• 最小化单元：限制运输和安装单元的数量。这样不仅减少了人工劳动，也减少了连接失败的概率。节点越少越好。

---

* logistics 的中文翻译此前皆直接借用日语的“物流”一词。考虑到“物流”行业本身的演化方向和装配式建筑的复杂程度，本书译为“运筹”。——译者注

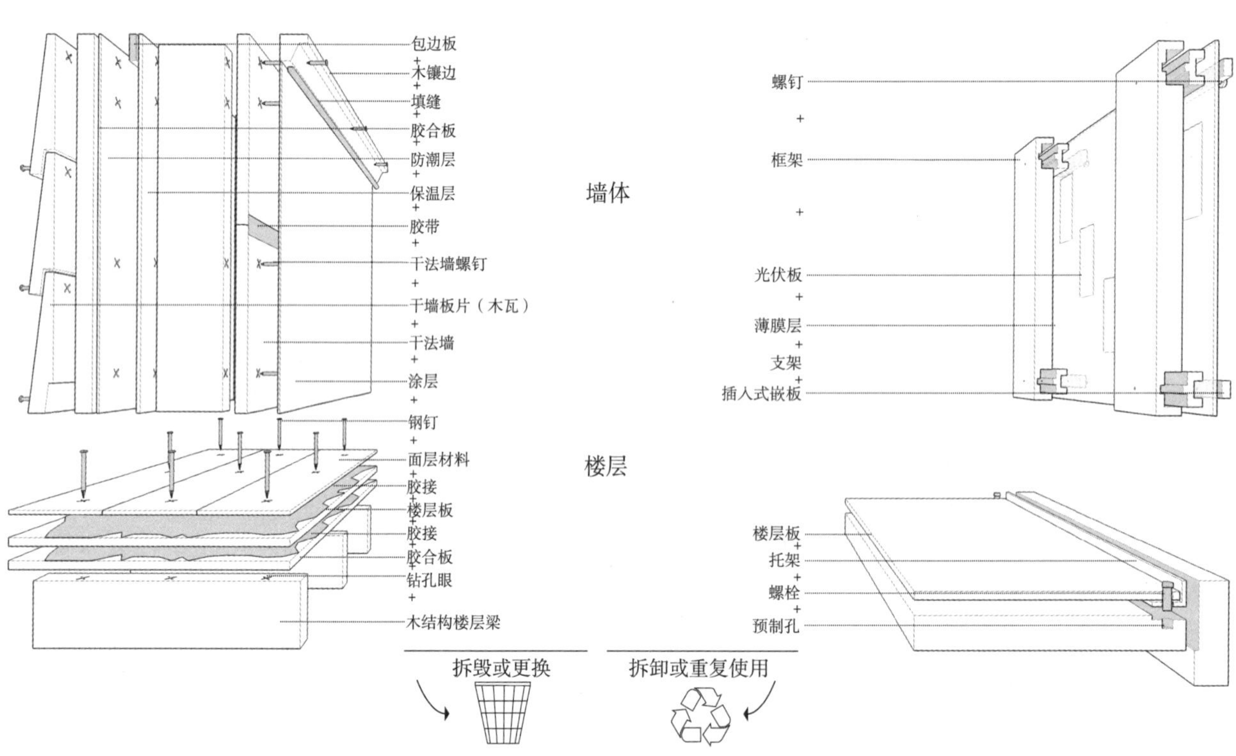

图 7.2 图示的装配建筑图已成为基兰廷伯莱克公司的主要工作。该图描绘了为 MOMA 展览“住家之交付”设计和建造的“玻璃纸住宅”的设计目标。现场施工技术使用大量材料和工艺去建造那些最终会被拆毁的建筑，而装配式建筑则具备可拆卸和重复使用的潜力

• 易于装卸：在设计预制单元时，应注意不要设计尺寸或重量过大的单元导致无法制造、运输或安装（吊装）。设计应该阐明单元的安装方法——采用非定向型或明显的不对称性便于安装。为关键单元编码也是一种协调方法。

• 重复：当没有特殊或唯一要求时，重复性可以实现更高的质量和更快的安装。在大型项目中，利用标准化实现成本节约十分重要。

• 仿真和原型设计：尽可能模拟施工顺序从而预测潜在的冲突。BIM 的 4D 和 5D 技术可以完成大多数分析工作。此外，原型设计和足尺模型可以解决早期的设计错误。不仅要在工厂中开发足尺模型系统，也应在现场开展便于装配的试验。

• 易于获取的足尺模型：项目团队可以在现场放置实验原型，以便安装人员详细体察，这对于同时安装多种零件的作业尤其重要。培训对施工过程很关键，就装配式建筑而言，采用高效设计方法更加凸显了培训的重要。

• 易于获取的连接：对装配的设计是必不可少的，它能使现场安装人员简单完成施工。应将建造单元放置在易于获取的高度从而方便安装上部结构。如果现场工人不能轻松获取螺栓、螺钉、密封容器、钉子等零件，那么就必须改变现有的施工工序。位于梁柱、托梁、角部的连接节点就是这种情况，也包括那些需要维护和拆卸的节点。

• 间隙：即使在结构设计中和生产过程中的装配可能丝毫不差，但安装过程中的尺寸容差也会导致现场差异，将单元移动至最终位置的行进过程中也要求所有细部都留有额外尺寸。常见的例子是将窗户单元装入粗制洞口，这种过程也适用于建筑施工中的预制单元。

• 碰撞检查：典型的成本超支情况是由体系间的冲突而产生的各种变更，这是主体结构、围护系统和空间体系之间的常见问题。服务设施经常在彼此间和主体结构之间产生冲突。在非现场装配中，预制单元之间也会产生冲突，但更多的是预制单元和现场建造单元如何协调配套。构件返工制造的成本难以被接受。如果协调不当，装配式建筑的成本会比现场施工高出许多。在设计过程中利用 BIM 工具详加协调，可以减轻建筑物内部的各种冲突。

7.3 组装细部

改进装配细部构造可减少现场的安装时间。标准惯例和细部等“原液”方法可能是实现既定问题的最简单方法；但是，在处理新情况时，应制作实物细节应对。即使是经过精心设计的装配式系统，在成为物理实体前，人们也不可能完全了解其全部参数。建筑师和制造商都对性能和表现力感兴趣，装配的细部设计要求各参与方对施工过程都有深入的了解。设计团队必须充分参与装配过程，了解制造商和建筑商的工作以建立设计过程的背景知识。装配的细部设计需要一遍又一遍地推演部件和装配体的组装过程。改进细部设计的过程不仅是倾听诉求和建议，也是为了推进设计。在办公室中深思熟虑的细部做法很可能无法在现场实现，但是如若没有设计师的推动，现场施工的做法也不可能得到任何改进。

建筑和工程团队必须考虑天气和气候对装配细部和现场装配作业的影响。全年的各个时节都有极大影响，因为天气决定了温度、湿度和现场安装的难度。在某些天气条件下不能开展屋面、涂漆和砌砖等类似作业。虽然装配式技术使这些作业得以在工厂中完成，现场接合仍会存在问题。预制混凝土单元或胶合叠层木结构（laminated wood structure）在工厂中的可控条件下生产，但运至与工厂温度和湿度水平不同的现场时就可能产生温度应力，拼板或模块会因此撕裂。建议项目团队在设计 MTO 单元时应了解施工过程中的预期温度变化和区域降雨。现场组装的这段时间内，预制单元最易受到环境影响，需要预估并对易受天气影响的作业采取预先防护措施。例如，水汽影响了由基兰廷伯莱克设计的皮尔逊学院学生宿舍的模块装配，在装修前的建筑单元干燥作业导致项目延期。曼哈顿的温度和湿度波动也致使爱丽丝塔利音乐厅内装系统的工期延长了一整年。

7.4 工序

装配指所有的场地安装行为。因此，它不仅包括管理零件、部件和现场装配细部的计划，也包括施工组织设计、劳动供应、人员管理、共享资源和现场材料的管理和调试。[13]以下内容改编自吉布的著作，是非现场制造和装配产品的工序清单，在开发全过程装配式策略时应予以考虑。[14]

- 基本设计概念：
  - 运输的整体尺寸
  - 高度、宽度、长度和重量限制
  - 起重机的容量和现场通达性
- 单元施工：
  - 提升点的细节
  - 顶升点的细节
  - 运输安全细节

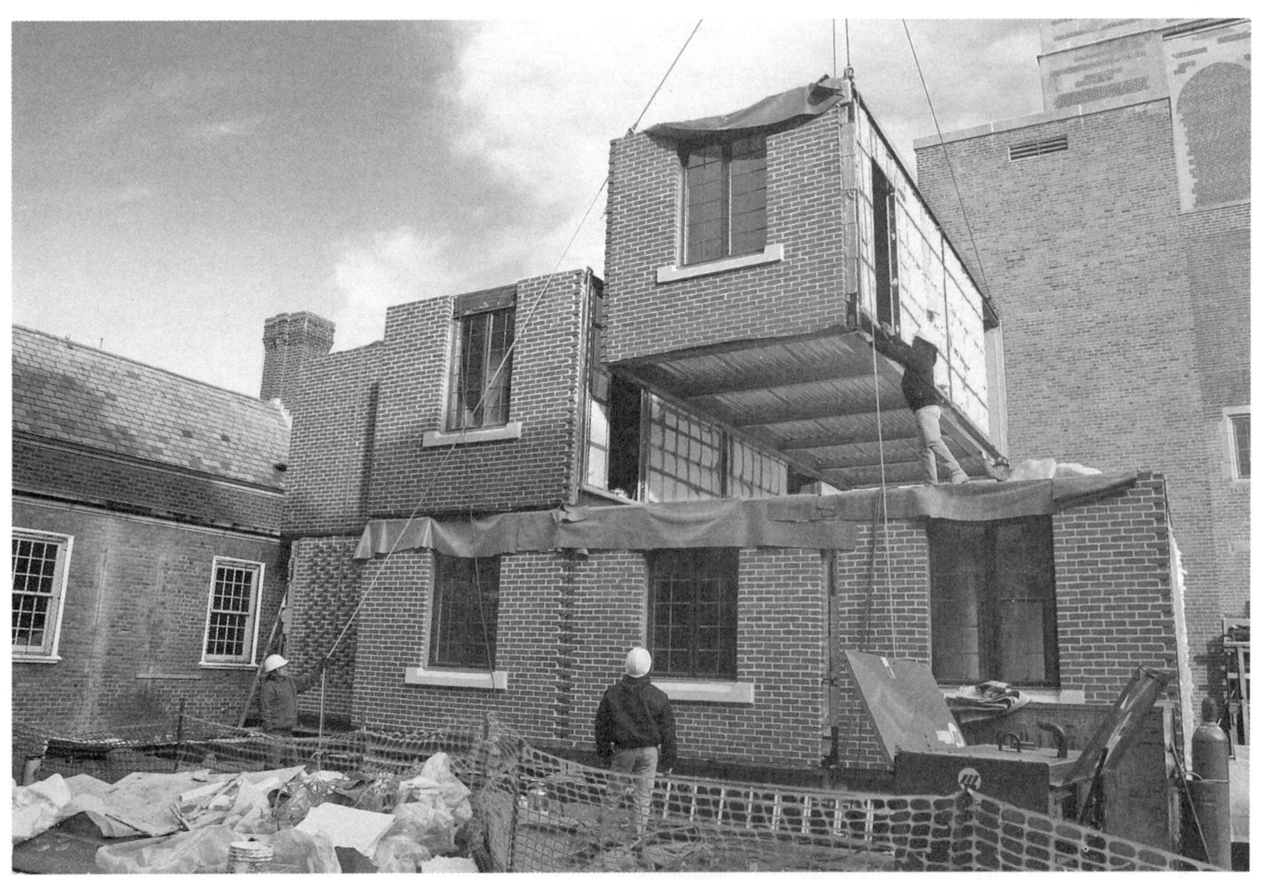

图 7.3　2004 年由基兰廷伯莱克公司设计，库尔曼建筑产品股份有限公司制造的皮尔逊学院模块组

细部设计参数

以下是从事设计和施工的专业人士在设计和开发细部构造时应考虑的原则，对现场施工和非现场施工都适用。这些原则改编自艾伦和兰德的著作《建筑细部设计》(*Architectural Detailing*)[11]，以及琳达·布罗克（Linda Brock）的著作《设计围护墙体》(*Designing the Exterior Wall*)：[12]

1. 防水：

- 消除建筑装配体中的洞口（阻断措施）
- 使雨水远离洞口和建筑装配体（挑出措施）
- 在洞口和建筑装配体处消除产生流水的外力作用（雨幕措施）

2. 气密性：

- 严格的容差
- 阻隔气流的外表面
- 密封胶或垫圈接头

3. 节能：

- 控制热传导（保温、阻断、空气隔绝层）
- 控制辐射（反射表面和空气隔绝层）

4. 凝露：

- 保持内部表面温度高于露点温度（保温、阻断）
- 偏暖一侧采用蒸汽缓凝剂
- 偏冷一侧用通风排出水分
- 利用重力效应收集排放冷凝水

5. 隔声：

- 不透气、质量大和柔软的中介表面（分层墙、密封胶）
- 用连接消除音桥（分离装配体，采用填料或柔性节点）
- 消声表面

6. 相对变形：

- 温度变形（控制变形和活动式连接）
- 水的相变也会改变相对变形（去除水分，干燥）
- 恒载和活载（不同结构间的支承节点）
- 沉降和徐变（分离型节点）

7. 附属物：

- 外表面的突起

- 排水沟和落水管
- 屋檐、窗框、窗台
- 雨篷
- 遮阳单元
- 女儿墙
- 围护系统的固定
- 雨幕和墙体的连接
- 支撑墙的安全性
- 玻璃咬合深度
- 金属层间板和金属外墙

- 运输：
  - 通往场地的路线
  - 场地的通达性
  - 许可和净空
  - 运输安全的细节
  - 道路封闭
  - 交付时机
- 吊装：
  - 现场通达性
  - 起重机的位置
  - 起重机的选择
  - 起重机的工作半径和负载
  - 许可和净空
  - 吊装期间封闭道路
- 保险：
  - 运输保险
  - 起重机保险
  - 提升保险
- 方法说明：
  - 详细的方法陈述
  - 交付周期
  - 夜班工作配给
  - 起重机技术规格
  - 照明装置的细节和装配
  - 通达路线
  - 其他工种的限制
  - 结构荷载
- 认证：
  - 检验
  - 道路封闭
  - 许可
  - 起重机检验
  - 提升装置检验
  - 工会
  - 保险单据
  - 保证书

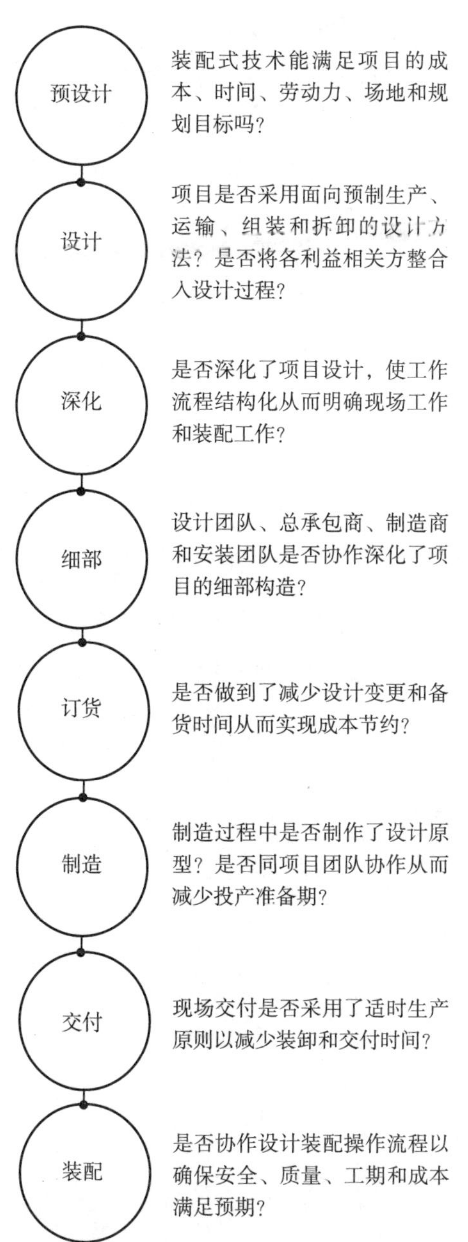

预设计
装配式技术能满足项目的成本、时间、劳动力、场地和规划目标吗？
设计
项目是否采用面向预制生产、运输、组装和拆卸的设计方法？是否将各利益相关方整合入设计过程？
深化
是否深化了项目设计，使工作流程结构化从而明确现场工作和装配工作？
细部
设计团队、总承包商、制造商和安装团队是否协作深化了项目的细部构造？
订货
是否做到了减少设计变更和备货时间从而实现成本节约？
制造
制造过程中是否制作了设计原型？是否同项目团队协作从而减少投产准备期？
交付
现场交付是否采用了适时生产原则以减少装卸和交付时间？
装配
是否协作设计装配操作流程以确保安全、质量、工期和成本满足预期？

图 7.4　装配式技术要求项目生命周期中的每一步都要考虑非现场生产因素。本图概述了非现场施工的过程以及在项目交付过程的每个层面都应考虑的细节。请注意，这些项目阶段没有强加的责任，而是建议各利益相关方协作，使装配式建筑成为实体

面向装配的设计要求建筑师、工程师和施工专业人士在施工前演练施工工序，包括开发初始施工方案草图。建筑师和工程师在开发阶段也会使用数字化工具。此过程不在现场作业工作流程中，但可逆向获得有关材料、连接和组装的详细信息以确保工序的顺利执行。兰德和艾伦建议按照组装部件的顺序绘制细部，同时考虑图纸中每个单元所参与的实际组装作业，将细部构造当作过程，而不仅仅是实际物体。

关键路径在于劳动的参与过程。由于施工过程涉及太多工种，低效的进度会拖累项目。出于装配的考虑，扁平化生产—组装工序的项目可通过减少生产商的数量而盈利。更多的工种意味着更多的不协调及材料和产品的不当配置。应力争最少化施工段数量和各施工段的衔接过程，尽量减少或消除临

图 7.5　经由本森伍德公司平叠包装的以待运输的建筑成品。卡车上所有拼板单元的装载顺序都与现场安装方式相反。图中所示的货物打包方式最大限度地利用了半挂的外包尺寸以便降低运输成本

时支撑和特殊工具及爬梯或脚手架的用量，避免拖长现场装配进程。[15]对于部品化和拼板化单元，须详加考量现场的安装工序。在卡车的负载空间内，部品须依据安装顺序反序放置，与随后的安装过程配套协调。运输过程中的物品也有可能被损坏，合同中应仔细说明运输中物品损坏的主体责任和相关补偿措施。

装配式技术规定应概述模块、拼板或部品的施工吊装点，通常被称为抓取点。用于住宅建筑的木制轻型构件一般会使用相对简单的环绕式绑扎带。对于大型物体，由于起重设备和安装方法不同，成本相对更高。虽然每个建筑单元可以是独特的，而任何既定项目也都有多种备选安装方式，但通用的吊装和安装系统更为可取，因为这会减少提升和就位装置的差异。如果装卸不当，提升阶段可能就会损坏单元，损伤不仅由撞击引起，还源于荷载。例如，因不能承受提升过程中的动力荷载，木模块背面会开裂，单这一项就是使用底盘或钢架底座的主要原因。

7.5 运输

运输是设计单元的主要考虑因素之一，也能体现构件如何装配为整体结构。将建筑单元分解为拼板、模块或构件，确定其运输极限尺寸，还须从建筑美学角度确定节点、窗沿和各单元的尺寸。此外，运输过程中须保护建筑部件避免损坏。

除运输和组装外，还应考虑施工工序对设计施工场地的影响。虽然在理想情况下非现场制造单元的施工不存在中断的情况，但现场总会搭设脚手架。如何保护材料至关重要，特别是在待安装阶段，应确保尽快安装各部件。

以下是将建筑产品从生产、加工场所运至施工现场的两种主要运输方法：

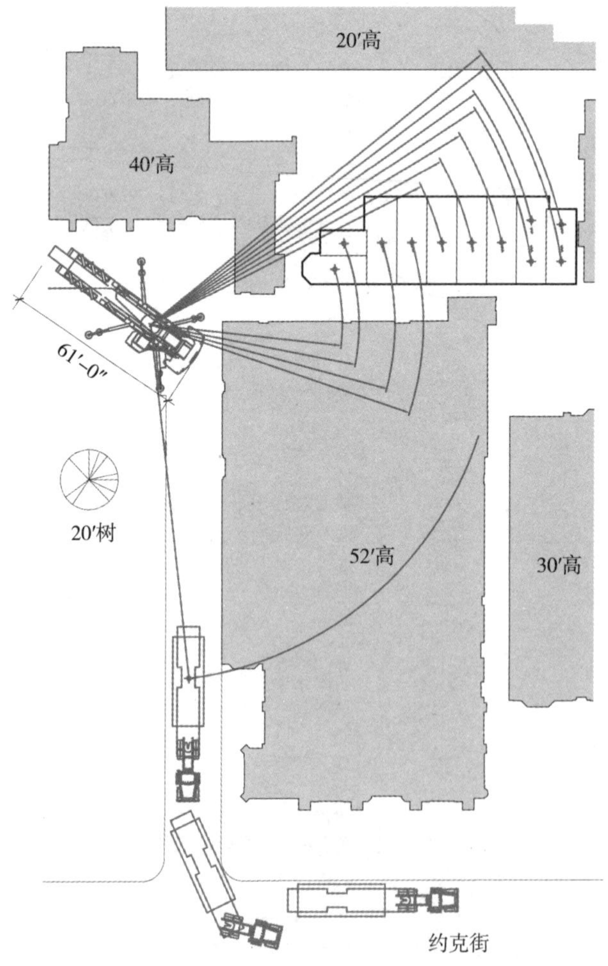

图 7.6 承担皮尔逊学院模块组吊装的起重机的行进路径演练。该项目的交付、抓取、提升和就位规划在设计和制造过程中就以一体化协作的方式完成

• 第一种方法是集装箱运输。根据国际标准化组织（ISO）的规定，集装箱有其标准化尺寸、提升点（提升和定位方法）、相邻单元之间的连接附件和运输底盘和甲板。ISO 开发了众多不同产业的标准，在国际上是一致的。有关尺寸和重量限制的细节在第 6 章中已有讨论，本章不再涉及。

• 第二种方法称为“大件”（dimensional）或“托运”（cargo）运输，指的是非常规运输尺寸或 ISO 单元标准之外的特殊定制尺寸。这些条款适用于所有运输方式，包括铁路、公路、水路、航空以及极少数情况下的直升机运输。不适用于 ISO 集装箱运输标准的超宽、超高或超长的拼板、模块或部品均采用大件运输。

ISO 集装箱由多式联运枢纽发运。与大件运输相比它们的定价和运输方式完全不同。一般来说，ISO 集装箱是最经济实惠且最易获取的运输方式，不需要经营许可证和运输组织的特殊净空规定。[16] 马克·安德森和彼得·安德森在向日本发送建筑单元时，大件运输的成本是 ISO 集装箱运输成本的 10 倍。因此，国际项目中的绝大部分建设费用是运输费。要使装配式方案行得通，就必须抵消附加的运输成本。

虽然铁路运输也高效，但今天美国仍采用公路货车运输方式。在 1938 年的大萧条期间，富兰克林·罗斯福总统会同工程进度管理署（Works Progress Administration）规划出第一条连接美国的八车道高速公路走廊网络（双向四车道）。到 1956 年，艾森豪威尔总统签署“国家州际和国防公路法”（National Interstate and Defense Highways Act），拟建立一个以欧洲高速公路（European Autobahn）为蓝本的公路交通系统。20 世纪 60 年代引入了使用半挂卡车的单一运输模式，既经济又可行。这种便利的运输形式比铁路运输更快，成为目前发运大多数货物的标准方法。

虽然目前某些建筑产品也可经由铁路运输，但在几乎所有情况中，预制单元都由卡车运抵现场。极少数例外情况是因位于铁路沿线或海港附近的场地。通常，作为第三种运输选项的直升机或航空运输成本代价则会太大。直升机运输很少被采用，只有在场地过于偏远或无法通行时才会考虑。

7.5.1 卡车[17]

公路商业货运的管理规定由两种政府机构制定，一是国家级的——“联邦政府商用机动车尺寸管理条例”，由美国运输部联邦公路管理局（FHWA）制定。另一种则是州一级的。联邦管理准则针对全美的州际公路网络，通常也是各州的默认准则，许多州的先例也为 FHWA 所认可。FHWA 的目标是保障人身安全。跨越州际时通常难以协调各地的运输条例，此时必须遵循所跨越州和 FHWA 规定中的更为严格的条款。例如，铁城住家公司在运送米歇尔·考夫曼和保罗·沃纳设计的房屋时，需要从犹他州过境加利福尼亚州再进入内华达州。加利福尼亚州在这三个州中限制条件最多，需要一辆护送车跟随整个运输行程。

联邦法规

• 联邦准则规定商业货车的宽度为 8 英尺 6 英寸。夏威夷是唯一例外，为 9 英尺 0 英寸。这些联邦限制不适用于特殊移动式装备（mobile equipment），包括军用、农用、养护和应急车辆，如消防车。如果某些州需要宽度超过 8 英尺 6 英寸的车辆在其边界的州际公路上行驶，那么各州需要开具特殊的联邦政府超宽许可证。

• 半挂车的最小允许长度为 48 英尺，或者是各州的先例限制尺寸。即使拖车长度超过联邦法律规定的最小长度，各州也不得限制州际公路网或其他合理通行线路上的牵引 – 半挂整车的长度。各州也不能限制牵引单一半挂车的整车长度，以及限制牵引车的轴距。

• 牵引车是与半挂车联合使用的非运输动力单元。运输、动力单元和驾驶室在同一底盘上的卡车通常被称为单体货车，不受联邦法规的约束，仅须遵守各州的法规。同样，单体货车加装拖车或半挂仅遵守州立法规对应的长度，但两个载货单元的总长度不得超过联邦法规所规定的 65 英尺的限制。

• 公路运输预制单元的标准配置是牵引加半挂，或采用低平板拖车（lowboy）以获得更高的运输高度。虽然拖车法规由各州制定，但已被广泛接受的标准确立了固定的拖车类型和货物运输尺寸。

• 带有两个尾随拖车单元的牵引车的长度可为 95 英尺。对于科罗拉多州，长度可达 111 英尺。蒙大拿州规定的重量从 129000 磅到 137800 磅不等。对于三个尾随单元，长度限制依然为 95 英尺，重量为 129999 磅，与前述限制基本没有变化。由于基础设施所处环境不同，西部地区对空间的规定往往更加粗犷，而东部地区对空间的限制要求则会更多。[18]

州立法规

卡车运输的规定因州而异。下面是犹他州的例子，以便读者了解在预制单元运输中所必须考虑的一些参数。犹他州交通运输局汽车运输处（The Utah Department of Transportation's Motor Carrier Division）在《犹他州公路货运指南 2009》中总结了当地的州立法规。[19]

产品运输的法定尺寸：

• 高度：14 英尺

• 宽度：8 英尺 6 英寸

• 长度：半挂车从头至尾为 48 英尺

◦ 双拖车组合：从第一辆拖车车头至第二辆拖车车尾的距离为 61 英尺

◦ 整体卡车 / 拖车或“单体货车”前、后保险杠之间的距离为 65 英尺

◦ 所有情况下车头挑出尺寸限制为 3 英尺，车尾为 6 英尺

如果尺寸超过这些规定，则需要许可证。**超大尺寸许可车辆必须符合以下限制规定：**

• 高度：14 英尺

• 宽度：14 英尺 6 英寸

• 长度：105 英尺

应考虑运输超大负荷的许可运输费。与整体运输成本和建筑项目的成本相比，这些费用微不足道，通常可包含在公司的整体运费报价中。**超大负荷的许可费包括：**

• 单程：30 美元

• 半年度：75 美元

• 年度：90 美元

应该注意的是，各州对超过 14 英尺 6 英寸宽、14 英尺高或 105 英尺长的车辆也可做出例外处理。除超大允许载荷之外，犹他州允许额外的规定载荷（dimensioned load）。在犹他州交通局员工和护送车辆的陪同下，允许双车道线路上负载的宽度超过 17 英尺，州际公路上宽度超过 20 英尺，在所有公共高速公路上负载高度超过 17 英尺 6 英寸的车辆通行。这些费用由运输公司支付，包括加班费。如果在运输过程中需要搬迁公用设施管线，交通控制设备或其他障碍物，相关成本也由运输公司承担。此外，运输过程中的任何损坏均由运输公司负责。在这些情况下，应仔细规划，确保运输路线清晰，提前了解交通情况以便安排住宿，获得合适的公用设施搬迁许可授权、净空许可，组织经过认证的领航护送车（pilot escort）。警示灯、旗帜、“超大尺寸负荷”（OVERSIZED LOAD）标志和其他运输指导方针需要符合相关州府的规定。

护送车队由一辆或以上获得许可的车辆组成。当运载建筑单元的卡车为两辆或以上时就需要护送车。各州的限制也各不相同。**犹他州对护送运输的限制包括：**

- 护送车队的许可车辆数量不得超过两个
- 负载不宜超过 12 英尺宽或 150 英尺长
- 车辆之间的距离不应小于 500 英尺或大于 700 英尺
- 护送车辆之间的距离应至少为 1 英里
- 所有护送车的前部和后部都应有经过认证的领航车辆并附有相应的标志
- 需要时由警方或犹他州交通运输局监督护送

以下装载车辆尺寸要求为超大尺寸许可负荷提供领航护送：

- 在支线公路（secondary highway）上宽 12 英尺（非州际公路）
- 在隔离带高速公路（divided highway）上宽 14 英尺（州际公路）
- 支线公路上长度为 105 英尺，隔离带高速公路长度为 120 英尺
- 负载突出超过 20 英尺时应设置护航护送车辆，前挑置于前部，后挑则后置

超过以下尺寸的车辆 / 负载要求配置两辆领航护送车：

- 支线公路上宽 14 英尺，隔离带高速公路上宽 16 英尺，路边或人行道旁挑檐尺寸小于 12 英寸的移动式和工业工艺住房应仅测量其箱体宽度并派遣护送车辆
- 对于挑檐大于 12 英寸的移动式和工业工艺住房则应测量包括檐口在内的总宽度并派遣领航护送车

要求警车护送的负载车辆：

- 支线公路上宽 17 英尺，高 17 英尺 6 英寸；
- 州际公路上宽 20 英尺，高 17 英尺 6 英寸；
- 管理部门有要求

总重和轴重的限制：

- 单轮：10500 磅
- 单轴：20000 磅
- 串联车轴：34000 磅
- 三轴车由桥梁限制决定
- 车辆总重量为 80000 磅

如果超过这些重量，则须取得超出最大限重的许可授权。

在存在时限通行的路段，货物或许需要换乘。这些路段包括存在桥梁或特定尺寸限制的区域，不在主干或支线的高速公路及州际公路。此外还限制超出法规限定的负载。**例如，犹他州鼓励符合下列条件的超大负载车辆在夜间通行：**

• 支线高速公路上的负载宽度不得超过 12 英尺，州际高速公路上不得超过 14 英尺，所有道路上均不得超过 14 英尺。

• 宽度超过 10 英尺，总长超过 105 英尺或前后挑出总长超 10 英尺的负载，州际高速公路配设一辆经认证的领航护送车，所有支线高速公路配设两辆。

• 总长度超过 92 英尺的负载间隔 25 英尺设置指示灯，负载前部和侧面用琥珀色灯标识极宽，尾部用红灯标识。

对天气条件也有限制，以下条件不允许行驶：

• 风速超过 45 英里 / 小时

• 道路积雪或结冰

• 能见度小于 1000 英尺

在所有情况下，车辆和负载均应采用可行的最小尺寸以兼顾运输安全和运输成本。

7.5.2 拖车

运输预制单元的拖车一般分为两大类：

• 箱式拖车：这是一种标准的箱形整体式挂车，有时也称为干货集装箱（dryvan），用于运输部品和拼板，通常用叉车从后部装车。这种拖车的优势在于能使构件在运输过程中保持干燥并且不易受到损坏，但运输时应考虑箱体的结构尺寸。拖车的标准外部尺寸如下：

◦ 宽度：8 英尺或 8 英尺 6 英寸

◦ 长度：28、32、34、36、40、45、48 和 53 英尺，最后两种尺寸最为常见

◦ 高度：底板以上高 8 英尺 4 英寸

◦ 重量：最大载重为 44000 磅

• 平板挂车：根据运输产品的尺寸和重量分为单轴、双轴和三轴。用于建筑材料运输的平板挂车通常有三种类型：

◦ 标准平板半挂：标准半挂可通过机械连接挂于牵引车上，用于运输重量和高度没有限制的情况，通常采用双轴拖车。底座宽 8 英尺 6 英寸，长 48 英尺，车床离地面较高。假定运输最大高度限制是犹他州

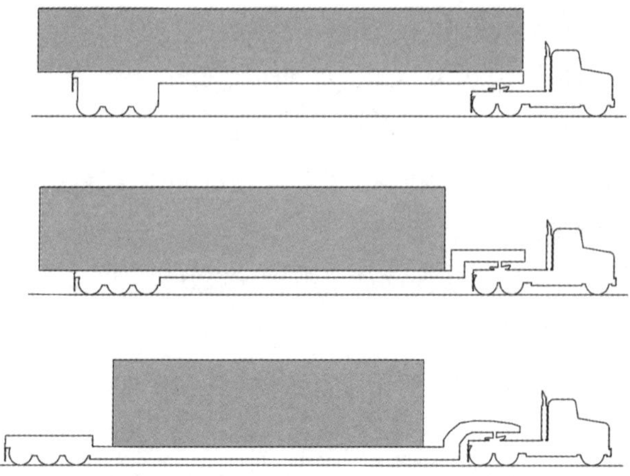

图 7.7 虽然美国各州关于运输卡车的管理条例各不相同，但挂车的规格不必变化。用于运输部品、拼板和模块的挂车有三种类型：上图：运输较长构件的平板拖车；中图：单阶式半挂；底图：双阶式半挂可用于所有建筑单元的运输。挂车的成本通常由上至下逐渐递增

的标准即 14 英尺，标准半挂的负载高度限制为 8 英尺 6 英寸。货物的长度可以是整车长度加上各州所允许的挑出长度。犹他州 48 英尺的平板半挂可容纳 54 英尺长的货物。最大运输重量为 48000 磅。

◦ 单阶式半挂：这种挂车可为二轴或三轴，多用于运输相同类型的货物，优点在于负载运输高度更大。大多数拖车长度为 48 或 53 英尺。上层甲板长 10 英尺，48 英尺的拖车有 38 英尺的负载长度。典型的阶梯式半挂后部标准高度为 40 英寸，犹他州的额外负载高度就为 10 英尺 6 英寸。三轴单阶式半挂的货物长度为 50 英尺，包含后部的悬挑长度。阶梯式甲板构造使这种半挂重于平板挂车，最大运输重量为 44000 至 45000 磅。

◦ 双阶式半挂：被称为低平板拖车（lowboy），这种拖车运载高度极高。挂车在甲板中部有一个“凹井”，与单阶半挂相比，它能够运输更高的货物，但长度并不长。这种半挂的缺点是不便于装载。双阶式半挂的长度通常为 48 英尺，中部凹井甲板的高度为 20 英寸，最大允许货物高度为 15 英尺 6 英寸，在犹他州不需要许可证。凹井处最大货物长度为 40 英尺。这种挂车可于牵引车连接处设置可拆卸的鹅颈状装置，可为装卸货物提供更大的灵活性。有效载荷据挂车不同而异。

7.5.3　模块运输

模块化、移动式和工业工艺单元的运输规则与上述准则一致，但还有一些附加限制。当移动式和工业工艺房屋超过 14 英尺 6 英寸，隔墙之间的最大宽度为 16 英尺，利用自行走装置运输时，政府管理部门可为其签发单程证，但必须符合轮胎侧壁的安全规定，车轴悬架不能超过生产商的生产能力和负载能力，所有拖车必须安装操作制动器。根据具体情况，也允许隔墙间距离超过 16 英尺的移动式房屋采用自行走方式。移动式或工业工艺房屋可以在所有类型的拖车上运载。[20]

图 7.8　集成底盘的模块可用于活动教室和建筑工地活动用房。这是詹妮弗 · 西格尔为“乡村学校”开发的模型

图 7.9　拖车上可放置多个小模块。图示的单阶半挂上放置了两个 EcoMOD 木制模块

运输过程中的动力荷载通常是构件在其生命周期中经历的最大载荷。拼板和部品所承受的这种动力效应可通过平叠式包装来减轻，但对于模块化建筑就要求仔细确定装载和卸载的起吊点以及在运输过程中可能经历的临界动力荷载。这些通常是使用模块化结构的最大阻碍，因为运输条件要求必须加强建筑单元的结构。设计团队在开发建筑单元时必须仔细考量在运输过程中产生的各种荷载效应。预制单元在工厂提

州名	宽度	高度	长度
亚拉巴马	12' (16')	* (16')	76' (150')
阿拉斯加	10' (22')	*	100' (*)
亚利桑那	11' (14')	* (16')	* (120')
阿肯色	12' (20')	15' (17')	90' (*)
加利福尼亚	12' (16')	* (17')	85' (135')
科罗拉多	11' (17')	13' (16')	85' (130')
康涅狄格	12' (16')	14' (*)	80' (120')
特拉华	12' (15')	15' (17'-6")	85' (120')
哥伦比亚特区	12' (*)	13'-6" (*)	80' (*)
佛罗里达	12' (18')	14'-6" (18')	95' (*)
佐治亚	12' (16')	15'-6" (*)	75' (*)
爱达荷	12' (16')	14'-6" (16')	100' (120')
伊利诺伊	* (18')	* (18')	* (175')
印第安纳	12'-4" (16')	14'-6" (17')	90' (180')
艾奥瓦	8' (16'-6")	14'-4" (20')	85' (120')
堪萨斯	* (16'-6")	* (17')	* (126')
肯塔基	10'-6" (16')	14' (*)	75' (125')
路易斯安那	10' (18')	* (16-'5")	75' (125')
缅因	8'-6" (18')	8'-6" (*)	80' (125')
马里兰	13' (16')	14'-6" (16')	85' (120')
马萨诸塞	12' (14')	13'-9" (15')	80' (130')
密歇根	12' (16')	14'-6" (15')	90' (150')
明尼苏达	12'-6" (16')	*	95' (*)
密西西比	12' (16'-6")	* (17')	53' (*)
密苏里	12'-4" (16')	15'-6" (17'-6")	90' (150')

州名	宽度	高度	长度
蒙大拿	12'-6" (18')	* (17')	* (120')
内布拉斯加	12' (*)	14'-6" (*)	85' (*)
内华达	8'-6" (17')	* (16')	105' (*)
新罕布什尔	12' (16')	13'-6" (16')	80' (100')
新泽西	14' (18')	14' (16')	100' (120')
新墨西哥	* (20')	* (18')	* (190')
纽约	12' (14')	14' (*)	80' (*)
北卡罗来纳	12' (15')	14'-5" (*)	100' (*)
北达科他	14'-6" (18')	* (18')	75' (120')
俄亥俄	14' (*)	14'-10" (*)	90' (*)
俄克拉何马	12' (16')	* (17')	80' (*)
俄勒冈	9' (16')	*	95' (*)
宾夕法尼亚	13' (16')	14'-6" (*)	90' (160')
罗得岛	12' (*)	14' (*)	80' (*)
南卡罗来纳	12' (*)	13'-6" (16')	(125')
南达科他	10' (*)	14'-6" (*)	*
田纳西	10' (16')	15' (*)	75' (120')
得克萨斯	14' (20')	17' (18'-11")	110' (125')
犹他	10' (17')	16' (17'-6")	105' (120')
佛蒙特	15' (*)	14' (*)	100' (*)
弗吉尼亚	10' (*)	15' (*)	75' (150')
华盛顿	12' (16')	14' (16')	*
西弗吉尼亚	10'-6" (16')	15' (*)	75' (*)
威斯康星	14' (16')	*	80' (110')
怀俄明	* (18')	* (17')	* (110')

*表示完全由路线决定；
( ) 表示需要许可并（或）护送的最大尺寸

图 7.10　美国各州关于货车运输预制建筑单元的管理条例各不相同。这是由库尔曼建筑产品股份有限公司制作的一份清单，表里明确了各州对尺寸规格的要求，并指明对超大尺寸负载的可能特殊许可或护送要求。需要注意的是，国家法规每年都可能发生变化。例如，此表中关于犹他州的数据与其最近发布的 2010 年法规数据就存在差别

升装载至拖车，运输到现场经吊装、放置、矫正后连接于上部结构和基础等单元中。这其中的任一步都会决定模块化系统的最终结构效用和建筑美观。[21]

单元必须以特殊方式牢固连接于拖车。这种连接方式可能影响移动式或工业工艺住房的设计。连接中应至少采用四颗 $^3/_4$ 英寸直径的螺栓将模块的主要支承构件与移动装置的支撑框架相连，螺距至少为 4 英尺。端部螺栓各自距模块的前沿和后沿不小于 12 英尺。也可采用等效紧固方法，但不能在模块化住房和移动装备之间使用摩擦接触式夹具紧固。除了螺栓连接和夹具外，还得使用两条安全链，在连接牵引车和模块化住房的连接机构的左侧和右侧各一条（但与连接机构分离）。链条钢的直径为 $^3/_8$ 英寸，最小试验制动荷载为 16200 磅；每个固定端部连接牵引车辆和工业工艺住房，这样就能确保在连接机构失效的情况下住房模块仍能被车头牵引。当低平板半挂连接于带有牵引座主销装置（fifth wheel and kingpin assembly）的车头时，不要求强制使用这两个安全链。[22]

移动式和工业工艺住房模块结构的运输，需要使用一种面积不大于 4 平方英尺，厚 0.5 毫米的刚性格栅塑料薄板，以防止其颤动或翻滚。必须用这种构造完全封闭运输单元的开口侧。与其他模块连接的敞开区域、平屋顶中的开孔或楼层之间为楼梯预留的空腔等类似部位也必须封闭，这样运输模块就不会因气流产生的内部压力被损坏或掀翻。[23]

7.5.4 铁路货运

美国联邦铁路署（The Federal Rail Administration，FRA）负责铁路运输管理。该机构隶属运输部，负责监管铁路运输安全。用铁路运输非现场制造建筑单元的情况很少见，但有时也是公路运输的替代选择。以下是铁路运输的优点和缺点：[24]

优点：

- 燃油效率
- 可以承受更大的荷载（3 辆卡车相当于 1 辆铁路货车）
- 装卸灵活
- 解决公路运输中缺少驾驶员和装备的问题
- 可以运输需要较少拆装量的大型构件
- 不需要道路许可、护送车辆、夜间通行限制和天气条件限制
- 列车允许装载多种零件从而降低单件物品的运输成本

缺点：

- 与公路运输相比，总体成本更高
- 根据最低运量收费；低于 50000 磅运输价格不变
- 轻质建筑材料，如木拼板和木模块很难收回成本，不易验证铁路运输的合理性
- 对于重型单元，须确定装载和卸载地点
- 如果货物不能在轨道附近吊装至其他轨道，那么也就难以用卡车运输。如果要利用卡车，那么公路运输可能才是最简单的选项
- 密度产生效益，因此平叠包装类货物最适合采用铁路运输方式

密西西比以东和密西西比以西是铁路工业的两大功能区。尽管目前铁路工业存在许多供应

商，但在东部地区，诺福克南方铁路公司（Norfolk Southern）和CSX公司为主要供应商。同样地，在西部地区，联合太平洋铁路公司（Union Pacific）和北柏林顿圣塔菲铁路公司（Burlington Northern Santa Fe，BNSF）处于领先地位。尽管FRA规范了铁路运输，但主要是确保不涉及危险化学品，铁路公司则确保尺寸方面的运输标准。西部地区有更加灵活的尺寸规定，而东部则受到前铁路时代所建立的陈旧基础设施的限制。每次运输时必须考量货物的尺寸许可条件。在大型或超大货物运输之前，应调查整个运输线路，确保符合许可规定。此种失误造成的成本将远高于公路运输的相应成本。

宽度：

- 西部标准：
  - 11英尺或更少，没有许可限制
  - 11~14英尺需要许可
  - 14英尺以上需要铁路公司的许可并委派一种特殊列车，无需护送列车
- 东部标准：
  - 10英尺6英寸或更小（诺福克南方）和11英尺或更小（CSX）无需许可
  - 11~14英尺或更宽需要铁路公司的许可
  - 14英尺或更宽需要铁路公司的许可并委派特殊列车

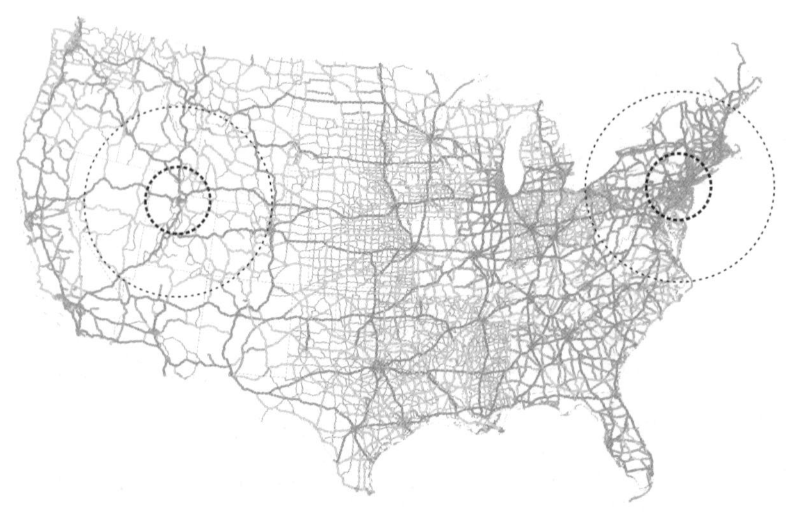

图7.11　美国预制建筑单元的运输仅限于国家高速公路干线网和铁路网。左上图：美国的主要高速公路网。右上图：美国的铁路网。比较两者便能解释超过90%的运输量都由卡车完成的原因——方便获取而且运输成本便宜。下图：关于预制单元运输距离的经验法则是以125英里为半径的范围。从运输策略角度看，图中内圈置于犹他州的西班牙福克市，这片区域有铁城住房建筑公司和位于新泽西州莱巴嫩的库尔曼建筑产品股份有限公司。外环的半径为500英里，这是USGBC LEED计划指定的运输距离，许多生产商将其作为最大运输距离

高度：

除专门的大件运输外，铁路交通也运输第 6 章所述的集装箱；通常堆叠两个集装箱，或称为“双层堆叠”，总高度至 21 英尺。这为东西部地区的大多数列车设定了高度限制，其中包括集装箱运输、散货运输和大件运输。高度从铁轨顶部算起，货车甲板上的建筑单元通常在轨顶上方的 3.5~4 英尺处。大件运输的货物高度限制在距轨道顶部 17 英尺处。除这个尺寸限制外，还须从铁路公司获得许可，以评估整条路线中的净空要求。由于列车甲板高 3.5~4 英尺，建筑模块、拼板和单元的堆叠高度或成品高度不能大于 20~21 英尺。

通行净空中最重要的因素是桥梁和隧道，大多已年代久远，建造尺寸有其历史背景，不可能预留大件运输所需的通行尺寸。如果遇有无法通行的桥梁或隧道，可选择绕行，但这种迂回方式会增加里程和时间费用。

长度：

铁路大件运输采用平板列车。列车的标准长度分别为 60 英尺和 89 英尺。这是在端部之间测量尺寸，所以运输单元的长度通常限制在 59 英尺和 88 英尺之间，这样任一端都有 6 英寸的空间用以支撑货物。

7.5.5 其他模式

运输机是另一种运输工具，上述大件运输的任何尺寸都可采用这种方式，当然货物运输也可以由客机承担。如果项目预算允许，特殊产品也可租用私人飞机运输。航空运输的大部分限制条件是起飞和降落的地点。如果需要运送到无法着陆的偏远地区，则要改为船运。ISO 集装箱不由航空运输而是由货船运输，建筑单元采用内河运输方式更为经济；然而，若要采用海运则应考虑其运输时间。再次，就像航空运输一样，应由专用货船运输超过 ISO 集装箱尺寸的大件货物。[25]

西科斯基 S-64E Skycrane 直升机可提升超过自身重量（10 吨）20000 磅的货物，对于道路封闭的定向移动情况可以运送 18000 磅的重量，每半小时加一次油。根据规范，当代房屋的重量约 60 磅 / 每平方英尺，1500 平方英尺的房屋约有 90000 磅的恒载，至少需 5 架直升机提升和移动。这就使直升机运输房屋模块在技术上和经济上都不大可能实现，除非模块尺寸和重量都较小。[26]

7.5.6 运输成本

尺寸、重量、运输方法和行程距离决定了运输成本。运输半径通常由生产商确定，衡量与同类制造商相隔的最大距离，或是其交付能力的极限距离。当然也有例外，有必要对每种情况都进行运输路线的成本效益分析。最理想的情况是，单元到达工地就立即被吊装，因为白天很难封堵市政交通，而在农村地区，工地中的构件容易因现场失误或蓄意行为而遭受损坏。成本在许多方面都取决于原点和目的地的情况。运输费用不采用固定价格，货运公司会根据货物和路线竞标。

在制定有关装配式的决策时，需要将运输费用计入成本估算。长距离运输的小型建筑物所节约的工期并不能证明非现场制造方式的合理性。一些公司通过互联网提供公开的项目报价，但这些价格对大型项目的运输应只作为经验参考，不能作为建筑项目的准确总体成本概算。无论采用现场施工还是装配式技术，燃油价格、法规限制、天气条件、劳动力短缺等种种因素都会影响最终的运输成本。

西克和李（Seaker and Lee）在 2006 年的一份题为“评估作为替代选择的装配式技术：运筹影响”（Assessing Alternative Prefabrication Methods：Logistical Influences）[27] 的报告中指出，在运筹过程的各项成本中，如从采购到安装的材料费用，相对于现场施工方式，运输环节中增加的成本最多。[28] 这是由于货物总数的增加、运货距离和转运的增多以及运输方式等综合要求更高成本的运输能力。与非现场制造相比，现场施工方法的固定管理费用和运输活动都较少。

研究发现，建筑单元的运输成本随预制度的提高而增加。这主要和运输单元的装载密度有关。例如，模块具有大量空置空间，因此运输密度较小。该研究指出，预制拼板的密度损失为 70%，其成本会从每平方英尺 0.53 美元增加到每平方英尺 0.93 美元。标准模块的每平方英尺运输成本比同样的现场施工材料多出 1.33 美元。8.5 至 12 英尺的特宽货载的每平方英尺运输成本将会多出 3.27 美元，而超过 12 英尺则会有 5 美元每平方英尺的附加费。即使行程较短，超大负载的总成本仍为最高。在建筑材料的所有运输形式中，对运输成本的最大影响因素是工地至生产设施的距离。虽然对组装有利，但较少数量的部件所带来的附加收益并不总能保证项目的盈利。在低预算项目中，业主可能会要求在工厂生产中采用小型单元或者完全改为现场施工技术。

该报告中有一点值得注意，致使非现场拼板和模块成本高昂的运距分水岭为距离生产工厂约 150 至 200 英里。在此范围内，运输成本随距离线性增加，对于 12 英尺或更宽的模块则为指数增加。这项研究很重要，因为它指明了这样一个现实，虽然精益战略对生产过程很重要，生产制造和装配效率也一直被关注，但人们却往往忽视运输环节。大型部件可以节约工期，而出于成本考虑，现场施工的制造可行性和运输因素同样重要。混合使用模块、拼板和部品不失为一种实现成本 – 效益策略的明智选择。

“西克和李”关于合益运输距离（cost–effective distance of transport）的发现与来自设计 ISBU 的英国工程公司布罗哈波尔德公司和美国普尔蒂（Pulte）住家建筑公司 * 的研究数据一致。布罗哈波尔德公司的艾德里安·罗宾逊表示，对于大多数项目而言，200 公里或 124 英里是合益运输距离的极限，这一结论是在特拉韦酒店项目的研究中得到的。利用 ISO 标准集装箱发送模块的联运模式加速了这一基准（benchmark）的确立。如果模块在施工场地附近制造，那么劳动力成本就会过高。在美国等发达国家中，当发送距离较近时装配式才合乎常理。同样地，普尔蒂住家建筑公司已投资于装配式建筑及其供应链的整合领域，也为快速组装的市场利率商品房发送模块。该公司的马克·霍奇斯（Mark Hodges）表示他们的建筑系统限制在距工厂 125 英

* 音译，普尔蒂公司是住宅建筑商。——译者注

里以内的区域中。[29] 这一距离逐渐成为民用建筑行业中工厂至场地的标准运输距离。从运筹角度看，除非人工、时间或材料成本有较大节余，否则远距离发货不具备成本效益。

虽然预制商通常会宣传高达 500 英里的发货能力，但这更像是一种确保得到合同的营销手段。模块化建筑协会的汤姆・哈迪曼（Tom Hardiman）表示，根据经验来看，这个“125 英里”与各模块化建筑商的分布位置有很大关系。如果生产商或供应商位于 300 到 400 英里之内，那么模块化产业自然会将整个区域分解几个为半径为 100 至 150 英里的运输块。在模块化产业中，经销商或总承包商会在业务圈内共享信息并一道踞守地盘。对于需要专业制造商参与并具相应预算的项目而言，远距离的货运是合理的。然而，在标准建设项目中，运距的增加对项目总体成本的影响也会逐步增多。米歇尔・考夫曼和模块化建筑商库尔曼建筑产品股份有限公司在运营中证明，虽然预制品的运输距离减少了 5%，但非现场建造的运输成本却增加了 5%。该数字仅考虑基建费，未计入员工往返工地或工厂的交通时间。毫无疑问，往返工地的次数必然多于往返工厂的次数。但是，这些成本包含在项目总预算中，很少单独列出明细，因此难以准确对比装配式和现场施工的交通成本细要。

7.6　安装

装配式建筑单元一旦抵达现场便准备就位。安装和组装单元是施工过程的最后一步，其中包括提升、定位、调整、连接和接缝。装配式和现场组装的单元都需要设计合适的提升点，有时称作“起吊点”。起吊点由工程师设计，确保提升点与单元的重量分布一致。提升点的位置对于吊装稳定性和就位于直角或水平面的情况来说非常重要。提升点或许可以设置在单元的任何位置，但应仔细考虑其最终视觉效果。关于起吊点是否被面层遮盖或隐埋在装配体中的考虑，相对来说不那么重要。起吊点也可以是建筑美学的一部分，也可以与其他单元、构件和已安装完成的建筑物的最终连接部位重合，如同斯蒂文・霍尔在圣伊格内修斯教堂（St. Ignacius）中所采用的构造。这里仍存在难点，因为单元一旦装配，其即时最终载荷分布将与此时的提升或就位外力不同。拼板或模块完成度较高时应小心确定起吊点以免单元在吊装时被吊带、绳索或碗扣损坏。模块的提升点取其三分点处计算，但始终应考虑特殊单元中的不均匀重力分布。

木制模块通常使用环绕式吊带，这就要求加强模块结构，确保在提升时模块跨中不会断裂。预制混凝土构件使用提升点、吊耳或锚固件方便运输和组装，在工厂加工过程中预埋零件。为了简化拼板的定位，建筑单元都应具有参考面和配装面（reference and fitting surfaces），通常需要严格编号以免混淆安装作业。用条形码、数字和字母编号或其他识别方法系统组织现场装配工序，这些都能直接标识于单元本体。

不同类型的索具和平衡吊具结构都可用于提升单元。对于小型单元可采用直接提升法，但大多数项目都采用平衡吊具，这种方法可使受力方向垂直

图 7.12　图示模块为加利福尼亚州马莫尔雷迪策装配式房屋公司（MarmolRadziner Prefab House）的模块，用三组吊带和一根平衡吊具将荷载传递给液压起重机

图 7.13　为便于操控挂在吊钩上的模块，安装人员使用牵引绳引导模块准确就位

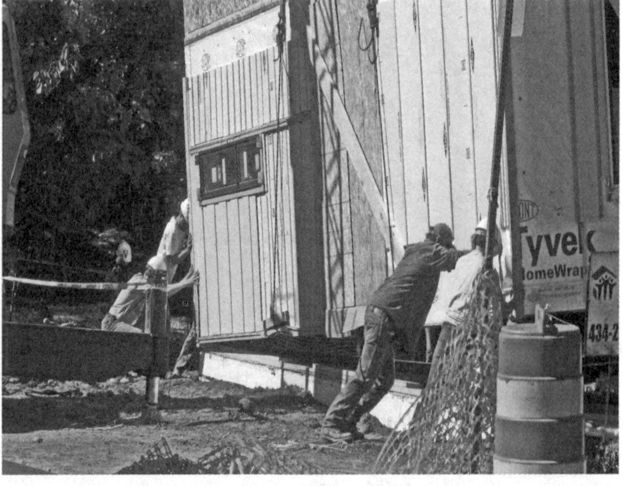

图 7.14　角部定位是整体模块准确就位的关键安装步骤。可能需要多次调整才能使模块在容许尺寸范围内妥善就位

于装配件并能降低单元中产生意外弯矩作用的概率。建筑模块尤其需要平衡吊具。吊具基本上是梁或桁架结构，将提升荷载，分散传递于吊具系统，避免集中力作用于预制单元本身。对模块化结构尤为重要的是，较大的集中荷载作用可能引起偏心或钝挫力，可能会永久损坏模块或致结构失效。吊具由实施现场定位的公司提供，但在项目早期规划阶段，设计和施工团队就应仔细考虑吊具、提升点和起重设备之间的联系。吊装可能会影响装配单元的尺寸和布局。

7.6.1　吊装

装配大多是用起重机将单元直接从平板拖车上提升至最终就位安装位置，由现场工作人员引导并实施连接。理想情况下，现场工作不应妨碍起重设备的极限工作流。大型起重机的租赁费用昂贵，因此应尽可能提高机器的利用效率。"上钩"单元通常由一两根导索操纵。若风速超过 10 英里 / 小时，不应允许吊装作业。当天作业完成后，任何连接节点或开洞部位都应用油布覆盖，以防雨水侵蚀。

承包商承担吊装的施工组织设计工作。在制造商也作为总包方的项目中，起重机类型必须与装配式系统相协调。起重机的一般工作原理是起重能力与可达范围或半径成反比。工作半径越大，起重机可吊装的重量便越小。为达到更大的负载和工作半径，就必须使用更大负荷容量的起重机。一般根据起重量和工作半径确定起重机的类型。吊装模块所需起重容量远大于现场施工项目中的常用容量。现场作业所用起重机的容量通常小于 5 吨，而吊装模块的起重机容量通常在 40 到 75 吨之间。

起重机的选择取决于提升负载、起升高度、执行多任务的机动性能、工作半径、升降机的数量，以及租用的便利程度。塔式起重机价格昂贵，只有在安装多层预制单元时才会使用。对于单层或多层模块，车载液压伸缩式起重机是理想选择。但令人困惑的是，塔式起重机比汽车吊具备更大的起重量，但在建造预制部品时却很少使用塔式起重机。[30]

动臂尺寸也决定了负载能力。例如，标准车载式液压起重机吊臂尺寸较小，为 25~70 英尺，起升重量为 22 吨。100 英尺的伸臂式起重机的起升重量为 33 吨，更大容量的起重机也容易获得，但是大型卡车的出入会引发住宅街道和小巷的交通问题。卡车所允许的最大运输总重量为 80000 磅（36.3 吨）。对比来看，40 吨重的高速公路最大运输限制比一座 2000 平方英尺的典型木龙骨房屋的重量少 60%。规范规定这种房屋的恒载重量为 60 磅 / 平方英尺，总重量即为 120000 磅或 60 吨。这意味着，即使把房屋各单元堆叠得严丝合缝，其重量仍然超过卡车的最大运输重量，需要用臂长为 25 英尺的汽车吊吊装 3 次，而 100 英尺的则需 2 次。一般来说，小型起重机多次提升比只用一两次起升的大型起重机更便宜。

7.6.2　基础

模块化结构的基础可以是墩（桩）基础、条形基础或地下连续墙。木模块通常将荷载扩散分布于基础，就像将荷载传递于承重墙一样。钢框架模块的荷载传递取决于设计方法。例如库尔曼公司生产

起重机的类型

起重机有两种主要类型：移动式起重机和固定式起重机。移动式起重机可以安装在卡车上，起重机与卡车成为一体，例如越野起重机和全路面起重机；也可以是履带式起重机，底部类似于带有转动轨道的挖掘机。安装预制单元的常见起重机介绍如下。

- 车载式液压起重机
    - 越野起重机用于难以通行的未平整场地
    - 车载式起重机可以在高速公路上行驶，但不适于崎岖的地形
    - 全路面车载式起重机是前两种的组合
    - 负载行走的能力（pick and carry capability）
    - 40 至 75 吨的起重量
- 履带式起重机
    - 现场灵活性更大
    - 由拖车运输到现场
    - 40 至 3500 吨的起重量
    - 需要 8 辆集装箱卡车运输
    - 自组装

固定式起重机不能移动，但有更大的负载能力，工作高度和半径也较大。由于经济因素它们在现场几乎不会变动。最常见的固定式起重机是塔式起重机。

- 塔式起重机
    - 用于空间受限的情况
    - 工作高度和半径大
    - 通常固定于基础
    - 需要设计和规划工作半径极限

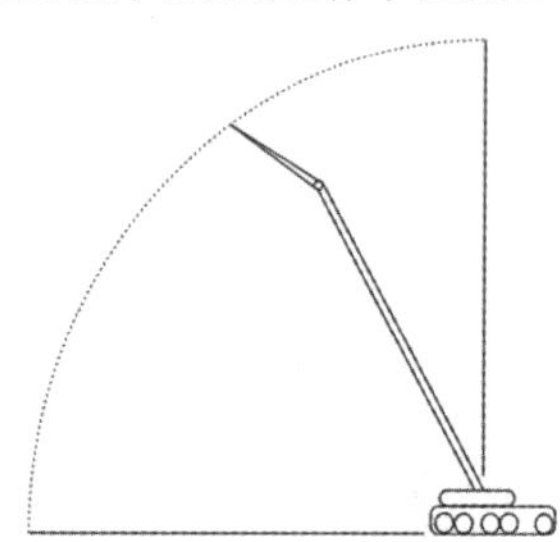

图 7.15　左图和中图：移动式起重机用途广泛，能够在整个施工现场内移动，其工作半径也在中小型项目的管理能力范围之内。这些起重机的起重能力在 40 至 75 吨之间，一般能够胜任建筑工程中对预制单元的提升需求，工作范围高达 180 英尺高，半径达 160 英尺。右图：固定塔式起重机费用昂贵，但有极大的起重能力和工作范围

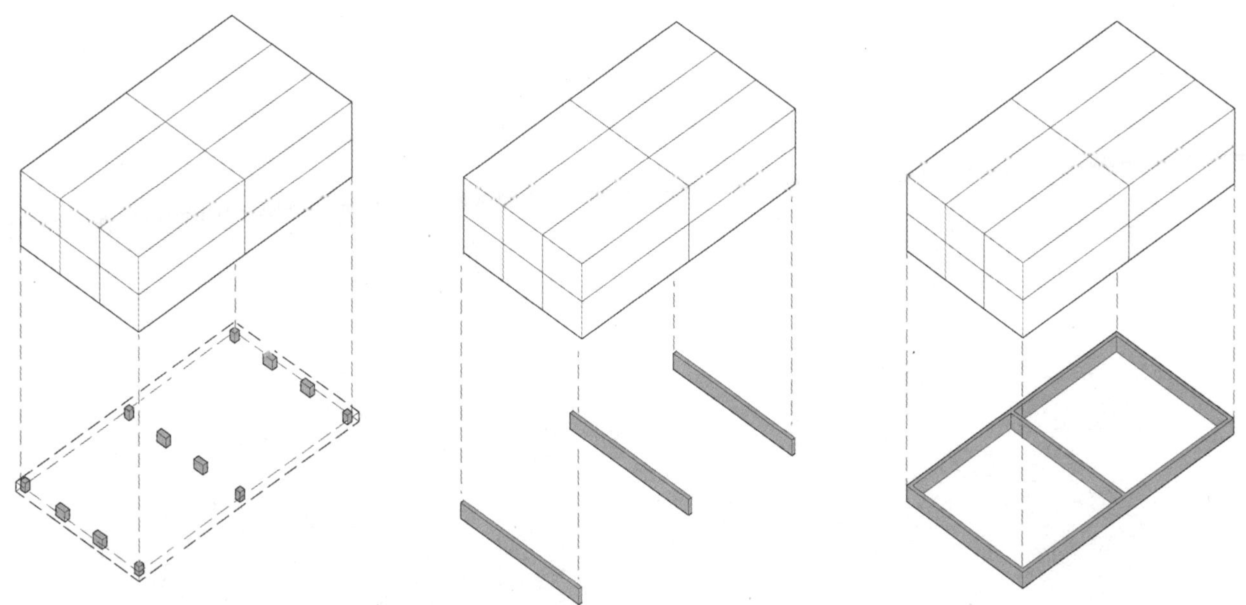

图 7.16　模块化结构的三种基础：左图：墩基础；中图：条形基础；右图：地下连续墙。设计模块化结构时可考虑将荷载作用传递至角部的竖向构件，周边结构不受力从而避免过多地使用地下连续墙

的模块，基础上作用的是集中荷载而非均布荷载。因此，对于这种类型的模块化建筑，较少使用筏板基础，围护基础和敦（桩）基础是最好的解决方案。现浇基础从来不会达到满意的效果，其精度比工厂化构件低得多，因而经常会在基础上铺设垫层以确保平整。

7.7　容差

容差是为了调和在正常生产和安装中因潮湿环境、温度应力变形、材料差异和组装期间人工失误而产生的误差。设计细部时，设计师需要与制造商和承包商合作以确定项目的容差。每个细部都有其尺寸裕度，两种材料的结合需要双方体谅各自对精确度的要求。较大单元所需要的容差也大，在尺寸不能变易时更是如此。扩大容差会增加项目成本，这就需要协作保证单元的现场装配。

由于工厂生产方式改进了施工工艺，因此相对于现场作业，非现场施工方式可以实现更严格的公差控制。当今的设备和器械在合适的温度条件下所允许的公差可达 1/50000（百万分之二十），这种公差通常用于高精度医疗设备和机械行业，建筑物不需要这么高的精度。考虑到场地平整的不均匀性，现浇基础的误差控制也并不严格，虽然装配式建筑

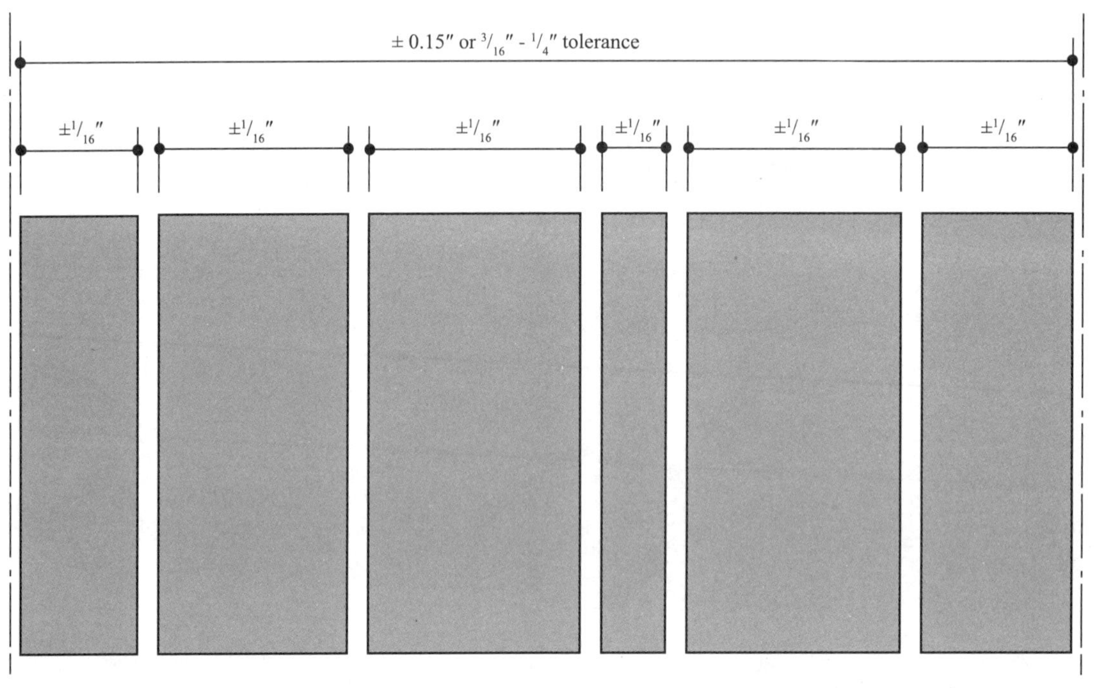

图 7.17 此图阐明了一个柱距范围内六块拼板的累积公差原理。假设每块板的尺寸容差为 $\pm{}^{1}/_{16}$ 英寸，那么这个装配体的总体尺寸容差就为 $^{3}/_{16}$ 到 $^{1}/_{4}$ 英寸

的精度可能很高，但须利用容差协调两者间的尺寸差异。因此，容差指不精确尺寸的允许裕度。对于装配式建筑工程，容差既存在于预制单元本身的装配中，也存在于预制单元和现场作业部分的相互连接中。

装配式建筑的容差分为两类：零件容差和装配容差。零件容差（Part tolerance）指部品、拼板或模块的零件本身的公差，包括由 MTS 零件制成的单元。装配容差（Assembly tolerance）指单元或部件本身的公差以及部件在现场装配过程中的容差。

容差由现场组装的地点和方式最终确定。因此，容差计算是一组装配体的集合累积。例如，一个结构节间内的一组 6 块外挂板，每块板件的公差为 $\pm{}^{1}/_{16}$ 英寸，那么装配体的总容差为：$=\pm\sqrt{6\left(\frac{1}{16}\right)^{2}}=\pm0.153$ 英寸，或者尺寸总容差为 $^{3}/_{16}$–$^{1}/_{4}$ 英寸。*

容差反映了现场施工中的人工装配尺寸误差。例如，Office dA 设计的 Arco 加油站中不锈钢 CNC 拼板的精度为 $\pm{}^{1}/_{64}$ 英寸。装配过程中因人为错误而导致的尺寸偏差超过 $^{1}/_{4}$ 英寸，因而要通过连接来调节这种误差，无可避免地也要再次处

* 容差累积的计算方法不仅限于这种均方根法。——译者注

美国建筑业的尺寸容差

混凝土	
基础尺寸	$-^{1}/_{2}$ 英寸，+2 英寸
住宅基础的方正性	$^{1}/_{2}$ 英寸 / 20 英尺
墙体垂直度	$\pm^{1}/_{4}$ 英寸 /10 英尺
墙体到建筑控制线的偏差	± 1 英寸
墙体厚度的偏差	$-^{1}/_{4}$ 英寸，$+^{1}/_{2}$ 英寸
柱子垂直度	$^{1}/_{4}$ 英寸 /10 英尺，总体不超过 1 英寸
梁的水平偏差	$\pm^{1}/_{4}$ 英寸 /10 英尺；任意跨 $\pm^{3}/_{8}$ 英寸；总长 $\pm^{3}/_{4}$ 英寸
板底的水平偏差	同梁
钢结构	
柱子垂直度	20 层以内偏向建筑控制线 1 英寸，偏离时为 2 英寸；20 层之上偏向时为 2 英寸，偏离为 3 英寸
梁长	梁高小于 24 英寸时为 $\pm^{3}/_{8}$ 英寸；大于 24 英寸时为 $\pm^{1}/_{2}$ 英寸
木结构	
楼层均匀性	$\pm^{1}/_{4}$ 英寸 / 32 英寸
墙体垂直度	$\pm^{1}/_{4}$ 英寸 / 32 英寸
外墙	
铝和玻璃幕墙	取决于生产商
钢结构玻璃幕墙	取决于生产商
金属幕墙（CNC）	$\pm^{1}/_{64}$ 英寸 /15 英尺
内部装修	
金属框架的垂直度	$\pm^{1}/_{2}$ 英寸 / 10 英尺
吊顶的平整度	$\pm^{1}/_{8}$ 英寸 / 10 英尺
模块	
木模块	$\pm^{1}/_{4}$ 英寸 / 32 英寸
钢模块	单个模块任意方向均为 $\pm^{1}/_{8}$ 英寸

图 7.18　美国建筑业的尺寸容差：上表所示仅为一般性经验法则，不是标准规定。每个建筑项目都有其预期功能用途，因而具体的尺寸容差会与上表不同

对接线接合（Mate-Line stitching）

接缝可以隐藏，也可外露为一种建筑构造。模块化工程中，墙体和顶棚中的接缝使用标准石膏板饰面技术在现场完成。楼地面工程可在现场或工厂进行，也可是这两种方法的组合。对于完全在工厂中建造的楼面，标准楼地面边缘过渡构造可在现场处理。工厂制造和现场装修是最常见的做法。以下是库尔曼建筑产品有限公司在模块化建筑中拼接饰面的实例：

- 地毯：通常钉板已在工厂安装完毕，地毯以散货方式发送。
- 普通瓷砖：普通瓷砖可在工厂内安装，这样现场仅需安装跨越对接线的瓷砖。最好将现场灌浆作为单独的工序。
- 乙烯基瓷砖（VCT）在工厂中安装，覆盖接缝的地砖割去 $^1/_4$ 英寸的窄条以便在现场精确配合。
- 混凝土：灌浆或在接缝处使用水泥基自流平砂浆浇筑。
- 石膏板（GWB）：整块石膏板的终饰面在工厂中完成，现场直接安装。

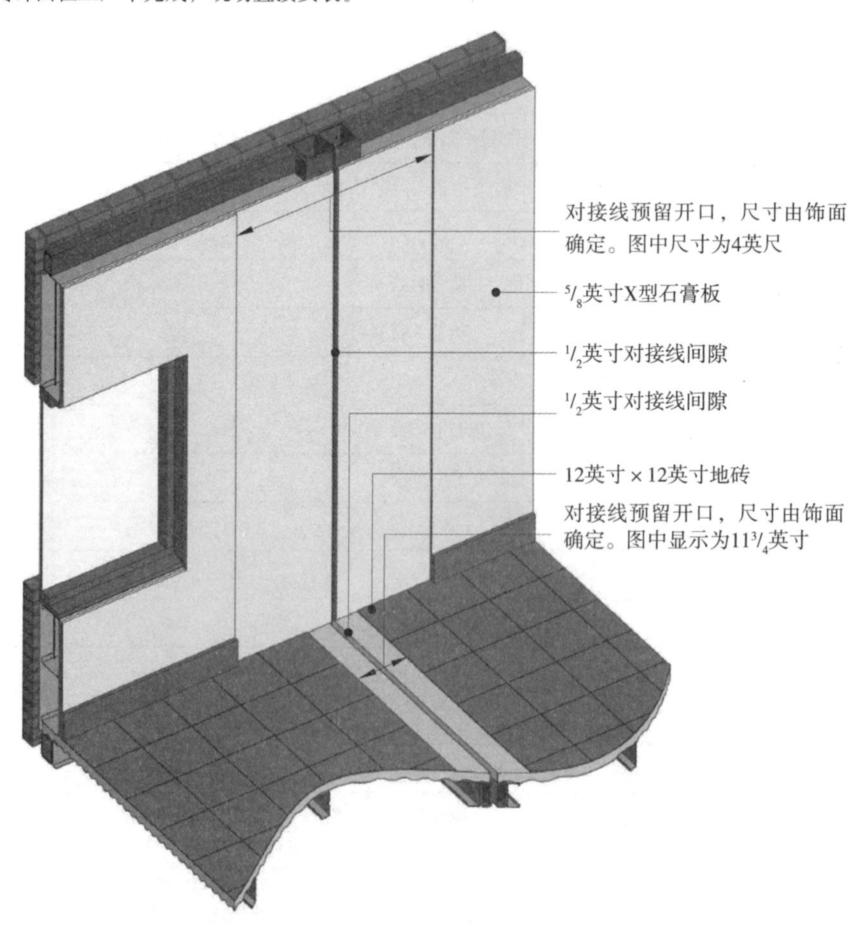

图 7.19 模块化和拼板式建筑项目的室内装修具有“对接线”，需要在现场接合以便终饰面的无缝连接

图 7.20　本森伍德公司设计的拼板式住房。一层和二层间的外墙表面有一条接缝。此处是两个楼层间的结构连接部位，因此得以清晰观察。结构层完成连接后便会接合外墙壁板

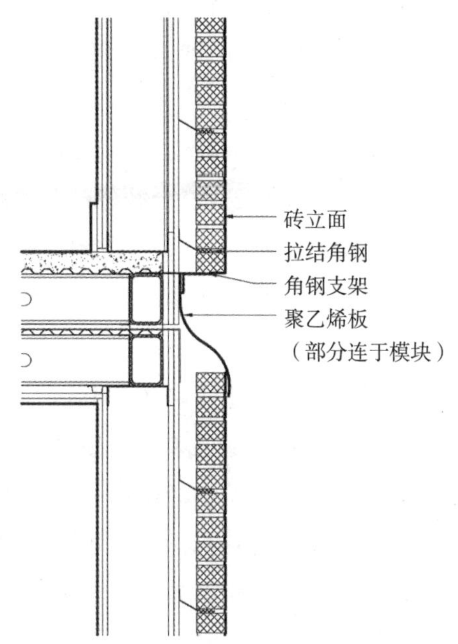

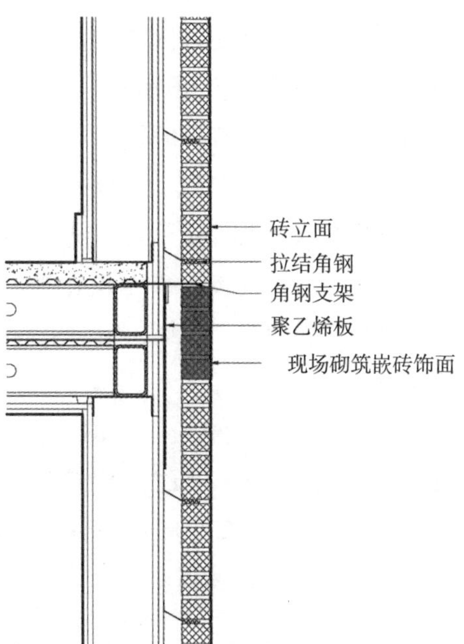

图 7.21　两个堆叠钢框架模块间的对接线采用了砖贴面接合的构造方法。对接线或接缝处需开口以方便两层结构互连：上图：用泛水板接合外墙并遮盖对接线；下图：现场内嵌砖饰面

理节点以协调配装过程。常用开长圆孔、氯丁橡胶垫圈、弹性节点、活动连接和槽口等方法调节尺寸差异。

容差标准由各行业协会建立，如钢框架结构参考美国钢结构协会的标准，预制混凝土参考美国预制混凝土协会的标准。这些标准确定了制造尺寸的精度以方便结构组装。超出预期的尺寸偏差可能会出现问题，因而会被视作不良品。但是，所有零件和部件都需要容差，不用增加人工和工期便能确保现场顺畅组装。容差通过单元间相对活动和日后的系统更新能够提高建筑物的质量。本书建议每个项目最好都能根据设计目标、预期效果、进度、预算和劳动技能情况确定相应的容差标准。

当与现场作业组合时，预制单元通常决定建筑容差。另一方面，如果预制单元较小并且对项目总成本不重要时，可用定制制造来满足由现场条件决定的尺寸需求和容差。预制外墙板严格控制建筑物或其中某部分的层高和长度。框架结构通常采用现浇筑钢筋混凝土等现场方法建造，而无论是量产的标准化尺寸装配式单元，或是为特定项目专门制造，都需与之配装。结构单元和外墙单元尺寸的精确定位至关重要，后续留给各单元的允许容差并不宽裕。

因此，必须建立建筑工程的定位网格以协调现场和非现场作业。装配式建筑通常不采用定位轴网而是采用模数网格（modular grid）。* 模数网格考虑了非现场单元和现场单元间的尺寸协调问题。当打算大量使用预制部品时，从设计伊始就有必要采用预期的模数参考定位网格来设计建筑物。

* 目前建筑界经常混同轴网和模数网格。轴网是柱、屋架等重要结构构件的尺寸定位网格，而模数网格则为方便建筑部品的配装和施工。——译者注

7.7.1 节点

建筑部件的交接处即为节点。节点的外观和性能都很重要，外观和位置由系统和定位网格决定。节点由生产、设计和运输三者确定。节点利用自身尺寸来调节构件安装的尺寸偏差。必须通过构造连接（如搭接接头、滴水槽和其他外墙或覆层细部）或密封胶来保护节点免受环境侵蚀。尽管可能需用密封胶防潮，但应尽最大努力先通过几何形状和连接构造控制细部质量，化学胶应作为最后的补救措施。螺栓连接或允许拆卸的连接节点更易回收和重复利用。节点部位也提供建筑防水、保温和隔声功能。如果装配式建筑的连接节点数量较少，那么建筑功能可能失效的部位也会随之减少，连接密封和现场组装所需人工也相应较少。更少的产品和部件意味着更低的成本，而连接节点数量的减少也将缩短现场组装时间，从而降低项目总成本。[31]

有多种配装机制可以解决节点容差问题。以下内容摘自艾伦和兰德的《建筑细部设计》一书：[32]

• 滑动配装：单元相互重叠并通过滑动定位。如果存在尺寸偏差，其中某一单元滑过另一单元覆盖间隙。如果两相邻单元为相对配装则滑动连接较为简单；然而，当引入第三或第四滑动平面时，配装将更加困难。这些滑动平面可通过开大孔和搭接

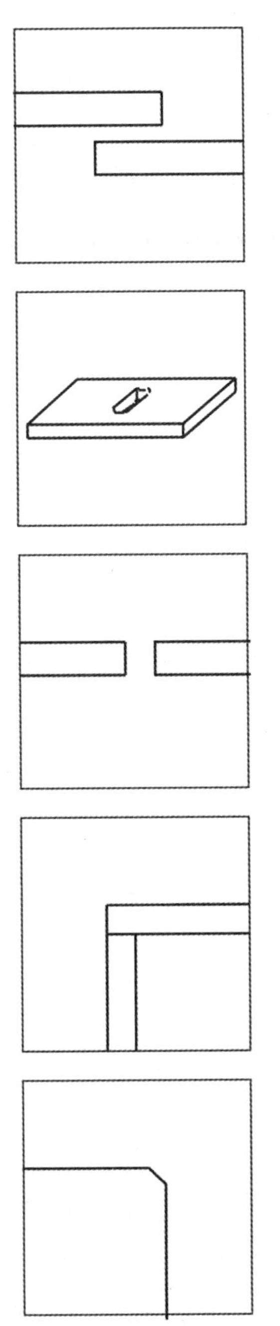

图 7.22　用于协调尺寸容差的配合构造。从上到下依次为：滑动配合、可调节配合、侧接、对接和倒边

实现，可调节配装节点能控制容差。

• 可调节配装：建筑单元必须精确定位，因此设计应保证在现场组装过程中或完成后实现调校。特大孔和水平或竖直长槽锚固件可实现不同建筑系统的相互连接，如围护拼板和结构楼板的连接。对于校正完成后还需采取措施确保细部正常工作的情况，可以采用焊接或利用高强摩擦型螺栓连接。相对于焊接和胶接连接，可拆卸建筑更倾向于利用摩擦型螺栓连接和滑动连接。

• 侧接：偏置的物件不会相互滑动，该方法的好处在于在分离范围中利用容差校正单元。侧接通常会产生一条阴影线，可以掩盖细部的精度缺陷。大小不同的材料或系统的过渡或方向改变使侧接节点既增加了外观的视觉趣味也方便了容差的调节。

• 对接：该细部是斜接节点的特殊情况，A 单元和 B 单元相互垂直搭接以隐藏细部的缺陷。对接接头的好处是去除了斜交连接中常见的刀口状接头构造，可与侧接连接和可调节配装节点联合使用。转角节点是角部的连接构造，单元之间为侧接连接，转角处没有刀口线。各单元不必像斜交连接那样保持对称。

• 倒边：当单元边缘暴露于外时应谨慎设计。锋利边缘容易对他人和物体造成划伤、切口和凹陷。另一方面，倒角边缘耐磨且不会刺伤人。这一点在预制构件的生产中很重要，端部构件的制造与其他单元有所区别。角部的形状设计和加强方式也与装配件中的其他单元有所不同。

7.8 总结

建筑师在思考非现场制造问题时更像是产品设计师。产品设计师在与作者讨论设计与生产之间的联系时指出，如果生产方法不是综合的过程，那么就不要考虑去设计产品。这是因为项目的成本和生产时间决定项目在市场中的存活性。因此，产品开发过程包含从市场判断到建成所设计之产品的所有活动。在这个综合过程中，也包括实验原型生产和产品试验。产品设计师和装配式建筑师必须将他们的想法贯穿于自概念酝酿直至终端使用的全局过程中。

第 8 章　可持续性

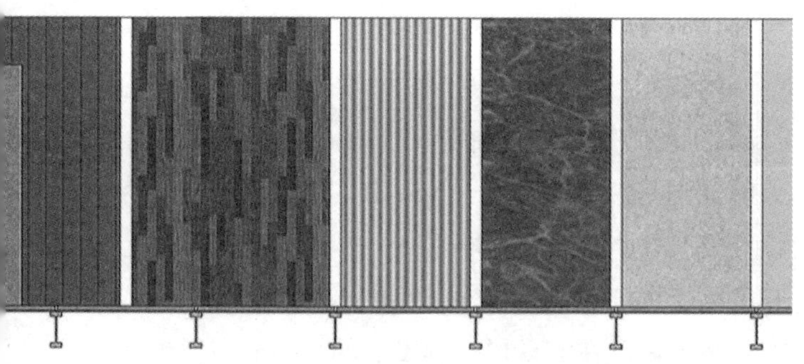

“一栋经过深思熟虑且各部分相互协调的建筑可以显著降低能源消耗和运输成本，还可减少材料浪费和过量仓储；它的建筑构件都具有可回收性，并且可以重复使用。这样的建筑可以节省大量时间，减轻人们的挫折感，减少工作现场的烦冗劳动，同时也可减轻劳动损伤。”[1]

——马克·安德森与彼得·安德森

建筑作为一种人造设施，会消耗巨量的能源。从开始建造直到废弃拆除，人们总是在讨论建筑对社会、经济和场地造成的影响以及内部设备的维护问题，单单对建筑能耗漠不关心。美国能源委员会（U.S. Energy Council）2007 年年度报告[2]罗列的数据已经充分证实了事态的严重性——美国的能源消耗量比 20 年前提高了 26%，其中有 39% 是建筑能耗；与此同时，建筑排放的二氧化碳也占据了总排放量的 39%。基于此类事实，我们必须在设计伊始就关注建筑能耗，以帮助解决建筑产业面临的紧迫问题。

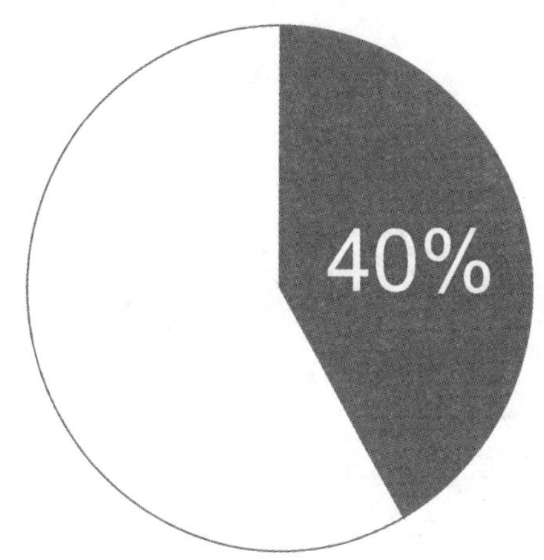

图 8.1　美国的建筑能耗占据了总能耗的 40%

根据预测，2030 年美国的建筑存量将是现在的两倍。[3] 这些数据显示出美国建筑市场在建筑节能方面还拥有巨大潜力（在降低建筑碳排放方面的潜力也十分巨大）。目前，美国拥有一亿多户家庭，有着极大的建筑需求，2003 年房地产业排放的温室气体约占美国温室气体排放总量的 17%，在可节约能耗总量（possible energy saving）中，建筑业占据了 25% 至 30%，但建筑行业内部却对这些数据无动于衷并且毫无作为。现实情况是，美国及全世界的人口都在持续增长，人们对建筑的需求水涨船高，我们在建设新建筑时必须要采取可持续发展的策略。

可持续性概念作为一种文化定义，目前已成为减少生态破坏和阻止环境恶化的同义词。美国国家环境保护局（U.S. Environmental Protection Agency）根据 1987 年发布的《布伦特兰报告》（Brundtland Report），将可持续性定义为“在不损害后代需求的前提下满足当前的需求”[4]，这一定义大大拓展了可持续性概念的边界。可持续性建筑实践的关键因素不仅包括建筑在其生命周期内对环境的影响，还包括了对经济、社会和文化方面影响的全面统筹。建筑产业（包括建筑、工程与施工行业）必须从自然资本和人力资本两方面来评估建筑的可持续性。可持续性建筑的发展必须要两者兼顾才可能取得成功。[5]

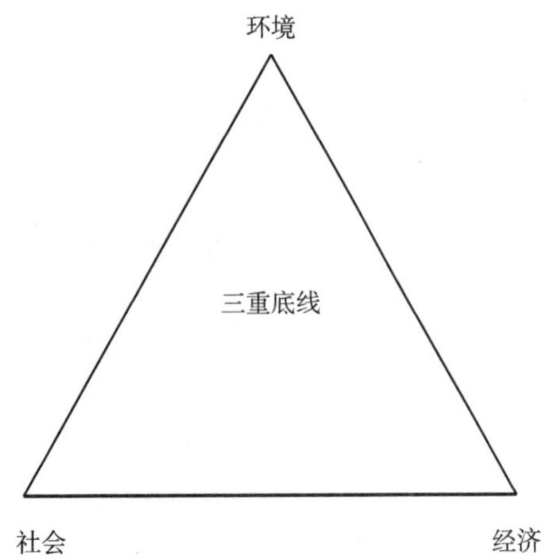

图 8.2 可持续性的三重底线包括环境底线、社会底线和经济底线

米歇尔·考夫曼（Michelle Kaufmann）所作的《预制生产的绿色》（*Prefab Green*）[6] 将两个看似无关的概念并置在书名中。实际上，建筑预制与可持续性之间并不存在直接联系——装配式建筑不一定具备可持续性，可持续性建筑也不一定要采用预制方式来建造。在实现可持续发展的目标面前，预制技术与其他技术是平等的，以预制方式提升建筑可持续性的主要途径其实在于提高生产效率与建筑经济效益。装配式房屋可以提升劳动效率并节约建筑材料，从而达到业主、建筑师和建筑商的财务目标，这些优势在很多项目中都得到了证实。《伊斯门与萨克斯报告》（Eastman and Sacks report）指出，装配式建筑行业的经济增长率要高于传统建筑行业，项目团队应该将非现场建造方式视为一种有利的长效投资策略。

“采用非现场生产的制造领域，如幕墙（curtainwall）、型钢（structural steel）和预制混凝土制造（precast concrete fabrication）业务，相较传统现场施工业务展现出更强劲的生产率增长。此外，非现场生产方式的增值内容也比

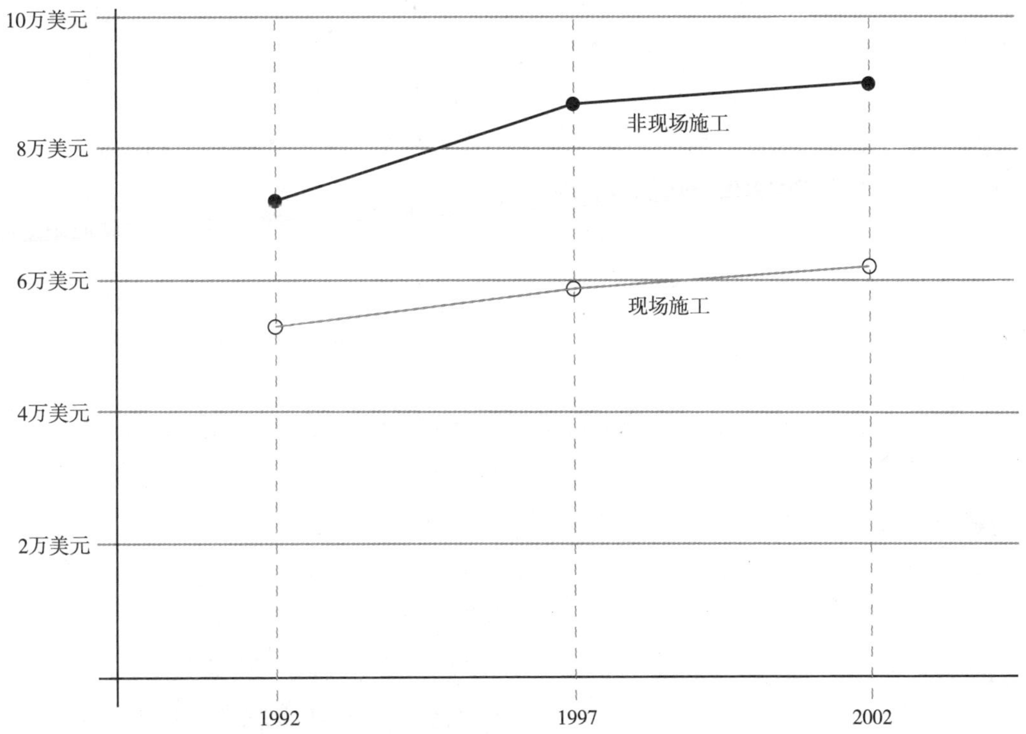

图 8.3　非现场施工与现场施工的生产率对比，表明了预制生产具有较高的附加值

现场施工更为丰富，这表明非现场生产方式的生产力具备更高的增速。”[7]

装配式施工方式的长期财务可持续性（the long-term financial sustainability）远远超过了传统的现场施工方式。然而，装配式建筑施工带来的社会效益却难以量化。社会效益中最关键的一部分便是劳动力组织，本书第 4 章讨论了施工安全和降低劳动风险的相关原则，非现场生产方式在这些领域内具备显著的附加效益。此外，预制生产的各环节涉及不同工种的技术工人，拓展了就业范围，合理的工作日程安排也能使从业者享受更为健康的生活——这些附加效益却从未被详细记录并研究过。[8] 装配式建筑施工带来的环境效益有各种客观数据的支持，因此更易量化。

要研究建筑对环境产生的影响，就需要对建筑整个使用周期内造成的各方面影响进行量化测算，从方案设计阶段到建筑设施的日常维护都需列入研究范畴。通过控制预制生产的策略与方法，建筑师和其他专业人员便能够确保建筑材料和各项业务具有可持续性，也更有可能预测建筑投入使用后的节能表现。霍曼（Horman）在《绿色建筑展望：可持续建筑的流程改进》(*Delivering Green Buildings: Process Improvements for Sustainable Construction*)一文中，评估了预制生产方式与经济、环境和社会的联系。他指出，是否采用预制生产基于一系列区域性经济问题，尤其是当地劳动力的工作能力和人力成本。使用预制构件时通常会优先考虑经济问题，但社会和环境因素会使相关决策更加复杂。[9]

我们可将预制生产视为一种增进建筑可持续性的方法。在整个建筑生命周期内对建筑的可持续性进行改造，关键是要重视建筑再利用的问题。预制生产能使得建筑更加从容地面对时间、功能变化以及再利用与材料回收问题，为实现建筑全生命周期的可持续性带来帮助。

8.1 适应时间的变化

20世纪，美国有许多城市以“城市更新”(urban renewal)的名义将历史悠久的老城区拆除殆尽，建造了各种会议中心和大量新住房。美国大拆大建的做派与欧洲形成了鲜明对比：很多欧洲城市都严格保护其历史核心区域，很多城市建筑已经存在了几个世纪之久。这些古老的建筑为一代又一代的使用者提供服务，业主和客户妥善地维护着它们，再交到下一代人的手中。我们通常认为美国的消费模式代表着资本主义的繁荣发展，但美国房地产市场将建筑视为一种易过时的消耗品——这种消费模式对建筑物的质量和寿命均产生了不利的影响。[10] 在美国，为了提高技术水平并适应社会需求，各种产品更新换代的频率极快。这一现象在汽车和电子消费品领域最为常见，这些领域提倡早期失效(early failure)并随时更换的产品理念。这种有计划地使产品迭代淘汰的观念也存在于建筑领域，是美国社会对工程实践的普遍理解。

斯图尔特·布兰德(Stewart Brand)在《建筑如何学习》(*How Buildings Learn*)一书中提出：建筑的耐久性足以包容其内部发生的变化。他还以“剪切层”(shearing layers)的图示展示出建筑中的各系统在时间线上以不同的速度发生的变化。布兰德的“切割层”图示依照“从最耐用到最易变”的次序列出了建筑系统的各个要素，包含以下六项内容：[11]

- 场地：永久存在。
- 结构(包括地基和承重构件，与建筑寿命一致)：约50年。
- 表皮(包括屋顶和墙壁等围护体)：由于技术变化以及廉价矿物燃料的终结，建筑表皮的寿命是15至20年。
- 建筑设施(如暖通空调和循环系统)：每7至15年更新一次。假若建筑设施与结构的连结过于紧密，通常会导致建筑物因无法更换设施而被过早拆除。
- 空间(包括空间内部的隔墙、门、天花板和其他隔板)：非常不稳定，每位新租户或业主都可能会改造室内空间，平均每三年就会产生一些变化。
- 物件(如墙纸、油漆和家具等)：此类内容也许会因使用者的突发奇想而每天都发生变化。

布兰德的分类方法源于弗朗西斯·达菲(Francis Duffy)对建筑使用周期内整体性能评估的研究。达菲指出，虽然建筑结构的初始成本占据了项目整体

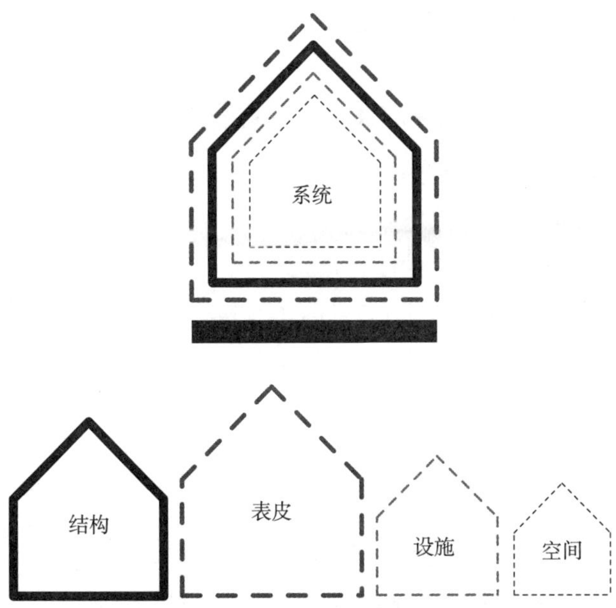

图 8.4　以“剪切层”图示说明各个建筑要素的持续时间。达菲和布兰德的数字表明，建筑各系统的变化取决于它们的持久性。建筑结构的平均寿命是 50 年

投资的一大部分，但在建筑设施建设和运营的整体使用周期中，结构所占的成本相对而言是微不足道的。与建筑物对于能源、水的消耗以及建筑运营成本相比，一栋建筑在其结构上花费的支出只能算是冰山一角。在 20 世纪中期，人们花了很多工夫为二三十年代建造的旧建筑粉刷墙面、贴装饰面板，试图把它们装饰得更“现代”，如今很多建筑又将挂板拆除、涂料铲去，花费大量资金与人力只为恢复为原本的形态。针对这样的事实，达菲提出了以下观点：

“建筑建成后，人们还是会持续不断地对其投资，如果以五十年的整体投入来看待这项问题，一栋建筑在其使用周期内至少需要更换三次设施，经历十次空间改造——那么在建筑结构上花的钱就显得无足轻重了。建筑充其量只是其资金投入的记录图。这证明了就整体投入而言，建筑的实体实际上意义不大，几乎可以说是毫无意义的。”[12]

美国的消费和发展模式要求建筑使用 50 年就得拆除，并以新建筑取而代之——这种做法显然将对自然环境带来严重破坏。为了满足建筑的迭代需求，就要持续不断地开采各种原材料，还会污染水源、河流和空气；与此同时，将建筑物视为消费性产品也会花费巨额的资金。2008 年后全球经济衰退，人们意识到为了增长经济而持续发展并不具有持久的可持续性。从积极的角度看，经济危机给企业带来了新的发展模式，更多企业开始关注长期效益而非攫取短期利润，投资者更偏向于耐用和高质量的建筑设施。此外，历史悠久的老建筑作为社会和文化记忆的载体，是城市文化的重要组成部分，大拆大建的建筑消费模式也不利于城市建立社会认同感。

我们最钟爱的历史建筑一般都是采用持久耐用的材料（石头和砖材）以传统施工方法建造的。但是，以传统方法来建造无限耐用的建筑其实并无必要，在经济上也不可行。现代建筑采用的钢材、混凝土和覆面材料更加轻便坚固，施工方法也更为科学细致。对装配式建筑而言，设计团队和制造商只需在预算范围内使建筑尽量持久耐用便可。预制生产只是一种手段，令我们能够制造可拆卸、可重复利用的建筑构件。预制生产虽然不能延长建筑的使用寿命，却能够调控建筑的初始成本（设计与施工的花费）和整体成本（使用周期内的所有消耗和维

护成本），令二者的关系更加平衡、紧密。

建筑的更新换代并不完全是只关心生产成本的逐利之徒的阴谋诡计；相反，不论建筑的类型和功能是什么，它都会衰老。为了提高能源使用效率，建筑就必须更替设施并翻修外墙；为了满足当前的安全法规，甚至还要增加建筑结构和疏散出入口；建筑的材料也会老旧失效，必须及时更换。从大的方面来说，随着时间的推移，整个建筑物都需要整修、改建，甚至拆除再建。但是，被替换的构件中有许多都是使用不可再生材料制造的，不一定能够被回收利用。一栋建筑根据需求被设计为不同的使用寿命，或长或短都无可厚非，但无论寿命几何，都应使建筑材料和构件具备被再次回收利用的可能。

事实上，建筑物的使用寿命在很大程度上超出了建筑师和建筑专业人员的控制，我们也无法罗列出影响建筑物寿命的所有因素。尽管普通住宅是用最便宜和最普遍的材料建造的，但由于成本低廉且易于维护，反而成了相对耐用的一类建筑，这多少有些讽刺意味。当然，建筑师和设计专业人员还是可以影响建筑物的设计方式和被接受程度，通过设计让建筑适应生活各方面的变化。针对这一点，费尔南德斯（Fernandez）作出了如下论述：

> “建筑师是选取建筑材料的主要决策者。因此，在材料的提取、加工和回收，构件的制造组装，以及建造过程的决策中，建筑师都将起到最关键的推动作用。”

基于这一点，建筑师和建筑专业人员必须承担更大的责任，让业主了解设计决策的具体意义，同时让建筑设计能够适应生活的变化。具有特定使用寿命的建筑可使用以下建筑预制策略或相似方法：

- 可拆卸化设计（designed for disassembly）
- 再利用设计（designed for reuse）
- 临时化设计（designed for temporality）
- 可变型设计（design for change）

8.1.1 可拆卸化设计

在《从摇篮到摇篮》(*Cradle to Cradle*)[13]一书中，作者麦克多诺（McDonough）和布劳恩加特（Braungart）提出了一种主张：我们应发起一场生产方式的革命。其主要原则可以概括为一句话——“废物即食物”——有朝一日，我们生产和建造过程中产生的所有垃圾都可以被新建筑再次使用。可组装和拆卸的设计便是其中的一项重要策略，此策略可概括为在工厂生产加工小型建筑部件，然后在施工现场将小部件组装成较大的建筑构件；当建筑的寿命结束时，大型构件又被拆分成小部件以建造其他新建筑。在这一愿景中，建筑物变成了一种可以生长、变化、衰退和重生的有机体，就像自然界中草木容枯、生生不息。也许大家会觉得把建筑变成“工业的营养物”的观念目前还遥不可及，但是简·本尤斯（Jane Benyus）在《仿生学》(*Biomimicry*)[14]一书中指出，这些想法可能并没有我们想象得那么遥远。

要实现建筑材料和构件的使用周期全集成化（fully integrated lifecycle），就需要首先建立一套更具结构化和组织性的建筑系统。“从摇篮到摇篮”“废物即食物”及建筑仿生等理论更有可能在工厂内进行控制，这些设想目前还无法在施工现场得到实践，但是相关研究已经逐步展开。在未来，工艺工程师与生物学家们将与建筑师和建筑专业人员展开合作，为可持续建筑行业的发展带来新的机遇。

2001 年，格伦·马库特（Glenn Murcutt）在亚利桑那大学（University of Arizona）的一次演讲中声称自己的许多建筑作品都使用了高度可回收的材料。[15] 他使用的标准化组件不仅能够在不同建筑中重复利用，还可以重新回归生产和供应链。马库特的建筑作品中有很多都使用螺栓固定的方法，避免使用焊接与胶水粘合的方式，因而体现出一种别致的装配美学。要设计这样的建筑可不容易，因为这些措施实际上违背了目前的建筑施工惯例。随着建筑商和建筑师的共同努力，大家逐渐认识到“省材料、再利用、易维修和可回收”（reduce，reuse，repair，and recycle）才是建筑发展的正道，我们正在朝着“从摇篮到摇篮”和建筑仿生原理稳步迈进。装配式建筑是一种极好的范例，可以带领我们接近这一目标。

40 多年前，N. J. 哈布拉肯（N.J.Habraken）撰写的《支撑》（*Supports*）一书就讨论了集体住宅（mass housing）的替代性方案，其中较为关键的一项概念就是装配式建筑。[16] 哈布拉肯在 20 世纪 70 年代写下的话语放在今日更为贴切。在书中他提出了一个问题：每个人都需要一处居所，但是社会采用的住房解决方案并没有考虑到用户的投入，也没有适应用户需求变化的能力。哈布拉肯还认为，装配式建筑不一定就意味着更快、更好、更便宜，只有“结合当地经济和劳动力因素”，装配式建筑才会取得成功。[17] 哈布拉肯承认大规模住宅与机器生产的联系，但他同时警告——预制生产不意味着只能拿来建造大规模住宅，也没有一栋大规模住房是只靠预制生产就能建造出来的。

哈布拉肯提出了一项简明的策略：建造住宅时先提供一套支撑结构（support structure），随着时间的推移，可以在支撑体中插入或移除住宅单元以适应居住者不断变化的生活需求，也使建筑物能够适应城市发展的兴衰。支撑结构不仅作为建筑的骨架，同时也是“以所有住宅形成的城市的骨骼”[18]。这种观点不禁会令人们联想到阿基格拉姆学派（Archigram）宣扬的“插入式城市”意象，其中还包含着根深蒂固的结构主义（structuralist）思想。

哈布拉肯的理论被斯蒂芬·肯德尔（Stephen Kendall）、乔纳森·泰歇（Jonathan Teicher）和其他一些学者发扬光大。肯德尔和泰歇在《开放式宜居住宅》（*Residential Open Building for Housing*）一书中写道：

> “……建筑物的建造和维护是不同层级多方面共同努力的结果。因此，决策者们应当在住宅的各部分间提供接口，这样便可提升房屋对用户需求的响应能力，同时提高建造效率，增加建筑的可持续性和应变能力，并显著延长住宅的使用寿命。”[19]

开放式建筑基于这样一种理论

1. 建筑的设计与施工过程皆以用户为中心；

2. 设计和施工应当具有开放性、适应性、可变性和灵活性。

为了拓展用户对建筑的知情渠道并让施工建造更具开放性，可采取以下措施：

- 建筑中的各构件（包括结构、表皮和服务设施）对所有用户都是通用的。“支撑体”的设计必须考虑场地、邻里关系与当地文脉。必须依赖当地劳动力开发和维护建筑，还需考虑当地建筑风格、气候、建筑规范以及当地的融资情况和技术限制等因素。具体设计取决于当地特色和社区情况，社区将在整个使用周期内维护建筑。
- “填充体块”即是支撑体上的可拆卸单元，用户可以在设计方案时指定自己住所的位置，未来的居住者也可按照需求变更位置。旧单元可以被回收，也可由先前的用户将其指定安装在其他位置。类似策略已被新陈代谢派实践过多次，近期的实例则是位于英国的 Travelodge 酒店。这种预制体块可被看作“一种为特定住宅项目定制的成套产品，在场外制造后运输到施工现场整体安装”。[20]

支撑体的使用寿命较长，填充体块则是平均每 10 至 20 年更换一次。填充体块中包括了房间隔墙、厨房和浴室设施、还设置了插座面板。它是一套独立的系统，可由居住者自行更换。“支撑体”和“填充体块”的概念需要将建筑划分为不同的系统来看待，这与泰德 · 本森（Tedd Benson）对建筑未来发展的设想非常相似（详见第 9 章）。这种分解化的开放式建筑观念允许建筑以即插即用（plug-and-play）的方式建造并使用，将会推进可拆卸化建筑的发展。同时，这种观念也有利于提高建筑构件回收利用的水平并提高建筑的可持续性。

8.1.2 再利用设计

无论是否必要，人们每天都会拆除一些建筑。将旧建筑加以改造并重新使用，需要基础设施的支持，因此不是每栋建筑都可以转作他用。建筑物被拆除时会产生许多可回收的材料与构件，有些构件的回收物流成本过高，还有一部分构件受到破坏而无法继续使用，它们唯一的归宿就是建筑垃圾填埋场。菲利普 · 克劳瑟（Phillip Crowther）在其论文《可拆卸化设计》（*Designing for Disassembly*）中描述了建筑物在使用寿命到期后可采取的四种策略：1. 改建或者整体迁移；2. 将其构件用在新建建筑上；3. 将材料回收，用以生产新构件；4. 将材料回收，用以生产其他材料。[21] 针对达到使用年限的建筑，人们提出了一系列再利用方案，这些方案在环境保护方面的价值并不相同。例如在建筑拆除后，其构件被拆解为各种材料循环使用，每次循环都会消耗更多的水资源与能源，这也会对环境产生影响。因此，应当尽量利用拆除的构件建造新建筑，但这种情况在施工中却极少出现。设计可拆卸化的构件并不能作为一种独立的可持续性策略，因为在某些情况下拆卸构件所花的成本更高，对环境的危害也更大。

预制生产为加快确立建筑再利用模式提供了机会。在工厂中处理建筑废料可以减少回收环节的材料浪费，基于专业化的加工处理方法，可被利用的

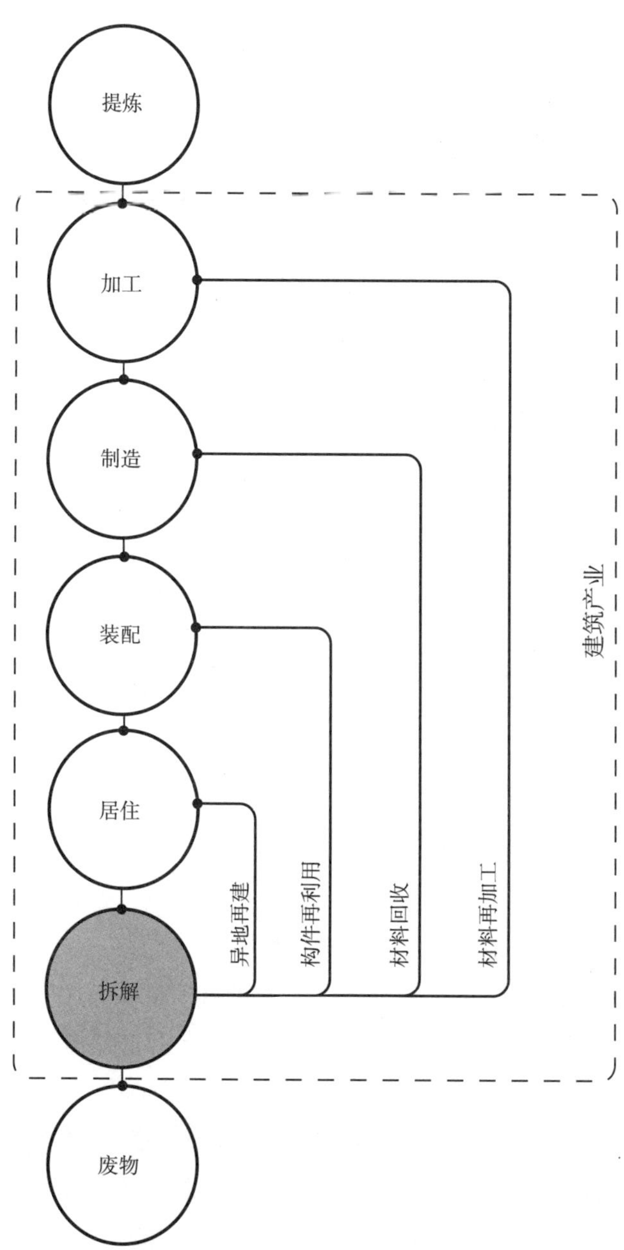

图 8.5　建筑的各系统是紧密相关且不可分割的。在美国，建筑物的平均寿命只有 50 年，因此需要将建筑系统分解，并使其能够简便地更换、更新和拆卸

构件也将大大增加。预制的过程较易控制，因此无论部分回收还是整体利用的可能性都会显著提升。然而，将建筑分解成构件的过程并不简单，虽然存在一部分成功案例，但迄今为止建筑构件在回收利用方面还没有建立起一套标准和规范，实际的回收利用率相当低。另一方面，由于建筑商看到了材料回收的经济价值，因此针对建筑材料的回收利用更为普遍。建筑再利用的设计也有别于采取现场施工的建筑设计。图 8.6 是克劳瑟列出的一些再利用设计方面的策略，这些策略大大增加了构件重复使用的可能性。[22]

在工厂生产预制构件时可以设置专门的控制流程以调节产品中可回收材料的比例。其他回收方式难以利用的部件和材料可在工厂内仔细分类处理，变废为宝。使用率较低的材料和构件、容易分离的非复合材料、没用完的涂料和饰面材料则可直接进入供应链用以建造新建筑。[23] 研究表明，在实际操作中，复杂的材料分拣过程是回收利用的最大障碍。[24] 工厂加工的另一个优势是控制建筑中的有毒有害物质。可在工厂内将建筑构件中的粘合剂和其他化学制剂更换为机械紧固的扣板和接头，这样做不但降低了建筑材料中可挥发物的毒性，机械紧固的连接方式也更利于维护和更换。[25]

非现场制造技术的最大优势是其强大的材料回收能力以及对材料未来用途的鉴别与分类能力。例如，塑料工业就建立了 ISO 标准并在产品上标示出材料的循环次数。[26] 建筑材料领域也可建立一套类似的循环体系。除了标记材料的循环使用次数外，还应当永久标示各种材料和构件的组装和拆卸信

建议	不建议
使用回收利用的材料	使用全新材料
使用可回收的材料	使用一次性材料
简化材料和组件的类型	使用多种材料和组件
使用天然和无毒的材料	使用带有毒性和危险性的材料
使用易于分离的材料	使用难以分离的复合材料
使用天然的成品	使用带有涂层的制品
提供材料类型的永久性标识	使用不可再利用的或可回收性不明确的材料
使用机械紧固的连接方式	使用化学制剂或粘合剂粘贴
采用易变和适应性强的系统	采用确定的不可变系统
采用模块化的面板与构件	采用随机尺寸的构件与构型
采用标准化的建造策略	采用独有的系统
将建筑各系统分离	将建筑各系统捆绑在一起相互掣肘
让建筑材料易于操作	采用复杂的工艺与工序
提供施工操作指南	做设计时无视施工顺序
允许一定的施工公差	尺寸设计过于精密
尽量减少连接件	使用数量庞大的紧固件和连接件
采用耐用持久的接头和连接件	设计一次性组装的连接件
各构件能够单独拆卸	施工工序过于精密，只能逐一安装或拆卸
采用结构化 / 集成化的网格系统	所有的构件与接头都各不相同
采用轻量化的材料与构件	采用沉重且难处理的材料与构建
标示可永久识别的拆卸点	装配和拆卸点的标示含混不清
提供备件并现场储存	使用定制系统且不预留备件

图 8.6 为了降低回收利用过程中消耗的能源并使建筑构件更易拆卸，建筑师和承包商应考虑以上策略

息。为了便于回收利用，必须首先建立材料加工和施工的具体标准。一套复杂而严密的施工或采购流程标准将对建筑再利用起到管理和规范的作用。为了便于预制和拆卸，可采取以下策略：

- 减少建筑构件的连接点
- 仔细处理各连接位置，如吊点（lifting points）[27]
- 采用轻量而易于操作的建筑构件
- 各个构件应当可以单独装配或拆卸[28]
- 标示出拆卸点
- 在现场提供额外的备件
- 在建筑方案阶段设计组装和拆卸系统，并确保客户、承包商、主要制造商和分包商都遵循这一原则

建筑材料的回收利用是一个田园诗般美好的概念。事实上，任何规模的回收与再利用都会消耗能源，但回收总比不回收好。再利用的主要障碍之一，是材料经过回收处理后性能往往会下降而无法达到预想的功能要求。例如，塑料回收后除非经过进一

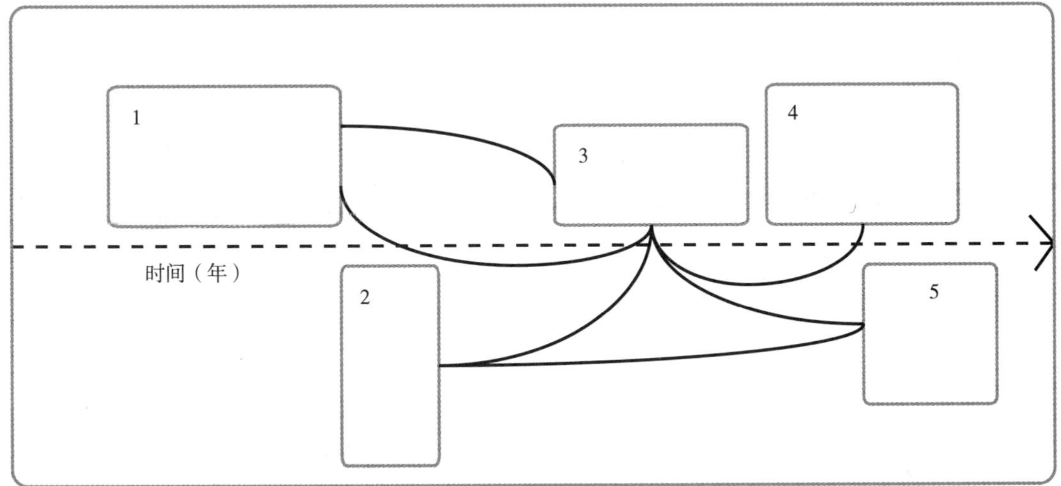

图 8.7　实现建筑再利用的困难在于跨项目共享材料，预制构件的组织与管理流程也极为复杂。这张图说明了一个矛盾，即每栋建筑都需要在特定时间范围内被拆卸或组装，这就需要建立一个庞大的检索和供应链体系。目前还不确定谁能够担任组织者的角色——私营承包公司和政府都有可能承担这项工作，但如果没有相关政策的监督与管理，它们都不具备这一动机

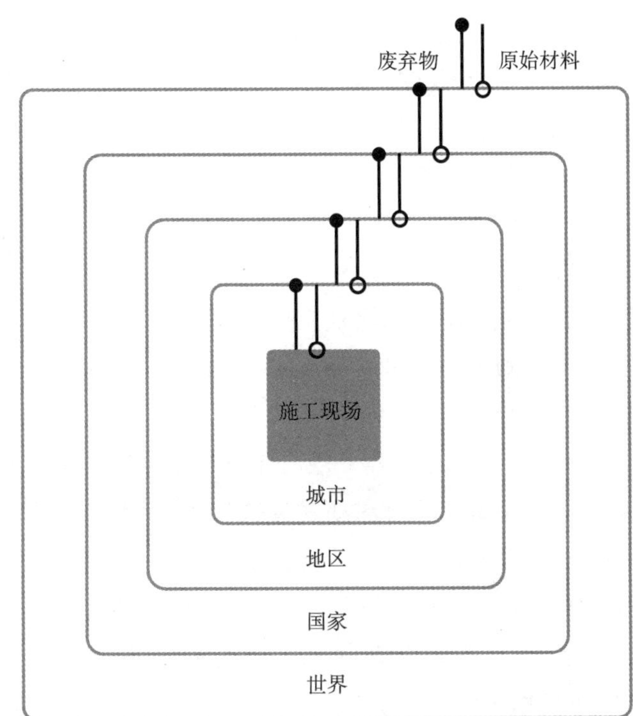

图 8.8　为了方便理解，我们以图示表现出材料在城市、地区、国家和世界范围内的流动状态，真实情况要复杂而困难得多。就算是以最简单的回收利用方式—直接将回收的建筑构件运往他处再次使用，每一个转移层级也将消耗额外的施工和运输能源

步深加工，否则其材料性能将大大降低，这种现象被称为“降级回收”(down-cycling)。此外，回收和再利用必须同时处理大范围的运输和加工物流，从一个城市运输到一个地区，从一个地区运输到另一个国家，从一个国家运输到世界的另外一端——运输也将耗费大量能源。除非我们能够制定出一套相应的法规来推进这项计划，否则单是材料运输都无从解决。

费尔南德斯指出，废旧材料从建筑工地流向全球材料市场，再返回施工现场，从物流的角度而言是行不通的。就算在同一座城市，把材料从一栋建筑搬到另一栋建筑都很困难，在不同物流系统内同时共享、交易、回收并利用建筑材料与构件更是一项不可能完成的任务。[29] 为了取得切实的进展，必须将各环节连接起来组成一套统一的系统。建筑预制可在施工现场外组织材料运输与采购，通过这一策略，我们便有可能向建筑材料再利用迈出坚实的第一步。

8.1.3 临时化设计

建造在汽车底盘和拖车上的活动房屋采用的建筑标准虽然较低，却满足了可移动临时建筑市场的需求。许多建筑师都设计过类似的作品。珍妮弗·西格尔(Jennifer Siegal)在其关于移动建筑的宣言式著作中，探索了将可移动式建筑作为永久性住房的理念。[30] 诗人安德烈·科德雷斯库(Andrei Codrescu)为西格尔的《行走的房屋：可移动式建筑的艺术》(*Mobile: The Art of Portable Architecture*)一书所作的引言中写道：

> “为了给其他建筑腾出地皮，我曾居住过的房屋早已拆毁。一个有趣而痛苦的悖论是：美国人渴望稳定，但他们只得到了无常。难怪许多人都渴望成为永恒的流浪者——我们背着自己的家，成了图阿雷部族和吉普赛人。”[31]

为了应对各种自然和人为灾害，人们设计了多种临时救灾房屋或帐篷(disaster relief shelters)，市场中也有很多相关产品。这些临时建筑可在工厂内快速生产并可迅速地部署到受灾地区，为贫困人群提供临时化的、耐用的住房解决方案。用以救灾的临时建筑超出了本书内容的范围,更多资料可在“人道建筑”(Architecture for Humanity)的官方网站和其他公共建筑出版物中找到。[32] 目前已有一些关于临时救灾系统设计与相关市场的研究。救灾理论中有一项要点就是首先帮助社区自我重建，因此针对受灾区域的建筑解决方案可以被概括为“临时性程度越高越好”。

8.1.4 可变型设计

施耐德(Schneider)和蒂尔(Till)在《可变型住宅》(*Flexible Housing*)一书中指出，建筑师和建筑商应该开发一种“包容可变因素的居所”。[33] 居住建筑的“易变因素”是指人一生中生活方式发生的各种变化——独身的年轻人会结婚生子，组织家庭，从开始工作直到退休，人们可在“包容可变因素的居所”中优雅地老去。当然，人还会发生其他方面的变化，如生活哲学的转变、生活环境的变化、收入的变化等。生活的变化会影响建筑的方方面面，家具会被重新布置，主要的空间和室内隔墙也有可能会重新设置。针对适应性、灵活性和可变性的建筑设计策略包括以下两种方式：

1.“**软灵活**”（soft flexibility），指由用户决定空间的组织方式和功能，设计师只起辅助的作用。开放式楼层平面就是“柔性变化”（soft change）的一种实例，它允许建筑平面随着时间的推移发生改变，并不预先设计建筑内部的具体空间。

2.“**硬灵活**”（hard flexibility），指由建筑师确定建筑内的可变空间，例如施罗德住宅（Rietveld Schroder House）内采用的可移动隔墙就是由建筑师预先规划的。

建筑师们一般会采用“硬灵活”的方式来处理设计问题。然而，这种方式只是建筑师针对功能变化做出的一种肤浅尝试，而且在许多情况下恰恰是活动的隔墙令空间失去了应变能力。“可控的灵活性”（controlling flexibility）是一种自相矛盾的说法——事实上，只有用户自己的生活才能决定空间如何改变。

未来社会对于空间的需求是变化难测的，可持续性建筑理论必须考虑这一点。可变型住宅不但可以容纳后代的生活内容，还可接入最新的设施和服务系统以适应可持续性社会和未来经济的发展。建筑预制必须满足这些需求，这其中不仅包括插入式的功能性体块，支撑结构也要具有灵活性能。针对这一问题，克劳瑟指出了以下灵活性设计原则：

• 不确定性设计（design for indeterminacy）：设计能够适应不同功能的空间；

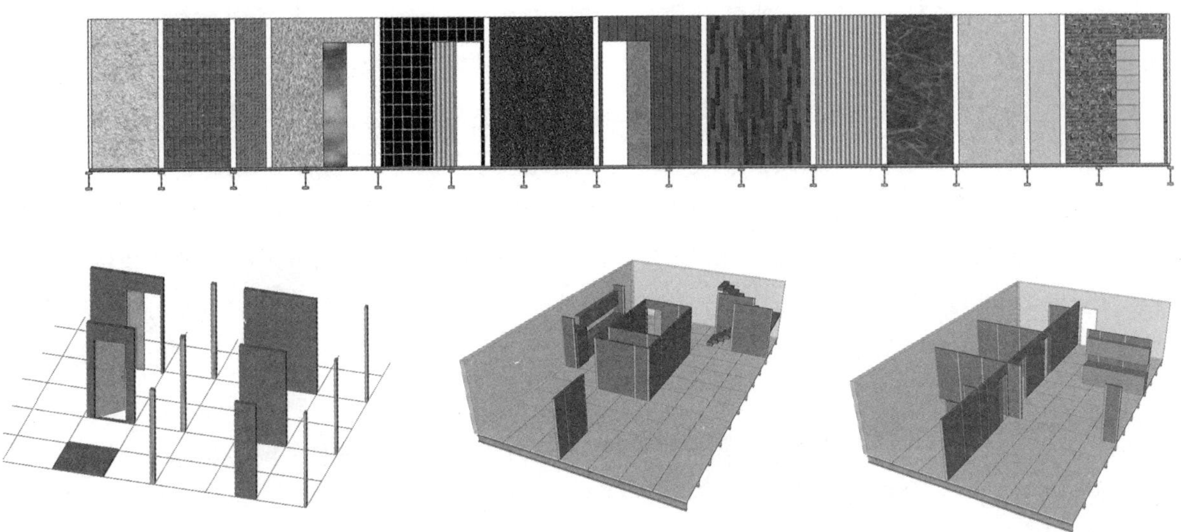

图 8.9 在居住建筑中，可使用上图所示的预制隔断系统。这套系统的名称十分生动：“滑板”（slips）。首先按照网格设置立柱，在其间加入隔板后就可划分室内空间。一般而言，房主平均每五年就会改变一次室内空间，这种临时性解决方案可以减少材料浪费，并使空间更加易于改变

• 原生空间（raw space）：设计明确的框架（specific frame）和一般性空间（general space），不要对建筑空间进行过度约束；

• 富余空间或松弛空间（excess or slack space）：预留一部分空间供用户在未来根据需求自行使用；

• 附加点（additions）：设置结构附加点以便在未来增设空间与设施；

• 内部扩展（expanding within）：设置灵活可变的部件以拓展空间的变化范围，如可移动或可拆卸的隔墙；

• 系统性因素（systems determinants）：确定建筑物中哪些结构、表皮、服务设施和空间可以改变并确定其变化方式；

• 交通流线位置（location of circulation）：集中设置垂直交通流线并使其通用化；

• 可移动部件（moveable parts）：设计可滑动、旋转或折叠的建筑部件。

当代建筑中，墙壁、屋顶和地板都是固定且不易改变的。虽然某些项目会采用部分预制构件，但假如构件无法变更，建筑物就丧失了可变性。即便在装配式建筑中，各构件的装配与拆卸也有很大的区别，拆解过程也绝不是逆序的装配过程。事实上，拆除预制建筑构件并不容易，假如将拆解作为常规要素并入现有的制造、运输与组装流程，则可在现有预算范围和工作流程内解决建筑的拆解难题。改造一套不可变的建筑系统代价极大，预制系统则包容了发生变化的可能性，还可兼容未来的施工方法。目前人们已经意识到可升降地板和顶棚的种种优点，为了应对未来的使用需求，还应当设置足够的电源插座和接线板，这样人们就可以轻松灵活地改变办公空间了。这些策略在装配式建筑设计中都较易实施，在开放式住宅和可变型住宅设计中也拥有广泛的应用前景。

8.2 生命周期评价

建筑所消耗的能源通常包含以下两方面：

1. 建设能耗：新建或改建建筑时所消耗的能源。

2. 运行能耗：建筑在整个使用周期内运行和维护所需的所有能源。

美国国家建筑科学研究院（The National Institute of Building Science，简写为 NIBS）的研究报告表明，一栋建筑在整体使用周期内所消耗的所有能源中，运行能耗占 90% 到 95%。[34] 因此，一些观点认为建筑的建设能耗无足轻重，项目团队只需专注解决建筑的运行能耗问题就能使建筑获得更好的能耗表现。然而随着节能技术的发展，建筑的运行能耗逐渐降低，甚至出现了净零耗能（net zero）的建筑，建设能耗再次成为研究和建筑实践的重点。通过装配式建筑，我们极有可能同时降低建筑的建设和运行能耗。预制生产可以减少材料的消耗，预制生产方式对于材料能耗的控制水平也更高；此外，装配式建筑对于现场施工的把控也更为严格，能够使建筑在运行期间的能耗表现更好。与传统的现场施工相比，预制生产方式能够更直接地影响建筑的能耗水平。

被纳入 ISO 14000 环境管理体系标准的生命周

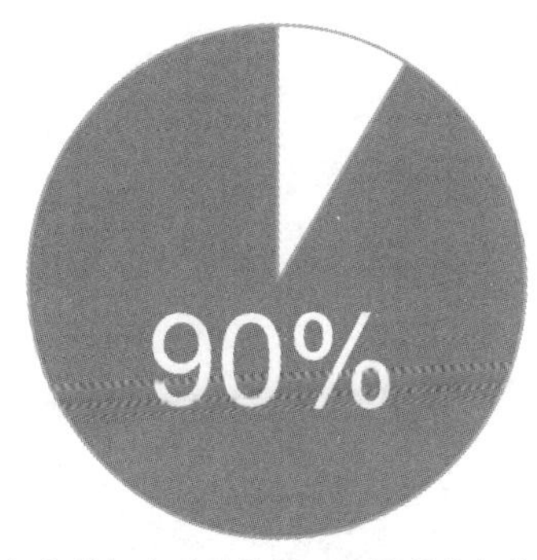

图 8.10 运行能耗占建筑物使用周期总能耗的 90% 以上

期评价（Lifecycle Assessment，简写为 LCA）也被称为“整体评估”（whole building assessment）。这套评估系统中包含了一部分其他类型研究中未考虑的影响因素，例如其记录了特定材料生命周期能耗的详细数据，即“内含能”（embodied energy）。ISO 第 14040 和 14044 节列出了生命周期评价的四项步骤：

1. 确定目标和范围（Goal and scope）
2. 清单分析（Lifecycle Inventory）
3. 影响评价（Lifecycle Impact Assessment）
4. 结果说明（Interpretation）

对装配式建筑进行生命周期评价的目标是甄别和对比预制建造方式中各项材料及工作的具体能耗与现场施工材料及运行能耗水平的差异。要实施这项评价，必须首先进行生命周期清单分析（Lifecycle Inventory，简写为 LCI），清单中量化了用于建设的各种资源，记录了原材料和再生材料资源的消耗量及材料加工过程中消耗的能源和水。生命周期评价还考虑了潜在的碳排放污染和碳封存（Carbon Sequestration）。琼斯（Jones）、塔克（Tucker）和萨鲁玛拉（Tharumarajah）将这一过程解释为：[35]

• 评估研究范围和研究系统中涉及的各项操作。

• 统计整个生命周期中使用和产生的各种材料，统计提取、加工过程中消耗的能源与用水，统计产生的废料总量。最后，将统计结果汇总为一份总体清单。这一过程也被称为物质流分析（materials flow analysis）。

• 量化整个生命周期中原材料、工艺材料和能源消耗水平。

• 计算各类排放物的总量。

• 跟踪被排放到空气、水源和土地中的所有排放物的去向。

• 确定每一类排放物中各自有多少被排放入空气、水源和土地中。

• 将所有能量、质量的输出与输入进行比较，检查质量流和能量流是否平衡。

在编制出生命周期清单后，下一步工作就是进行生命周期影响评价（Lifecycle Impact Assessment，简写为 LCIA）。生命周期影响评价量化了目标在生命周期内对以下四项因素产生的影响：

• 侵害人类健康
• 气候变化影响
• 生态系统退化
• 自然资源消耗

生命周期评价除了评估建筑带来的能源消耗和环境影响，还可对经济和文化效益进行成本评价。目前能够度量经济和文化效益的工具较少，但有一项用于经济学的评估系统：生命周期成本分

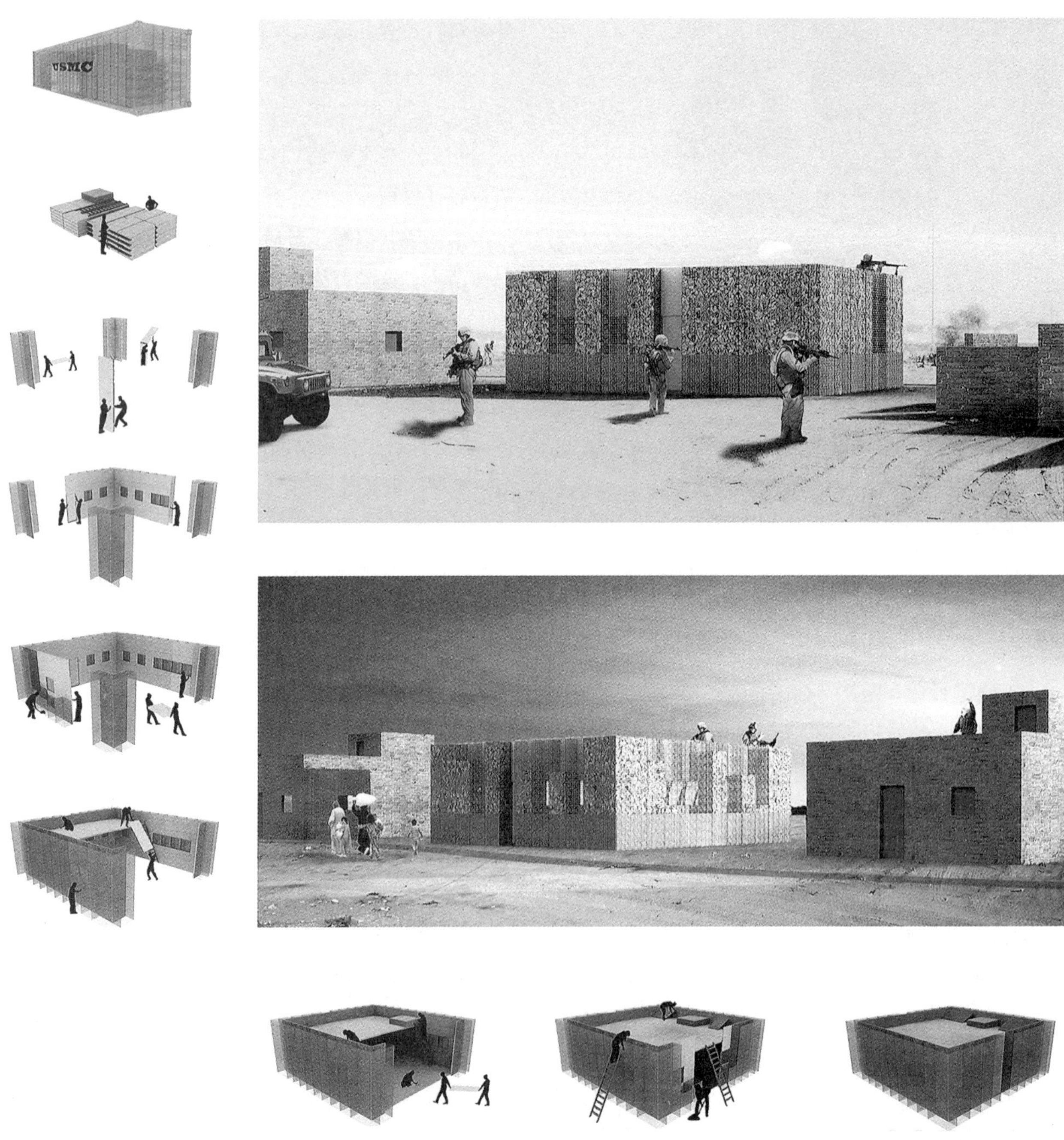

图 8.11　美国在伊拉克军事行动中曾考虑过建造一种可展开式墙体及屋面板系统。建筑外围设置着石笼网，可填充用以防弹的石料。这种建筑的形式与当地民居较为相似，腾空之后就可作为当地居民的住宅

析（Lifecycle Cost Analysis，简写为LCCA）[36]则包含了这方面内容分析。此外，还可通过软件计算的方法评估实时影响，并保持各项数据定期同步更新。诸如BEES和雅典娜生态计算器（Athena Eco-calculator）等工具都可帮助建筑项目选择合适的材料。此类工具有一项明显的缺陷，就是无法适应不同地区的背景差异——在不同的国家和地区，采矿、林业、运输和生产流程都有着明显的区别。此外，软件平台的模拟参数无法将预制工厂和施工现场的位置纳入考量范围（地理位置是确定建筑最终能耗的重要影响因子），只能以数据库中的基准数据计算能耗。

项目的初期投资（initial investment）常常是人们关注的一项重点内容，因此评估预制构件的成本效益就变得至关重要。装配式建筑在保持成本相对可控的同时，还能够提高建筑施工的质量，可在相同的单位成本范围内提升建筑的节能水平。装配式建筑还可通过提升施工质量并控制建筑材料的方法，降低建筑使用周期内的总体能耗水平，使建筑获得更好的节能表现。当然，采取高标准节能策略设计的现场施工建筑也可以非常节能环保。居住建筑的数量极大，如果采用新式环保材料和先进节能策略就能够节约大量能源，目前已有越来越多的住宅使用了结构保温板和KAMA墙体等超绝热面板（superinsulated systems panels）。装配式建筑的构件还有可能在拆卸后重新回收利用，进一步降低整体生命周期能耗。此外，还可通过工厂电力系统（factory power systems）来减少远距离电网输电和现场燃料发电的使用，替代能源系统（alternative energies）的普及也会减少建筑对于环境的破坏并降低其运行成本。

在一些研究中，研究者对比了采用现场施工方式与非现场施工方式建造的建筑的生命周期成本差异，证明了装配式建筑的价值。非现场施工方式的支持者们认为工厂的生产环境更加稳定可控，材料不会受到风吹雨淋，因此非现场施工方式的建造质量更好。2008年2月，美国建筑师协会（AIA）发表了一份题为“影响建筑师、建筑公司以及AIA的外部因素与趋势”（External Issues and Trends Affecting Architects，Architectural Firms，and the AIA）的研究报告，其中指出：

> “模块化建筑（modular construction）的使用寿命与采用传统施工方式的建筑相同，当今世界越来越重视可持续发展理念，这一技术的基本原则决定了它比采取传统施工方式的建筑更为环保。模块化建筑可以缩短建筑的施工周期（非现场制造与现场施工同步进行），现场施工的时间也更短，还可显著减少施工对周围环境造成的影响。模块化建筑的施工方式和材料还使得建筑更易拆解，拆除的构件也可以另作他用，这种设计技术能够确保建筑的整体回收利用。”[37]

我们不能仅仅关注经济方面的生命周期分析，还必须承担建设行为带来的社会责任和环境保护责任。必须将环境保护与非现场施工联系起来，非现场施工产生的废物较少，在使用寿命结束时也可拆解可用构件，从而减少了建筑垃圾填埋量。与传统方式相比，预制生产方式更具生态性，生命周期成本效益也更大。

也许，生命周期评价中最困难的部分就是针对各项数据做出设计决策。必须在施工影响与众多其他因素（包括经济和社会影响）之间进行权衡，以确定具体措施的可持续性潜力。在某些情况下，可能需要对相关策略进行验证。

8.3 可持续性的验证

对于建筑可持续性的验证需依赖建筑入住后相关数据的收集。一般通过两种方法收集数据并作出检验：

1. 设计原型（prototyping）验证
2. 预装节能监测设备

装配式建筑能够在正式施工开始前先建造原型单元，通过研究设计原型的方式解决可能存在的问题，确保整套系统能够按计划正常运行。现场施工时可能会遇到装配技术方面的困难，如要变更方案，又需要保护构件的连接位置防止其遭受日晒雨淋，这都会增加费用投入。因此，对于设计原型或早期结构的研究可迅速验证该系统在未来生产周期中是否能够节约成本。此外，在大型项目中还可通过短期投产的方法优化生产工艺，提高生产效率。想要推广这些策略并不容易，因为制造商为了提高生产效率并完善产品性能也进行了多年的研发，他们为此投入了大量资金，对那些可能改变其生产方式的策略都采取闭口不言的态度。随着装配式建筑越来越普遍，相关工艺也越来越精巧，设计失误和因此造成的资源浪费也会逐步减少。只有通过不断地试错才能得出有价值的信息，针对设计原型的研究将帮助设计者纠正方案早期阶段的设计失误。

除了验证原型的方法，还可以将测量能耗、空气质量和用水情况的监测设备嵌入预制构件内，实时监测建筑使用周期内的性能表现。在近期的一项研究中，笔者将两个采用了结构保温板的房屋用热电偶电线连接在一起，并接入记录仪器对数据进行实时监测，通过这种方式确定节能房屋的性能。在工厂生产环节里，在预制面板或模块中加入监控设备并不复杂。在预制系统中，评估工具和反馈技术可以轻松地嵌入建筑中，项目团队和建筑使用者便可接收到系统性能的各项实时信息。

8.4 挑战

推进建筑生命周期评价的主要障碍是此类研究会耗费大量资金和时间。跟踪各种物质流的去向是一项专门的工作，较小的建筑项目根本无力负担相关支出，甚至在预算比较敏感的大型建筑项目中也难以推行。在现实条件下，针对所有建筑项目进行生命周期评价也无必要。然而，生命周期评价中的许多前期研究都可在预制过程中率先展开，项目团队可以要求供应商和产品制造商提供其 MTS 和 MTO 产品中所用材料的环保数据。

8.4.1 相关认证

绿色产品认证体系（green product certification

systems）致力于推动建筑产业链中的产品质量，使产品达到健康环保的标准。我们可在原材料或产品采购环节查证 MTS 产品的相关认证，以确保产品满足严格的环保标准。此外，制造商在开发新产品时也可查阅环保法规以制定相应的生产标准。MASTERSPEC 和建筑系统设计（Building Systems Design，简写为 BSD）等主规范系统也提供绿色产品规范数据，它们通过内部研究来验证材料制造商发布的测试数据的真实性（相关工作自 1997 年便已逐步开展），并将符合标准的产品列入 Greenspec 规范列表中。目前尚不明确这些系统未来的发展前景，如何用它们来验证材料的环保水平也是今后关注的重点。

大多数建筑师和施工公司都没有时间和资源对建筑构件中使用的每种材料进行生命周期评价，预制产品制造商虽然更加了解其使用的材料，生产控制也更为严格，却也无法对产品整体生命周期进行研究。在这一背景下，建立一套规范的认证评估体系就显得尤为重要。不幸的是，ISO、ANSI（American National Standards Institute，美国国家标准协会）和 ASTM（American Standards of Testing Materials，美国试验材料标准）等国际认证组织并没有针对环境影响指数确立一套标准的验证流程。因此，目前施行的大多数绿色产品标准都是由相关行业自行制定的。

MTS 产品的可持续性认证取决于认证机构和产品开发公司的分离程度，共分为三个级别：第一级是产品的生产公司自行作出的声明，这类声明基本上被视为一种口头保证，并无实际效力；第二级是由生产或贸易公司聘请的认证咨询公司所做的验证结果；第三级验证是由各类实验室做出的测评。假如建筑材料的环保性能符合要求，实验室将向企业出具行业标准证书。美国国家标准协会仅认可由第三方机构做出的验证结果，前提是该测评机构能够通过协会的相关认证。

ISO 还针对不同产品定义了多种类型的环境标志，标志的具体等级取决于所声明的内容。Ⅰ型环境标志为满足预定要求的多种产品类型提供证明性商标；Ⅱ型环境标志是可验证的单属性环保性能声明，例如能耗、排放或可回收性等方面的声明。根据 ISO 的规定，Ⅱ型环境标志可以由制造商自行验证并申请，但目前制造商大多聘请第三方评估机构对产品进行检测评估；Ⅲ型环境标志则显示全面和详细的产品信息。虽然目前美国的认证大多采用Ⅰ型和Ⅱ型环境标志，但并非所有的认证都符合 ISO 的要求。[38]

以下列出一些三级认证的具体实例：

- 多类型认证
  - 绿色徽标认证（Green Seal）
  - 生态标志——环境选择认证（Eco Logo—Environmental Choice）
  - 可持续性选择——EPP，环保首选产品认证（Sustainable Choice—EPP，Environmentally Preferred Products）
  - 从摇篮到摇篮——C2C 认证（Cradle to Cradle—C2C）
  - 智能可持续材料评级技术——SMaRT 认证（SMaRT—Sustainable Materials Rating Technology）

• 林业认证，证明采伐木材具有可持续性。

◦ FSC——林业管理委员会认证（FSC—Forestry Stewardship Council）

◦ SFI——可持续林业行动认证（SFI—Sustainable Forestry Initiative）

◦ AFTS——美国林农系统认证（AFTS—American Tree Farmer System）

◦ CSA——加拿大标准协会认证（CSA—Canadian Standards Association）

• 室内空气质量标准认证，评价对人体健康有害的挥发性有机化合物（VOC）排放水平

◦ 绿色卫士认证（Greenguard）

◦ 绿色标签 + 认证（Green Label Plus，用于地毯产品）

◦ 加州 01350 条款认证（California Section 01350）

◦ 地板评分认证（FloorScore）

◦ 室内优势认证（Indoor Advantage）

• 能源性能认证

◦ 能源之星认证（Energy Star）

◦ CEE/ARI 验证名录（CEE/ARI Verified Directory）

• 节水认证

◦ 水源之星认证（WaterSense）

8.4.2 数据的可靠性

将产品与材料的各项环境指标量化并加以评估是一项极富意义的举措，但这一过程里也包含了一项最基本的数学问题：测定的数据是否可靠？一旦出现数据错误，基于此数据的结论无疑会谬之千里。在数据驱动的建筑方案中，留给建筑师的操作空间非常有限，建筑师几乎无法直观地认清问题的所在，更别提操纵空间环境和自然材料而使建筑变得节能环保了。此外，各类软件工具中的数据也受到固有算法的限制，这些算法通常只是建立在小规模研究和仿真验证的基础上，不一定具有普遍性。因此，目前的建筑只能使用基于已知建筑实践的量化性能软件（quantification performance software）进行设计，如果验证时出现额外参数，整套算法都可能会因此而改变。

在绿色建筑评估体系（Leadership in Energy and Environmental Design，简写为 LEED）之类的定性测量方法中，此类情况尤为突出。阿姆普雷斯特（Armpriest）与哈格隆德（Haglund）在一份研究报告中提出，2004 年设计的西雅图市政厅（Seattle City Hall）虽然完全符合 LEED 的各项标准，但其节能表现并不理想。[39]《西雅图邮讯报》（*Seattle Post-Intelligencer*）在 2005 年 7 月 5 日的一篇报道中写道："西雅图的新市政厅是一个不折不扣的耗能大户。"[40] 当地公用事业部门提供的数据显示，新市政厅糟糕的节能表现导致其运营费用比之前的老市政厅高出 15% 到 50%。诚然，新建筑能够容纳更多功能，其中工作人员的人数也有所增加，但新市政厅的建筑体量毕竟要比老市政厅小，大面积玻璃幕墙及通高空间的设置使得其能耗变得难以预测。尽管新市政厅在试运行阶段已经采取了一系列节能措施，总体表现依然不佳。2005 年能源公司的报告显示，该建筑夏季节能表现良好，冬季和春

季的节能表现则较差。可以说，西雅图市政厅是“新型绿色建筑”宣传的牺牲品。如果没有准确数据的支持，基于定性测量的可持续性评估只会令业主和设计师在建筑设计与维护过程中费心劳力，却不一定能使建筑节约能源。也许西雅图市政厅最大的作用就是警示后来者并推动 LEED 和其他定性评估系统在未来作出修订。这只是运行能源方面的一项实例，对于建筑施工影响的定性研究与评估同样也是我们关注的重点。

烦冗的官僚机构设置也为定性评估系统带来了种种困难。从业者只能依靠自上而下的秩序体系来获得绿色建筑质量的积分或评估，这一点从本质而言是管理组织基于特殊利益的一种偏向性政策。例如，LEED 评级中的积分系统向一些对环境“无关紧要”的影响因子赋予和其他因子相同的权重。之前提到的西雅图市政厅已经向我们证明，获得 LEED 评级的建筑不一定具有社会、环境和经济方面的可持续性。由于建筑的社会学价值难以量化，一栋建筑如果并不经济又无法节能，那就应当视为一种失败。皮尤与斯卡帕事务所（Pugh + Scarpa）的拉里·斯卡帕（Larry Scarpa）在近期的一次讲座中提出：“一栋被大众喜爱的高能耗建筑比一栋被大众厌恶的绿色建筑更具有可持续性。”[41]

8.5　美国绿色建筑委员会的绿色建筑评估体系

美国绿色建筑委员会（U.S Green Building Council，简写为 USGBC）建立的绿色建筑评估体系（LEED）无疑是当今美国最为先进的绿色建筑质量评级系统。建筑行业不但以这套体系指导建筑师的设计工作，还用它来评估建筑的节能表现。绿色建筑评估体系作为最重要的行业标准之一，其评估系统在今后势必会受到建筑预制潮流的影响。在 2009 年，LEED 更新了“新建建筑”与“整体改造”等方面的内容，大多与建筑节能表现有关。随着时间的推移，建筑节能方面的内容将会越来越多，今后 LEED 还可能通过计算和模拟量化节能数据并将结果纳入评估系统。目前 LEED 中的大多数积分奖励与是否采用预制生产方式还没有直接的联系，因此制造商、供应商、建筑师和业主可以根据实际情况自行判断是否需要在结构、表皮和服务设施中采用预制构件。但在某些情况下，使用非现场制造的方式可以使得建筑项目更容易通过 LEED 的各项评估。

模块化建筑协会（The Modular Building Institute）最近委托美国建筑师协会的绿色建筑认证专家罗伯特·科贝特（Robert Kobet）提交了一份研究报告，研究了将模块化建筑行业嵌入 LEED 评级系统的可能性。这份名为“模块化建筑与美国绿色建筑委员会的 LEED 3.0 版 2009 建筑评级系统”（Modular Building and the USGBC's LEED Version 3.0 2009 Building Rating System）的研究报告讨论了模块化建筑与新建建筑评估、建筑整体改造评估与校园绿色建筑评估的关系。在这份研究报告中，科贝特为模块化建筑提出了一种较宽泛的定义，即“在受控条件下将各零件、部件组装成为建筑构件，再将构件运输至施工现场组合成一个整体”。

需要注意的是，建筑中使用的预制构件，不但自身要符合 LEED 的相关要求，同时还要遵循 LEED 针对这一建筑类型所制定的评价体系的约束。LEED 并不接受面向单个建筑组件或构件的独立认证。对于模块化建筑而言，其模块单元是 LEED 申请和认证工作的主题，最终的评估结果主要取决于模块单元自身的属性与性能。科贝特的研究报告可归纳为六方面内容，分别是：减小施工影响、节水效率、能源和大气、材料和资源、环境品质、创新及设计过程。

8.5.1　减小施工影响

按照 LEED 评估条目的要求，建筑项目采用降低现场干扰或是将施工影响区域限制在用地界限之内的施工技术，都可获得相应的得分奖励。非现场制造方式可详细规划施工过程，从而减少施工对周边环境的干扰。

SS 得分点 6.1：场址开发——保护和恢复生境（SS Credit 6.1：Site Development—Protect and Restore Habitat）采用非现场制造策略的建筑更易获得这项积分。本得分点的选项 1（场址恢复）适用于未被开发的绿地或场地，在这些区域内，建筑项目的施工影响范围须符合以下条件：1. 不超出建筑用地界限 40 英尺；2. 距离人行道至少 10 英尺；3. 距离直径小于等于 10 英寸的公共连接沟管至少 10 英尺；3. 距离直径大于 10 英寸的公共连接沟管至少 15 英尺；4. 距离需要保持雨水渗透的区域至少 25 英尺。由于非现场生产的建筑构件和模块化建筑单元只需在现场装配，对施工环境的控制也更为严格，能够明显减少建筑施工对周边环境的干扰。生产方需与施工承包商协调建筑模块与构件的交付过程，以确保施工影响范围符合 SS 得分点 6.1 的要求。

8.5.2　节水效率

如今，节约与再利用水源是绿色建筑关注的重点内容。然而在 LEED 积分系统中，利用场外施工实现的节水效益与传统建筑相比并没有显著优势。然而，项目团队可利用装配式建筑可控可预测的特征来实现建筑节水和雨水收集的目标。

8.5.3　能源与大气

采取非现场施工方式对能源和大气有许多好处。在受控条件下生产的外围护构件具有更好的热阻性能，质量更加可靠。在工厂环境中，可将高性能覆板精心组装为各种面板与模块，节能门窗接缝更为精密，铝材与钢材门窗在工厂中也很容易加工生产。现场施工同样也可采用节能门窗，但工厂的可控环境能够更加方便地调试各个构件。

EA 先决条件 1：建筑能源系统的基本调试（EA Prerequisite 1：Fundamental Commissioning of the Building Energy Systems Commissioning）能源系统调试是利用诊断工具，按照经验对建筑进行诊断的一门科学，目的是最大限度地保证建筑在运行和维护时符合预期设计目标。按照 LEED 的要求，一栋建筑在使用前必须对暖通空调系统、照明系统、家庭热水系统和可再生能源系统（如果存在相关设计）及各自控制系统进行基本调试。一般而言，制造商、供应商或分包商自行设置的常规测试要求所有系统协同工作，因此只有在建筑完工之后才可进行。在装配式建筑中，如果预制模块在交付前已完全组装好，各个系统也安装妥当并能够运行，就可在工厂中进行基本调试。如果涉及民用基础设施、现场安装的可再生能源系统或供水压力测试，则需在施工现场进行额外的调试。这三类测试只能在现场实施，并且需要出具完整的测试报告。当建筑项目涉及预制生产时，测试机构作为制造商和施工方的联络人，应当制定具体计划以协调测试范围和具体位置。

8.5.4　材料与资源

非现场施工方式能够高效地配置各种生产资源。通过预制方式建造的各类新建筑、改建项目和住宅项目不但能够节约生产材料和资源，也更易通过 LEED 评估。生产商可在工厂内高效地生产各类面板、模块等重复度较高的建筑构件，工厂可控的环境不但可以提高生产效率，还可减少现场施工中产生的材料浪费。这一优势在采用模块结构和壁板结构（panel construction）的建筑项目中尤为明显，生产材料不但可以在工厂中重复使用，材料回收后还可用来制造其他产品。

具体而言，LEED 针对建筑材料与资源方面的积分奖励可分为三类：1. 能够确认材料产地、明确材料具体使用方法、明确施工废弃物管理流程或可回收物管理与收集流程的建筑项目；2. 能够利用现有建筑、使用回收材料或建筑材料是在 500 英里（800 公里）范围内提取、加工并制造的建筑项目；3. 使用由先进管理系统生产的轻加工材料或高效节能材料的建筑项目。为了准确评估材料和资源在预制生产和 LEED 中发挥的作用，必须首先明确以下内容：

• LEED 是一套针对建筑的评价体系，不存在 LEED 产品认证；

• 建筑项目不会因为采用了某种特定材料或产品就直接获得 LEED 项目积分；

• 使用可回收材料或节能环保的材料及产品有助于建筑接近或达到 LEED 的评估要求。

LEED 针对建筑材料及产品建立了两种评估模式：贡献评估（Contribution Credits）和遵约评估（Compliance Credits）。贡献评估要求项目团队计算建筑中各种材料的百分比，以确定建筑符合 LEED 评级系统的要求；遵约评估则要求所有相关材料都满足特定标准。建筑中与评估有关的所有产品都必须达到 LEED 的标准，LEED 对于材料及产品的评估非常严格，只有合格或不合格两种结果。为了通过相关评估，预制供应商必须充分了解 MTS 与 MTO 产品的性质、来源、制造工艺与现场组装流程。关于材料和资源的 LEED 先决条件与得分点包括以下方面：

MR 先决条件 1：可回收物的储存和收集（MR Prerequisite 1： Storage and Collection of Recyclables）可回收物的储存和收集是所有参与 LEED 评估项目的共同先决条件，不仅仅局限于装配式建筑。项目团队必须说明玻璃、铝材、壁纸、瓦楞板和塑料等材料的收集和储存方式，同时还要说明这些材料如何从施工现场移除（不论当地是否建立了建筑废料回收系统）。这项工作通常由设计团队统筹安排。

MR 得分点 1.1：建筑再利用（Building Reuse），并保持原建筑墙壁、地板和屋顶的 75%；

MR 得分点 1.2：建筑再利用，并保持原建筑墙壁、地板和屋顶的 95%；

MR 得分点 1.3：建筑再利用，并保留 50% 的内部非结构部件。

以上得分点仅适用于涉及建筑再利用的项目。在 2009 年的 LEED 标准中，达到 MR 得分点 1.1 的相应指标可获得 2 分奖励。针对装配式建筑，我们可以作出一项假设：假若原有建筑采用了模块结构或壁板结构，就能轻松地在旧建筑中增设同规格的模块与壁板构件（或含有类似元素的新构件），如果整体比例符合条目的要求，项目就可以获得相应的积分。当新建建筑面积超过原有建筑两倍时，以上三条评估条例就不再适用，此时应当引入施工废弃物管理评估条目，即 MR 得分点 2.1 和 2.2。

MR 得分点 2.1：施工废弃物管理，将 50% 的施工废弃物从废料处理场回收转移；

MR 得分点 2.2：施工废弃物管理，将 75% 的施工废弃物从废料处理场回收转移。

非现场施工可以有效管理建筑垃圾，这是一项巨大的优势。LEED 通过计算建筑垃圾填埋量（重量或体积）的方式评估施工现场的废料管理水平。通常而言，可填埋的建筑垃圾包括各种非危险材料（nonhazardous materials），从现场运出的各种切割、填充的边角料和有机材料则不计在内。装配式建筑可显著减少施工过程中产生的各种废料，不但可以降低运输与填埋成本，同时也简化了现场的建筑垃圾管理工作。此外，项目团队可以在预制工厂实施类似的垃圾管理措施，以此作为“创新点”申请 LEED 的创新积分奖励。申请“创新点”绝非易事，项目团队必须准确掌握工厂制造 MTO 产品过程中产生的建筑废料的数量及填埋量，还要通过上游系统的相关评估。

如要申请 MR 得分点 3.1 至 5.2 的相关评估，项目团队就需要计算 MasterFormat（一种针对工程项目信息和数据管理的编码体系，可计算详细成本数据）第 2 至第 10 子目部分中出现的建筑材料的总体成本（需减去劳动力和运输成本）。得出成本数据后，以材料总价作分母，分别算出各材料价格与总价的比例，最终的结果就可确定建筑项目是否符合积分要求。只有充分掌握各种材料的来源、成分和采购点等专业信息，建筑项目才有可能通过这方面的评估，因此预制经销商和供应商应充分理解 LEED 参考指南中的各种评估要求。有一点需要注意，只有永久安装的建筑材料才会被纳入 MR 得分点 3 至得分点 7 的考察范围。

MR 得分点 3.1：使用回收材料，占总材料价值的 5%；

MR 得分点 3.1：使用回收材料，占总材料价值的 10%。

LEED 鼓励新建筑和整体改造项目使用回收材料，并设置了专门的奖励积分制度。目前，使用回收材料制造全新预制构件的做法还比较罕见，因此申请 LEED 评估的装配式建筑可在施工的其他环节使用回收材料。下文所列出的比例是指可回收物质含量与 MasterFormat 第 2 至第 10 子目所列的材料总体成本的比例。

MR 得分点 4.1：回收物质含量（Recycled Content），占总材料价值的 10%（消费后回收物质含量 + 消费前回收物质含量的一半）；

MR 得分点 4.2：回收物质含量，占总材料价值的 20%（消费后回收物质含量 + 消费前回收物质含量的一半）。

LEED 认可材料制造商对环保作出的贡献，因此他们对可回收物质作出了两种定义：消费前回收物质与消费后回收物质。消费后回收物质是指被用户使用后才会进入再利用过程的物质与材料，如塑料瓶和金属罐等；消费前回收物质是指从一个行业直接转移到另一个行业，不与消费者产生接触的物料，如粉煤灰和麦秸基质（wheat straw substrate）。为了通过相关评估，产品制造商必须能够识别非现场施工时所用材料中回收物质的性质，还要统计回收物质的重量以计算其在材料总价值中所占的比例。模块化建筑行业中常见的回收物质种类极为丰富，包括且不限于：1. 定向刨花板（OSB）、结构保温板（SIPS）中的绝缘聚合物；2. 农业基质（agriculturally based substrates）；3. 油毡、铝材、金属与玻璃窗的零件；4. 轻型和中型的钢框架；5. 各类地毯、地砖；隔声吊顶板（acoustic ceiling tile）；6. 橱柜；7. 室内石膏板隔断（interior drywall partitions）；8. 表面处理材料（surface treatments）和各类织物；9. 门；10. 金属屋面；11. 其他材料。建筑项目组应对模块与单元中使用的每一类回收物质及相应成本进行评估（减去劳力与运输成本）。由于 MTO 产品与 MTS 产品的运输成本是分开记录的，因此只需列出所有数据，并将最终结果提交给 LEED 方面的相关联系人。

MR 得分点 5.1：地方 / 地区物资（Regional Materials），由附近区域提取、加工并制造的材料价值占总值的 10%；

MR 得分点 5.2：地方 / 地区物资，由附近区域提取、加工并制造的材料价值占总值的 20%。

MR 得分点 5.1 与 5.2 条目用以评估建筑的经济效益和环境效益，确保建筑项目中采用一部分本地或邻近地区生产加工的建筑物资（材料总价值指的是 MasterFormat 条目第 2 至第 10 中出现的所有材料的成本减去劳力和运输成本）。为了达到评估条件，项目方需要保证建筑中使用的 MTS 产品和 MTO 产品的产地与建筑施工地点的距离不超过 500 英里（约 800 公里）。与此同时，产品制造商也要确保产品中原材料或组件是在 500 英里范围内提取、加工并制造的。一般而言，均质材料（homogenous materials）较易符合这些条件，复合材料中也许包含了 500 英里范围之外的原料，就需要对其数量进行测算。产品和原料两项范围合并后，直径可达 1000 英里——这大大降低了此项评估的难度，因此有许多项目都可以获得这项积分奖励。应注意的是，得分点 5.1 与 5.2 中的地方 / 地区物资的价值比例是根据总体材料成本计算得出，场地开发的材料成本也需要计入总成本之中。

MR 得分点 6：快速可再生材料（Rapidly Renewable Materials）是指再生周期小于 10 年的原材料。竹材、农业纤维、油毡、软木、羊毛和棉花皆属于这一类别。在此项评估中，如果建筑项目中使用的快速可再生材料成本大于或等于材料总价值的 2.5%，就可获得一点积分。为了获得积分，MTO 产品供应商须首先识别和量化符合要求的材料，再确定快速可再生材料与材料总价值的比例是否符合 LEED 的规定。

MR 得分点 7：经认证的木材（Certified Wood）指经过林业管理委员会标准认证的各种木材。本条目的认证范围包括且不限于木结构框架、地板、木门和木质饰面。为了获得积分，建筑项目中 FSC 认证木材的成本必须大于永久性附着木制品总成本的 50%。MTO 产品供应商应当识别并量化产品中通过了 FSC 认证的木料数量，并提供 FSC 认证书。如果相关产品的产地距离建筑工地 500 英里以内，建筑项目还可同时获得 MR 认证 5.1 的积分奖励。

8.5.5 环境品质

室内环境质量（indoor environmental quality）包括空气质量（air quality）、新风量（fresh air）、污染物排除（removal of contaminants）及声环境品质（sound quality）四方面内容。目前已有不少建筑师和事务所通过模块化建筑设计来提升室内环境的品质，其中较为著名的有米歇尔·考夫曼、安德森建筑事务所（Anderson Anderson Architecture）和詹妮弗·西格尔（Jennifer Siegal）等，Project Frog 等预制建筑公司也进行过此类实践。非现场生产的方式在室内空气质量方面的表现并不比现场施工更好，但是更易管理各种建筑材料；由于模块化的单元彼此分离，建筑便可获得更好的声环境品质。

EQ 先决条件 3：最低声环境表现（EQ Prerequisite 3：Minimal Acoustical Performance）最低声环境表现是 LEED 专门为教育类建筑设置的，旨在为学校的核心学习空间的建立声环境标准。要获得此项积分，学校的教室与学习空间首先必须符合教育类建筑的相关设计要求，同时还要符合以下标准：1. 教室与核心学习空间（core learning spaces）须满足“学校声学性能标准，设计要求与指南”（ANSI S12.60-2002）中对于混响时间（Reverberation Time）的要求。2. 教室和其他核心学习空间（窗户不算在内）须满足声音传播分级（Sound Transmission Class）的要求，且必须达到 35 分的评级。3. 按照“学校声学性能标准，设计要求与指南”附录 B 至 D 的要求，教室内的背景噪声水平必须低于 45dBA。4. 依据 2003 版《美国采暖、制冷与空调工程师学会暖通系统应用手册》（*HVAC Applications ASHRAE Handbook*）第 47 章中的定义，教室和其他核心学习空间的暖通空调设备和安装过程须符合 RC（N）Mark II 37 级的要求。装配式建筑可采用重量较轻且不易反射声音的预制面板和模块化单元，使得建筑达到最低声环境表现的要求，SIP 结构、多层干式墙、隔声吊顶板和其他声学技术都是常见的方式，还可围绕装配式建筑中常用的材料和施工技术提升建筑的声学性能表现，使其符合 **EQ 得分点 9：提升声学性能（EQ Credit 9：Enhanced Acoustical Performance）**的要求。无论建筑项目的层数和环境噪声条件如何，都必须根据具体的场地环境来制定整体措施。

EQ 得分点 3.1：施工期间建筑室内空气质量管理计划（EQ Credit 3.1：Construction IAQ Management Plan during Construction）LEED 依据美国金属散热与空气调节承包商协会（Sheet Metal and Air Conditioning Contractors National Association，简写为 SMACNA）1995 年颁布的《已使用建筑物处于修建状态下的 IAQ 导则》（*IAQ Guidelines for Occupied Buildings Under Construction*）第 3 章的内容，制定了建筑施工期间室内空间的空气质量标准。当建筑采用常规现场施工方式时，应当确保现场工作环境清洁干燥，妥善储存建筑材料并避免受潮，在施工期间使用暖通空调系统时还要特别注意保持管道系统的清洁。MTO 产品通常在厂房中制造，因此可缩减现场施工时用于储存材料的空间；工厂内的装配区域不会受到降雨及极端气温的影响，工作环境也更加可控。假如 MTO 产品的运输和安装过程遵守了相关保护要求，建筑项目便可获得此项积分。

EQ 得分点 3.2：入住前建筑室内空气质量管理计划。LEED 设置了这项积分用以奖励使用无过敏成分和无毒的低挥发性材料的建筑项目（低挥发性材料须符合 EQ 得分点 4.1 至 4.6 的定义）。为了进一步保证室内空气对用户无毒无害，EQ 得分点 3.2 要求项目团队制定入住前建筑室内环境质量管理计划，确保清除残留的室内空气污染物。要达到这一目标，可对竣工建筑进行冲洗消毒并通过室内空气品质测试程序检测建筑，测试内容主要包括以下方面：

- 甲醛（HCHO）最大浓度不超过 50ppb；
- 颗粒物不超过 50μg/m^3；
- 总挥发性有机化合物（TVOC）浓度不超过 500mg/m^3；
- 一氧化碳（CO）浓度不大于 9ppb，并且不超过室外空气 2ppm 以上；
- 环己基苯（4–PCH）不超过 6.5mg/m^3。

为了确保建筑竣工后室内空气质量达标，首先需保证使用无毒、无过敏成分的建筑材料，采用的清洁产品也需要达到环保标准。工厂预制的建筑构件需要严格把控生产材料与加工过程，使其符合室内空气质量标准。

EQ 得分点 4：低挥发性材料（Low Emitting Materials）。MTO 供应商能够更好地控制材料性能表现并提高室内空气质量，因而受到越来越多的关注。随着 LEED 的推广，人们对室内空气质量愈发重视，高性能的绿色建筑也越来越普及，使用低挥发性材料已成为目前的趋势。在 2009 版的 LEED 评估要求中，对新建筑和建筑改造项目使用低挥发性材料设置了四项得分点奖励：

EQ 得分点 4.1：低挥发性材料——黏合剂和密封剂；

EQ 得分点 4.2：低挥发性材料——油漆和涂料；

EQ 得分点 4.3：低挥发性材料——地板和地毯；

EQ 得分点 4.4：低挥发性材料——复合木材和农业纤维制品。

上述每一种材料均由不同的行业机构管理，产品的挥发性有机化合物的最高上限值也是由各行业分别制定的。对于没有明确标准的产品，则需在相应的参考说明中列出用于计算 VOC 预算的申报要求和代替性解决方案。实际上，项目团队只有使用低挥发甚至零挥发的优良产品才能通过此项评估。目前低挥发性材料较易获取且成本合理，采购量较大时价格会更低。装配式建筑在申请 LEED 低挥发性材料评估时，有两点因素需要注意。首先，在工厂的受控环境内组装的建筑构件和单元可以严格计量并控制所需的材料数量，还可控制材料脱气（off-gassing）过程并且避免过喷（overspray），受控的温度和湿度也利于产品的储存和固化。如果建筑产品全部或部分在室外制造组装，就无法确保其品质达到标准；其次，从技术上讲，低挥发性材料评估适用于已经完工的整体建筑项目，且只针对现场施工的材料——如果施工现场未直接使用 EQ 得分点 4.1 至 4.4 中列出的材料，就算最终检测结果符合标准，也无法申请评估并获得积分奖励。相反，即便现场施工时仅仅使用了少量条目中的材料（例如在修补或最终安装环节），整个项目也会因此获得评估资格。

8.5.6 创新及设计过程

非现场施工的装配式建筑生来就具有非传统与创新的特质。因此，装配式建筑在创新及设计过程的评估中是占据优势的，但项目团队需要对建筑的可持续性与环保性能进行鉴定和量化，以便向评审人员证明采用的策略和方法真实有效。创新及设计过程评价与其余几项评估内容相辅相成，项目团队可以通过创新措施提升建筑的各项指标以获得其他方面的积分。下文列举了几项通过非现场施工方式促进项目通过 LEED 创新和设计过程评估的要点：

示范性表现（Exemplary performance）：这表示项目团队的工作已经超越了评估系统划分出的类别，并且在水资源、废物管理等方面表现优异，因此可以申请更高的积分。由于装配式建筑可减少现场施工产生的废料且可控制废物流中可回收材料的数量，因此能够在材料和资源领域有所作为。

原始创新（Original innovation）：在这一情况下，LEED 团队需要记录创新的目标、需求和实现方法。如果项目创新措施能够量化，那么便可作为一项成功的原始创新成果，因此量化项目的环境效益是获得此项积分的关键。非现场施工将建筑生产转移到了室内，可以严格控制产品库存和项目进度，还可以有效控制施工产生的废料，如果能够审慎地控制施工和装配进度，便可以将项目对于现场环境的影响降到最低。假若项目使用施工现场 500 英里范围内制造的预制构件，或采用非现场安装的低挥发性材料，就可能以此为依托申请创新积分。

在各种生产策略中，非现场制造方式能够有效地控制建筑垃圾的管理，还可以提高材料利用率并改善室内空气质量水平。建筑的可持续性是社会、经济和环境因素平衡的结果，也是业主、设计团队、承包商和社区多重利益权衡下的产物，对于各个因素都需要仔细考量。正如上文中列举的案例（西雅图市政厅），LEED 认证并不能确保建筑一定具有优异的能耗表现。本章中列举的与预制相关的评估条目旨在概述装配式建筑的潜力，并指出与预制技术相关的绿色建筑认证的行业标准。

8.6 市场

2008年，米歇尔·考夫曼的公司撰写了一份题为“住宅的营养标签：一种更加生态、经济的决策方法”（Nutritional Labels for Homes：A way for homebuyers to make more ecological，economical decisions）的白皮书[42]，对比了工厂预制的“绿色住宅”与按照常规标准现场修建的房屋的环保性能。研究表明，有人入住后，绿色住宅的能耗和二氧化碳排放量比常规房屋高出一半以上。因此，米歇尔·考夫曼开发了一个标识体系——她参照食品公司将“营养成分”印刷在食品上包装的做法，提出将“可持续性成分”（sustainability facts）标示在建筑上。既然人们十分在意食物的营养成分，那么也应当知晓自己住宅的材料与运作方式。这一标识体系将绿色建筑视为消费品投放进入房地产市场，业主在选购房屋时也可获得更全面的信息，作出最适合自己的选择。考夫曼的评级系统使用了下列因子：

- 每年的能耗总量（kbtu，千英热单位）
- 每年的二氧化碳排放量（磅）
- 每年的平均用水量（加仑/天）
- 墙壁、屋顶和地板的隔热性能
- 窗的热传导量

这套标识体系中的评级系统以国家平均数值为基准，标定出一系列百分比，以帮助消费者了解市场平均能耗水平并比照建筑能耗与排放表现。这套系统与德国能源证书认证体系（German Energy Pass）并无二致，它们向用户提供了建筑能源消耗与各类建筑能源状况的全面信息，提高了房屋租售市场的信息透明度。能源证书中也包含了建筑改建项目的参考信息，旨在激励建筑商与用户提升节能措施，但这套认证目前仅用作信息参考，没有任何法规效力。目前德国已经立法并批准了能源证书的两种变体：需求导向的能源认证和消费导向的能源认证。需求导向的能源认证对建筑外围护结构、建筑材料与供暖系统进行分析，然后根据测量数据确定建筑物的热损总量，其结果只客观反映建筑能耗数据，与个体的消费行为没有关联；消费导向的能源认证则向消费者说明单位面积（每平方米）的能耗成本（相应数据根据过去三年的供热成本平均算出）。对于非住宅建筑，则需要有关建筑能耗的其他详细信息。[43]

从建筑全生命周期能耗角度而言，可持续性标识或能源证书计划将为解决美国建筑的可持续性问题提供一种思路，它将可持续性变为一种房地产行业的普遍参考要素（如地理位置、建筑外形和建筑质量），使其成为一种可供选择的商品。[44]工厂内预制的住宅、学校和商业建筑可在运输和现场组装之前在进行性能检查，以高质量作为“卖点”来激励市场消费。以上提到的实例皆针对建筑的运行能耗，我们也可以建立一套类似的系统来测评建筑施工对环境的影响，这样就使可持续性优势成为装配式建筑的一项实实在在的“卖点”。设计团队和业主对通过了行业认证的产品更有信心，预制公司生产的建筑产品假若能获得能源认证，将大大精简LEED和其他评级系统的验证目标，同时还能提升可持续性建筑的质量和性能。

8.7 结论

虽然我们应当用更为精确的方法来评估绿色建筑和建筑的可持续性，但是为了便于实施，采用的方法也不宜过于复杂。建筑的生命周期评价是对于建筑最彻底和最深入的评估，有些数据却难以采集，现有的数据也不一定能够支持进行此类评估。未来的建筑是否会更具可持续性？预制技术能否帮助我们达成可持续发展的目标？这些问题的答案取决于人们是否能够齐心合力兑现自己对于生态环境的承诺。

美国国家可再生能源实验室（The National Renewable Energy Laboratory，简写为 NREL）曾对六栋高性能建筑进行了深入的案例研究[45]，基于这项研究成果又产生了一系列横向研究。这些研究的目的旨在在建筑和规划领域建立一种具有可持续性的实践文化，以此帮助从业者开展可持续建筑设计并提升施工管理效率，进而推动高性能节能建筑的发展。研究表明，要建造一栋表现优异的节能建筑，业主的意愿、合作伙伴之间的沟通、项目交付的集成缺一不可。对于高性能建筑和绿色建筑而言，将设计过程和施工过程集中整合并严密对接是确定生产目标并最终实现建筑节能的关键所在。

尽管针对环境分析、评估系统和 MTS 产品认证的各类测评工具和方法正在不断完善，但要取得真正的成功并实现可持续性发展不能只依赖技术的进步，而是要在环境、社会和经济之间取得平衡。建筑师、工程师、业主、建筑承包商与设施管理人员应当组成合作团队，共同解决设计过程中面临的建筑拆解、生命周期评估及验证和评级的难题，尽量保证建筑能够采用适宜的预制技术实现可持续性发展的目标。

第Ⅲ部分

实例研究

第9章　住宅

“难道装配式仅为一种建造方法而非一种建筑艺术风格吗？这两者有关联吗？……谁知道呢？但据我所知，尽管在历史上现代主义设计与预制生产之间有时存在共生的依据，与其把两者的联姻当作类型或风格，不如将其视为意向的自然结果。工业化生产不关心他们究竟是包办的还是自愿的。”[1]——特德·本森

上述这段话引自一位非现场建筑商的评论，解释了社会大众对美国当前仍在大肆鼓吹装配式建筑的这种舆论氛围的普遍看法。一提起装配式建筑，人们的脑海里会就浮现出田园风光中的现代主义独栋别墅（detached dwelling）。当然，这种建筑仅是所有装配式建筑的一部分，而且更多表现为一种流行文化而非建筑艺术。不过当人们在阅读杂志、浏览网站或参加建筑师的装配式作品的展会时，会发现流行文化和建筑艺术似乎没有区别。然而，目前建筑物的工业化程度高于以往任何时候，尤其是在住房领域。如果人口不断增长那么就存在住房的需求，而建筑师在设计此物时似乎总能发现乐趣所在。

过去十年中的某些决定性时刻将我们引向了对现代主义装配式住宅的迷恋。2000年《居住》（*Dwell*）杂志创刊，成为建筑师、设计师和成长于20世纪中期的消费者的现代流行文化时尚杂志。时任高级主编兼撰稿人的艾莉森·阿里夫（Allison Arieff）痴迷于设计，这在她有关“清风”牌房车等话题的著作中均有表露。艾莉森·伯克哈特和布赖恩·伯克哈特（Bryan Burkhart）于2002年出版了名为“PREFAB”的住宅案例研究著作，该专

著的特色是梳理了工业革命以来由建筑师和非建筑师所设计的装配式住宅的发展历史。由艾莉森掌舵的《居住》杂志对当代装配式住宅的最大贡献也许就是在2003年举办的那场住宅设计邀请赛。竞赛要求建造面积为2000平方英尺，造价不高于20万美元的住宅。竞赛一共收到16份设计作品，最终Resolution：4 Architecture公司（简称RS4公司）的"现代模数"（Modern Modular）胜出。除RS4公司的乔·塔内外，其余表现良好的设计人才也崭露头角，后来纷纷以其设计作品的名称创办了公司。他们是查利·拉佐尔（Charlie Lazor）及其"平叠包装拼板式住宅"（Flat Pack panelized house），米歇尔·考夫曼及其模块化楔形"滑翔屋"，詹妮弗·西格尔及其装配式建筑小品以及马莫尔雷迪策的钢框架和内填充体系。

过去十年里一直在推进装配式住宅发展的建筑师和公司还包括：罗西奥·罗梅罗及其LV住宅；史蒂夫·格伦及其"居家"，他曾与雷·卡佩合作生产现代套件式和模块化系统，目前正与基兰廷伯莱克公司开展合作；蜂巢模块化住宅（Hive Modular）、炼金术建筑事务所（Alchemy Architects）、融合建筑事务所、布鲁住家公司（Bluhomes）和PF公司，甚至连丹尼尔·里伯斯金（Daniel Libeskind）都发布了一个装配式住宅实验作品。对装配式住宅的兴趣不仅限于工业界，建筑学界希望通过由弗吉尼亚大学约翰·奎尔（John Quale）教授领导的EcoMod项目和堪萨斯大学的由丹·罗克希尔（Dan Rockhill）教授领导的804工作室项目，能够让装配式技术成为设计-建造总承包项目的一种可能解决方案。目前有一大批网站、博客主页和已刊发成书的案例研究致力于介绍和推动广受欢迎的现代化独立式住宅继续向前发展，除了要面对的经济环境挑战外，这种装配式建筑运动到目前为止还没有任何放缓的迹象。

随着2006年和2007年由位于明尼阿波利斯市的沃克艺术中心的安德鲁·布劳维尔特（Andrew Blauvelt）组织的展览"必需之组装：当代装配式住宅"（Some Assembly Required：Contemporary Prefabricated Houses）及2008年纽约现代艺术博物馆（MOMA）的展览"住家之交付：制造现代住宅"相继举办，现代主义装配式建筑运动（modern prefab movement）的发展进一步得到强化和巩固。这两个展会的前提假定是人们当前对装配式建筑重新感兴趣的原因在于近来数字技术的发展。定制工业化的概念可能会使装配式住宅在美国遍地开花，因为这一概念既能提供设计的多样性，也能实现生产的可预测性。

MOMA展会可谓是装配式技术和住房在有关历史、理论及实践方面最为全面的展览之一。我们应该为策划人柏格多和克里斯琴森（Christiansen）以及所有参会者摇旗呐喊、鼓掌喝彩。该展览还进一步提升了现代装配式建筑的艺术水准并吸引了更多的设计师和消费者参与其中。然而，设计文化需要超越诸如杂志、博客和咖啡桌旁的畅销书中所描绘的那种有关装配式建筑风格和类型的讨论，应更深刻地探讨在建筑设计和建造过程中非现场制造技术在各式建筑类型和约束条件下所面临的机遇和挑战，特别是在实现经济适用型住房方面。因此，维托尔德·雷布琴斯基（Witold Rybczynski）声称，眼下的装配式潮流（prefab fad）更多地在关注工业化的新潮和高雅（industrial chic），而不关心建造效率和民众的购买能力。[2]

虽然 MOMA 展示了一些装配式住宅的最新理念，也在位于曼哈顿第 54 大街的地块中组装了五个装配式现代住宅，但美国和全球其他经济体于 2008 年遭遇了意想不到的挑战。我们熟知的建筑产业的行为惯例发生了诸多变化。20 世纪 90 年代的曲面金属幕墙和光滑透明的玻璃幕墙越来越不具吸引力。即使对于不那么现代的装配式住宅，其售价也被认为过于离谱。鉴于米歇尔·考夫曼、太空住家建筑公司（Empyrean Homes）以及马莫尔雷迪策公司都因 2009 年的经济环境而倒闭或缩小规模，

有关装配式住宅生产概况的统计资料

装配式住房分为模块化、移动式（HUD 规范）、产品和服务建筑商（production builder）和拼板式。以下是各类型房屋的市场占有率及详细介绍：[3]

- 63% 的在建新建住房由建筑商 / 经销商建造
- 56% 是拼板式房屋
- 33% 的产品是现场施工建筑
- 7% 是模块化房屋
- 4% 是 HUD 规范移动式住宅

模块化：美国有 225 家模块化住房生产商在工厂内组装住宅。模块由完整的箱形单元、组合单元和堆叠单元组成。工厂成品模块的完成度高达 95%，因此模块直接由当地的建筑商或经销商销售。2008 年共售出 127000 套模块化住宅和公寓。

移动式住宅：自 1976 年美国住房和城市发展部（US Department of HUD）通过“工业工艺住房建设和安全标准”（HUD 规范）以来，活动单元的外围护龙骨复合墙体一直都是经济适用型住房的通行解决方案。80 家公司大约在 250 家工厂的生产中采用这项技术。这种技术与模块化工程类似，但通常采用轻型结构和金属底盘楼层结构。人们可在展示地块直接从经销商处购买或在细分地块处（subdivision）购买标准房屋（model home）*。2008 年大约出售了 82000 套工业工艺住宅，半数是双分或多分单元房（double-section/multisection）。**

产品和服务建筑商：这些建筑商生产单户住宅和低层多户住宅。全美 7000 家大型公司中有 95% 以上采用工厂制造的屋面桁架。由于现场劳动力和建设资金成本的影响，其他预制构件如楼面桁架和墙板等的业务也在快速发展之中。产品和服务建筑商直接出售住宅给终端用户，不通过建筑商 / 经销商的营销网络，这是他们与拼板式住房生产商的区别之处。2008 年产品和服务建筑商共售出 622000 套单位。

* 此为标准化产品，可直接购买，房屋也有各种升级选项供购房者选择。——译者注

** 房屋每部分坐落于一个可移动的底盘上，由货车分别运输至现场后再拼合为整体房屋。——译者注

拼板式：这是美国住宅竞争市场中最大的门类，也是最多样化的领域。有数百个传统拼板式房屋生产企业通过建筑商或经销商出售其组装式住宅（packaged home）；200 多家原木成套住宅建筑商直接销售其产品，其中也有通过经销商销售的；大型连锁购物店、木料加工厂和大型家居建材连锁超市（home center）也能生产和出售组装式住宅；穹顶式住宅、轻钢龙骨、轻型混凝土、SIP 板和 ICF 等生产厂家和公司也会生产和销售组装式住宅。据估计 3500 家拼板式房屋生产商在 2008 年总共建造了约 100 万套单位，产量高于产品和服务建筑商。

部品生产商：这些企业是独立的公司，运营自己的生产基地，主要为产品和服务建筑商提供预制部品。这其中有 96% 的生产商制造屋面桁架，90% 制造楼面桁架，60% 生产墙板，6% 制造预制组装门。其他部品还包括山墙、三通管件、楼梯、突出屋面的小穹顶、农业建筑、预制车库以及用于门窗粗加工洞口的金属板连接件。产量不以套计，因为预制部品生产商的主要销售对象是产品和服务建筑商。2009 年初美国有 2100 家预制部品生产商。

特殊单位生产商：这些工厂化建筑商生产各种类型的商用建筑结构。这其中约 170 家公司每年建造 777 座建筑结构。他们直接出售或通过经销商销售，也提供租赁业务。他们的产品根据商业和公共建筑规范而建造，其中包括教室、办公室、银行、医院、工地办公室、设备防护、餐厅、小亭、监狱、机场候机楼、带状购物中心和其他数十种类型的建筑。这是成长最快的行业领域之一。业主正意识到特定模块化商业建筑在速度、成本和质量方面的优势。上面提及的住宅生产商也能够建造商业和公共建筑。据估计，2007 年商业和公共建筑生产商以及住宅生产商建造的装配式商业和公共建筑的总量为 382000 个单位。

许多模块化建筑经销商和供应商也随之关张，即使是规模不大的装配式建筑设计公司和制造商也不得不三思而后行。在当前的经济环境中，建筑师、工程师和建造师都在思索：住宅和装配式技术的未来究竟是为如何？

今天的产品和服务建筑商（Production builder）比以往更加装配化。例如普尔蒂产品化住家生产公司（Pulte Homes）已然利用自动化技术开发出一体化的 CNC 装配式建筑及其供应链。普尔蒂公司已开发了一种由普尔蒂住家科技公司（Pulte Home Sciences）* 管理的平包式模块化系统（packed modular system），可以为快速装配的建筑工程发送模块。出现这种扩张的原因之一是建筑产业中的各行为主体正在不断整合成更大体量的公司，这些大型公司占据了更大的市场份额。十年前美国排名前十的住宅建筑商所从事的业务占全部市场份额的 8%，而在今天，这 10 家公司的业务占比为 25%。[4]

市场中有不计其数的设计软件用于桁架和框架结构的参数化设计。普尔蒂公司采用高精度的 3D 软件对房屋所有细节进行全建模，用以解决实际生产前的冲突和碰撞问题并消除连接和接缝的空隙。精确的工程学和装配分析减少了沉降、裂缝和窗户安装不到位的情况。除了配备 CNC 数控设备外，公司还采用“准时制组装房屋方法”，努力实现产业供应链的整合。目前一些产品和服务建筑商报道，

* 是该建筑公司的科研开发分公司。——译者注

他们可以在较短时间内完成拼板化平叠式包装住宅的组装，从基础工程到防水工程完毕所花费的时间不到一周。生产商利用部品化的装配式系统——无论拼板还是模块，节约了大量的工期、材料和人工成本。据基马克（Keymark）公司的迪岑（Dietzen）保守估计，装配式住宅仅在材料方面就可节约6%至8%的外围护系统成本，而主体结构的工期能减少10%。[5]

设计软件的改进及其与工业生产和进度计划的关联不仅限于那些大规模产品和服务建筑商的生产中。乔治·佩特里迪斯（George Petrides）对自动化建造技术在设计、施工、著书和传播等领域都有建树。佩特里迪斯住家有限责任公司（Petrides Homes LLC）每年都在新英格兰地区建造三到四个定制化住宅。与产品和服务建筑商不同的是，佩特里迪斯定期为位于佛蒙特州的公司康纳住家公司（Conner Homes）提供生产和安装壳体构件的外包业务。佩特里迪斯住家公司的策略是在三天之内完成防水以便后续工种在现场继续作业。规模和速度虽然不及普尔蒂公司——在2005年建造30000个住宅单位，佩特里迪斯也采用同样的原则建造高效率和高品质的住宅，数量为每年三到五个家庭。[6]这些原则同样被现代的装配式建筑师所采用。

我们在住宅产业的萧条中获悉的经验教训是，"美国消费者迫切需求可负担型住房，能够替代当前建筑产品的任何更高质量、更低成本的产品都会令他们趋之若鹜。"[7]作者在过去几年到访过数十个住房项目、生产厂商和投资方，从中归纳出两个确定的事实：（1）目前的住房交付系统是碎片化的，充斥着浪费、法律诉讼和不公平，住房市场秩序需要得到修复；（2）现有的装配式技术有助于提供价格合理的优质住房，无法估量金融机构、专业设计人员、业主以及整个建筑产业在这其中的获益。我们必须更加精益求精以回应社会大众对经济耐用型住房的需求和建筑产业自身的发展要求。

对比美国与斯堪的纳维亚国家和日本的情况，我们更容易了解到建筑风格与建筑生产之间的差异。这几十年来，这些国家一直在持续建造装配式住宅。无论是否现代，装配式技术仅被当作一种更优越、更高效的建造方式。事实上，今天在斯堪的纳维亚半岛现场建造的房屋只是更昂贵而已。如前几章所讨论的那样，美国的装配式建筑的发展却是跌宕起伏。二战后，有关发展装配式建筑的提案有很多，但与斯堪的纳维亚国家和日本不同，美国市场以往多采用现场施工密肋框架作为大众集群住房的建设方法。大不列颠哥伦比亚大学建筑学院的前任主任桑迪·希尔森（Sandy Hirshen）自1965年以来一直从事在装配式建筑的工作，也关注农村和贫困人口的住房发展。他指出，

> "在美国，装配式建筑从未取得飞跃式发展，主要是因为工会和银行在那种扎根于土地的传统上不希望将自身与那种被吊起来并跃之于其上的装配化住房联系在一起。投资商和开发商在建造这种建筑结构中得到的好处不太多——他们赚大钱的方式为增加容积率、提高建筑密度和获得低息贷款。"[8]

当今交付的现代装配式住宅没有解决社会大众的住房需求问题——还远远达不到。美国装配式建筑的成本比传统现场建造房屋高出两到三倍，是现存工业工艺住房成本的四倍。虽然这些现代主义住宅质量较高，没有挥发性有机材料而且具备高效的HVAC系统，但它们仍然只是独立式家庭住宅，并且通常是家庭的第二套住房。这种房屋不是解决住房危机的方案，然而采用装配式技术的建筑实验恰有资质成为解决时下社会、环境和经济弊病的解决方案，良药而苦口。

现代主义装配式建筑师们已知晓什么是可行的，什么是无效的，何时应利用标准化流水线生产，何时应采用CNC技术定制生产。以下案例研究是目前正在装配式住宅领域耕耘的建筑设计公司和制造商负责人的相关访谈记录。从这些建筑师和建造专业人士处获悉的经验教训很有启迪意义，读者可从中拾掇有关高品质经济适用型住房的开发过程和产品模式的答案，能体会到在市场中为什么会缺乏此类住房的原因。

- 罗西奥·罗梅罗的装配式住宅
- Resolution：4 Architecture 建筑设计公司
- ecoMOD 项目
- 米歇尔·考夫曼
- 马莫尔雷迪策的装配式住宅
- 詹妮弗·西格尔的移动设计办公室
- 融合建筑事务所
- Project Frog 公司
- 安德森兄弟建筑事务所
- 本森伍德木结构房屋生产商（Bensonwood）

9.1 罗西奥·罗梅罗的装配式住宅

罗西奥·罗梅罗是密苏里州佩里维尔市（Perryville，Missouri）的建筑师，她使用套件式住宅概念提供现代化的流水线式生产的住宅。LV系列住宅以其家乡——智利的拉古纳·维德（Laguna Verde）而命名，设计原则是简单朴实、注重空间品质和可持续发展。从澳大利亚和南非英国殖民地的第一套活动农舍算起，这种套件式住宅今天仍在延续使用。阿拉丁和西尔斯促使套件式住宅普及流行，美国的许多早期房屋都依据套件概念修建。罗梅罗的LV系列是一种套装住房，附有规划、建造说明和用于建造房屋外壳的零件。规划指南已足够详细，可使拟建房屋完全满足地方管理部门的许可。说明文件（包含施工手册、建筑材料清单、工期进度、技术规格和一张DVD光盘）详细阐明建筑系统和施工方法，为自己动手建造的业主或总承包商提供了“如何做”的信息。

LV 系列住房产品配有以下选项：

- LV住宅：起居室、餐厅、厨房、两间卧室、两间浴室和壁橱，起价36870.1美元，面积1150平方英尺（25英尺1英寸 ×49英尺1英寸）
- LVL（大型LV）：起居室、餐厅、厨房、三间卧室、两间浴室和壁橱，起价42950美元，面积1453平方英尺（25英尺1英寸 ×59英尺6英寸）
- LVM（迷你型LV）：一间卧室、一间卫生间、厨房和起居/用餐区，起价24950美元，面积625平方英尺（25英尺1英寸 ×25英尺1英寸）
- LVG（LV车库）：起价20570美元，面积

625 平方英尺（25 英尺 1 英寸 ×25 英尺 1 英寸）

其他可选项还有 LVT（LV 塔），LVC（LV 庭院）以及为地震和强风区域提供的升级产品。

计入所必需的现场施工开销，LV 套装住房的平均造价为每平方英尺 120 美元。采用传统建筑材料和施工技术的住宅成本为 195 美元每平方英尺。所有单元的标准宽度均为 25 英尺 1 英寸，但长度会有所不同。LV 房屋单元被分别设计为独立式和组合式，后者用于形成更大的住宅或校舍。

由印第安纳州布兰斯特拉特（Branstrator）公司负责制造和运输的装配套件有墙板、梁柱、屋面结构以及外围护壁板。

• 墙板的交付产品为 2×6 或 2×4 的龙骨框架和 $^1/_2$ 英寸厚的 OSB 板组成的复合墙体。龙骨柱预先钻孔以便现场安装电线，由业主安排电工。拼板墙不包括内饰、底部密封板（sill）和顶板（top plate）*。LV 也使用人造墙板，这是一种非承重外墙，放置在承重墙外部，中部形成的空腔用于提高保温隔热性能。墙体采用保温棉时热阻性能为 R–38，采用硬质泡沫材料时为 R–50。作为女儿墙的人造墙可遮掩低坡度屋顶，两面墙之间的落水管也能被隐藏。墙与墙之间的厚度差为开窗提供了自然的悬挑遮阳。

• 梁柱系统中的钢柱和胶合梁能形成大开口开窗布置。4 英寸 ×4 英寸的钢柱预先焊接顶板和底板并钻孔，用于同基础和屋面梁连接。胶合梁截面尺寸为 $5^1/_2$ 英寸 ×$11^7/_8$ 英寸，分段距为 24 英尺，

图 9.1　罗西奥·罗梅罗设计制造的 LV 住宅采用拼板化墙体系统和部品，作为装配套件发货，业主须自行聘请承建方

可用吊臂式起重卡车吊装就位或按设计尺寸切割，方便手工搬运。

• 屋面结构由轴线间距为 24 英寸的工字形型托梁及其支座，以及 4 英尺 ×8 英尺 $^5/_8$ 英寸的 CDX 胶合板组成。** 屋面结构的安装类似于普通框架结构。屋顶套装不含螺钉或工字形托梁底部的 2 英寸 ×4 英寸捆扎带。

• LV 住房的标准配置为 Kynar 500 氟碳涂层镀锌钢。包含 Kynar 涂层的套件有：泛水板、平板和波纹金属板，但不包括门窗泛水、钉子、螺栓、铆钉、螺钉和硅树脂。所有的 Kynar 平板反面都有褶边（卷边），可以挂在扣件中，整个系统将紧固件隐藏在内部，外观更加清爽。

罗梅罗抓准美国消费者所熟知的套装住家概念，将其作为产品上市销售，因此业主知道套装房屋每一部分的用途。该系统可作为附属建筑或第二

* 对于木结构，底、顶板件一般为板条；轻钢结构一般用 C 型钢，称为底、顶导梁。——译者注

** 英文“O.C.：ON CENTER”指构件的中对中距离，习惯称为轴线间距或中距。——译者注

套住宅使用，最近也被用于大型高端住宅。建筑结构和壁板套装，还有未被宣传的施工构造占据了项目的绝大部分预算，可能会误导首次购房者而产生被欺诈的误会。值得注意的是，尽管房屋的建造方式的确存在不确定性，但它仍然取得了众所周知的成功。这要归功于房屋坚固的形象和公司的多种营销策略，其中包括大量刊出的文章和精心设计的网站。罗梅罗为她自己建造了第一套 LV 住宅，并仍在继续迎接潜在的客户群体。[9]

9.2 "Resolution：4 Architecture"公司

1990 年，乔·塔内创办了"Resolution：4 Architecture"公司（Res4），目的是在城市中创造居住空间。早在对模块化住宅感兴趣之前，塔内一直在从事利用空间模块创设线性阁楼空间（loft）的研究和开发工作。该公司对装配式建筑的开发动力始于 2002 年，当时塔内设计了组合式单元住房的户型，评估了标准化系统内部存在的潜在可变性。在这项研究中，他注意到制造住宅的三个层面：部品套件、拼板和模块。塔内开发了大规模定制化建筑，利用遍及美国各地的木制模块——完成度最高的系统，交付高品质的现代化模块建筑。2003 年，该公司荣获《居住》（Dwell）杂志举办的装配式住宅设计比赛的冠军，于次年建造了第一个模块化住宅。从此之后，该公司设计的住宅遍布自缅因州至夏威夷的美国各地。

Res4 公司对模块化产业的优势和不足有全面的了解。该公司与众多供应商合作，试图在不牺牲质量的情况下设计和交付更具生产效率的建筑。目前与他们合作的工厂每天最多可以生产五个模块，但总产量势必会降低建筑品质。Res4 公司还指出，木制模块的预制生产方式对地理条件比较敏感。美国东北部地区的模块生产商远多于西部地区。这是因为模块化建筑在东部地区发展较早，也和该地区劳动力成本过高而移民工人更少有关。塔内知晓西部和东部模块供应商之间的巨大差异。他曾经指出，一般而言，东部工厂更多地采用建立在流水线上的精益生产原则和单件工作流概念。因此，产能较高的模块生产商每年可建造 200 至 400 间住宅，每天可建造 2.5 个模块。这些模块化住房生产商正雄心勃勃地转向多户住房领域。

Res4 公司开发了他们称作"现代模数系列"的住房。这一设计工艺使模块化住宅户型和拓扑超越了可购置套件或套装的概念，而成为一种设计概念，即在已完成的设计系统中还能设计什么。这种概念采用两种模块设计：公有模块和私有模块。此外，Res4 还与生产商一起开发了细部连接、照明系统、机械集成系统和装修等工程做法。就像许多建筑设计公司为细部开发设计语言和设计方法一样，塔内的公司已将其设计标准提升至成套模块的概念和工厂化作业的水平。

到目前为止，Res4 公司已在美国各地设计并建造了几十套房屋。这些房屋的平均价格为每平方英尺 250 美元，含场地改造费用。由于高水平的工厂协调能力和为客户提供附加价值的能力，该公司的建筑设计费定为 15%。完成设计的房屋系统通常

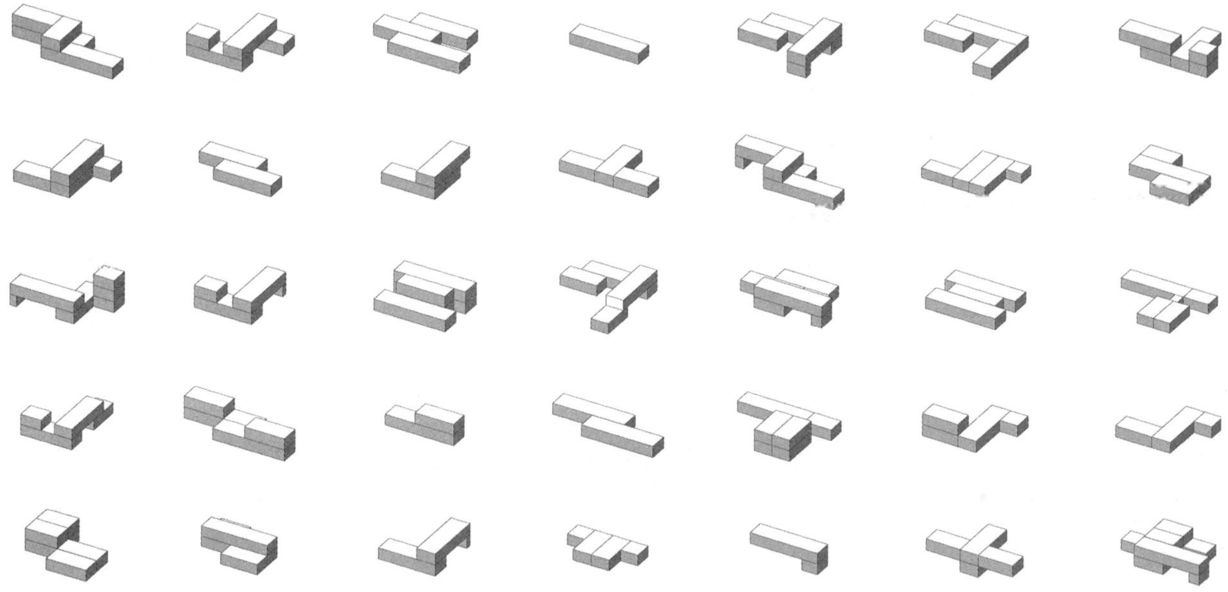

图 9.2　上图：Res4 公司设计的模块化系统使用预定的块体单元，可以自定义组装成任何房屋布局。图中的 35 个布局只是众多设计选项中的一小部分。下图：Res4 公司设想规划的现代模块化住宅社区，用相同的基模块变换组合得到各不相同的房屋布局形式

图 9.3 Res4 公司根据公共空间、私人空间和附属建筑这三种功能开发了一种自定义模块系统

由三到五家模块供应商投标。总承包商负责整备场地、地基基础施工和公用设施建设。总包商在工厂购买模块的费用包含在工程投标报价中。据乔·塔内了解，总包对模块的报价比模块供应商的批发成本平均高 5%。

虽然 Res4 认为当前模式有巨大潜力，许多项目都被证明是成功的，但他们仍视“现代模数”为继续开发的研究项目，目的是在不牺牲质量的前提下提高生产效率。塔内指明建筑师把大部分时间都花在设计方面,而不去考虑这些建筑是如何生产的。但是,目前普通建筑物所采用的装配式系统和方法非常多，建筑师大可利用现成制品设计更高质量的产品从而创造更多的价值。乔·塔内在与客户合作中遭遇的最大障碍是消费文化主义。这种文化未视建筑产品的价值于质量，而只侍于速度。业界所担心的是，无论从生产或设计角度来看，建筑的建造速度将会更快，而其造价也将更低，但品质未必更好。

总之，乔·塔内的短期目标是继续更好地建造每套住宅，而中期目标是继续与生产商合作，寻找更加经济适用的方式用以交付高品质的住房，长期目标则是建设高密度住宅社区及其他类型的建筑，其中包括在城市核心地区建造植入式住房（infill

图 9.4 “日落山脉住房”的建造工序。包括设计、制造、安装和室内装修。Res4 公司通过一组标准模块为业主提供了高度定制化的建筑解决方案

RESOLUTION：4 ARCHITECTURE 的开发进程——四个月中的四个阶段：

- 第一阶段：与业主一起设计房屋，归档资料，包括规划、模块设计调整和定制化方案；
- 第二阶段：工程技术协作，协调工厂和总承包商（GC）并获得监管机构的批准；
- 第三阶段：加工图的深化、校对和审定。客户须提供定金才能开始制造过程。工厂为项目采购材料和产品的同时，承包商准备施工场地。材料采购过程通常比实际制造需要更多的时间。模块的流水线生产过程会持续一到两周时间；
- 第四阶段：房屋的安装和装修最多可能需要 16 周，具体取决于总包商的能力和场地的地质条件以及地理位置。

housing）。目前，塔内正在研究一种 3 层混用型内填充模块化结构，底层为商业而顶部 2 层为住宅。这种实践是装配式经济适用住房的希望所在，也是造梦者们跃跃欲试的领域，也是诸如 Res4 等以研发为基础的公司的业务领域所在。[10]

9.3 EcoMoD，弗吉尼亚大学

弗吉尼亚大学建筑学院的师生于 2000 年参加了由美国能源部发起的国际太阳能十项全能竞赛。竞赛要求参赛大学设计并建造装配式太阳能住宅，将其放置在华盛顿的一个购物中心，进行为期一周的展览和评判。这种比赛对于学生和教师都有积极意义，但无法对经济适用型住房发挥影响，因为光伏太阳能阵列（PV）的数量和房屋设计同样重要。弗吉尼亚大学（UVA）建成的参赛作品为一座造价高达 40 万美元而面积仅为 750 平方英尺的建筑。然而，此过程中有关可持续性和装配式技术的经验却开启了关于未来建筑学和工程学教育的设想，这便是大家熟知的 ecoMOD 项目。

作为 ecoMOD 的项目主任，约翰·奎尔（John Quale）和来自工程、景观和信息技术等领域的合作方已将太阳能十项全能竞赛取得的设计经验综合发展为关于可负担型装配式住房的研究、教育和服务项目。ecoMOD 将建筑项目拓展至设计和施工以外的其他领域，其中包括更复杂的控制系统、节能建模和使用期间的建筑监测。UVA 的工程学院不断投入人力和物力以改进评估过程。项目运转的模式为设计 – 建造 – 评估。ecoMOD 与经济适用住房供应商合作为贫困地区提供模块化住宅项目。该项目根据大学的学年校历安排进度，一学年用于设计住宅，暑期在学校的仓库中建造房屋，再用一个学年开展评估。这种方法使 ecoMOD 项目超越了公共服务的范畴，能够真实地研究住宅领域中的经济适用性和装配式技术。ecoMOD 在过去八年中建造了四个项目。

ecoMOD 1：本地区的 2 层模块化住房

ecoMOD 2：卡特里娜飓风灾后重建房屋，由槽钢和填充泡沫组成的拼板式系统

ecoMOD 3：本地区历史性建筑物的模块化改造和修缮

ecoMOD 4：本地区的 2 层模块化住房

夏季，参与 ecoMOD 项目的建筑和工程专业的学生在校园内的机库中生产拼板和模块。该项目自始至终都与相同的运输公司、吊装和安装公司合作以确保有效沟通和顺利安装。奎尔指出，模块化建筑工程是一种演化式的交付方法，每个项目的建造过程都逐步得到简化。这需要预先设计捆绑方法和起吊点，有时设计决策将由施工中的安装方法所决定。

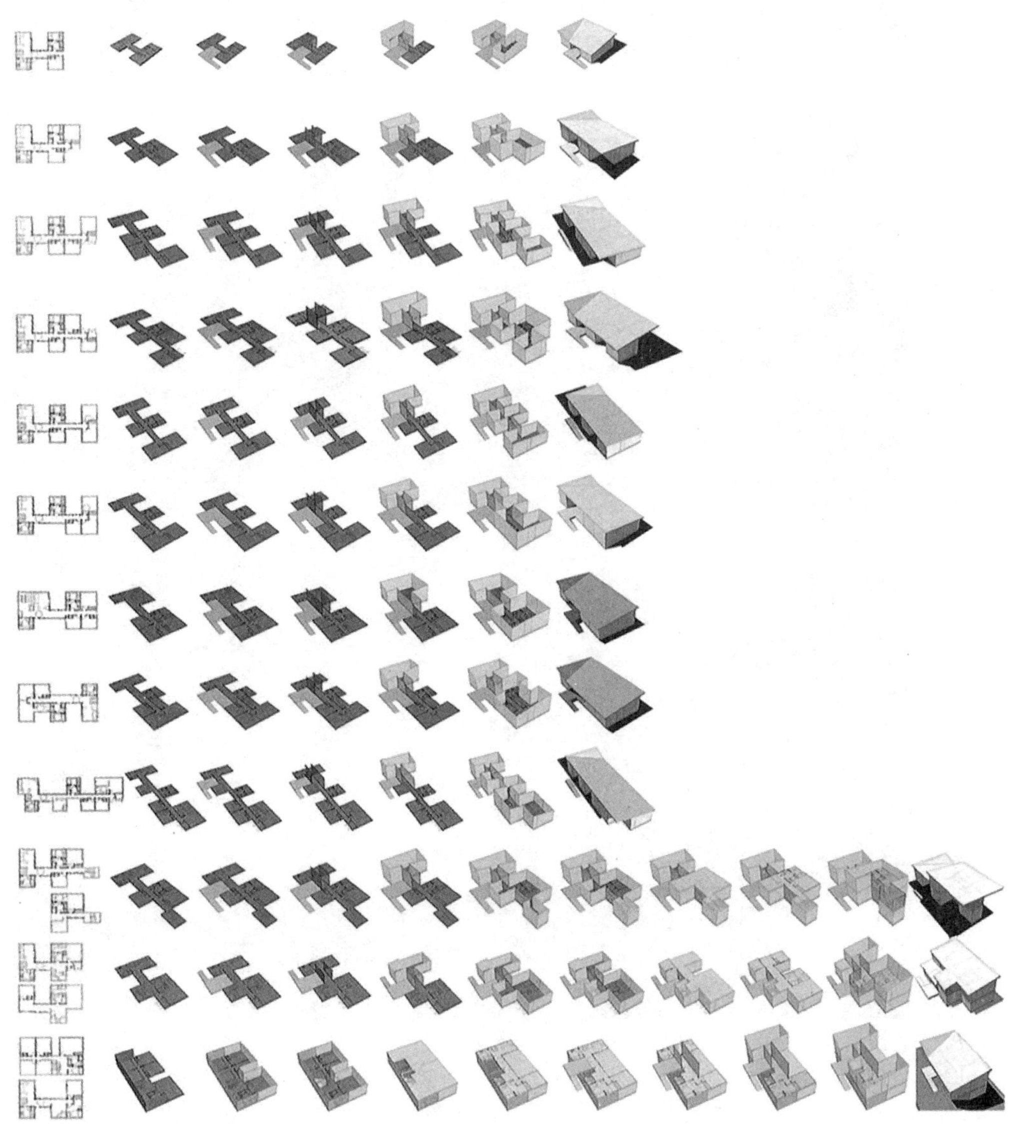

图 9.5　弗吉尼亚大学学生设计和制造的模块化项目 ecoMOD 的不同变体和建造工序

图 9.6　图示为 ecoMOD 项目的建造工艺和流程。上图：学生们在自己设计、建造的模块化工厂内装配轻型槽钢和泡沫板模块系统，预拼装完成后实施平叠式包装再运输至建设场地；中图：正在现场安装的模块；左下图：注意，模块间的对接线被木制内装条板所包裹；右下图：梯井的侧面和顶部采光

顾名思义，ecoMOD 是一个探索住宅中的可负担型净零耗能生态设计（affordable net zero ecological design）的装配式住房项目。奎尔及其合作者主张以下内容应作为研究重点：

• 二氧化碳：工人运输过程中的二氧化碳排放在施工中占比最大。预制生产通过将工作移入工厂以创建节约型生产环境，需要较少的劳动量，因而减少碳排放。

• 浪费：与现场施工工程相比，装配式技术所需材料量更少。如果现场交付方式管理完善，则可减少材料用量，反之则会加重原料浪费，这是因为运输需要使得模块结构会使用大量的冗余材料。

• 控制：工期减少得益于装配式技术要求设计思维必须贯穿从材料来源到模块拼接的运筹全过程*。装配式技术可以提高对制造和安装过程的质量控制。

ecoMOD 的长期目标是继续整合非营利组织，交付更大规模的模块化住房。这需要耗费大量精力筹款，用以开展项目的多层面研究，也会超出非营利开发组织所提供的基本建设费用。为了增加可负担型住房的产量，ecoMOD 精简了制造过程，转而提高与制造商之间的合作效率。遍及东海岸的模块化建筑商都可以是 ecoMOD 设计方和非营利开发组织的潜在合作伙伴，可以协作开创住宅生产的新模式。目前，ecoMOD 正与位于沙洛兹维（Charlottesville）的仁人家园组织**合作开发一种面向不同收入群体的多功能住宅区——由旧房车停车场改建而成的 11 栋包含 22 个模块的双户式公寓（duplex）。[11]

* 此处翻译与本书第 7 章摒弃日语“物流”的原因相同。——译者注

** Habitat for Humanity，一个 NGO 组织。——译者注

9.4 米歇尔·考夫曼

> “我们创办公司的初衷并不只是专注于装配式建筑。然而，装配式建筑反而成为一种达成目的的手段。通过利用装配式技术，我们可以预先打包绿色建筑集成性解决方案，能够组合各式不同的可持续发展材料和系统。”[12]

米歇尔·考夫曼在 21 世纪初成立了 mkDesign 公司，其使命是寻求质量更高、更可持续、更健康的住房建造方法。她的第一个实验作品是自己的住房，这座房屋的设计成为其他住房的标杆。由对这种理念的好奇心驱使，考夫曼研究采用工厂化制造方法生产其设计作品并命名为“mkGlidehouse®”。这栋供丈夫和自己居住的房屋最初用现场施工方法建造，耗时 14 个月。工厂化生产同样的房屋只花费了 4 个月，而成本却降低了 20%。

她的装配式住宅系列还有 mkBreezehouse™，在房屋中部开口以利对流通风；mkSolaire®，专为狭小建筑场地而设计；mkLotus® 为度假屋；mkHEarth® 为现代化的农舍。在鼎盛时期，mkDesign 雇用了 30 名员工，并在华盛顿州的莱克伍德（Lakewood）拥有一间名为 mkConstructs 的工厂。正如考夫曼建筑设计的主要切入点为改善室内空气质量一样，装

米歇尔·考夫曼对其装配式住宅的统计数据

在装配式建筑领域工作期间，考夫曼不断收集有关装配式生产过程的数据以便量化公司的业绩，同时也能够将装配式技术作为一种持续不断的利润来源出售给客户和未来的其他业主。以下是关于装配式建筑的调查结果：

- 模块在工厂的完成度高达 95%
- 同现场施工相比减少 50% 至 75% 的浪费
- 比现场施工速度快 30% 至 50%
- 工厂化生产的平均成本降低 20%
- 考虑到运输过程中的荷载，房屋结构的费用会增加 20% 至 30%
- 运输成本增加 5%
- 运输的实际行驶里程更少

配式技术更多地体现为一种实现绿色建筑的工具，而不是绿色建筑的自在目的。

根据考夫曼的经验，装配式建筑的造价与传统建筑的造价有较大差别。其中的软成本包括无形的设计成本，以及与融资、规划相关的成本。硬成本则包括砌砖和砂浆等材料成本。装配式技术的软成本高于传统交付方式。这似乎与直觉刚好相反。既然房屋的设计已然确立，为什么设计费用还会更高？考夫曼解释说，设计师与工厂间的协作和协调要求更高的设计费用，而这种增加的初始投资却可降低建筑在生命周期中的相关硬成本。通常业主很难投资于那些初始费用看起来很高的建设项目。考夫曼的平均设计费占建造总成本的 15%，设计服务包括提供工程技术和施工管理。

装配式建筑的硬成本包括工厂生产、运输、安装就位和现场接缝。场地平整和地基基础工作占工程总预算的 50% 至 60%。米歇尔·考夫曼住宅产品的运输成本取决于从工厂至工地的距离。通常而言，标准模块（14 英尺宽，48 英尺长）从布雷泽工业公司到旧金山（约 600 英里）的运输成本约为 1 万美元。在加利福尼亚州，安装连同与基础连接的费用为每模块 4100 美元，俄勒冈州则为 3500 美元，华盛顿州为 3000 美元。例如，具备两间卧室的 mkGlidehouse® 由两个宽 14 英尺 0 英寸，长 48 英尺 0 英寸的模块组成。在加利福尼亚州北部建造这种房屋的运输和安装成本约为 28000 美元。在平坦场地中，考夫曼房屋每平方英尺的总成本介于 250 美元到 300 美元之间。工厂生产的平均成本为每平方英尺 200 美元。

自 2004 年成立以来，mkDesign 公司已建造了超过 51 座的模块化绿色住宅。随着这些房屋越来越受到人们的欢迎，考夫曼便开始与有工业生产经验的人开展合作。保罗·沃纳于 2007 年成为合作伙伴，同丽莎·甘斯基（Lisa Gansky）、拥有 IT 背

图 9.7　米歇尔·考夫曼为科罗拉多州丹佛市的圣弗朗西斯·玛丽克雷斯特修女会设计的 16 组模块开发项目，这也是她设计的第一个模块化合作居住住宅项目

景的斯科特·兰德里（Scott Landry）和约瑟夫·雷米克（Joseph Remick）一道领导公司的工厂化生产转型。[13] 考夫曼的愿景是组建团队开发一种独一无二的软件工具，能根据客户的基础性标准化设计实现大规模定制设计。设想中的软件系统不仅允许用户优先选择偏好的材质和装修，在节水设备、窗户升级等方面也能按偏好定制。沃纳负责由现场建造方法向工厂建造方式的转变，与相似规模的现场施工房屋相比，工厂建造的成本平均降低 20%。但在 2009 年 5 月，在住宅市场危机（次贷危机）和贷款冻结期间，公司的主要两家模块供应商相继破产，mkDesign 公司也摇摇欲坠。考夫曼于 2009 年将 mkDesign 公司的资产出售给总部位于马萨诸塞州的布鲁住家公司（Blu Home）。

目前，米歇尔·考夫曼实际上还是在从事以前的工作，但重点放在能从规模经济中获益的大型社区开发项目，为大众生产可负担的高品质和可持续发展的装配式建筑。她最近的一个项目是卡萨·齐亚拉（Casa Chiara）——位于科罗拉多州丹佛市阿里亚丹佛（Aria Denver）新社区的合作居住（co-housing）住宅开发项目，为圣弗朗西斯·玛丽克雷斯特修女会（Sisters of St.Francis Marycrest）而修建。该项目由 16 个模块组成，分两期建造，一期在 2009 年 7 月，二期在 8 月。模块化工程的附加优势为，单元往往只能在夜间运输，这样安装便可在白天进行。米歇尔·考夫曼的博客展示了此工程自开始至结束的两个月现场安装和接缝的严密进度安排。[14] 模块的运输距离距施工现场不到 500 英里，模块所需材料也在 500 英里的范围内取得，这便减少了项目的整体生产范围。考夫曼今后将继续从事阿里亚丹佛等多户型和合作居住住宅项目，因为她看到模块化装配式技术原理在这些市场中有更大的发挥潜力。[15]

9.5 马莫尔·雷迪策装配式建筑

马莫尔·雷迪策是一家位于洛杉矶的全业务建筑设计公司，2003 年参与了《居住》（Dwell）杂志举办的设计竞赛。2005 年，该公司据其参赛作品原型为其合伙人利奥·马莫尔（Leo Marmol）在加利福尼亚州的沙漠温泉村（Desert Hot Spring）生产了“沙漠之家”住宅。马莫尔·雷迪策公司随后开设新部门，专门设计和研发高度定制化的现代主义风格预制钢框架住宅。2006 年研制了第二套房屋并于 2007 年交付于犹他州，此后共建成 11 所住房。从建筑师的角度看，装配式技术是一种完整的“端到端”交付方式（end-to-end delivery）。建筑设计公司负责从基础施工到连缀工程的一切工作。马莫尔雷迪策公司的托德·杰瑞（Todd Jerry）相信，客户正是被装配式技术的这部分内容所吸引，这种全面的交钥匙工程模式几乎不会留下任何悬而未决的问题。

马莫尔·雷迪策公司于 2009 年夏天关闭了位于洛杉矶的工厂，本来将用于开发和制造钢框架模块。金融危机导致产量缩减，贷款也被冻结，该公司正将设计外包给其他制造公司。工业生产寻求在工厂制造过程中建立成本效率，但建筑设计公司发现，当定制建筑物时，生产过程中的效率会被运输和安装所抵消。他们发现，要做到每次生产中只建

图 9.8　马莫尔 · 雷迪策的建造工艺和过程：在工厂外围制造钢管结构框架；在工厂内安装框架楼板；模块框架内嵌入金属龙骨墙；在工厂完成内装修和木制品作业；模块被搬运至工厂场地中等待包装和运输；模块封装塑膜后运至工地；起吊模块准备安装就位；在现场接合模块

造一所定制房屋，同时还要压低价格点，是非常困难的事。维持一家工厂正常营业的经常性费用的合理性不大可能由成批产量（volume of production）来确证。目前身为该公司装配式部门主管的托德·杰瑞认为，如果想将工厂作为装配式建筑师来运营，那么建筑生产的体量（volume）是最为重要的元素。

对于马莫尔 · 雷迪策装配式住宅公司来说，2009 年处于低迷期，他们仅设计了三栋房子。该公司正在全美范围内寻找其他工厂生产钢框架系统并能保证施工质量。他们发觉到商业和公建模块化建筑行业的发展前景，这一领域中的公司能够以更大的规模生产和制造钢结构。作为这种新兴商业模

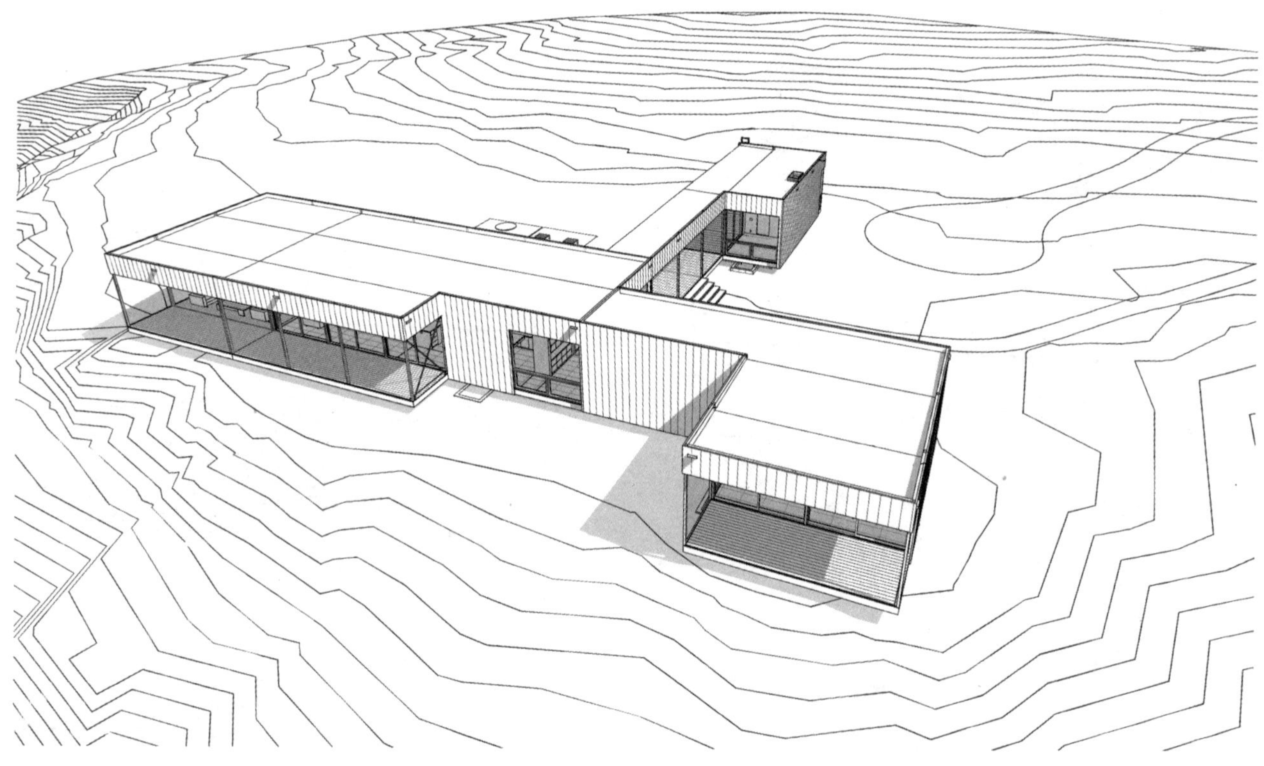

图 9.9　位于加利福尼亚州沙漠温泉村（Desert Hot Springs）的“沙漠之家”的建筑渲染图

式的一部分，马莫尔·雷迪策装配式住宅公司正与《居住》杂志和套件式住宅供应商林德尔雪松住家公司（Lindel Cedar Homes）合作发布一个包含 12 所住宅的展会，这是《居住》杂志为推动装配式建筑的发展而再次做出的努力。除此之外，马莫尔·雷迪策公司最近宣布与宾夕法尼亚州的海文定制化住家公司（Haven Custom Home）达成协议，准备为市场提供新式住宅产品。这一联合将使原来每平方英尺 400 美元的住房造价降低 25% 至 300 美元，也能为高端市场提供服务。[16]

9.6　詹妮弗·西格尔，OMD

自 20 世纪 90 年代成立以来，移动设计事务所（The Office of Mobile Design，OMD）一直在创作生产活动式装配式建筑项目。詹妮弗·西格尔的创新型活动式建筑囊括了定制的现代主义装配式绿色住宅和教育建筑。OMD 的实践始于考虑将制造活动教室（portable classroom）纳入名为移动生态实验室（Mobile Ecolab）的项目中。项目资助方授意 OMD 利用此项目重新定义活动教室建筑。实验室

图 9.10　西格尔设计的“乡村学校”：校园的场地规划；模块采用钢框架结构抵抗地震和运输外部荷载，下部集成车辆底盘，开放式教室要求更大的结构跨度；模块由小型叉车放置在狭窄场地中；建成后的学校外观

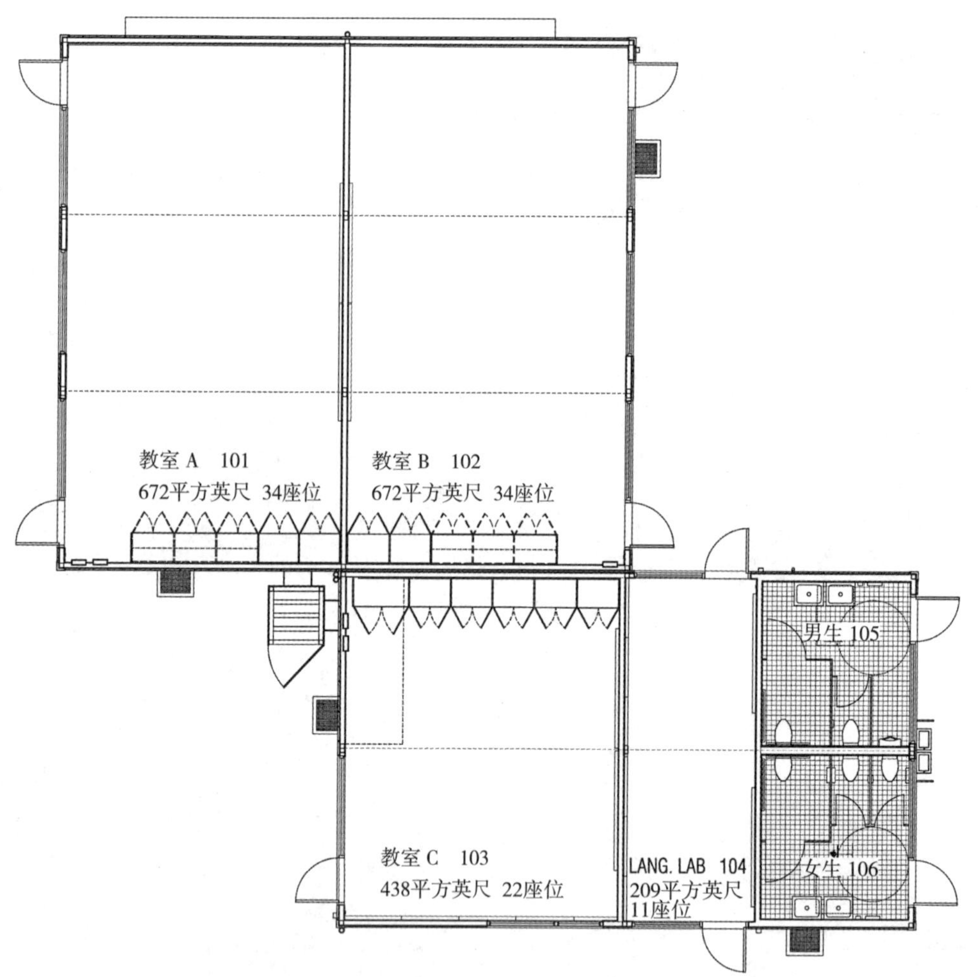

图 9.11 “乡村学校”中的一个教室模块组。包括三个常规教室、用于语言教学的小教室和男女卫生间，也就是说该模块组由五个模块组成

用来教授与环境保护有关的各类科学知识。考察过当地模块化结构的制造商和生产商之后，西格尔决定使用相同的活动底盘和钢框架结构，在地震活动频繁的加利福尼亚州地区，活动教室普遍采用此类结构。在活动式建筑结构领域有 30 年经验的位于南加州的布兰达尔模块公司（Brandal Modular）被选为移动式生态实验室的制造商。自此，西格尔与布兰达尔模块公司紧密合作，利用相同的钢结构系统开发了大量模块化住宅和学校。在过去的十年里，建筑系统越来越完善，更易确立设计和生产过程中的效率。OMD 事务所采用交钥匙合同，制造商负责现场施工和工厂制造。这种合同模式对住宅和学校建筑都适用。按此模式交付的最新项目是位于加利福尼亚州山谷村（Valley Village）的私立乡村学

西格尔对装配式技术的评价

西格尔提供的资料显示，其交钥匙住宅的售价为每平方英尺240到280美元，包含场地改造和公共设施的费用。学校要便宜得多，费用为每平方英尺150美元。此价格点成立的原因在于没有设计厨房，卫生间也较为普通。除节约成本外，OMD事务所也利用装配式技术缩短了工期。然而，实现以上成本节约并不仅仅依靠装配式技术。西格尔指出，如果建筑师因成本和工期等效益因素而从事装配式建筑设计，那么他必须具备超凡的激情和专注，以及愿意同制造业通力合作的谦逊品质。

她说："与传统设计业务相比，这是更加一体化的过程，需要一定程度的实践经验。然而，这一过程是值得的，因为它正在改变建筑产品的交付体系，它是前卫的，在直觉上也更为优越。但是，这一过程仍然存在艰难险阻，需要为之付出艰辛努力。因为这不是常规的建筑过程，需要承诺和约束。建筑师的脸皮要厚过'表皮'，要学会接受来自客户、监管机构、工程设计咨询公司和承包商，有时甚至是制造商的非难。"[17]

校。在发行刊物中看到西格尔的作品集后，校方联系OMD事务所，让其设计一所学校的总体规划。该项目将现有的小学和幼儿园进行逐步改造并在其中增设采用模块化建筑的中学。虽然总体规划起初仅为升级改造小学的硬件设施，但后来校方发现，利用活动式模块技术能够集成展现全新的场地风貌从而创造出一所全新的中学。

中学容纳六年级到八年级的学生，包含艺术教室、科学教室和行政办公室，也包含厕所和盥洗间。学校由11种模块组成，模块大小略有不同。教室都为20英尺 ×40英尺，由两个10英尺 ×40英尺的模块组成。蝴蝶形（V形）坡屋顶汇集雨水，引导至位于小学、托儿所和中学之间的花园中。钢框架模块为装配式活动房屋提供了更大的跨度。大跨度结构对学校尤为重要，因为开敞式教室需要大空间。此后，西格尔联合使用钢框架模块化结构和SIP填充墙，用以提高建筑结构的侧向稳定性和围护系统的保温隔热性能。

9.7 融合建筑事务所

罗伯特·亨布尔（Robert Humble）和乔尔·伊根（Joel Egan）于2003年创立了融合建筑事务所，具体使命是构想未来城市住宅的解决方案。合伙人深信，建筑师和建造师一道，能对减少贫富差距发挥积极作用，目前的经济断层没有为社会低收入群体提供住房选择的可能。此外，建筑物被拆除后便倒入垃圾填埋场，取代它们的是全新的建筑物。灵活的建筑系统和模块化装配体可使建筑物便于拆除，便于将之搬迁/改建至新的地点，或搬至城市中本来就空置的地段作为临时居住建筑。融合事务所公司充分利用现有的工业基础设施和规模经济，当然并非在每个项目上都重新发明一次车轮，而是对既有材料和技术加以改造，使其适应新的用途。同样，融合公司的聚焦点不是单户住宅，而在于装配式多单元城市住宅公寓（multiunit urban dwelling），这样便能将基于装配流水线的建造方法的效率最大化，也能提高城市居住密度。

9.7.1 99K 住宅设计竞赛

2007 年，位于华盛顿西雅图的融合建筑事务所和欧文·理查兹建筑事务所（Owen Richards Architects）共同提交的参赛作品赢得了由美国建筑师学会休斯敦分会举办的 99K 房屋设计竞赛的大奖。比赛要求在休斯敦第五区的一块 50 英尺 × 100 英尺的土地上，设计一座 1400 平方英尺的三居室、两卫生间的住房原型。这项设计的施工造价为 99000 美元。房屋还要求使用 MTS 组件现场建造结构骨架。此后他们在西雅图地区的仁人家园项目中使用了类似的建筑，但打算采用拼板化结构系统。同样的，融合建筑事务所与 GreenFab.com 公司合作将获奖设计作品进一步用于模块化建筑工程。房屋在标准的 4 英尺网格上建造，适用于现场施工框架结构、拼板化结构或模块化结构。

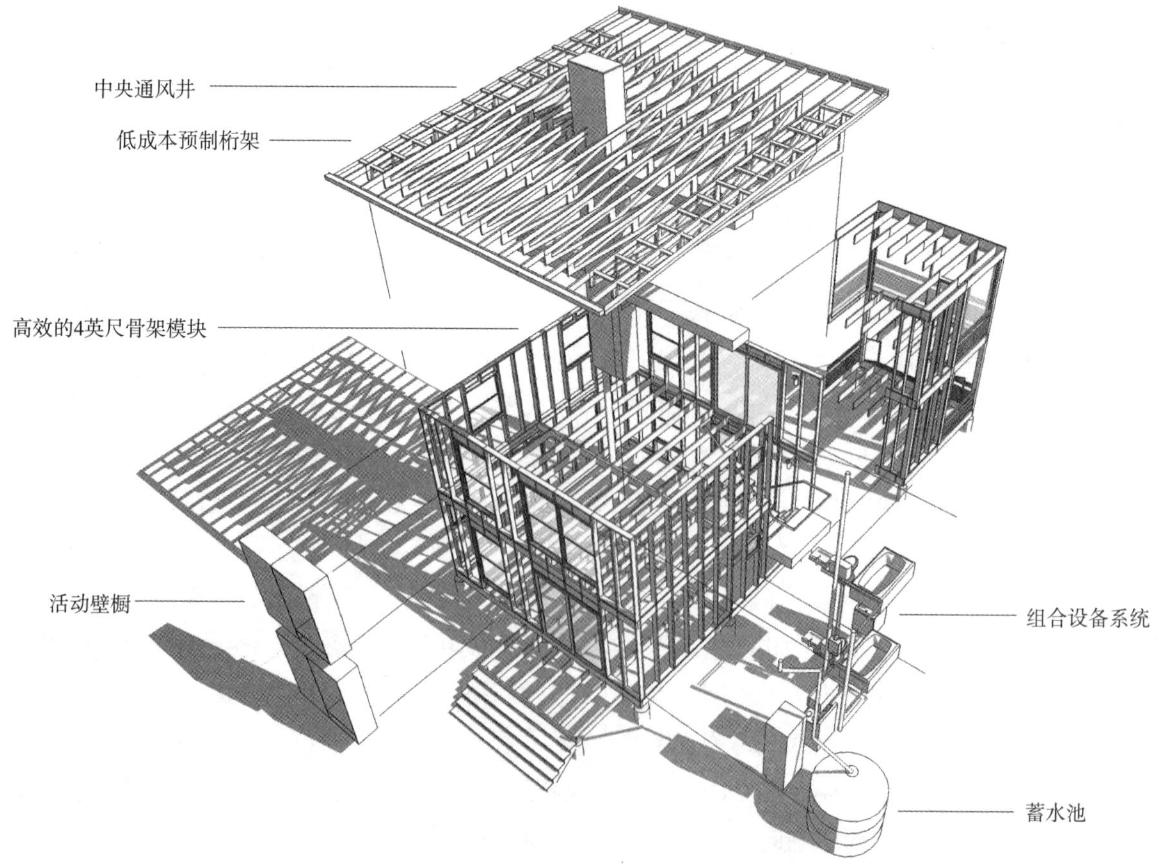

图 9.12　等轴测图为融合建筑事务所和欧文·理查兹建筑事务所在 99K 住宅设计竞赛中的获奖作品

9.7.2　城镇模块化建筑（Urban Modular）

在构想 99K 住宅的同时，融合建筑事务所与米森建筑事务所（Mithun Architects）合作开展了一个为期两年的可研项目，为总部位于西雅图的房地产开发公司尤尼科资产管理有限责任公司（Unico Properties LLC）开发标准化模块系统。他们合作开发了一种全新的堆叠式城镇居住单元模块，以满足单身人士的需求。这部分群体占据市中心住房市场需求的三分之二。这项研究分别比较了现场建造框架结构、ISBU 集装箱模块和木模块单元的优缺点。这些可选建筑模块的价格差别仅为 1000 美元。生产集装箱建筑需要建立新的工厂。模块的安装速度可能比现场建造的框架结构快三到六个月。在这个研究项目中建造速度是主要研究对象，因此木模块最终被确定为合意方案。此后设计团队确认由一家距离市中心约 65 英里的拥有 CNC 加工能力的制造公司生产制造第一批 5 座公寓楼中的 2500 个模块单元。项目总共制造了两种单元，取名为“栖息”，15 英尺 ×32 英尺的小尺寸单元堆放在 15 英尺 ×45 英尺的大尺寸单元上。建筑被设置在西雅图的城区，超过 1000 名参观者到访。

9.7.3　集装箱建构学（Cargotecture）

融合建筑事务所也从事集装箱建筑设计。临近海岸地区的地产价格很高，在大规模投资存在风险的时期，土地市场不景气，银行便会撤资等待房地产市场反弹。眼下用作停车场的土地在未来 10 年到 15 年间有可能因经济的暂时复苏而被用于居住用地，那么在此期间便会有地租收入。作为参赛的部分内容，融合建筑事务所发明了他们称之为“集装箱建构学”（Cargotecture）的术语，也就是使用 ISBU 集装箱在临时抵押的土地上开发多层混合用途的建筑项目。借助西雅图这个港口城市的集装箱便利条件，融合建筑事务所开发了一种可以快速部署的建筑系统，通过回收集装箱减少材料浪费。

投资方不愿在五至十年的建筑上耗费太多资金，临时项目的预算因而很低。融合建筑事务所一直致力于开发木制、钢制和 ISBU 模块化项目，这些项目的造价仅略高于 100 美元 / 平方英尺。集装箱的好处是单元之间配装迅速，因而从楼板到所有围护系统安装的现场工作可以在一周内完成，这一进度毫不夸张。在位于西雅图的乔治城附近，融合建筑事务所分别设计了 2 栋总面积为 7200 平方英尺的 2 层建筑。采用现场施工方法建造的框架结构需要 14 个月才能建成。通过“集装箱建构学”，这两栋建筑 6 个月便完成交付。融合建筑事务所使客户提早 5 个月收回投资，据他们估计，这相当于节省了 5% 的造价。

集装箱建筑并没有减少设计费和施工成本。项目造价控制在期望预算范围内的原因是谨慎地采取低于规范标准的措施从而实现设计改变，其中包括移除对电梯、自动喷水器和多个楼梯的需求，外部也不采取防火措施。此外，还采取措施取消了停车库结构和地下水调蓄系统（underground water detention system）。从居住经验来看，融合建筑事务所证明，ISBU 建筑和木制模块化工程的施工速度相当，但后者至少节省了 1% 的投资。这一发现意味，

1 数字化生成3D模型：工厂为建筑图纸中的每个模块创建三维几何模型，用于自动化数控设备的精密切割和建筑构件组装

2 优选锯机：自动化锯机读取CAD文件，优选库存的标准长度木料，精密切割成每片墙体、楼面、屋面所需长度，每道切割工序都能最小化木料废材

3 墙身龙骨：由龙骨加工站制造34英尺长的内墙和外墙。利用自动化射钉枪、钉接板压力机、集成路由选择机制的多级钻机设备（multistage drill and an integrated routing mechanism）

4 楼面/屋面建造：每个楼层的零件套件在半自动化车间预组装，然后摆放妥当等待装入相应的楼层或屋面

5 内部覆板：多功能铣床（multi-function bridge）整合了打钉、开槽、钉接覆板等加工装置。确保所有材料可靠连接后机械开孔，精度可达1mm

6 墙体安装：墙体已完成90%，由吊车起吊装入完成加工的楼面系统中

7 内墙饰面：终涂的接缝作业在封闭的环境中进行，用于收集磨砂工序中产生的粉尘，防止安装纹理和喷涂过程中的烟尘扩散

8 内部装修：完成磨砂和喷涂后模块进入最后的装修阶段，安装橱柜、灯具、地板、家用器具和硬表面

图 9.13　西雅图市区及周边地区的木制模块系统。该项目为尤尼科资产管理（Unico Properties）有限责任公司所有，由融合建筑事务所与米森建筑事务所联合设计

2至3层的ISBU模块化住宅一般仅为避免不必要的美观和减少浪费而采用。5层以上的建筑结构和单元数量众多的工程才能使集装箱建筑的收益最大化。布罗哈波尔德工程公司（标赫工程公司）在特拉韦的ISBU项目和节拍住房公司在阿姆斯特丹的“简单生活”项目都实现了良好的效益，但这些项目的规模都很大，需要使用中国生产的ISBU集装箱。除非美国出现一家能够生产集装箱并将其改造为建筑用途的工厂，否则除了那种单个的实验建筑外，集装箱建筑连小规模的应用都谈不上。[18]

9.8 Project Frog 公司

Project Frog公司的名字意为灵活（Flexible）、敏捷（Responsive）地应对不断的增长（Ongoing Growth）。这家公司由创始人的建筑设计公司的研究工作发展而来。来自MKThink公司的马克·米勒（Mark Miller）在研究如何提高教育设施的品质、节能和可持续性的过程中萌生了创办一家产品公司用于销售装配式绿色教室的想法。Project Frog（PF）公司是米勒于2007年从其母公司剥离成立的。PF公司为学校提供部品化和拼板化定制系统。活动拖挂房车（portable trailer）存有明显弊端：隔墙轻薄，保温隔热性能差，金属表皮易损坏并且不能改造。活动校舍的设计和生产品质都很糟糕：采光差、通风不良、使用高挥发性材料。为了解决这些顾虑，2007年USGBC为学校开发了LEED标准，负责评估室内空气质量、隔声、采光、视线和防霉等方面的审核。PF公司开发了一种预制板系统，能够快速安装，其性能也超过LEED的规定。《福布斯》杂志将PF公司的创新评为2009年度十大“价值百万创意”。[19]

PF公司提供包括与总承包商合作和交钥匙工程在内的全方位服务。该公司位于旧金山，拥有25名员工，不仅专注于设计，还专注于产品开发和市场营销。PF公司也是经销商，与供应商合作生产用于现场安装的半定制化套件产品。PF通过高效运营致力于扁平化全工作流程和整体供应链体系。

负责供应链和战略管理的阿什·诺塔内（Ash Notaney）声称，PF公司和所有产品开发商一样，在客户有意愿投资的领域提供定制化产品和服务。这样虽然增加了客户的价值，降低了业者的成本，但是同样降低了效率。规模更大和深入建筑内部的定制化设计，如室内净高的变化，因定制量太大而无法降低成本。PF公司的结构和填充系统对于大规模定制化生产方式却是合理的，因为系统中已建立基结构和基模块；客户还可以定制模块间的连接关系和填充墙中的保温材料。这种在成套系统中多重关系变化的特点既具备极大的灵活性也不会增加成本。除可持续性方面的优势外，装配式系统对PF公司的最大好处在于对施工速度和成本的控制。

PF公司的设计和审批流程平均为30天，这是因为已建立的装配套件系统具备精确的预算报价。PF正在不断地重组流程以确保效率。例如，该系统已获得加利福尼亚州政府建筑科（California DSA—Division of State Architect）的事先

图 9.14 该 ISBU 项目由融合建筑事务所设计，位于西雅图乔治城附近，共使用 12 个集装箱，整体建筑通过桁架结构楼面连系为整体

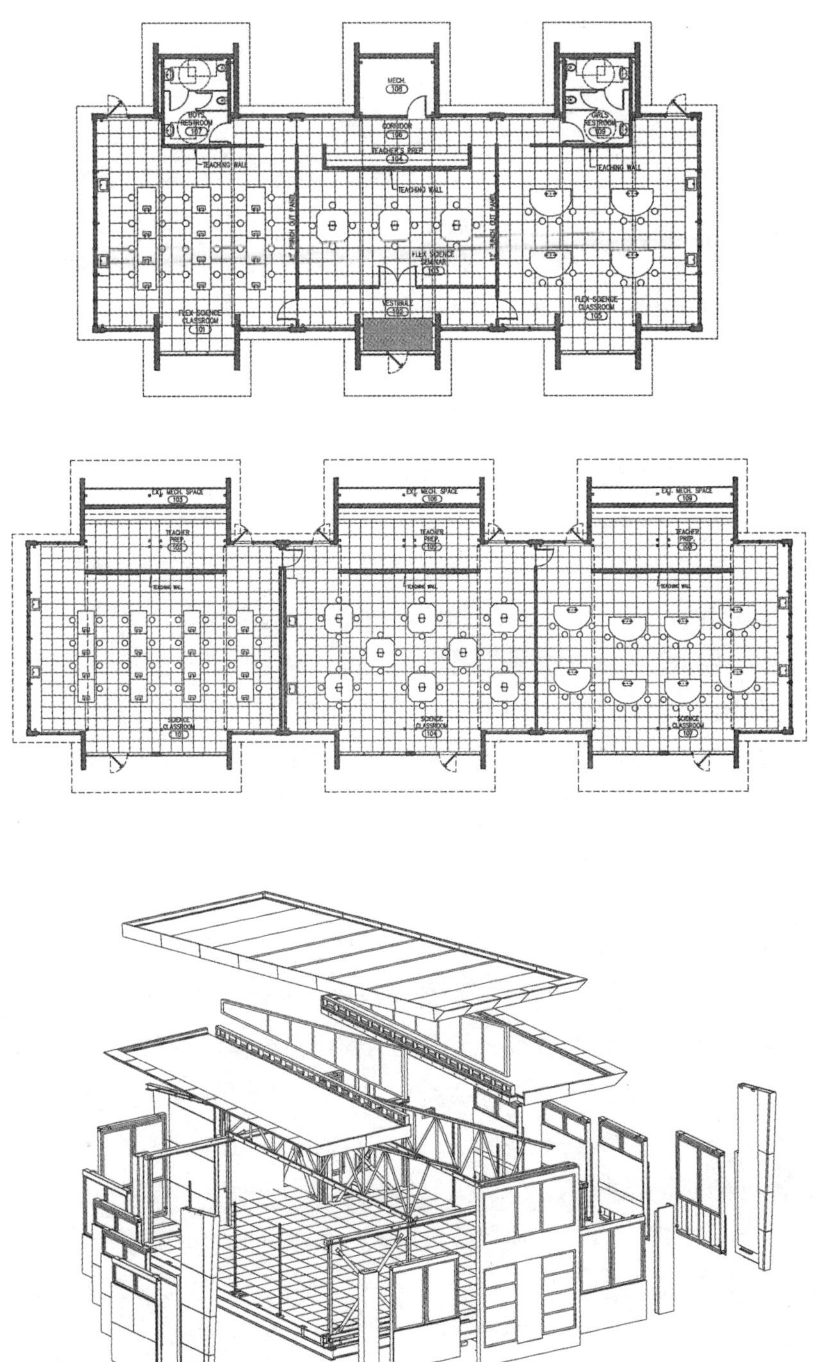

图 9.15 Project Frog 公司的拼板化建筑系统由一系列预定模块组合而成，建筑空间可增可减。PF 公司在其项目中利用装配式技术控制材料质量和可持续性。与规模相当的常规设计项目相比，PF 证明装配式建筑能够节约建设成本和进度

建筑业缺乏创新

Project Frog 项目的诺塔内先生解释道，一面 10 英尺 ×30 英尺 ×8 英寸成品墙的造价约为 1 万美元。这是一辆普通汽车的成本。墙是一种 2D 物体，仅凭其自身什么也做不了，特别是经历数十年的地震等动力荷载后也无法继续维持其原有性能。更进一步说，如果一架波音 737 型飞机可以在 11 天内建成，供应链管理理论认为，建筑物应该也可以做到。诺塔内还把 PF 的生产模式和他以前从事的服装设计行业联系在一起。Zara 是一家服装品牌公司，通过扁平化衣料交付方式彻底革新了时尚产业，将服装设计到销售的周期从一年时间压缩至 6 周。随着风格的不断变化，新技术也在不断涌现，Zara 能够快速适应市场，满足消费者的需求，并在此过程中节省资金。这种交付方式也被称为“端到端”模式（end-to-end），PF 公司早已采用。

授权（precertification），许可基于总平面设计（site planning）的双边询价交易方式（over-the-counter）。该系统已经过检验——从生产到交付产品再至现场组装最短仅用 6 周时间。当地监管部门的检查过程主要在工厂进行，如此便可快速完成现场检测所需的流程。PF 公司声称项目成本比传统建造方式节约 25% 至 40%。快速施工也减少了现场的管理费，运营期间的节能净收益也相应地减少了项目的生命周期成本，监测记录显示其节约量为 30%。

PF 产品不是一个真正的拼板化或模块化建筑系统，它是由结构框架和填充板组成的部品化系统。其优势在于，公司将设计、交付和安装流水化，充分利用装配式技术的优势，无需运输大型模块或拼板。部品化设计还允许客户更加自由地定制设计。PF 采用粉末涂层的成品钢框架结构。填充墙板也为预制，并预先铺设石膏板。石膏板在工厂经过打磨和打包，在现场喷涂。卫生间的管道系统不会预先安装，但在现场安装前电线已布设其中。

该公司的设计类似于模块化设计，在概念上可添加或移除套装单元。模块中央有一大体量建筑结构，被称为脊柱，脊柱的一侧或两侧放置有翼展。平面可以是圆形、线形或团簇状。建筑项目在 Solidworks 软件中开发，Solidworks 是产品设计师和工程师的常用软件，建筑师不大会使用。这种制造业软件需要工程师和承包商在开发阶段就附加有关材料、焊缝和连接件的信息。该软件满足 CNC 制造工艺的要求，可以增加装配生产线的产量。PF 公司一直在寻找将设计信息快速转化为制造信息的途径和方法。

PF 公司并不生产其产品，而是与工厂合作方以一体化工作方式逐步改进产品。这些合作工厂可以生产系统所需的各种部品，PF 公司则充当经销商，使产品结构化，与客户一道合作，按照预算如期保质交付项目。PF 使用三层生产模式，即原材料供应商、生产商和制造商来管控其商品。他们的生产模型与汽车工业和航空工业都不相同，后两者使用外包模式从众多分散的供应商处并行采购零件而后进行总装。显然，与传统制造业相比，PF 这个经销商与其外包业务合作方之间的关系需要更高水平的整合和协调。

图 9.16　PF 建筑系统的建造工序：拆分拼板龙骨墙，平放于挂车上以待运输；现场快速安装拼板龙骨；围护板的外层式样可由用户选择；建成后的夜景，白天学生在采光良好的 PF 教室中学习

图 9.17　数控技术加工木结构房屋的透视分解图

PF 所采用的延拓型生产责任制模型，为其产品，也即整个建筑提供了衍生保障，业主在得到建筑的同时也收获了附加价值。不像大多数创投企业的理念——“刹车故障请找供应商”，PF 公司是其所有产品的供应商，如此，建筑便能实现更加经济，品质更高，更快运营，但也置公司于更大的创新和挑战之中。这种新的产业水平分布模型，也即建筑业与制造业融为一体，可视作装配式建筑产业的未来。建筑师、工程师和建造师们未来也可能视其为一种切实可行的产品交付模式。[20]

9.9　安德森兄弟建筑事务所

马克·安德森和彼得·安德森是兄弟，是建造师，也是建筑师，这是 2009 年底他们在犹他大学的一次演讲中对自身的描述。自 1984 年以来，他们一直致力于促成设计和生产的联姻，他们也一直在研究和开发工业化建筑的设计应用。其新近著作《装配式建筑原型》(*Prefab Prototypes*)[21] 一书记录了他们在二十年间的设计 - 建造交付业务中的装配式理念、理论研究和项目应用。书中所列项目其实就是一条关于装配式建筑调查研究生产线，这其中包括由数控技术生产制造的木结构部品化系统，采用工厂化龙骨结构的拼板化系统和 SIP 墙板结构、金属建筑系统以及预制混凝土结构。最近他们开始着手开展集装箱建筑和商用活动模块化建筑的设计与建造业务。安德森兄弟与制造商合作，设想如何利用既有的生产方法论创造更具革新力的建筑。

9.9.1　拼板化（Panelization）

早期的装配式实验原型项目使用 2×6 龙骨与面板拼接为建造幅度可达 8.5 英尺 ×45 英尺的墙体，这是半挂车床底盘的通用尺寸。这项研究成果为狐岛房屋公司（Fox Island House）采用，利用工厂化建造节约成本的同时也能适应建筑场地的特定要求。狐岛房屋公司的业务聚集在太平洋西北地区常见的丘陵地区，利用 2 英尺 ×6 英尺或 2 英尺 ×8 英尺宽的预制竖向拼板，主要楼层以上都采用标准化尺寸，但拼板下端会延长或缩短以适应坡度和底部楼层的布局。安德森兄弟将这一系统用于日本的 Amerikaya 项目和太平洋花园住房原型系列（Garden Pacific Prototypes）。狐岛房屋公司和日本的实验建筑都仅建造过一次，但是它们都展现了缩短工期和改善预测性的可能性，安德森兄弟已将这些经验用于其他建筑项目，并借此进一步探索装配式技术。

9.9.2　变色龙住宅（Chameleon House）

位于密歇根州乡村地区的变色龙住宅的墙体、屋面板和楼板都采用 6.5 英寸厚的 SIP 板。住宅面积 1650 平方英尺，包括屋顶层在内共有 9 层，每层各不相同。装配式概念是设计概念的一部分，这多亏了业主敏锐的理解力，因为他在斯蒂凯斯工业生产公司（Steelcase Manufacturing）从事组装式办公系统的开发工作。该房屋采用 4 英尺宽的模数网格充分利用标准化 SIP 板的优势。墙体高度也与 SIP 板的模数标准相符。建筑的蒙皮采用半透明的丙烯酸板条，白天可以反射周围的环境光线并随之变化，因而获名“变色龙”。为视野需要，主立面采用大型 3 层玻璃幕墙，这种大开洞使 SIP 板结构无法承受侧向的风荷载，因此安德森兄弟采用钢框架结构以抵抗水平力。这个钢结构框架与胶合板内部装修对应，成为主要起居空间的美学衬托，为业主所津津乐道。

9.9.3 钢模块（Steel Modular）

安德森兄弟在其他项目中也使用了 SIP 板 - 钢框架组合结构。“悬挑住宅”（Cantilever House）之前都为 SIP 板结构，安德森兄弟调查了装配式钢框架结构的可能性，填充有 SIP 板的墙体、屋顶和楼板的房屋整体框架可吊装至远处的场地，如此便可发挥 SIP 板的最大效益——不在于其结构受力性能，而在于作为围护和装修和外表皮的基层。此外，SIP 结构作为抗震结构体系需要采取特殊的工程设计，这种附加成本可通过采用钢框架结构来抵消。安德森兄弟继续与生态钢公司（Eco Steel）的乔斯·赫德森（Joss Hudson）合作开展钢框架结构的建筑实验。他们采用金属建筑系统和金属复合泡沫板（metal composite foam panel）* 建造 2 到 3 层的公摊共有产权式公寓 ** 的钢结构模块化专利系统，在美国很多城市都有应用，如旧金山、沙洛兹维（Charlottesville）和土耳沙（Tulsa）。这种建筑系统在中国武汉市区的大型大众集群住宅项目展开了进一步的探索，通过钢结构模块化工程实现了预装修装配式居住单元的设计概念。

武汉蓝天原型房屋（Wuhan Blue Sky Prototype）旨在提供高性价比的钢结构系统，既适用于眼下的场地、计划和项目合作生产方，也适应未来的不同场地、计划和环境条件。安德森兄弟建筑事务所与上海宝钢和 SBS 建筑工程公司合作开发了一种模块化钢框架箱式装配体，在内部梁板结构浇筑之前，无需临时支撑或脚手架便能轻松完成整体建筑的堆叠。这种施工工序大大加快了建造过程，安装精确，临时即用的工作平台为建造过程的每个工序都提供了安全和效率保障。所有模块都为非现场预制，实现了最优效率和质量保证，也符合国际标准对高货柜集装箱的尺寸要求。有一个原型模块单元被单独委托制造，用作体育赛事的活动式环保教育馆。为了促进环保教育和建筑装配式技术的发展，安德森兄弟事务所为这个集装箱无偿提供所有的专业服务。

9.9.4 活动模块（Portable Modular）

虽然这种项目还停留在设计和原型实验阶段，但在特定条件下，这种与制造商和工程师的联合实践模式与从未设想过的设计方案结合在一起将会出产更加经济适用且定制程度更高的建筑产品。这些最近的探索实验将安德森兄弟的业务从单一系列的专利化部品系统拓展到 100% 工厂化制造的活动式建筑模块系统。哈佛大学没有资金建设永久性设施，但还是希望投资兴建一所临时性绿色建筑，在

---

* 也称为金属复合发泡板，夹芯多采用聚氨酯泡沫塑料。——译者注

** condo-style dwelling，指公共区域和公用设施的产权共有，而住房产权为私有。——译者注

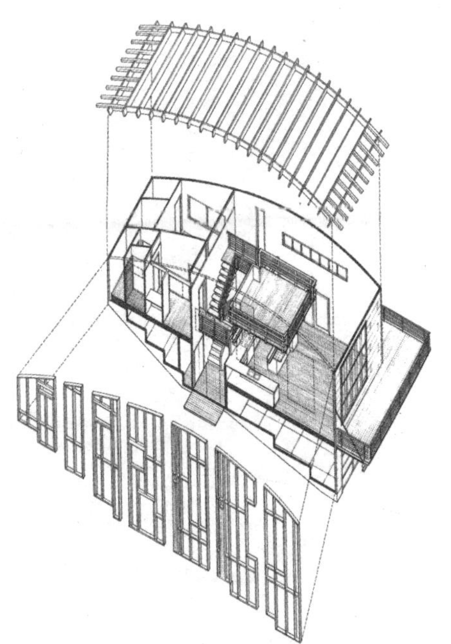

图 9.18　安德森兄弟建筑事务所探索的木结构拼板建筑系统。上左图为华盛顿州狐岛住宅的早期实验性质的 2X 拼板墙。上右图为日本的 Amerikaya 和太平洋花园原型房屋。上述原型经进一步完善后被用于密歇根州的 SIP 板变色龙房屋（下图）

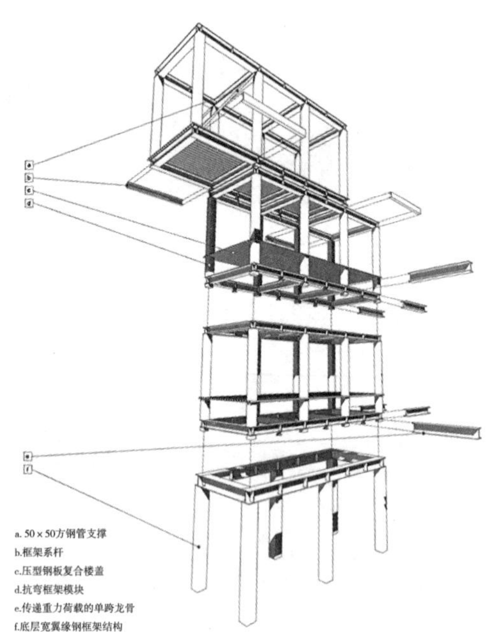

图 9.19 “悬挑住宅”是关于装配式钢框架结构的早期实验建筑。该房屋采用单跨纯框架结构，非承重 SIP 板围护墙体（右）。金属建筑系统生产商和供应商进一步将其发展为堆叠式模块化抗弯框架结构体系，用于多层建筑项目。美国各个城市均能看到这种建筑系统的身影（左）

为永久设施筹资期间，这座建筑占用场地的时限为 18 个月。哈佛园儿童保育中心（Harvard Yard Child Care Center）便是对哈佛大学愿望的应答。安德森兄弟同总包商与凯旋模块公司（Triumph Modular）合作开发了一种双宽（double-wide）活动教室，其中采用了许多绿色设计元素，包括低 VOC 和再生材料、自然通风、景观、自然采光、静音 HVAC 系统以及其他许多节能措施。与传统活动房屋不同的是，这些模块采取了隔声措施。尽管该项目与其他类型的活动教室在同一条生产线上建造，该项目的质量仍然超过现场施工方法所规定的规范标准，也将建造浪费降至最低。儿童保育中心项目完成后，模块被设计为内装和外装可以随时更换以适应在校园内功能改变的建筑。这一绿色活动教室引发了其他中小学教育委员会和大学的热烈讨论，因为这些校园也需要迅速扩张，但不想降低建筑的节能性能和室内的空气质量。

与位于俄勒冈州的布雷泽工业公司合作开发能耗平衡活动教室（The Energy Neutral Portable Classroom）时，安德森兄弟建筑事务所将哈佛项目的设计想法进一步拓展为建造 K-12 基础教育之用的可负担型活动式净零耗能教室的可行性评估项目。教室最大限度地保存、收集和生产自然资源，包括电能、采光、风能和雨水。除却高强度、高效率及节能外，着重突出自然作用和附之于上的生态资源，整个结构被暴露于外，所有系统和性能指标

图 9.20　体育赛事中的环保教育活动建筑原型使用与集装箱相同的尺寸和吊装提升构造，方便灵活搬迁

都受到监测并会实时发布于互联网。这座建筑成为使用方、学校和公众的学习工具。设计优化了光伏发电屋面的朝向、自然遮阳的北向采光玻璃和可调节的自然通风系，在自然作用力与制造和运输效率、教室使用功能、低运营成本以及易于维护等附加标准间取得了平衡。

此建筑由两三个易于运输的模块预制而成，降低了初始成本和能源消耗，便于再利用，如此便最大限度地减少了浪费。钢框架联合硬质泡沫复合夹芯楼板和屋面系统最大限度地降低了材料消耗；最大限度地提高了隔热和热反射性能；确保无空腔结构的防虫和防霉。简易的双面金属幕墙连同由太阳板和金属屋面间空出的 3 英寸高的通风空间形成了一种双层蒙皮通风结构，极大地减少了热量传输。所有玻璃窗都为可开窗，朝北或采取遮阳以避免阳光直射，使自然通风最优化并得到最舒适的室内空

图 9.21　哈佛园儿童保育中心是一个“便携式”绿色模块化项目，由安德森兄弟建筑事务所与凯旋模块公司（Triumph Modular）合作设计。这个双户型活动式教室采用低挥发性有机化合物材料、自然采光和静音型暖通空调系统

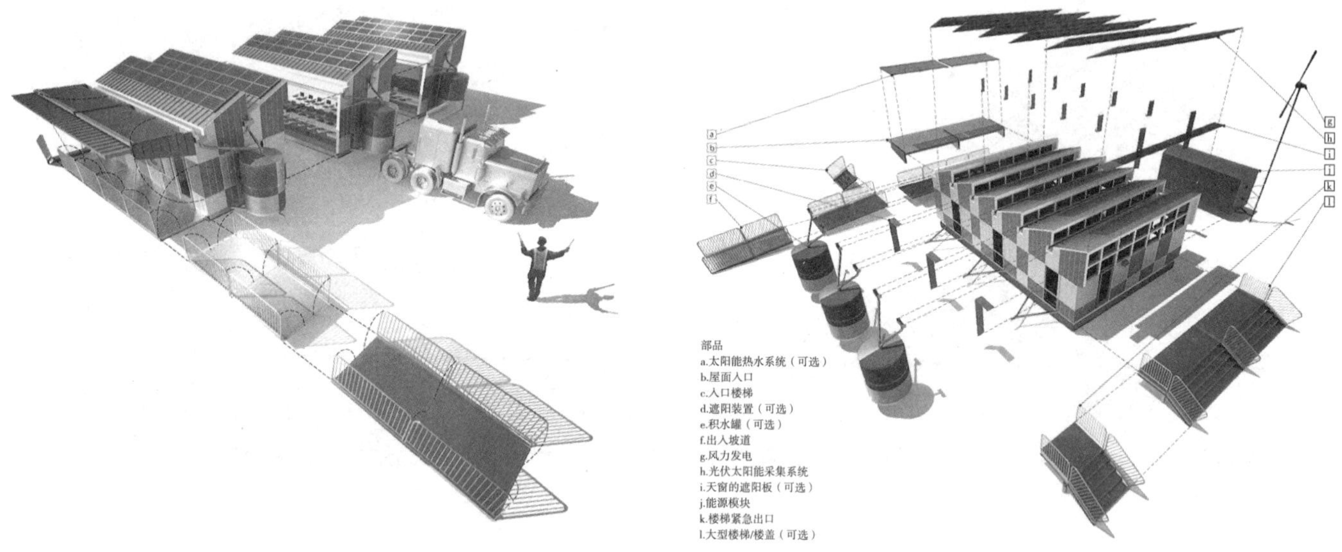

图 9.22　夏威夷布雷泽工业公司开发的夏威夷能耗平衡（energy-neutral）活动式教室建筑原型

安德森兄弟建筑事务所对装配式技术的评价

对于马克·安德森和彼得·安德森来说，围绕非现场建筑设计建立业务兼具挑战性和价值回报。安德森兄弟建筑事务所利用过去二十年的经验建立了工业界的关系网，这些工业家能将其建筑项目变为物理现实。他们目前正在研究除利用离散的预制单元外，项目能否通过混合系统平衡标准化与定制化。这对兄弟指出，建筑师几乎不能领会工业化生产和制造的能力和过失，因此首先应该让设计师和建筑商深入工厂，切身体会彼此间的合作。安德森兄弟根据自身经验总结了装配式技术的优点与不足：

优势：非现场制造的最大优势在于其可预测性。可预测性指对时间和成本的期望。对于业主、建筑师和建筑商来说，可预测的价值是无法度量的，因为大家都了解项目范围、进度和成本，更有信心通过供应链管理来实现这些项目目标。虽然不一定能减少项目总时间，但在建造过程中的每一步都能够根据计划节省工期。他们在对比小型单户住宅与城市环境中大型开发项目的研究中发现，与个性化设计的独栋住宅相比，模块化或部品化商用多户住宅所使用的钢模块或木制模块在成本方面更加合适。

缺点：如果仅为实现初期投资最小化，装配式技术不一定是成本最低的方法。然而，装配式技术通过对产品的控制技术和管理能更轻松地实现高品质和可持续性。数控设备和自动化工艺，包括建筑单元的生产流水线的设置成本也较高，因而安德森兄弟首推现有的生产系统。他们预测未来工业化建筑的最大潜力不在于利用 CNC 制造技术生产大规模定制化产品，而在于使用标准化系统和工业生产方法找到依托现有工业生产基础设施的建造方式。

气流动。建筑内表面装饰材料是低 VOC 产品。外露的木梁是森林管理委员会认证的 parallam 产品*，外露的钢结构则体现了结构的主要传力途径。内墙饰面保持其本色，采用由回收稻草制成的人造秸秆板（recycled rice straw panel）。采光分析表明，大多数没有电力照明的位置，在正常的教学时间里都能获得良好的工作光线。热舒适分析表明，在没有空调的情况下，在大多数高温天气中，室内舒适宜人，虽然设计方计划在空气质量或噪声条件不好的场地采用高效的机械空调系统取代自然通风。[22]

9.10　本森伍德住家公司

本森伍德住家公司（Bensonwood Homes）的董事长特德·本森于 1975 年开始生产木框架龙骨房屋，并缓慢地将更多的建造活动转移至工厂进行。曾为建筑工人的本森认为，房屋应该精心制作，美观实用，价格亲民。今天，本森伍德住家公司或与建筑师合作，或独自创造定制化的装配式住房。本森伍德住家公司将施工过程移至工厂室内，能够在墙体和模块中附设管道、电气和内装系统。本森伍德住家公司的拼板化作业使其能够生产结构性能、隔热性能和内饰品质等方面都极为优越的建筑外墙。这一工艺是通过扁平化各专业的工作结构而实现的，即将建筑师、工程师、木龙骨工（timber framer）、传统木工（carpenter）、伐木工人和 IT 技术人员置于同一环境中。因此，该公司已成为综合住房交付方式（integrated housing delivery）的表率。

本森伍德住家公司的产品中，50% 为高层住宅，25% 为多层住宅，25% 为商业建筑和公共建筑。2008 年的经济低迷促使本森伍德住家公司多样化其生产服务，为多层住宅、经济适用住房以及商业建筑寻求可行的交付方案。本森伍德的中低档住宅的售价为每平方英尺 120 至 200 美元，高端住宅的售价为每平方英尺 220 美元以上。虽然特德·本森以生产木龙骨结构起家，但采用洪迪格设备实施工厂化生产才真正使其成为美国最著名的高品质住宅和建筑项目制造商。本森伍德住家公司的装配式理念源自特德·本森的呼吁："鄙视住宅建筑产业"（dissing the homebuilding industry），因为当今美国的居住建筑是"没有章法、一盘散沙、机能失常、丧失权利、无人关心的使用一次就可以丢弃的废物"。

在这种概念框架下，1976 年本森伍德住家公司就能在 12 天内完成木龙骨主体结构的发货和安装，2004 年能在 15 天内完成龙骨和墙板，2009 年能在 15 天内完成龙骨、墙板和所有的围护系统。这些房屋采用拼板化龙骨墙、楼板和屋面板以及模块化卫生间和厨房系统。剩余的现场工作仅包括最后的装修接缝和设备安装。通过在车间中使用数字化建模技术、工厂切割技术、合意的容差配装技术和精细化的连接技术，本森伍德住家公司掌握了建筑单元的开发技艺，从而发展了一整套综合设计、制造、运输、现场工作流以及吊装和装配安全

* 意为单板条平行胶合梁（Parallel strand lumber），此处所指为美国的专利化木结构产品。——译者注

图 9.23　创建于 1975 年的本森伍德公司最初是一家木结构生产制造公司，这家公司目前已成为装配式思想领域中的领导者。图中为新罕布什尔州工厂中正在轨道上装配的墙体。这些墙体完成时会集成管道、装修和踢脚板

措施于一体的集成化系统。他们的开放式建筑体系（open-building system）思想在概念上借鉴了哈布瑞肯（Habraken）、布兰德（Brand）和肯德尔（Kendall）等建筑师的思想。本森伍德公司在生产运营中应用了八项原则以改进 21 世纪住宅建筑的设计和交付方法。

9.10.1　分解理顺

第一步是分离支承与内填充，或者说分离外壳和内填充。**外壳**是指高性能的围护体，包含龙骨和拼板在内的完整墙体结构。本森伍德将这些墙体设计为具有 R40+ 隔热性能的高强度结构单元。公司将墙体作为建筑科研对象，防潮、防渗和气密性都经过实验验证。特德·本森的工艺将外壳和内填充区分对待，因此外壳是其中最为昂贵的部分。特德·本森主张，与家庭电器、花岗石台面和其他消耗品不同的是，生产外壳所投入的初始成本需要在建筑全寿命周期中收回。因此，外壳生产必须有高标准的生产质量和高水平的资本投入，这样在建筑物中的那些可有可无的“物件”便可在未来得到更换和更新。该公司在干爽的工厂环境中改进工艺以生产使用年限可以超过 100 年的承重龙骨墙结构系统。

本森伍德不仅在概念上将外壳与填充体分开，而且还生产部品、拼板和模块。这些实体无论在物理构造方面还是在表皮功能方面都是相互独立的，以便适应未来的改变需求。本森伍德利用系统间的关联性在设计阶段就能够评估生命周期中可能出现的变更需求，在施工阶段也容易拆卸。这样不但优化了这些系统的装配顺序，也增加了住户对房屋的控制力。为了实现这一目标，本森伍德将建筑系统的层级（building system layers）

	外壳	内填充
影响	公共管理	取决于个人
意图	长期耐久性和可持续性	易于更换和改变
参与方	建筑师、工程师、政府机构	居住者、装修专业人士

图 9.24　特德 · 本森的这个表格说明了本森伍德公司分解建筑系统的目的所在

重组为各种截然不同的单元，其中包括：框架系统、楼面系统、机电系统以及体现支承和内填充概念的支承拼板系统。

9.10.2　调整网格

通过变换三维空间网格，本森伍德发现了一种控制空间构成的方法。网格有规律且可控制，相应的尺寸也是稳定的，于是便可以控制成本。因此，设计考虑了材料和部品生产商的实际制造尺寸和产能。相应地，选定的网格尺寸都为可以除尽的模式：

木结构：2 英尺 ×2 英尺或 2 英尺 ×4 英尺

填充：3 英寸 ×6 英寸或 6 英寸 ×12 英寸

竖向：7.5 英寸。

9.10.3　虚拟先行

本森伍德在设计阶段就已经实现了 BIM 的强大功效，能够开发并利用 3D 功能检测碰撞问题，在施工开始前就能够模拟全过程工序，这样部品在设计阶段便能被分解为各个装配件以利于后续的实际施工。本森伍德的自动化项目管理信息系统包括成本、供应链、运输和安装等内容，安装过程在实际施工前就已施行虚拟仿真。虚拟建模可利用数控编程实现自动化切割和机械成型。数字信息直接传入数控机床，提高了预先制造的劳动生产率。

针对火炬松住宅项目，本森伍德利用基兰廷伯莱克公司提供的 BIM 设计模型在制造过程中继续完善相关细节。由于预制生产涉及装配过程，本森伍德使用 BIM 开发了从制造、运输到安装的全过程项目设计策略。在这种设计过程中，包括电灯、连接，甚至螺栓和螺钉在内的所有细部都被建模。基兰廷伯莱克公司提供的 Autodesk Revit 模型在本森伍德公司的 CADWorks 系统中被进一步开发完善之后用于 CNC 数控机械加工。因此，在制造过程中，定制的库存构件既可被用于铣削加工，也可因材料使用效率问题而被暂时存放。例如，窗格可以用粗制龙骨加工而成。本森伍德公司根据尺寸和形状利用嵌套单元（nesting element）方法[*]最大化材料利用效率从而控制生产成本。从技术角度看，此过程中不存在任何形式的加工图，绝大部分成本被用于信息处理，而在现场施工中，相同的费用则用于实际的人力装配过程。随着本森伍德不断更新其CADWorks模型，基兰廷伯莱克公司也根据制造信息不断修正其建筑BIM模型。建筑设计方和建造施工方通过相互共享数字模型而融合为一体。

9.10.4 设计装配

通过使用经过验证的BIM族库和对象，建筑物被设计为一系列的装配体和系统。本森伍德利用这种被称为“设计式样”的方法开发参数化设计对象，能够为不同的项目重复使用。例如，结构和幕墙连接的细部和可变性被当作关键参数确保建筑物的质量、多样性、成本和整体配装。联想到帕拉第奥（Palladio）的套件式系统，本森伍德也使用开放式的套件开发出了“开放式建造混成体”（open-built compositions），其中包括内装模块、拼板化墙体/楼板/屋面、门窗和内装木制品等。该公司采用这种方式和方法最终将现场施工中数以万计的建造零件减少至50种左右。

9.10.5 模块化

在现场工作进行的同时，工厂车间也在建造部品。本森伍德希望尽可能多地将系统组合在一起以增加装配的价值。这方面的例子有厨房和卫生间模块，它们可以被吊装至指定位置，一旦就位便完成建造。该公司一直在研究如何在预制单元中组合更多部品，例如在预制墙体、楼面或屋面中集成电气、水暖、饰面，甚至是踢脚。

9.10.6 装配场地

试图在现场控制质量、效率、成本和时间是最糟糕的做法。因此，场地仅用来组装预制单元并连接形成整体建筑系统，这样就能减少出错的可能性。为实现这一目标，本森伍德不仅要开发制造方法，还必须开发产品的包装工序，即货运的平叠式包装及其后的装卸，以便单元按照后装先进的顺序进入卡车。所有单元都有编号，因此装配工序快速而高效，也可预测施工过程。

9.10.7 联动团队

通过整合团队，集全体学科于一身，本森伍德住家公司在设计阶段就能与建筑师、工程师和建造专业人士开展合作。因此，关于预制方法和现场装配的决策在设计阶段的最初起点就被确定了。有些建筑师或许会认为这种方式阻碍了创造性，但作为制造商和建造方的本森伍德认为，这种方式对于实现成本和质量的双控极为关键。

9.10.8 出色工作

最后，本森伍德住家公司信奉在建筑业中传承下来的学徒制和导师制文化。他们认为各建筑工匠，对于建造过程来说，其价值等同于各设计专业。当

---

* 嵌套指构件或零件间有主从附属关系，如窗格附属于窗户。这种方法既是加工制造方法也是计算机编程或建模方法。——译者注

图 9.25　由本森伍德公司制造的“一统之家”是尤尼蒂学院校长的净零能耗住宅。整座房屋的设计由 50 个预制单元组成。部品和拼板在工厂中制作为现场安装的结构单元和填充。卫生间和厨房模块在工厂预装配

前的建筑业不允许真正的学徒－导师制，然而这种学习制度能够授教在技能、效率、价值观、诚信和道德方面的更高期望的标准。* 这种导师－学徒制既会传授经验、技艺和知识，也会瓦解现有的知识和阶层体系。究本溯源，这种方式对于依赖和倾向于使用装配式技术的项目更为亟需，因为建造过程需要扁平化的组织结构和信息的自由流动。

除火炬松住宅项目外，本森伍德还与其他建筑师合作，引入了他们的设计概念和物理建造能力，从而交付经过精心设计的可持续型建筑项目。本森伍德的室内设计师与麻省理工学院的教授肯特·拉森（Kent Larsen）合作，为尤尼蒂学院（Unity College）的"校长府"（President's House）设计了零能耗房屋——"一统之家"（Unity House）。本森伍德制造并组装采用开放式方法建造的超绝热围护结构，热阻为 R-40 的墙体和 R-67 的屋面。外表皮能够适应环境变化，未来也能更换。该房屋采用可移动的内隔墙和可替换的内饰面。建筑设计的意图是使之成为设计教育的范例：可视化系统、耗能监测和空间转换。由于实施了明确的、独立的和开放的建筑层级，这所房屋其实成为一种面向拆卸的设计。这个混成体本身就是一个部品库，从理论上讲，未来可重复利用之。

本森伍德在他们的工厂中设立了多条轨道，如同福特的流水线，外墙板在其上被层叠压制以实现既定性能。通过这样的方式，工作人员不仅可以控制产品的质量，而且可以实现更加快速的装配。包含窗户、壁板和内部饰面甚至是踢脚在内的墙板经打包后运至现场后可立即进行安装。房屋侧面的服务台作为模块在工厂内制造，预装有照明器具和管道系统。墙体、屋面、楼板和模块被整齐打包并安全固定，最大限度地减少了平叠式包装在运输过程中的可能被损坏的概率。"一统之家"将建筑工地中的部品数量从 50000 件（平均）减少至 50 件，仅用 5 天就完成包括接缝和装修作业在内的全部围护系统的现场安装。

虽然本森伍德住家公司也会使用卫生间和厨房模块，但他们不赞成主体结构和围护系统的整体模块化建造。他们认为高品质建筑是人工环境的关键组成要素，模块化难以满足人们对变化和多样性的需求，而拼板和服务模块为公司提供的部品就可用于组合形成定制化的建筑产品。本森伍德正致力于开发全新方案以提升建筑物的质量和建筑设计的品质。特德·本森因此将模块、拼板和部品比作装配式技术——这枚弓箭上的箭头，认为必须有的放矢才能达到项目在成本、进度、范围和质量方面的既定目标。[23]

---

* 英文的高期望授教（High Expectation Teaching）指帮助学习者建立信念，突破自身的观念模式和能力限制，建立积极的道观、德观和价值观，从而能够悉得任何技巧和能力。——译者注

第 10 章　商业建筑和室内设计

第 9 章主要介绍了居住类建筑中的装配式技术案例。这种项目主要采用经济适用型模块化和拼板化系统，可以快速生产并安装，为客户提供附加价值。大多数装配式建筑都为这种规模。然而，最有效的回收投资的方式或许是建造更大规模和尺度的建筑，这些建筑利用大型建筑单元，有更加灵活的投资预算可用于研究和开发装配式技术。本章因此将聚焦于商业建筑和室内设计，这些项目利用装配式技术的控制成本和过程等方面的能力生产更具革新型的建筑。本章将介绍以下建筑师的工作：

- 基兰廷伯莱克建筑事务所
- 劭普建筑事务所
- 斯蒂文 · 霍尔建筑事务所
- 莫希奇 · 萨夫迪 / VCBO 建筑事务所
- MJSA 建筑事务所
- 尼尔 · M. 迪纳里（Neil M. Denari）建筑事务所
- Office dA 建筑事务所
- 迪勒 · 斯科菲迪奥与伦弗洛

10.1 基兰廷伯莱克

史蒂芬·基兰和詹姆斯·廷伯莱克于1984年在费城创立了基兰廷伯莱克公司。这是一家提供全方位专业服务的建筑设计公司，已成为基于研究的业务领域中的全球引领者。基兰廷伯莱克公司与客户、工程师、制造商和生产商集体协作，引领对设计问题的研究和探索过程。该公司利用这种合作研究实践过程，成为以一体化设计过程和建造科技（也即装配式技术）而著称的产业革新力量。其著作《再造建筑》(*Refabricating Archite cture*）是一本关于“工业生产方法论时刻准备改变建筑施工”的行业宣言。[1]该书认为，建筑风格已死，新的“前卫”是让建筑物成为存在的实际生产方法。基兰廷伯莱克坚持自身的理念，投入部分利润和专业研究人员致力于研究、开发和革新。他们开发新材料、新工艺和非现场制造产品并将其应用于设计项目，在实践中检验他们的理论。

10.1.1 火炬松住宅

火炬松住宅是关于设计过程和设计产品研究的建筑实验原型。从第9章讨论的住房项目中可知，装配式技术旨在精简建筑单元，将材料压平成为拼板和块体，建造或许可被简化为装配体的组装。这些系统往往是专利化产品，使用难以拆卸、回收和重复利用的整体模块。此外，这些专利化拼板和模块系统也不能提供可变性。基兰廷伯莱克决心利用本森伍德工厂的MTS材料设计并建造一个与特定场地相关的现场装配工业化住房。这座房屋的主要建筑系统分为五部分：桩基和柱、支架、盒体、块体和设备。基兰和廷伯莱克在其著作《火炬松住宅：一种新建筑的要素》(*Loblolly House：Elements of a New Architecture*）中对这一过程的讨论更为全面。[2]

这座房屋位于切萨皮克湾（Chesapeake Bay），在这种湿地中宜采用桩基方案架空底层。桩的埋入角度各不相同，以模仿周边的林木形态。桩基的精度不如预制构件高，因此采用两层水平联系梁和垫片来补偿构件间的容差。房屋的支架或结构框架为铝合金框架，由经过精密切割的工业用Bosch 90系列型材制成，使用T形槽连接件栓接。采用这种连接的框架在概念上可以完全拆卸。框架节间的拉杆提供侧向支撑。集成结构梁、保温层和水暖电设施的楼面盒、屋面盒和墙体盒可直接在现场安装。楼面盒体内设有辐射供暖、微管和电缆管道，是房屋主要服务设施的布线区域。墙体盒体集成保温、窗户、防水和纤维水泥板。建筑外部的雨幕采用雪松板，与周围的森林环境相协调。房屋有三个块体系统，也被称为服务模块。其一是包含卫生间、橱柜和设备间的模块单元；另一为客房卫生间模块单元，以及一个包含设备间和橱柜的模块单元。

火炬松住宅的创新性不仅体现在部品的装配方法中，还体现在基兰廷伯莱克所采用的供应链管理过程。建筑师和制造商本森伍德采用BIM建模过程充分利用面向制造和组装的施工工序和材料采购完善建筑设计。基兰和廷伯莱克解释说，BIM是模拟仿真，不是设计表现；建筑师的设计意图不由传统

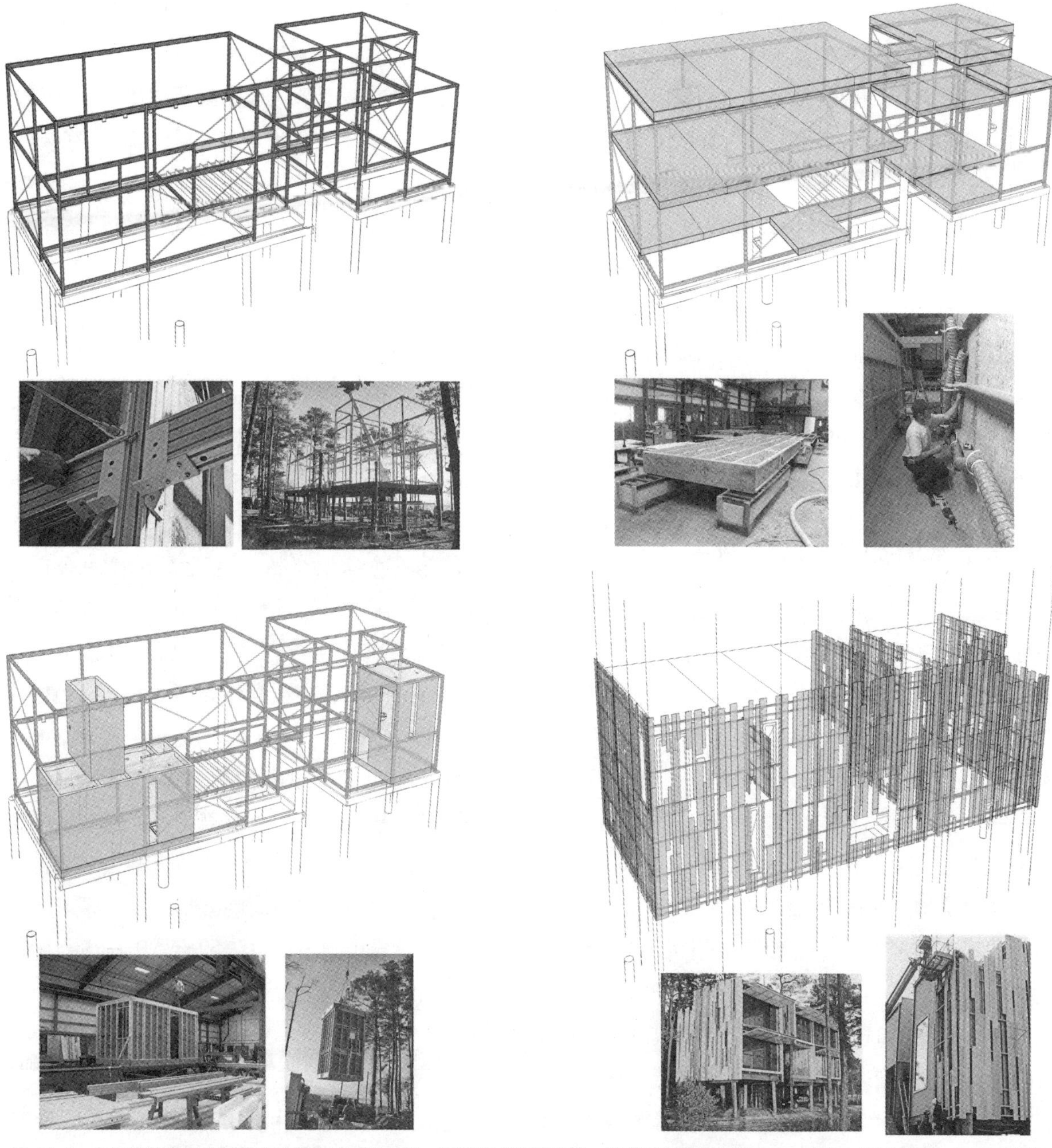

图 10.1　火炬松住宅是由基兰廷伯莱克公司设计的一种装配式实验建筑。该房屋有四个主要系统，完全由 BIM 建模，在工厂制造，最后于现场安装。图示从左到右依次为：博世公司的铝合金型材，框架构件经精密切割加工后在现场栓接。楼板和墙板已内置公共设施系统。服务模块吊装安放置于结构顶部。最后安装雪松雨幕墙板。该项目的制造和组装均由本森伍德公司完成

的二维图元方式表达，而由精确模拟的连接节点来传递。本森伍德公司使用 BIM 模型通过 CADWorks 软件继续深化得到用于加工制造的模型。尽管基兰廷伯莱克的 Revit 模型和本森伍德的 CADWorks 模型之间不能做到无缝转换，但它们的确为团队协作提供了媒介平台。设计阶段完成时，由于模型的尺寸十分精确，竟可直接服务于供应链管理。建筑师能够直接向现场建筑商 [竞技场项目管理公司（Arena Program Management）]、非现场制造商和现场装配施工方（本森伍德住家公司）委派工作。承包商可依据模型直接采购零件，如铝合金结构构件等，整个过程中不存在任何的审验文件和加工详图。[3]

10.1.2 玻璃纸住宅

基兰廷伯莱克公司在玻璃纸住宅项目中对 BIM、供应链管理和装配式技术的应用作出了进一步的探索。这所房屋是为 2008 年的现代艺术博物馆展览“住宅之交付：制造现代住宅”而开发的。基兰廷伯莱克采将火炬松住宅中的设计理念——“集成化部品装配体”（integrated component assemblies）[4] 融入了这座怎么看都不会是永久性建筑的 4 层结构之中。建筑结构采用了与火炬松住宅相同的手工栓接铝合金框架、盒式楼面和服务核心模块，还添加了内部隔墙、窗户和 PET 薄膜表皮。他们在 2004 年和杜邦公司合作开发了在库珀休伊特国家设计博物馆展出的嵌入式太阳能光伏系统的智能高分子围护体 SmartWrap™，PET 薄膜表皮便由此改造而来。基兰廷伯莱克设计的组装工序极为复杂。由于摆脱了传统的风格决定论，这所房屋既是对建造行为的表达，也表现了效用的美感，而且它还是一次关于组装和拆卸的集群实验。这个商业建筑的实验原型由基兰廷伯莱克与库尔曼建筑产品股份有限公司合作设计开发，后者担任供应链管理和制造商，负责生产服务核心模块和单元的运输和安装。从单元进场到完工，整个建造过程仅用了 16 天时间。

自这些房屋实验原型出现以来，现代模块化住房产品开发商——居家公司（Living Homes）的史蒂夫・格伦（Steve Glenn）一直在委托基兰廷伯莱克公司开发系列化的钢模块建筑设计产品，它们既能够实现预制生产，也能满足客户的愿望。居家公司与建筑师雷・卡普（Ray Kapp）共同开发了该公司的第一个原型产品。[5] 基兰廷伯莱克公司好奇并着迷于装配式可持续住房开发者这一新角色，认为这次机会可让自己在生产型住房市场（production housing market）中大有作为。然而，火炬松住宅和玻璃纸住宅的价值并不在于这些实验原型能否在大规模定制生产中重复使用。这些项目的真正成功将取决于基兰廷伯莱克对美国住宅供应链系统的影响。该公司预想有一天，类似史蒂夫・格伦这样的住房供应商和其他厂商能够集约整个系统的供应链管理，集成预制组装过程和产品于一体，生产建造高品质的经济适用型可持续性建筑。[6]

10.1.3 皮尔逊模块（Pierson Modular）

基兰廷伯莱克和库尔曼建筑产品股份有限公司的合作关系始于十年前耶鲁大学的皮尔逊学院（Pierson College High Court）改造项目，这是一所

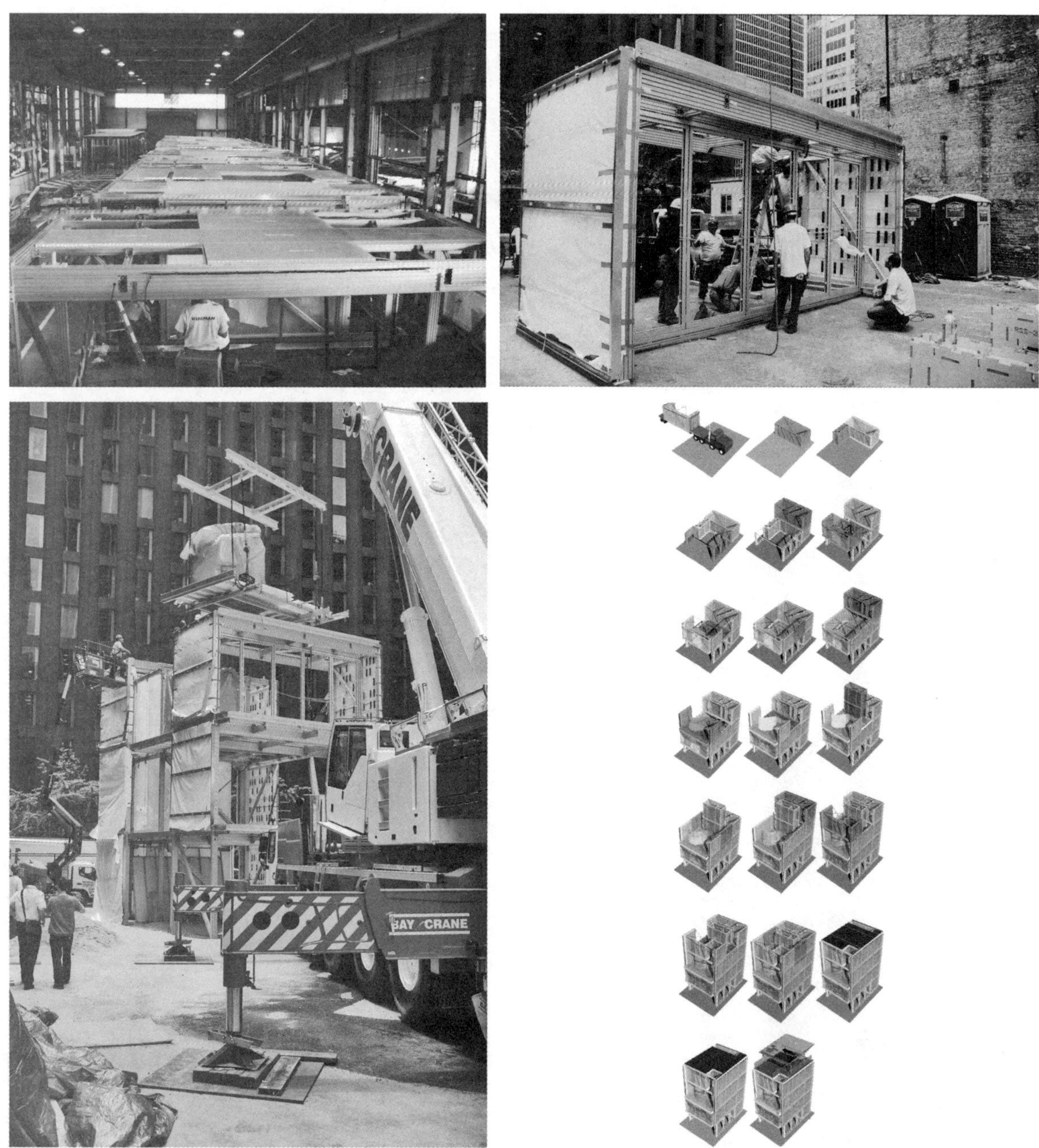

图 10.2 “玻璃纸住宅”是基兰廷伯莱克为 2008 年的现代艺术博物馆“住家之交付”展会开发的实验性建筑。房屋采用铝合金框架结构系统，基兰廷伯莱克设计了一种 4 层模块化结构，由库尔曼建筑制品股份有限公司制造，在博物馆附近的空地内建造安装。建筑外表采用 PET 塑料膜，全部建设用时一周

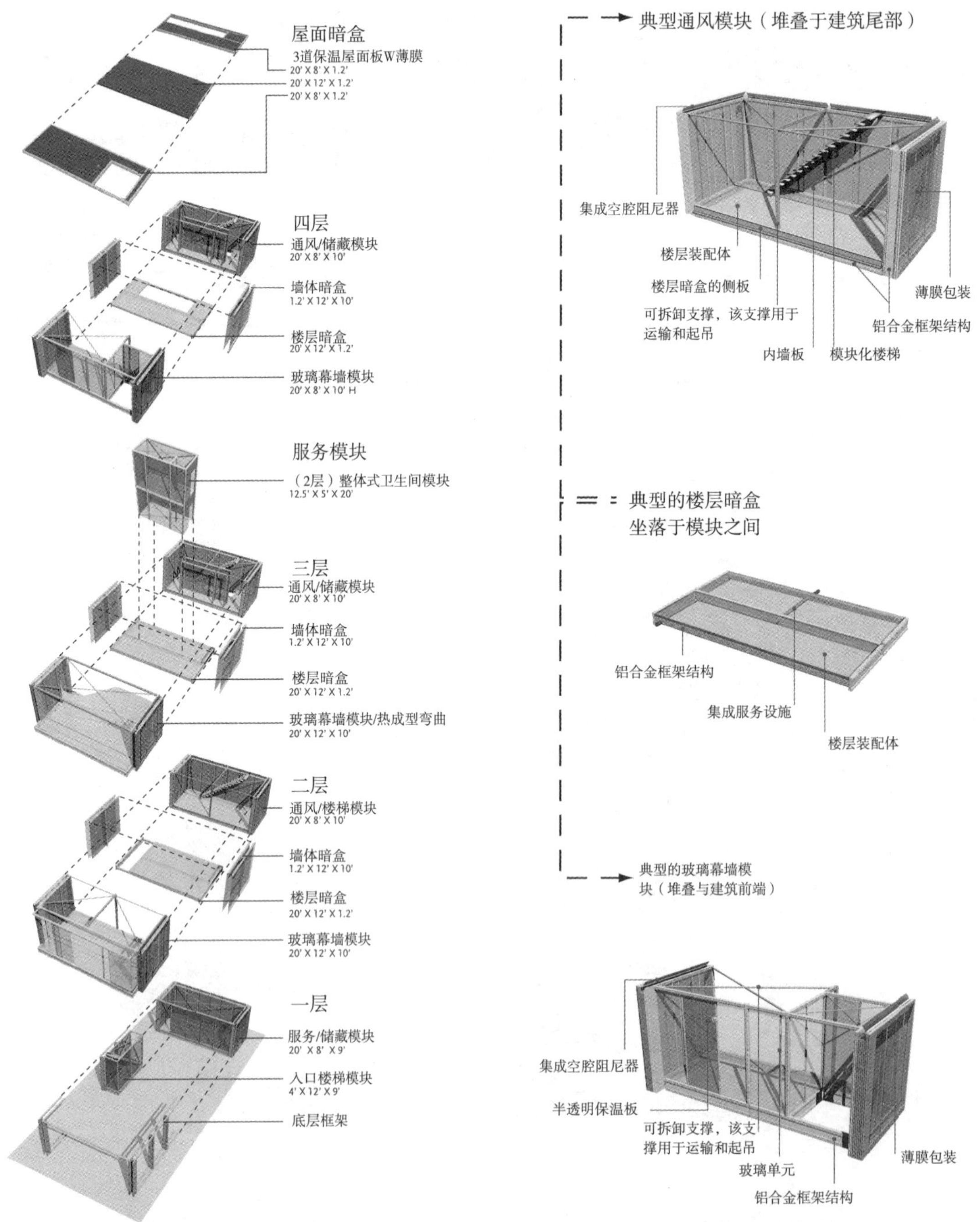

图 10.3 “玻璃纸住宅”的前端和后端均由堆叠模块构成，模块间的楼层采用盒式楼板

建于20世纪30年代的寄宿学校。校方除了要求根据现行规范提高建筑物的结构安全性能外，还要求更换盥洗设施、安装现代消防系统。基兰廷伯莱克甚至被要求复原这座建筑中的有历史意义的装修饰面，因为需要社交和休闲空间，还将最初的改造计划扩展到地下室和阁楼部分。其实由于校园住宿无法满足需求，耶鲁大学的原本目的只是想最大限度地增加床位数量，吸引那些不断搬出校园的学生回来继续住宿。

该项目的场地环境是一个围合的方院，两侧被皮尔逊学院和其他建筑围成的狭窄天井所环绕。现存宿舍的正对面是一个稍大的运动空间，此处正是基兰廷伯莱克建议的24张新增床位的所在地。由于场地位于封闭区域而且工期紧张，基兰廷伯莱克公司建议在对讲机和摄像头的引导下，将模块化钢结构从既有历史建筑的上空盲吊至施工现场。建筑设计由3层组成，每层有6个宿舍，包括卫生间和楼梯。皮尔逊宿舍被制作为24个集成管道、线路和饰面的成品模块。对该项目来说，采用非现场施工的最大挑战来自校方对钢框窗、石膏饰面和木结构楼面制定的严格标准，这些都不是预制的。最终接缝时，仅有一块嵌砖出现问题。

根据基兰廷伯莱克公司克里斯·麦克尼尔（Chris Macneal）的叙述，在设计深化完成并最终进入装配式施工阶段之前，基兰廷伯莱克、耶鲁大学和施工经理都根据传统的施工方法对该项目进行概算。[7]模块化方案的提议须由纽黑文建造行业理事会（New Haven Building Trades Council）确证，这一组织由来自大学、施工经理、模块组装公司、消防局长和质监站在内的20人组成。经测算，装配式模块的造价稍低一些。因此，模块化系统的附加效益不在于节省初始成本，而在于对产品施工进度和质量的控制。据估计，与现场施工方式相比，装配式技术约节省造价15%，其中包括项目提早投入运营而获得的收入。[8]库尔曼作为设计协助方，帮助基兰廷伯莱克公司完成设计与开发，将加工详图直接作为许可和施工文件。基兰廷伯莱克每隔一周便到访工厂，审核已加快的施工进度。基兰廷伯莱克和库尔曼公司与理石工分包商在工厂中合作开发了一种至今仍被库尔曼使用的镶（嵌）砖施工方法。模块于春假时开始安装，因为冬雪季过后才能保证此处正常通行。由于视线受阻，施工人员不能直接看到施工场地，现场吊装和安装作业存有困难。

模块完成安装后须立刻连接接缝。饰面为全模数砌砖，由2.5英寸厚的空腔和2英寸厚的保温层组成，外挂于基层和钢框架主体结构。框架结构的框格中也填充保温材料。每个模块底部都连接支承角钢，防止外饰面发生过大变形。砖砌面被设计为雨幕墙，模块的顶部和底部都设有通风口。基兰廷伯莱克和库尔曼发明了隔层嵌壁节点，模块间的连接节点表现为墙身的凹进和接缝的胶结，建筑的模块化因此被体现出来。墙面其他部分都采用顺砌法砌筑。底层模块的基座采用人造石材饰面，同方院周围的其他建筑保持协调一致。

佛蒙特州的明德学院（Middlebury College）的阿特沃特公共起居公寓（Atwater Commons）也由基兰廷伯莱克公司设计，该建筑需要60名工人在16个月的时间建造完成，建筑工人上下班的总里程大约为 200 万英里。皮尔逊学院宿舍的制造商库尔曼位于新泽西州，15 名工人利用春假便能快速完成组装，而他们的累计行程为 3 万英里。基兰和廷伯莱克认为，装配式技术减少温室气体排放的优点可以抵消由非现场生产方法带来的任何额外的交通能源开支，考虑其他方面的高效性更见其集约性。[9]

10.1.4 西德维尔友谊中学（Sidwell Friends Middle School）

基兰廷伯莱克为华盛顿特区私立学校西德维尔友谊中学的总面积为 39000 平方英尺的 3 层房屋提供了改造和改建设计服务。该项目的可持续性功能有雨水收集系统、革新型 HVAC 系统和太阳能烟囱，与常规设计的建筑相比，节约了 60% 的能耗。西德维尔是第一个获得 LEED 铂金大奖的 K-12 学校项目。建筑表皮的设计概念是提高绿色建筑的节能效率并减少浪费，同时也是上部老建筑和新增建筑间美观的沟通桥梁。

基兰廷伯莱克公司的理查德·霍奇（Richard Hodge）表示，表皮的设计目标是开发出高性能的围护系统。为达到这一目标，设计方需要控制产品的品质。所有四个立面的建筑功能各不相同。北立面的墙板取消遮阳，南立面安装水平向铝合金百叶窗，东西立面设置装饰鳍板以阻挡在清晨或傍晚出现的太阳方位角。这样的设计导致墙板有 20 至 30 种样式，每一种都略不相同。面板的相同之处是都由废旧发酵桶制作而成。这种经过改造的美国西部红柏木外墙覆板按竖直方向布置，宽度从 1.25 英

基兰廷伯莱克对装配式技术的评价

基兰廷伯莱克的设计产生自对项目的深入研究。研究过程首先着眼于一般原理，然后从一系列研究和探讨中深化项目的设计深度。作为这种设计过程的一部分，该公司尝试使用现货产品（MTS，ATS 和 MTO）从而避免采用专利化产品（ETO）。基兰廷伯莱克的实验原型和商业项目致力于供应链管理，这样更易达成品质和效率。在玻璃纸住宅项目中，据制造商库尔曼建筑产品股份有限公司称，这些来自生产商的零件时常不会像预计的那般容易组装，这表明供应链系统中存在某些缺失和断层，需要各方通过协作进一步完善。詹姆斯·廷伯莱克指出："每个人都希望以直线方式达到空间中的任何地方，好像这样做既快速又稳固，但能让我们真正走到那个目的地的唯一方法其实就是按部就班地爬台阶。"[11]

有人可能会说，由装配套件系统建构多少可能如风格事项（stylistic agenda）一般，是一种乌托邦式的想法，但基兰廷伯莱克所采用的混合方法证实了一种更为可行的方法论，能够以积极的方式对环境、经济以至社会发挥持久的影响力。基兰廷伯莱克不是生产商，也不打算成为生产商，但他们的工作阐释了一种具有煽动性的见解，即设计和建造实践的前途将更加光明。詹姆斯·廷伯莱克这样评价火炬松住宅项目，

"我们决定公开私下所做的努力和实验，以回应那些担心，清除那些所谓不可能做到的武断。那些说我们不可能改进设计和施工，我们不可能改善供应链，我们不可能做得更好的，都在信口雌黄。"[12]

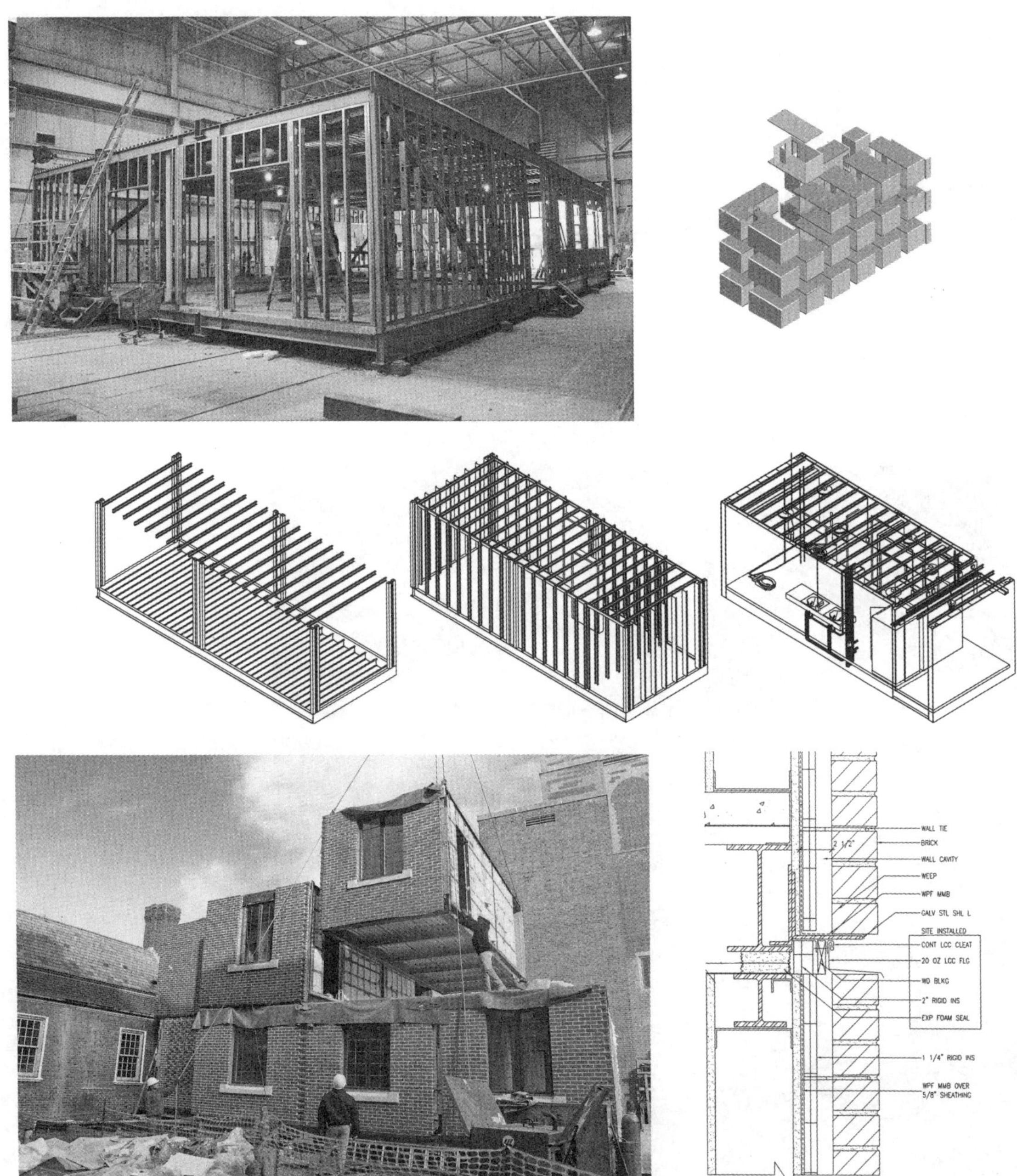

图 10.4　皮尔逊学院是耶鲁大学的学生宿舍项目，由 24 个模块单元叠放而成的 3 层建筑，其中包含卧室和卫生间。该建筑系统由基兰廷伯莱克设计，库尔曼建筑产品股份有限公司制造。据估计，若计入提前完工带来的收益，模块化结构节约了 15%的成本

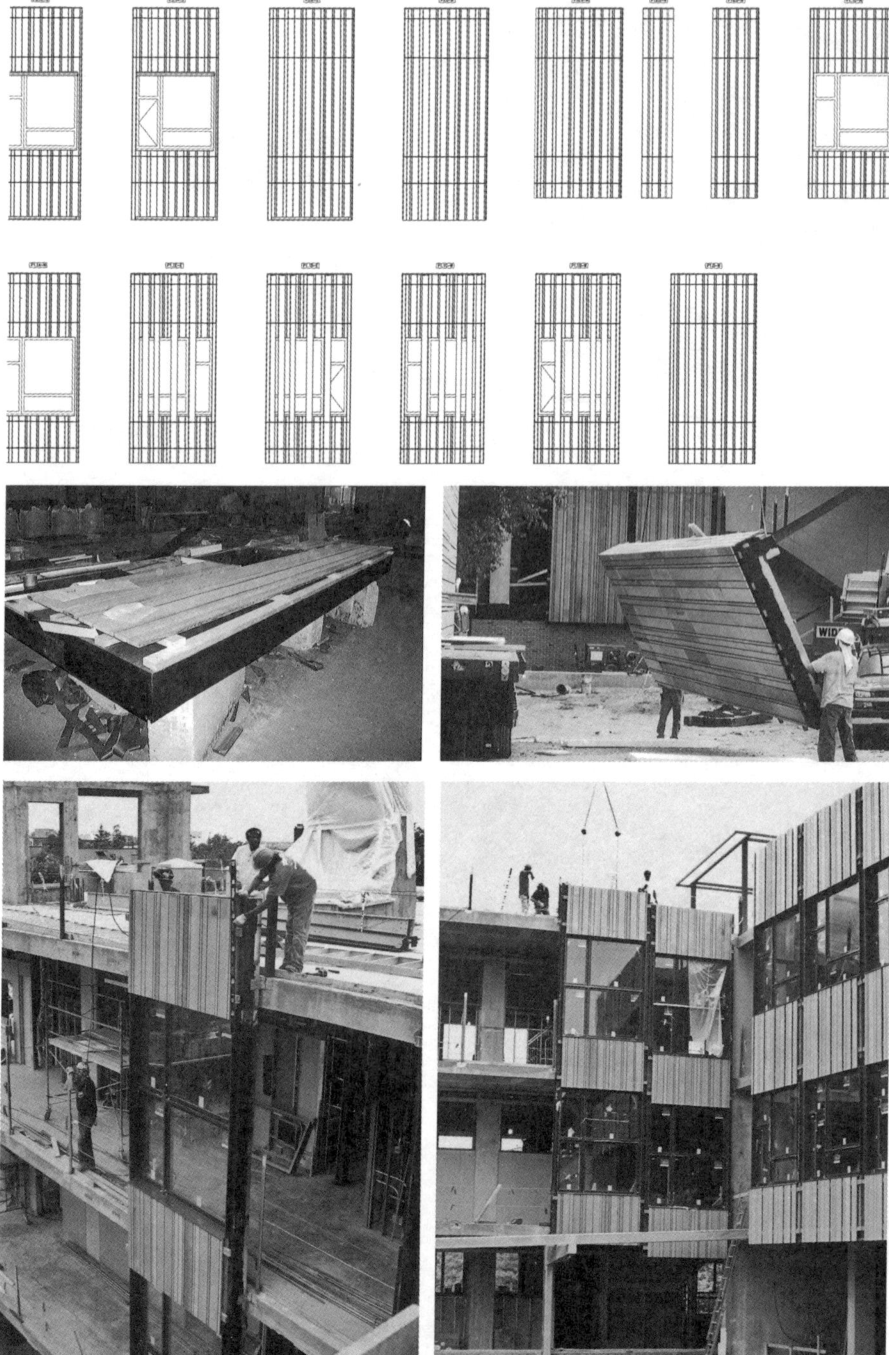

图 10.5　在西德维尔友谊中学，基兰廷伯莱克与辛普森 · 贡佩兹 & 赫格尔（Simpson Gumperz & Heger）公司合作开发了一种预制板围护系统。2 层楼高的墙板有 20 多种规格，结构均采用标准轻型钢框架，外墙表皮采用由回收再加工的美国西部侧柏（western red cedar）制成的竖向外挂板

寸到 5 英寸不等，间隔 $^1/_2$ 英寸。二层墙板的典型宽度为 8 英尺和 12 英尺。为了加快墙板的制造，该公司与罗得岛的制造商合作研发这种围护系统。

墙板系统成品的龙骨由 8 英寸 C 形顶底导梁和交错布置的 6 英寸立柱组成。墙板中不允许存在热桥，内部空腔中填充保温棉。石膏板内部设置水蒸气屏障层。木窗及其铝合金外框在工厂内制造。期间遇到的主要问题是工厂中使用了涂料型气密层，面板到达现场时还未干燥。回过头看，薄膜型可能更利于工厂制造。滑动连接的板件在工厂焊接并在现场固定。基兰廷伯莱克邀请陶氏化学公司和位于华盛顿的辛普森·贡佩兹和赫格尔（Simpson Gumperz & Heger）有限公司的幕墙专家保罗·托腾（Paul Totten）作为工程咨询方联合开发幕墙系统。由于外挂板系统存在安全和使用功能方面的风险，托腾与基兰廷伯莱克会同制造商开发出了最佳的技术施行方法。[10]

10.2 劭普建筑事务所

劭普在其主页上的引据概括了他们对建筑设计和建造实践的态度：

"用技术去建造，视建筑为技术。"

"如何建造的重要性体现在唯其紧要之时。"

"高效和卓越不会相互排斥。"

"建造建筑，别只空谈。"

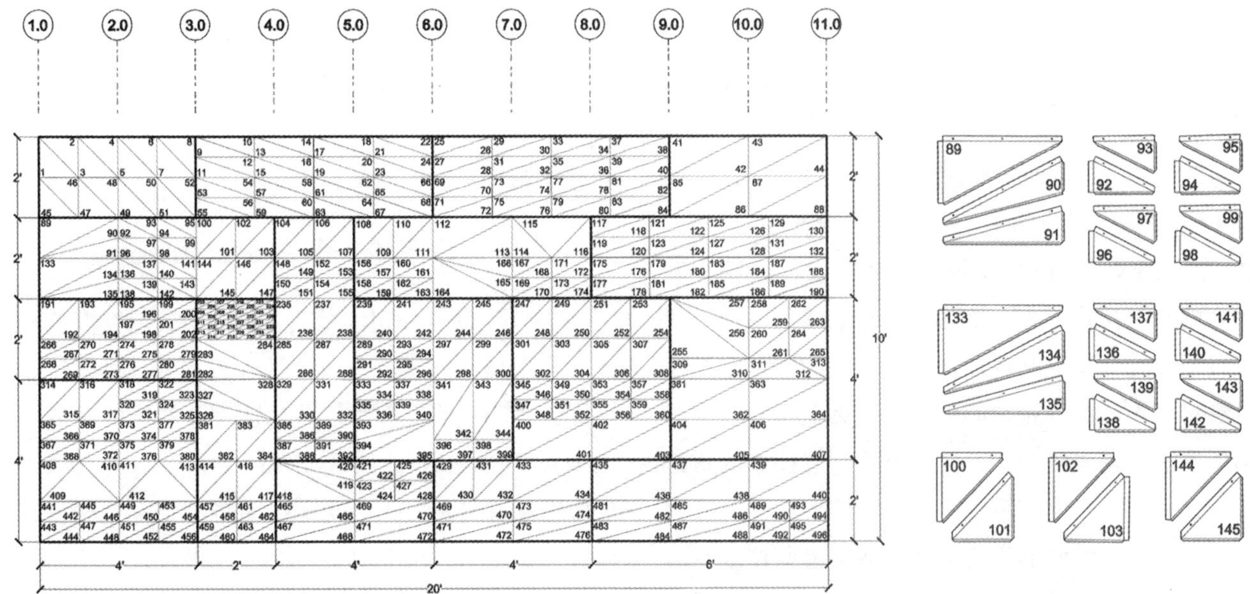

图 10.6 2000 年的 A-Wall 是《建筑》杂志社的展销摊位。该墙长 20 英尺，高 10 英尺，由激光切割的金属和丙烯酸纤维制成。此图是劭普建筑事务所为制造过程开发的加工详图

劭普所关注的是建造施工。自1996年成立以来，负责人克里斯·夏普勒斯（Chris Sharples）、科伦·夏普勒斯（Coren Sharples）、威廉姆·夏普勒斯（William Sharples）、金伯利·霍尔登（Kimberley Holden）和格雷格·帕斯夸雷利（Gregg Pasquarelli）已将公司发展壮大至拥有60名员工的规模，项目遍布总体规划和高端设计，还设立了分支机构——劭普建造（SHoP Construction）。该分公司全面应用科学技术、BIM和项目管理为设计和施工行业提供服务。劭普公司对设计与生产联系的兴趣可以追溯到其早期的制造实验，如2000年的敦士角（Dunescape）。该实验利用CNC桁架制造技术建造了一个海滩状的2X雪松木阁楼景观。2000年的另一个项目A-Wall是《建筑》杂志社在一个展销会中20英尺长、10英尺高的参展摊位，由激光切割制金属和丙烯酸制成。

10.2.1 暗室摄像（Camera Obscura）

2005年劭普公司接受委托，为位于格林波特（Greenport）的纽约米切尔公园（New York's Mitchell Park）进行总体规划和展馆设计。四个展馆中的暗室摄像是一个体验式的公共暗室，游览者可以通过光学镜头和镜片将公园周围的实时图像投射到房间中心的一张圆形可调节平桌上。劭普公司利用这次机遇继续完善其关于数控制造技术的研究和开发，此项目是其第一次完全采用数字化制造构件建造房屋。实验的目的是评估数字信息技术驱动多种CNC加工制造工艺的能力。该项目通过严格的容差控制构件配装，由于管理到位，项目协调过程做到了无缝衔接。

10.2.2 波特住宅（Porter House）

波特住宅是劭普公司更大规模地利用CNC制造原理对公摊共有产权式公寓的开发实践。波特住宅位于曼哈顿肉品加工区（Meatpacking District of Manhattan），是对一座面积为30000平方英尺的6层仓库的改造和增层项目。原仓库建于20世纪初，新增住宅4层高，挑出长度为8英尺。劭普公司与杰弗里·M. 布朗（Jefferey M.Brown）组成的联合体是该项目的建设方和投资方，因而在初始成本和房屋转售方面拥有投资权益。因此，该公司针对幕墙和外窗采用了定制化装配式锌制墙板系统。项目团队与制造商密切合作，使用金属钣金加工业的行业软件标准，根据标准宽度金属板材为外立面造型开发出最为高效的墙板布局方式。由于板材的切割和折弯过程直接取自数字文件信息，既在生产过程中实现了规模经济，也实现了由不同尺寸墙板成型的高度定制化外立面效果。

10.2.3 桑树街290号（290 Mulberry）

2009年劭普公司为桑树街290号公摊共有产权式住宅项目开发出一种创造性解决方案，将砌砖饰面嵌入预制混凝土外墙。住宅位于纽约市的诺利塔区（Nolita District），该区存有许多精致的砖石结构历史性建筑。公寓有13层高，底层是商业空间，其中各套公寓的面积平均为2000平方英尺。为了与当地的建筑文脉相协调，劭普利用先进的建模软件设计出一款波浪状砖立面模式。使用基于参数的建模

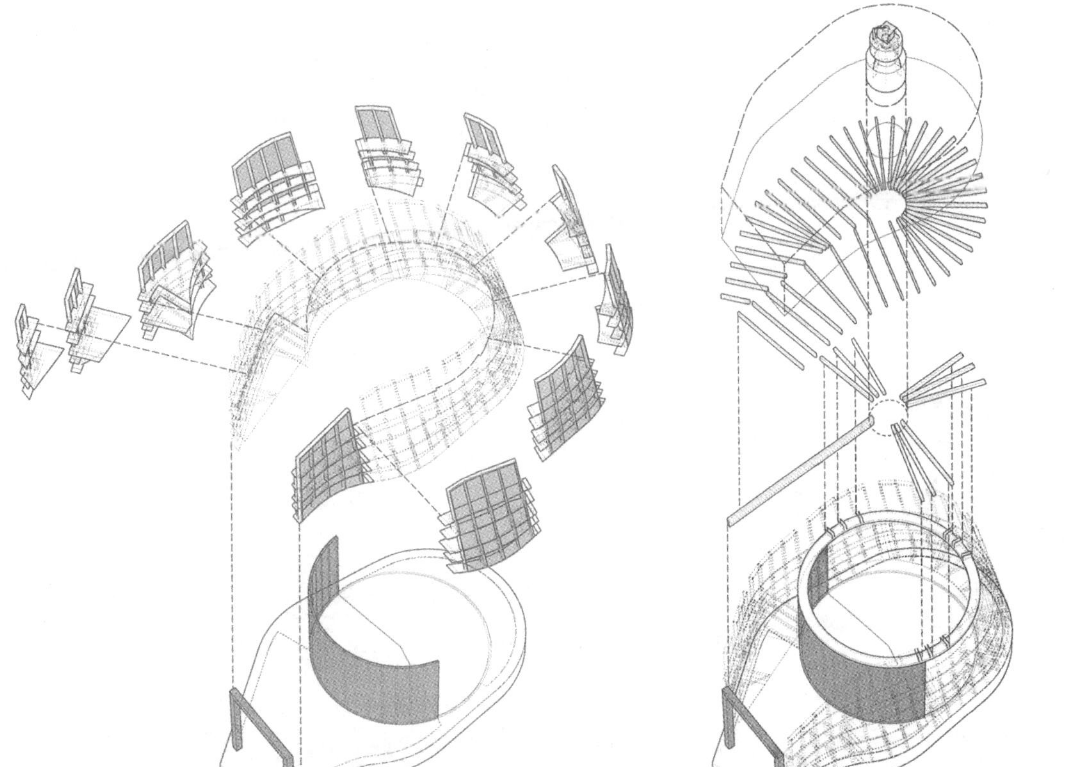

图 10.7“暗室”是一个公园展览馆，该项建筑工程完全采用数字化设计和数字化制造技术。劭普建筑事务所

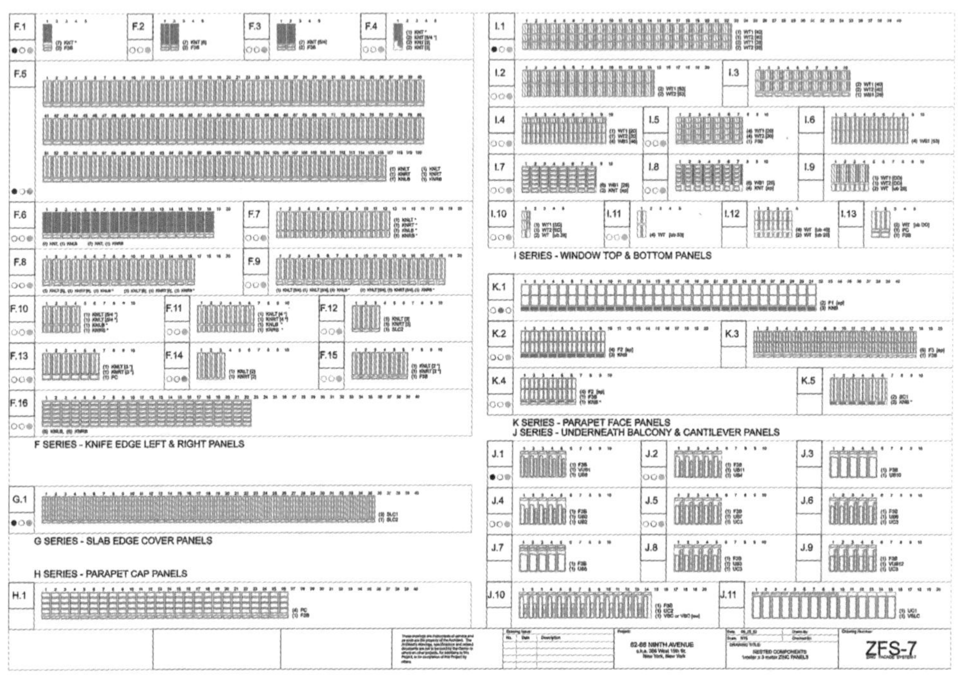

Nested Zinc Panel Components

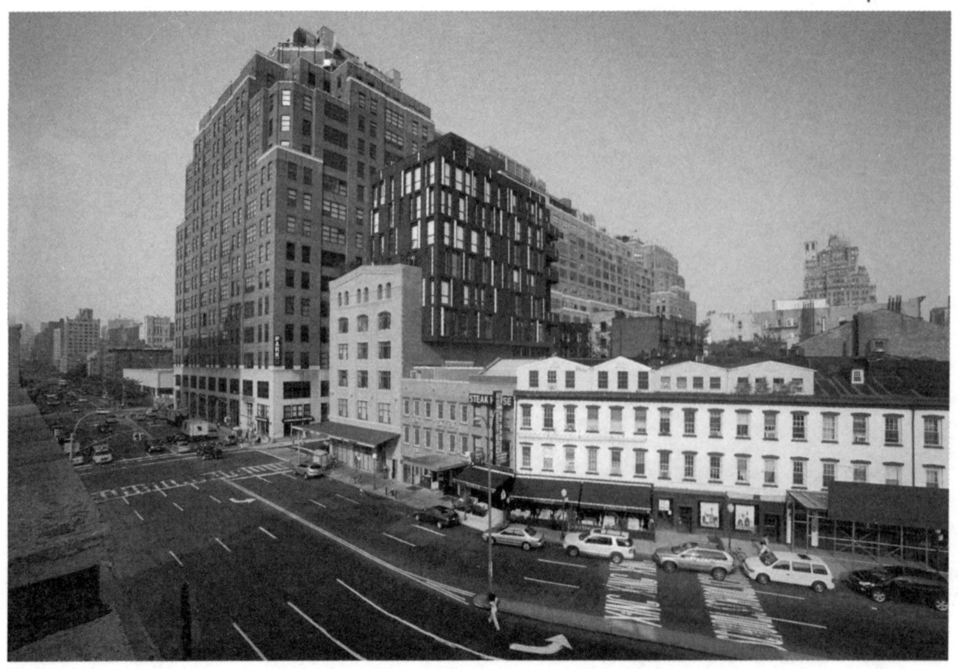

图 10.8　2003 年的“波特住宅”由建筑师作为合资开发商采用数字化制造方法建造。波特住宅是在既有 6 层仓库上新建的 4 层建筑，挑出部分利用了相邻建筑的空置空间。波特住宅有 15 种不同类型的钛锌板，相互嵌套可满足制造商所要求的生产效率。由这种方式排布的墙板在现场看来似乎每一块都不一样

方法解决复杂几何形状和数字化制造部品问题。劭普将该建筑当成部分利用建筑信息技术作为设计和开发工具的试点项目。程序脚本由项目团队联合开发以便控制砖砌预制混凝土板的几何成形和生产加工。终版模型包含项目的工程技术信息和造价信息，外墙的整套预制模具也通过此模型加工制造。

劭普公司与预制混凝土生产商紧密合作，共同开发出墙板的制造方法。但是模具制造商不愿承担在模具试验中投入时间和物料后可能会遭遇到的风险，除非先签订生产合同。因此项目要求业主投资于前建造服务阶段（preconstruction service），在建筑设计的起始期就为担当设计协助方（design-assist）的分包商所提供的工程咨询服务提供资金保障。由建筑信息模型开发而成的底层建构（base building）为各种形式的信息或物料输出提供了灵活的链接手段，这有助于业主的咨询方、承包商和工程师在协调各建筑系统的过程中加强沟通与协作。这种一体化的建筑设计过程实现了生产过程中的可预测性和各相关利益方的坦诚交流，从而促成了预制混凝土砖石外墙系统的技术革新。

10.2.4　巴克莱中心球馆（Barclays Center）

最近，劭普公司正与埃勒布贝克特（Ellerbe Beckett）公司合作设计位于大西洋庭院（Atlantic Yards）的巴克莱中心球馆。该项目计划于2011年完工，是位于布鲁克林的体育和娱乐会场。该中心将纽约大都会最繁忙的城市地铁交叉路口融入其中，旨在沟通联系周围的建筑环境。它被设计为一种富有表现力的街道契约。30英尺高的壮丽华盖强化了这座体育馆的城市地标形象，其中的环带勾勒出体育馆的全景。主要公共入口广场连接大西洋庭院和弗莱特布什大道（Flatbush avenues），从而创造了一个灵活、舒适而宏伟的城市空间。体育馆的入口和出口通道充足、标志明显、方便快捷，加强了与周围城市环境之间的联系。

巴克莱中心球馆的金属缠绕式外立面的面积有25万平方英尺。劭普公司的任务是设计并交付该中心的复杂表皮系统。表皮整体形状逐渐变细变薄，并和大环一起形成一个100英尺长的顶篷。耐候钢钢板的形状随这种缠绕式形态的变化而发生变化，

劭普建造公司

劭普公司最近开设了一间名为“劭普建造”的新分支机构，由合伙人约翰·马利（John Malley）领导开展业务。这个部门负责在设计阶段前期就从制造和可施工性的角度评估项目的可行性。公司还与建筑商和客户一起评估项目的成本和影响。“劭普建造”充当了巴克莱中心球馆的设计与施工/制造综合体。该公司与生产商组成联合体，根据太阳高度角和曲面建筑的走向生产定制化的耐候钢幕墙系统。该项目利用BIM工具量化节能、成本和施工进度而成为一种基于性能的建筑设计。劭普建造在AutoCAD、Rhino和Revit软件中开发技术图纸，在CATIA软件中处理复杂几何建模技术。如果把设计比作军事行动，那么BIM、施工模拟和设计协助方正是劭普建造这支部队的坚船利炮。

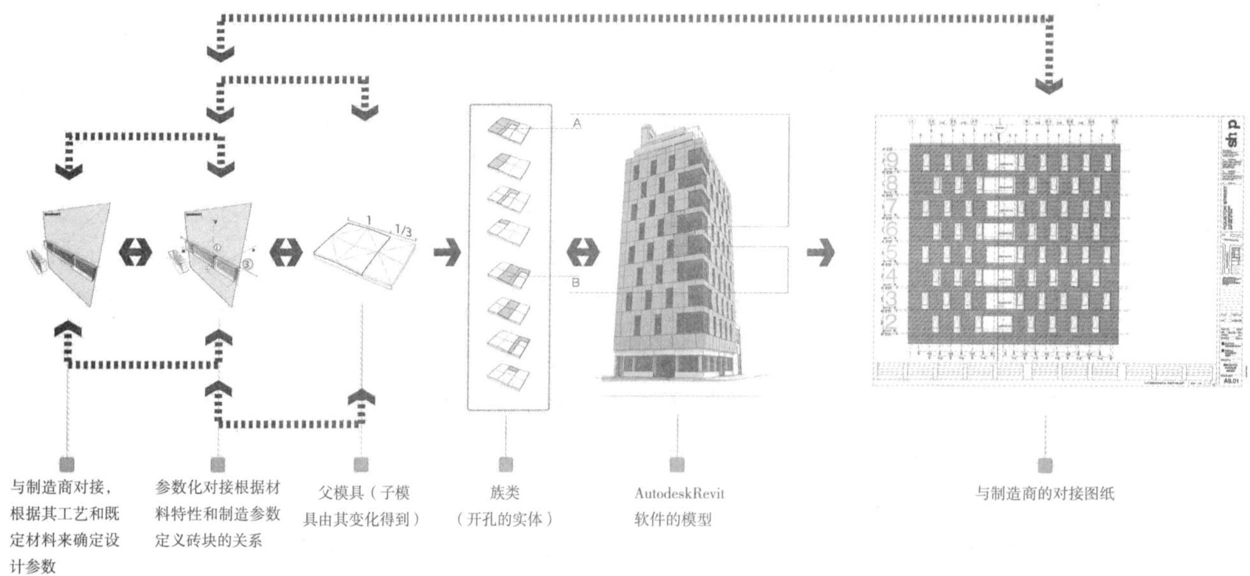

图 10.9　桑树街 290 号项目是一个公摊共有产权公寓开发项目，使用复杂的预制混凝土曲面墙板和砖贴面构造。这些墙板的参数化模型通过编程方式和仿真式 BIM 技术完成，直接用于工厂制造。由劭普建筑事务所设计的混凝土预制板运抵现场，安装后成为曼哈顿一座 13 层高层建筑结构的外墙

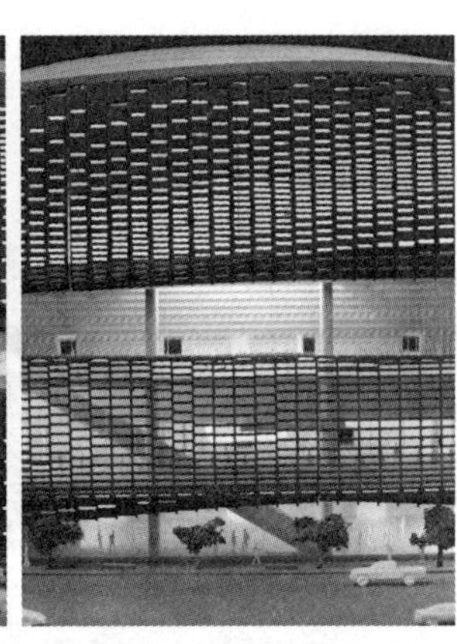

图 10.10　布鲁克林的巴克莱中心球馆计划于 2011 年完工。它采用一种不断弯曲和变化的金属表皮，附有数百种形状各异的面板。该系统采用设计协助交付模式，与金属板材生产商合作开发，尽可能实现设计的多样性与实现成本控制。包括运输和安装在内的施工过程由劭普建筑事务所的项目管理分支机构——“劭普建造”详细模拟并精心管控

建筑表皮含有上百种不同的形体、百叶窗、管道和入口等构造细节。与之相比，波特住宅只有 15 种不同类型。从设计初始，劭普就与设计协助承包商 A. 策纳（A. Zahner）合作控制成本。利用数字化建模软件，劭普公司提前制定出外墙板的装车程序和街道封闭期间的吊装次数。业主通常不大会投资于能提高施工效率的设计协助方或设计前期关于施工效率的仿真模拟研究。然而，如果需要制定严格的一揽子投标计划和成本控制，那么就有必要做出相应投资。[13]

10.3　斯蒂文·霍尔建筑事务所

10.3.1　圣伊格内修斯礼拜堂（St. Ignatius Chapel）

圣伊格内修斯礼拜堂位于西雅图大学校园内，由斯蒂文·霍尔建筑事务所和奥斯卡建筑事务所（Oska Architects）共同设计。这个项目是采用低成本的未经充分发展的工程结构体系却出乎意料地呈现出高雅格调的典型建筑案例。翻升式混凝土工程（tilt-up）通常与仓库和工业项目联系在一起，施工速度快且经济实惠。该建筑平面呈规则矩形，礼拜堂“盒子”由 21 块翻升混凝土板建造。虽然从技术上说他们不是工厂预制板，但这些混凝土板在现场水平浇筑而成，养护周期为 18 天，提升作业只用了 12 个小时。

在建筑的四个角落，翻升混凝土墙板像中国人的屉匣一样互锁在一起，墙体厚度表现了混凝土结构的承载能力。当墙板翻升就位后，板接合处的各个切口便会拼接形成窗户洞口。翻升式混凝土墙板澄沙汰砾般的整体性诗意构造比最初设想的砖砌饰面更为清爽，也更加经济。虽然在鲁道夫·M. 辛德勒国王路住宅（Rudolph M. Schindler's King's

图 10.11 西雅图大学的圣伊格内修斯礼拜堂由斯蒂文 · 霍尔建筑事务所设计。该项目将工业建筑中常用的翻升式混凝土工程创造性地应用于宗教类建筑

Road House）项目 * 中广为人知的翻升式混凝土板采用滑轮组吊装，但圣伊格内修斯礼拜堂使用精密的多臂式起重机实施重达 80000 磅建筑构件的提升、转向和就位作业。埋入墙体用于起升和平衡墙板的吊点有意暴露于建筑物外部，至今仍然可观察到由铸造青铜制成的防护饰面。[14]

墙板的制造模具底面朝向地表，这样建筑外围的抓取点便会朝上，方便吊装。[15] 吊装过程中采取了特殊的预防措施以确保每块板都依据施工文件的要求按照顺序安装。预制混凝土墙板就位后，直到获取可靠支撑措施之后，起重设备才会释放约束。墙体之间的连接采用焊接角钢拼接节点。

翻升式混凝土工程方案由斯蒂文 · 霍尔建筑事务所、施工承包商、奥斯卡建筑事务所和业主集体商定。[16] 设计最终采用斯蒂文 · 霍尔建议的翻升式混凝土结构体系改进了整个建造过程，节省了成本、时间、劳动和设计等方面的大量开支。由于承包商鲍氏建筑公司（Baugh Construction）既是总承包商，又是翻升混凝土分项工程的专业承包商，因此该项目没有超出工程预算。建筑结构和围护的施工，从现场开始浇筑混凝土到完成安装，用时共计不到 20 天。[17]

10.3.2 西蒙斯宿舍（Simmons Hall）

圣伊格内修斯礼拜堂项目中所使用的建筑工程技术业已存在；然而，在麻省理工学院的西蒙斯学生宿舍项目中，设计和施工团队利用混凝土可塑性强的特点创造了一种全新的预制混凝土系统。为了

---

* 建于 1922 年。——译者注

图 10.12　西雅图圣伊格内修斯教堂建成后的室内和外观效果

适应该项目灵活的、开放的和“多孔的”的建筑设计目标和场地环境，斯蒂文·霍尔和工程师盖伊·诺登森（Guy Nordenson）设计了一种预制混凝土网格结构体系，被戏称为“PerfCon”（该词为“穿孔混凝土”的缩写）。[18] 该系统的预制混凝土结构单元的平均重量约为 1 万磅，装配成为一种骨骼状的立面。这个外骨架实际是一个巨大的预制混凝土空腹桁架结构——建筑的主要承重体系。各独立预制混凝土单元中的钢筋在现场连接灌浆形成连续的受力单元。[19] 每块预制板的大小不等，最大尺寸为 10 英尺高，20 英尺宽。

PerfCon 墙板系统对该项目有如下贡献。首先，预制混凝土结构体系最大限度地增加了场地所允许的房屋高度，多达 10 层。预制混凝土构件加快了建设进程。预制生产可在基础和开挖的同时在工厂浇筑 PerfCon 系统。地基基础完成后，每楼层墙板的安装作业仅需两周时间。项目初期，承包商丹尼尔·奥康奈尔父子公司（Daniel O’Connell’s Sons）和业主都认为装配式技术的设想存在风险，不合惯例。这种对装配式技术的争议贯穿于整个工程和设计过程。

博尔达克混凝土公司（Béton Bolduc）被委以制造 PerfCon 的重任。博尔达克混凝土公司是加拿大的预制混凝土制造商，到麻省理工学院约需 7 小时车程。幸运的是，分包商接受了该工程的预算。由于工厂至麻省理工学院校园的距离仅为 350 英里，工作人员在开车前往厂区的途中也无需休息。博尔达克混凝土公司在设计深化阶段的前期就被选定。这家预制混凝土制造商在开发阶段就生产了预制板单元的样品并对生产线进行了多轮次的试运

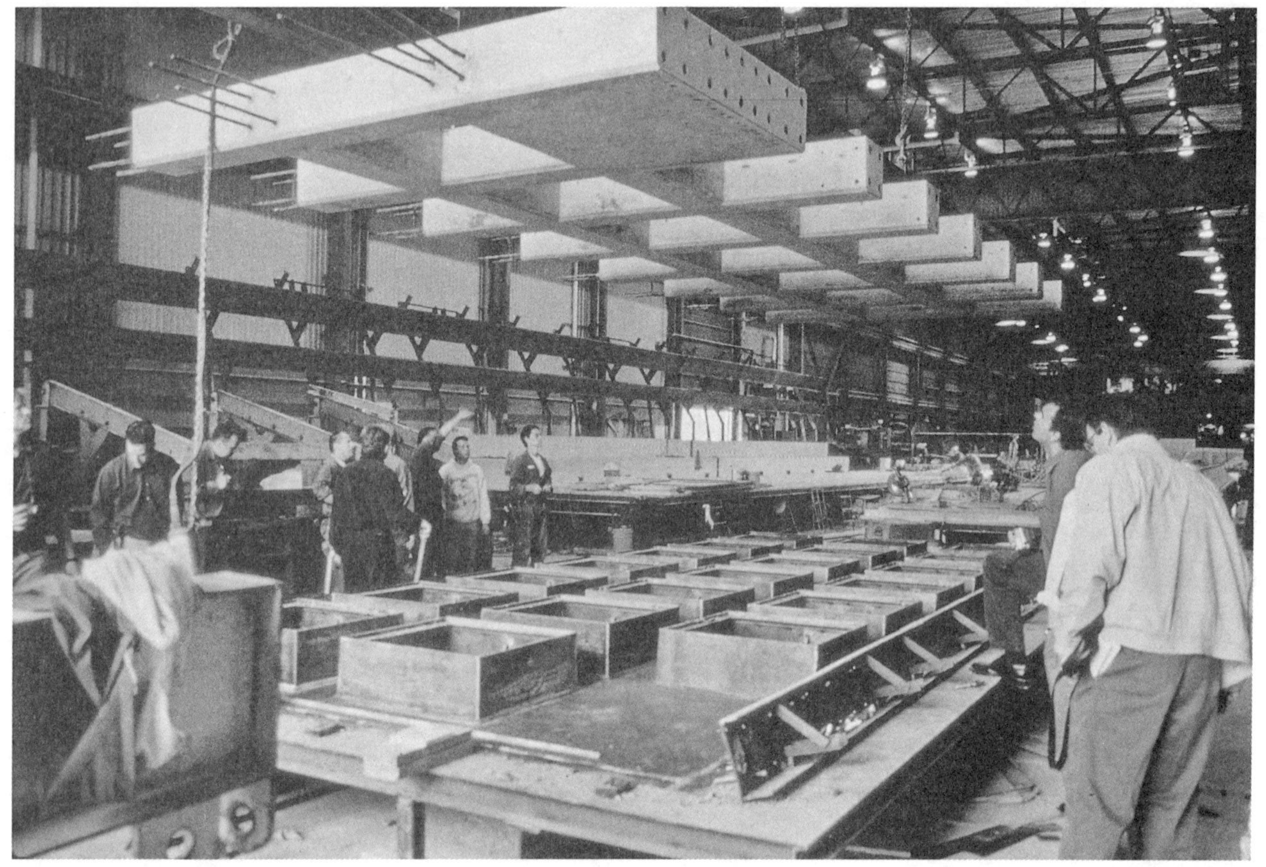

图 10.13 博尔达克混凝土公司是加拿大的预制混凝土生产企业，使用自动化预制工艺在工厂中生产了 6000 个独特的 PerfCon 墙板，用于麻省理工学院的西蒙斯学生宿舍。建筑设计由斯蒂文 · 霍尔建筑事务所完成，由盖伊 · 诺登森（Guy Nordenson）完成工程设计

行，以确保施工阶段产品的质量和及时供应。

根据整体建筑的设计，预制墙板有多种形状和尺寸，每块板还需根据荷载和应力状态单独调整形状和尺寸。为了达到设计和受力的多样性要求，制造商采用活动铸造模具浇筑预制板。这种活动模板可以控制预制板的浇筑形状，6000 个形态各异的 PerfCon 预制混凝土板单元因而得以塑造。[20] 博尔达克公司生产了两个铸床，其中一个模具用于浇注成型，另一个模具用于养护、干燥或搬移。大部分模具的生产与土方开挖和基础工程同时进行。这种受控的工厂环境既有利于制造商加快施工进度，也有利于生产出尺寸精确的预制板。计算机分析的准确性加之只用一个模板模具系统便完成预制混凝土墙板的浇筑和养护，这种方式在满足设计多样性的要求下提升了外墙设计和成品间的一致性，所以，该项目没有采用现场多次浇筑工法。

图 10.14　PerfCon 预制板运抵现场，吊装并就位

10.4　莫希奇 · 萨夫迪 / VCBO 建筑事务所

盐湖城图书馆（Salt Lake City Library）

盐湖城新建主图书馆的设计理念为，它不仅仅是储藏书籍和计算机的仓库，还要反映并激发城市的想象力和进取心。该建筑于 2003 年 2 月开放，面积达到 24 万平方英尺，是改造前的两倍。图书馆存书超过 50 万册，还设有备用存书库房。6 层高的曲面墙体环抱公共广场，底层是商业和公共服务区域，其上是画廊和有 300 个座位的礼堂。沿月牙状墙壁或电梯可抵达屋顶花园，在这里可以通过 360° 全景方式眺望盐湖谷。图书馆和月牙墙之间的“都市空间”被赋予了充足的日照和开阔的山谷景色，在所有季节均适合游览。

图书馆的月牙墙表面是一个双曲面，平面是圆弧，剖面是曲线，上部 5 层垂直于地面，接着随高

图 10.15　盐湖城图书馆由摩西 · 萨夫迪和 VCBO 建筑事务所设计的曲面预制混凝土月牙墙构成 5 层高的学习阅览室的围护空间。大部分书籍和书架都存放在这个三角形的图书馆中

度降低而逐渐向内部倾斜，底层又和地面垂直。墙体由 5 层不断收缩为 1 层，建筑的内部和外部空间不断变化。这座 150 英尺高、蜿蜒 $^1/_8$ 英里的墙面成为这个城市的地标。由于垂直向和水平向的曲率不同，这座钢框架结构墙体包含 1580 块定制设计的预制墙板，每块预制板的几何形状都不相同。很多预制混凝土制造商都参与了投标。最后项目团队选择了墨西哥的预制混凝土生产公司普雷泰斯卡（Pretesca），因其报价比其他厂商低 100 万美元。项目组多次前往墨西哥，虽然语言交流并不顺畅，包括 VCBO 建筑事务所和里夫利工程公司(Reaveley Engineers ）在内的当地专业工程团队最终开发出墙板的制造方法。

墙体模型由三维空间模型表示，三维几何参数经过优化以方便实际制造。这面 650 英尺长的墙被分割为七个部分，项目团队称其为翘曲体。每个翘曲体的几何形状近乎一致，因而可以用标准的预制模具来建造。为了让每一块都独一无二的预制板都能在同样为独一无二的翘曲体模具中生产出来，普雷泰斯卡公司设计了插入式衬垫，这样浇筑的每块墙板都是个性化产品。制造商没有使用自动化浇筑设备，所有墙板都为人工浇筑；也没有使用着色剂，而是通过添加泥土对墙面调色，使墙面与临近的历史建筑协调一致。这种做法使墙面获得通体一色的效果，即使墙体随时间老化，褪去的颜色也将均匀一致。吊点和连接点由里夫利工程公司设计；HHI 公司完成安装作业；老迪建筑公司（Big D Construction）是总承包商，负责加快运输装卸进程和安装进度。

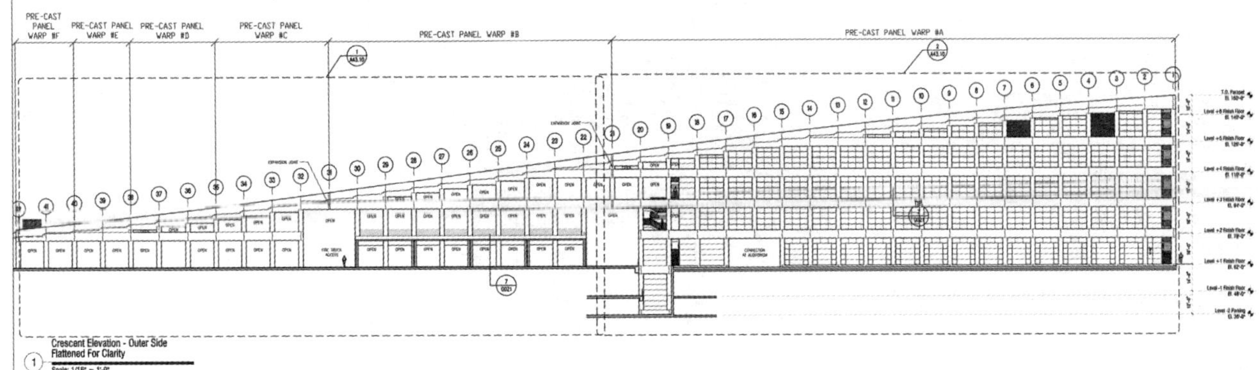

图 10.16　预制混凝土墙板通过三维几何模型放样确定。650 英尺长的墙体被分解为七部分扭曲体，墨西哥城的预制混凝土生产企业普雷泰斯卡公司设计了每段墙的浇筑模具

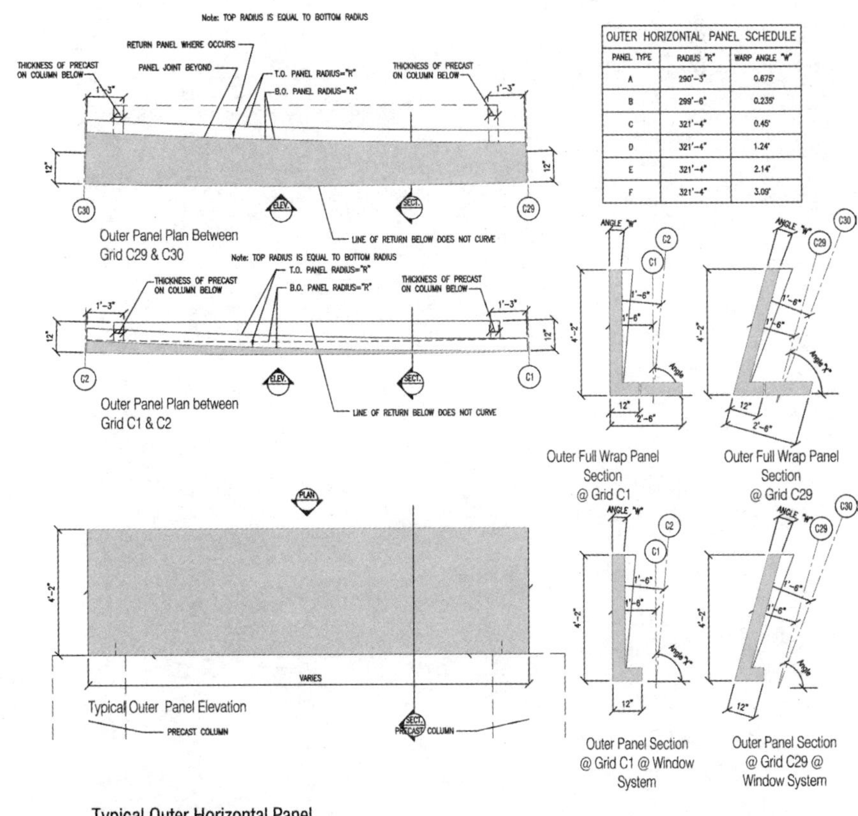

OUTER HORIZONTAL PANEL SCHEDULE

PANEL TYPE	RADIUS "R"	WARP ANGLE "W"
A	290'-3"	0.675°
B	299'-6"	0.235°
C	321'-4"	0.45°
D	321'-4"	1.24°
E	321'-4"	2.14°
F	321'-4"	3.09°

图 10.17　预制混凝土墙板的细部尺寸。通过设置衬垫的方式利用七种模具总共浇筑了 1580 种墙板

图 10.18　图示为预制板的建造过程：在墨西哥城的普雷泰斯卡公司预制墙板；叉车将预制板装入平板拖车；墙板固定在结构框架上；提升就位柱子的外覆板；预制墙板基本完工

位于犹他州北盐湖的 HHI 公司的主要业务领域在低层建筑，从未参与过多层房屋的建造。图书馆要求 HHI 完成面积达 87000 平方英尺的预制混凝土部品的建筑装饰和安装。当时由于对在墨西哥城制造和在往美国运输的过程中存在的困难预计不足，HHI 和设计团队在投标前便访问制造工厂以确认其生产能力，生产过程中又因颜色匹配和质量问题多次前往。这些预制板制作精良，不存在质量问题。关键问题在于交通运输。HHI 公司的工会工人无法越过国境取得墙板，而普雷泰斯卡公司也无法获得入境许可。整个过程中最让人抓狂的是，所有 2120 块预制板（包括曲面板和平直板）都必须接受 X 光安检。这两支团队最终获得许可，140 辆运输卡车携带总重量达 400 万磅的预制板驱驰 2330 英里到达犹他州。在整个建造过程中，这些预制板的运输总里程为 326220 英里，是赤道周长的 13.1 倍。虽然项目不在本地生产，期间的碳排放量也无法计量，但有一点是值得肯定的——由建筑师、工程师和 HHI 公司组成的项目团队安全、准时地完成了墙板的安装，最大限度地降低了过境的附加成本。[21]

10.5　MJSA 建筑事务所

犹他大学马里奥特图书馆（Marriott Library, University of Utah）

犹他州大学的马里奥特图书馆建于 20 世纪 60 年代，是一座 3 层现浇后张法预应力混凝土结构，外挂预制混凝土板。该建筑物的检测鉴定报告明确

图 10.19　正在拆除犹他大学马里奥特图书馆的原有预制混凝土墙板，准备安装新的玻璃幕墙系统。幕墙是这座修建于 20 世纪 60 年代的图书馆的主要抗震改造工程和翻新工程

图 10.20 单元式玻璃幕墙系统用条板箱装运至现场

要求更换这些预制墙板，因为发生地震时有可能坠落。此外，由于场地类别为 D 类，主体结构也必须翻新并增设支撑。连接于现浇框架结构的预制板仅能传递重力荷载，地震发生时可能发生连续性倒塌。为了提供更多的采光，这些预制板最后被更换为玻璃幕墙。

盐湖城的 MJSA 建筑事务所开发出一种更换方法。首先楼板边缘必须得到修复，但也不能妨碍 PT 板*的使用。因此，PT 板边缘用夹板法加固。**在均匀整洁的夹板中预铸有埋件和矫正装置以供玻璃幕墙附着。既有结构的垂直度和水平度都已发生变化，较原始位置偏移 1 英寸到 3 英寸不等。选择非现场制造单元式玻璃幕墙系统的原因是图书馆在施工期间仍将被师生使用，因此一旦建筑物的一侧被拆除，那么必须迅速完成新建系统的安装工程。建筑每侧拆除预制板墙体和安装玻璃幕墙单元的往复过程都经过系统规划。垂直向和水平向的滑动连接用于矫正幕墙的垂直度。

幕墙单元的尺寸、连接方法、技术规格和接缝密封由 MJSA 建筑事务所和分包商安特斯钢铁公司（Steel Enters）会同总承包商雅克布森建筑

* 后张法预应力混凝土板。——译者注

** scabbed，通常指木结构楼面梁的加固修复方法，类似于治疗骨折的固定夹板。——译者注

图 10.21 装配式玻璃单元的安装工序：通过对讲机控制安装吸力装置提升玻璃幕墙板。可调节支座节点用于调整幕墙的尺寸偏差。幕墙拼板提升至楼层位置，准备用吸力提升装置安装就位

公司（Jacobsen Construction）合作设计。幕墙生产商提供工程技术支持。悬挑屋面会造成安装困难，因此开发了特殊的顶升方法以便安特斯钢铁公司安装玻璃单元。机械工程师担心玻璃幕墙会吸收过度的热量，因此采用彩釉夹胶玻璃减少热增量和眩光作用。盛亚（Centria）公司还设计了金属层间板以协调安装预制幕墙单元。由于预制玻璃单元体量大且精度高，单元间容差较小，而粗糙的既有结构会因系统间的不相容而产生空隙。这些空隙都必须填塞衬垫，节点密封胶的最大厚度达到 3 英寸之巨。虽然这些细节在外部难以觉察，但长期运维后都会成为问题。

幕墙单元的安装由建筑内部的工人和外部的起重机操作工协同完成，但由于视线受阻，双方工人无法看到对方。最终使用吸力提升装置和无线电通信确保幕墙单元正确定位。墙板单元垂直定位后继续施加张紧措施，吸力装置便可脱离单元。据安特斯钢铁公司的德里克・卢斯（Derek Losee）介绍，幕墙单元的尺寸还是会出现问题，即便如此，预制生产方式还是远优于任何现场建造方法。在该公司所愿意承担的风险条件下，马里奥特图书馆项目幕墙板的尺寸规模已达到极限水平。同框架式玻璃幕墙相比，整个项目团队对预制系统减少浪费的优点印象深刻。所有幕墙单元都精确配装，无一返工。[22]

10.6 尼尔·M. 迪纳里建筑事务所

高架公园 23 号，弗洛恩特有限公司（Highline 23，with Front Inc.）

高架公园 23 号（HL23）是纽约西切尔西艺术区（New York's West Chelsea Arts District）的 14 层公摊共有产权公寓项目，由阿尔夫·纳曼（Alf Naman）投资，设计由洛杉矶的尼尔·M. 迪纳里（NMDA）公司与主创建筑师马克·I. 罗森鲍姆（Marc I. Rosenbaum）合作完成。建筑设计与临街的第 23 街高架公园（High Line）协调一致。高架轨道交通的支线将建筑用地面积限定为 40 英尺 ×99 英尺。为最大限度地提高区划内的容积率，NMDA 设计了一种几何渐变的高层建筑，该塔楼通过逐渐折曲而伸出规定的土地区划范围。建筑每层只包含一个单元，但三个立面各不相同。为了实现多样的建筑立面，南侧和北侧被设计为定制化的无层间板通体玻璃幕墙，面向高架公园的东侧则采用金属幕墙。

NMDA 指定创新型幕墙设计方弗洛恩特有限公司在方案设计阶段就作为设计协助方参与项目设计。弗洛恩特公司自然也就承担了围护系统中从细部构造到施工安装的全部设计工作。弗洛恩特公司成立于 2002 年，两个合伙人分别来自杜赫斯特和麦克法兰合伙人公司（Dewhurst McFarlan Partners）在纽约和英国的分支机构，从原公司独立出来专门从事幕墙专业服务。弗洛恩特有限公司的初期项目包括西雅图公共图书馆和贝弗利山普拉达商店（Beverley Hills Prada Store），两者都由大都会建筑事务所（OMA）雷姆·库哈斯（Rem Koolhaas）设计。由桑那（SANNA）公司设计的托莱多艺术博物馆（Toledo Museum of Art）以及由赫尔佐格与德梅隆（Herzog & de Meuron）设计的漫步者艺术中心（Walker Art Center）的幕墙工程分包商也是弗洛恩特公司。这些项目确立了弗洛恩特公司在幕墙设计领域的领先地位。该公司利用最先进的数字建模技术和制造方法为大型商业项目的复杂玻璃和金属幕墙工程提供从设计到安装的全产业链一体化设计服务。

HL23 的几何形体十分复杂。因此，三维建模成为沟通设计与生产的主要手段。NMDA 提供的犀牛软件三维模型定义了表皮和优选的接合线（分割线）。弗洛恩特继续深化原始模型并将其逐步完善为 CATIA 软件和 SolidWorks 软件的数字模型，这样便能直接进行结构分析、热力学分析、碰撞检测和数字化制造信息的输出。CATIA 模型采用参数化智能建模方法，局部需要作出修改时无需重建整体模型，如此便能推进设计进度。模型中还包括所有

图 10.22　弗洛恩特有限公司在由尼尔迪纳里建筑事务所设计的纽约高架公园 23 号项目中使用了他们所称的大型拼板技术。图中的玻璃幕墙单元在中国制造，已运抵纽约准备安装

的硅酮密封胶、螺母和螺栓等细节信息以确保风险可控。该模型还考虑了零件和部件的公差，尽量使用传统幕墙元素和构造，必要时也会采用特殊设计以适应具体项目的个性化需求。

巨型拼板技术（Megapanelization）和预组装技术（preassembly）被用来最大限度地减少现场人工作业，因为纽约的人工费用开支巨大，也能控制施工质量，但同样也会带来问题。NMDA 设计的表皮轮廓与巨型结构体系保持随动。主体结构的微小温度变形和风荷载产生的变形会对这种伸缩性和弹性不足的幕墙产生影响。楼面跨度超过 30 英尺，楼层挠度将超过单块玻璃单元板接缝处连接节点的尺寸。因而设计未将大块玻璃板悬挂于楼面位置，而将其连于结构柱以协调这种相对变形。玻璃幕墙系统和楼面结构系统互不影响。

弗洛恩特有限公司更愿意将玻璃幕墙和金属外墙系统开发为装配式单元以控制质量并降低风险。实际上，该公司只需注意工厂的生产质量和节点安装，而不像现场施工方法那般每一个节点都必须依靠安装人员来保证质量。就 HL23 项目而言，因为要降低成本，所有幕墙单元都在中国制造。在制造过程中，弗洛恩特对工厂车间到现场的物流过程进行了全面而彻底的调查研究，其中包括墙板的集群运输、本地管理和装卸策略。弗洛恩特有限公司代表了新一代的供应商，他们跨越了设计思想和现实建造之间的鸿沟，实现了扁平化的建造过程，使创新型工程变为现实。[23]

10.7 Office dA 建筑事务所

1991 年，由纳德·德黑兰尼（Nader Tehrani）和莫妮卡·蓬斯·德莱昂（Monica Ponce de Leon）在波士顿创立的 Office dA 建筑事务所以其严谨而多样的设计过程而被市场认可。该公司所涉及的专业领域在传统上不属于建筑设计和施工。Office dA 建筑事务所很早就开展了有关数字化制造的建筑实验，

弗洛恩特有限公司和数字化建模

根据弗洛恩特公司负责人敏·拉（Min Ra）的说法，当前由数字技术造就的事物比十年前所能想象的还要多。他认为 CATIA 等软件不仅是一种创新工具，还是一种管控风险的方法，利用这些软件能够预先估计并测算在制造和安装过程中所要面临的挑战。但是，除技术外，项目团队还必须依靠致力于创新的思维方法和协作方法。

没有哪种软件能够改变人的思维和行为方式，并非所有材料都直接由数字信息加工而成。弗洛恩特有限公司在中国仍严重依赖传统的二维图纸，因为只有这样，中国的工厂才能开展金属单元的切割、焊接和辗轧等作业，进而生产出大型拼板化玻璃幕墙单元。其实某些部件完全可以直接由数字模型加工制造。但是在这里，许多事情仍在以非常初级的方式进行着，因为他们没有必要去创造新式的生产工艺。

图 10.23　图示面板正于现场安装。由于主体结构会侧移，然而玻璃单元的精度很高，因此幕墙单元仅连于竖向构件，彼此采用开槽连接

已开发出自有的工作方式和方法，聘请生产商和制造商生产复杂设计问题中的新颖几何和新式材料。dA 设计事务所关于工业化建筑的生产试验已拓展至大型商业项目，其中就包括罗得岛设计学院（Rhode Island School of Design）图书馆的改造项目和英国石油公司洛杉矶分公司的阿尔科加油站（Arco）。

10.7.1　罗得岛设计学院图书馆

罗得岛设计学院的旗舰图书馆（Fleet Library）于 2006 年竣工，该项目是对一座具有历史意义的图书馆的修复和翻新工程，建筑面积为 55000 平方英尺。该建筑位于普罗维登斯（Providence）市中心，之前是舰队银行（Fleet Bank）所拥有的医院信托银行（Hospital Trust Bank）大楼的主厅。银行大楼的结构为 50 英尺高的圆筒拱，内部装饰采用古典的建筑构造和材料。建筑设计的任务包括：保留现有建筑、保证工程畅通、升级设备和消防系统以及新增两个内部阅读馆。总体预算水平并不高，每平方英尺 167 美元。

鉴于不可能在房间内放置新馆，包含关键部分的两个新馆被放置在主厅的空旷空间内，这样能增加新的研习空间——阅览室和环岛。嵌入建筑空间的建筑物不仅要提供容纳功能，还要利用每一处表面和微小空间，最大限度地提升其使用功能。作为主要图书阅览空间的阅览馆含有研习间，位于阶梯阅读台下的壁龛内。信息馆设有咨询台并附有其他功能。这些阅读馆被设想为巨大的家具龙骨，作为阅读休闲区位于大厅中部，为居住于图书馆上部的学生提供一个集体性“客厅”。设计者虽然没有刻意模仿原有建筑，但提升了现有大厅的空间构成、特征和强度。

两个阅读馆都在工厂中使用 CNC 技术的高效制造能力以便现场的安装和将来的拆除，最大限度地减少了对原有建筑空间的干扰。制造工作由一间位于康涅狄格州拥有丰富经验的木制品工厂完成。该工厂提供从安装指导手册到 CAD/CAM 制造的全部生产服务；因此，Office dA 建筑事务所与其紧密合作完成了阅读馆的设计和制造。该公司研究开发的设计手段和方法既基于空间也基于构造，能实现经济而快速的工业制造。RISD 图书馆中的阅读馆由 CNC 二维加工工艺创建。团队最初设想采用小麦秸秆板，一种由农业副产品制成的内装饰用面板，

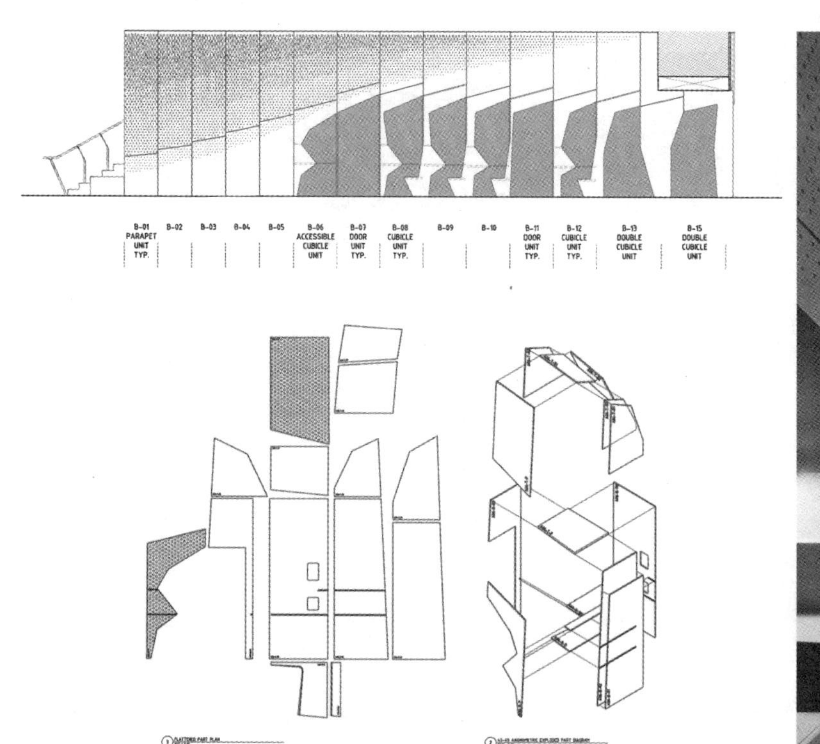

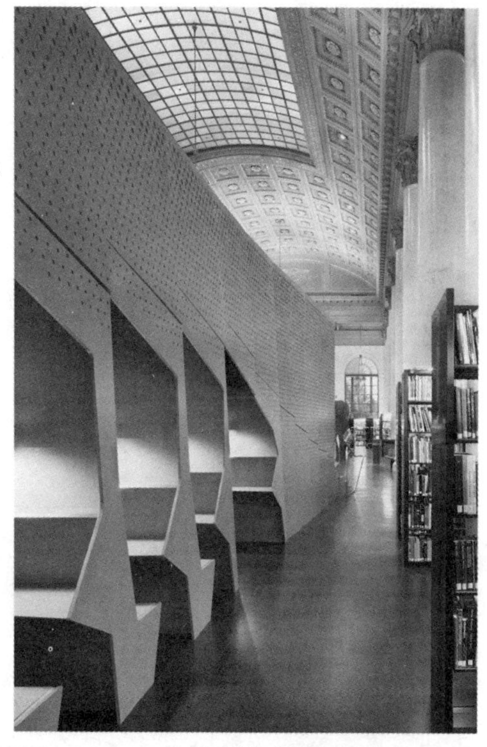

图 10.24　RISD 图书馆的研习馆：由 CNC 加工中密度纤维板制作的客厅展台的立面图；Office dA 公司设计的装配图；板材切割展开图；完成安装

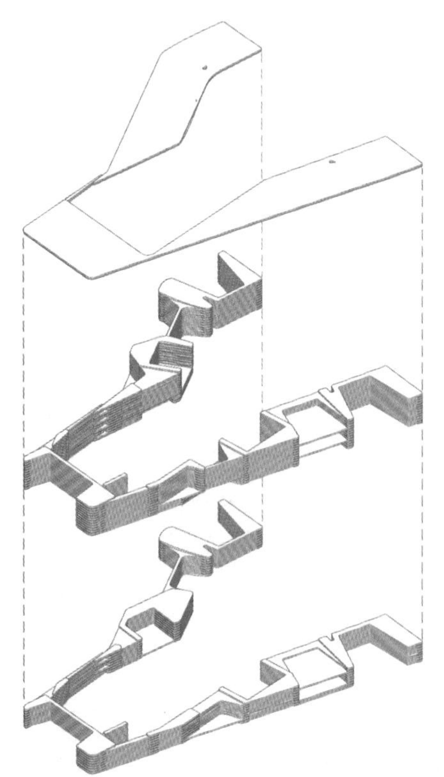

图 10.25 RISD 图书馆中的信息馆：中密度纤维板的水平分层和安装完成后的展馆

但在前期实验过程中发现铣削过程存有问题，随后将其更换为 MDF（中密度纤维板）。由于劳动力价格变得越来越昂贵，在总成本中的占比已超过材料费用，因而项目投资于 CNC 制造装饰板的好处之一便是减少现场人工成本。

面向生产的设计过程造就了精品，面板的精度达到 ±0.001 英寸。然而即使面板间的配装公差很严格，精确的阅读馆也无法与图书馆中年代久远的不平整楼板相匹配。项目组经过检测发现，楼层平面与待安装的阅读馆间存有以英寸计的凹凸空隙。这种不平整由隐藏在阅读馆底部的可调节基座调平，MDF 板的竖向可调节尺寸在 $^1/_4$~2 英寸之间。阅读馆在工厂中就已完全组装。这种与工业制造保持沟通协调的做法确保了在更短的工期内取得更低的造价，但为了确保 MDF 单元的精确制造和正确安装，项目组的所有成员也都承担了更大的责任。

10.7.2 阿尔科（Arco）加油站

阿尔科是 20 世纪 70 年代中期落成的常规加油站，位于洛杉矶罗伯森大道（Robertson boulevard）和奥林匹克大道的交叉路口处。阿尔科加油站的升级改造工程通过环保方式来完成——采用回收旧材料和可持续性的以及可回收的新型材料建造。Office dA 建筑事务所将加油站设想为一个“学习实验室”，可以激发交流和对话，促进教育，也能培养环保意识，提高民众的参与度。阿尔科加油站采用的水、热、能源、照明和材料等系统最大限度地提高了可持续性和能源效率。阿尔科加油站利用建筑设计和室内设计为人们创造了加油站的全新体验。这种体验通过一个形态不断变化的棋盘状精致金属顶篷而实现，街道的转角也被包藏其中。

阿尔科加油站的顶篷最具象征意义。虽然传统

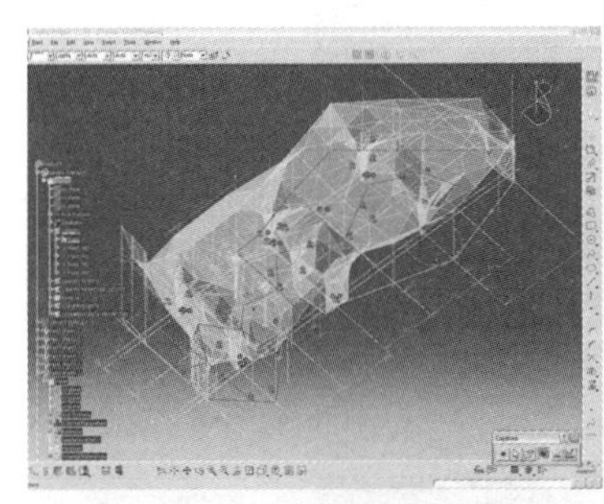

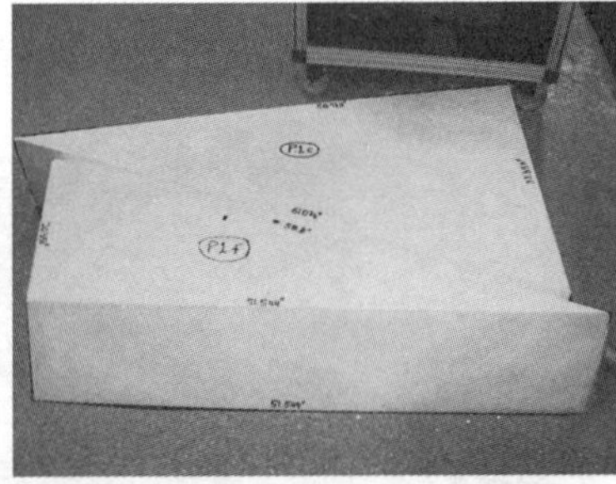

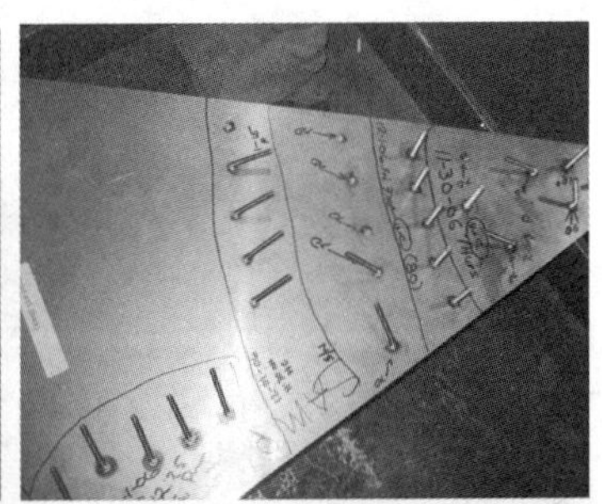

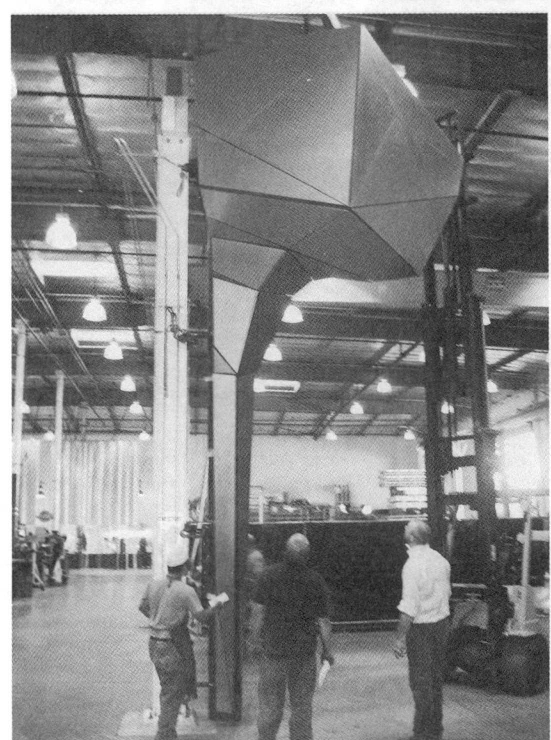

图 10.26 阿尔科加油站顶篷的制造过程：用 CATIA 软件开发几何模型。使用制造样板制作了 1652 个不锈钢面板，将其组装为 52 个运输装配体在现场拼装

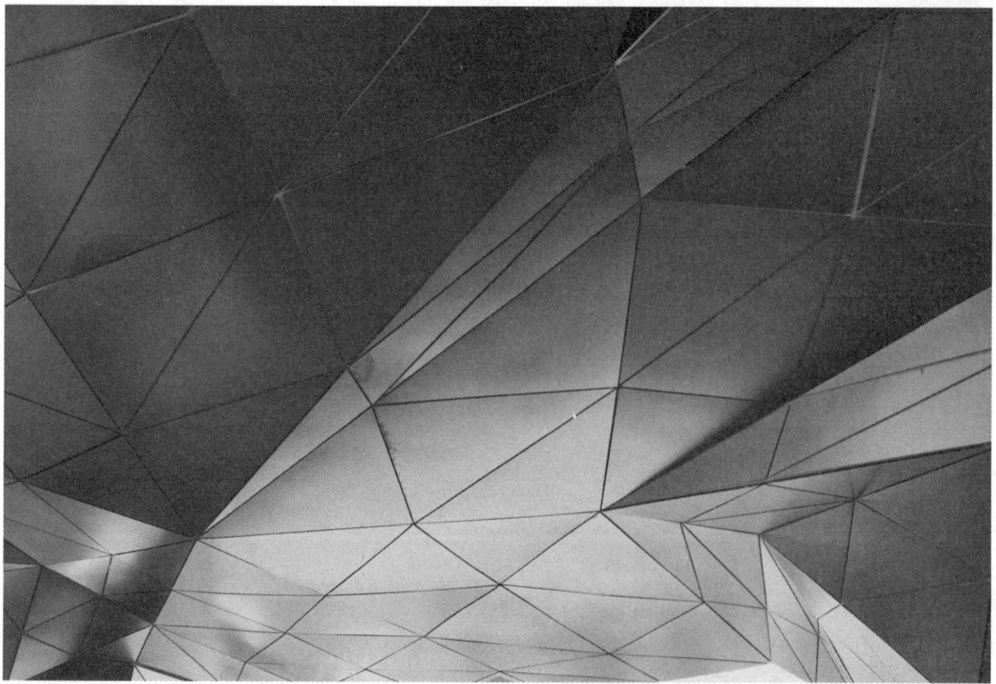

图 10.27　建成后的洛杉矶阿尔科加油站

Office dA 建筑事务所对装配式技术的评价

纳德·德黑兰尼表示，dA 设计事务所的作品徘徊于材料和工业生产工艺之间，而不是从生产商那里采购一套形式上的制造方法。自早期制造建筑原型以来，许多建筑师持续深入研究，其中有些已成为生产商，建筑设计行业也早已随之改变，正在向采用机器建构空间的方式发出挑战。最初这种类型的项目预算总是居高不下，但目前这也是 dA 设计事务所优先采用的方法。他们预料，随着更加精通与制造商之间的业务合作，项目周期和造价的节约也将更多。德黑兰尼这样鼓励建筑师：

“专门化学科领域自有其层级结构，沉浸在自己的小圈子里做自己擅长的事，因此这也成为一种职业舒适区。当今在建筑执业中存在的危险是，如果不熟悉业务中正在实施的那些新技术和不断发展的新方法，那么从业者也容易成为行将淘汰的自生自灭之物。但我们可以通过与其他学科和专业化领域共享实践平台而发现知识和智慧，通过协作实践来推进我们自身的专业使命。这一点可以通过尽早实施建筑实验和研究并将之持续开展下去的意愿而达成。要与制造商坦诚相待。拥有这种过程的生产力无以估量。”

加油站也将功能各异的建筑元素（顶篷、收费亭和招牌）加以组合，但该项目运用独特的形态逻辑将所有建筑元素集成为无缝的整体。外墙系统以每跨结构为起点，协调统一了柱基、柱身、柱头以及顶篷的联系。此外，该项目将建筑表面所采用的相同技术具化为多样的建筑特征和技术特征。收费亭、主体结构、装饰鳍板（招牌）和顶篷都由相同的多面体成形。复杂的有时甚至是相互矛盾的现场条件、规划条件、建筑规范和土地分区法规都由三角剖分的不锈钢面板调和一致，地标也就此建立。

为了达成可持续发展的目标，设计优化了制造和系统以节省劳动力成本并减少了整体项目的材料浪费。顶篷由一家设计－施工总承包制造厂开发制造，1653 个不锈钢面板被集成为一个预制装配系统。顶篷由 52 个运输部品组成，四周内完成施工。雨幕墙体及其后背衬建筑以模块化方式建造，仅用两周时间便完成现场组装以及与加油系统和基础设施之间连接工作。这些技术的效率和精度充分利用了大规模定制化建造的潜能，利用受控的工厂环境条件调校具有复杂独特几何构形的模块化部品，从而达成现场的高效率安装作业。

阿尔科加油站是集体协作的产物，由英国石油（BP）和 BIG 公司——市场营销咨询公司以及来自 Office dA 建筑事务所的约翰斯顿·马克里（Johnston Marklee）联合出品。标赫工程公司和卡尔森公司（Carlson & Co.）是设计－施工总承包商，德黑兰尼和蓬斯·德莱昂（Ponce de Leon）与前者合作设计顶篷建筑系统。位于洛杉矶的卡尔森公司是经验丰富的好莱坞布景制造商，具有应对复杂问题的能力。利用犀牛软件和盖里科技数字化设计软件（Gehry Technologies Digital Project），Office dA 建筑事务所与工程师和制造商紧密合作，优化几何形状并完善为可以加工制造的表面。之所以采用不锈钢材料是因为后期维护量小，也能实现建筑师所期望的美观品质。然而因为现场建设时间很短，容差控制存有问题。建筑系统的容差级别由机械铣削工艺所决定，现场本打算将其作为像罗得岛设计学院图书馆那样的家具来安装；由于工期进度紧，安装过于匆忙，建筑成品的质量并不高，单元间的接缝存在 $^1/_4$ 英寸到 1 英寸大小不等的空隙。[24]

10.8 迪勒 · 斯科菲迪奥与伦弗洛

10.8.1 爱丽丝塔利音乐厅

爱丽丝塔利音乐厅位于纽约市的林肯表演艺术中心（Lincoln Center for the Performing Arts）区内。音乐厅于 2009 年完工，由迪勒 · 斯科菲迪奥与伦弗洛（DSRNY）同 FXFowle 建筑事务所合作设计改造。音乐厅坐落在皮尔特罗 · 贝卢斯基（Piertro Belluschi）设计的茱莉亚音乐学院（Julliard School Of Music）的下方。该项目的目标是将原有的多功能大厅改造为公演音乐的表演场地，包括地标设计和设施升级。大厅内部的未占用空间具备建筑功能，DSRNY 想提升这里的空间体验——充满活力和感受到温馨的表演。大厅内部装修的饰面、大门、照明和降噪声用空腔均由非洲毒籽山榄木（African moabi）* 制作，内墙表面呈现出橘色的起伏流动形态。这些发光的木板就好像是悬挂着的豪华装饰吊灯或是表演开幕前的分隔帷幕。建筑空间本身已在为观众提供表演，展现了演出者对观众的亲切欢迎。[25]

泛白墙体由 DSRNY 公司和建筑木制品制造商费策尔公司（Fetzers）合作开发。费策尔公司是一家国际化装饰板制造商，以装修杂货店和苹果公司零售店的木制品而闻名；3Form 是一家内装树脂板制造公司，该公司的专利产品为可回收树脂板系统。费策尔和 3Form 会同建筑师合作开发出具有反向曲率的内装饰面板。通过 DSRNY 提供的犀牛软件模型和盖里科技数字化设计软件（DP）创建了可展开曲面的加工过程。在其后三年的设计制造过程中，DP 模型一直都作为协作工具将建筑师提供的关键曲面几何信息转换为用于机械生产和制造的数字信息。

DSRNY 开发的曲面还面临选材的挑战。费策尔公司与特纳建筑公司（Turner Construction）签订了分包合同，后者是负责制造内装木制表面的总承包商，因为大厅主要由不泛红的面板组成。分包于 3Form 公司的泛红木墙则要求木制饰面不应直接贴附于复合基材，而是作为高分子聚合物的夹层。项目组进而通过研究以期找到能够创建所需几何形状的木材和合成树脂复合材料。合成树脂可形成任何形状，但木材的纹理却使其难以被加工成具有反向曲率的形状。大厅表面的大多数区域都很容易成型，但前缘这个特殊区域却存在尖角，最终通过多种木材的模型实验才确定了在几何形状和材料生产之间取得折中的处理方案。3Form 和 DSRNY 不得不多次磋商以达到各自的成品要求。安装前，双方制作了两个配有不同灯光系统、几何形状和木材类型的足尺试验模型用作对比研究。

设计团队根据材料的声学特性确定了面板的

---

* moabi 是毒籽山榄木的商品名，被非洲一些国家列为禁伐木种。——译者注

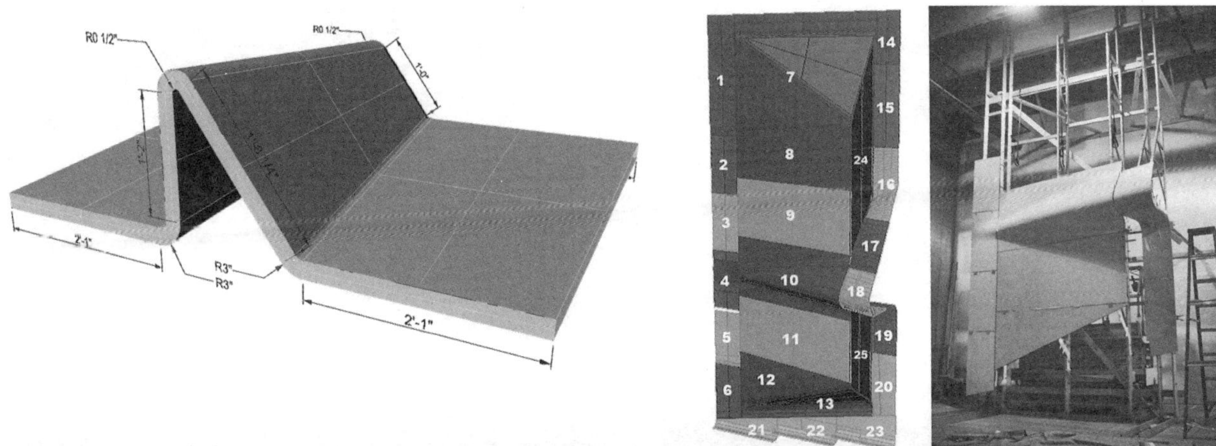

图 10.28　DSRNY 设计了曼哈顿林肯艺术中心的爱丽丝塔利音乐厅。内装板由位于盐湖城的 3Form 和费策尔建筑木制品公司开发和制造。背光式半透明木板采用 CAD / CAM 复杂几何成型工艺，多次制造了足尺模型

图 10.29 演出开场前的室内空间

厚度。板材利用数控技术铣削加工成型，中密度纤维板作为基材，层叠板材采用真空袋压成型法抽空 24 小时。同样，3Form 板采用浸渍木材饰面，加热至聚合物软化，再置于 CNC 设备加工而成的构件上，最后利用真空袋压法成型。面板的细部加工采用精密数控技术完成。规格相同的条板通过槽口节点拼接置于面板连接的下方。面板背部通过自攻钉与骨架相连，骨架再与附着于大厅壳体结构的槽钢单柱龙骨系统可靠连接。面板的饰面层厚度平均为 $^1/_{16}$ 英寸，饰面内有复合材料背衬或合成树脂浸渍板。整个大厅由一根莫阿比非洲桂樱树制成（Moabi African Cherry Tree）*。在制造和安装中遭遇的困境是从犹他州到纽约市路途中不断变化的湿度。除湿度外，曼哈顿城市走廊地区的天气和湿度变化也会导致面板膨胀或收缩。安装过程从 2007 年 10 月一直延续到 2008 年 10 月，因为面板的尺寸每天都在发生变化，相互碰撞、挤压或彼此分离。

3Form 公司的威利 · 加蒂（Willie Gatti）和费策尔公司的泰 · 琼斯（Ty Jones）（现在与 3Form 合作）表示，如果没有适当的预算支持，这个项目就不会成为实体。费策尔公司和 3Form 公司在合作中采用"前期频繁试错"（fail early and often）模式为设计问题找到了最佳的解决方案。幸运的是，利兹 · 迪勒（Liz Diller）也将否定结果视为问题的答案，总是敦促制造者们开发更优秀、更精致的产品，该项目便如是而取得圆满成功。[26]

* African Cherry 的学名为 Prunus africana，也称为"非洲李"，被世界自然保护联盟（IUCN）列为濒危树种。——译者注

第Ⅳ部分

结论

第11章　结论

技术即产能（capability）；具化为关于人工物、方法或过程的知识。技术转移（technology transfer）是指一个专业群体向另一个专业群体交换能力从而互惠互利的过程。技术转移过程可以在政府、产业或大学等实体之间以任何路径或任何组合方式进行。正是来自其他产业的、快速转移至原来产业从未设想过的领域的技术往往更适合或更配拥有一个可持续发展的未来。若要将装配式技术作为一种建造生产方式而蓬勃发展，建筑师和建造专业的技术人员必须深入理解并贯彻这种技术转移过程。

根据威廉姆斯和吉布森的观点，技术转移有以下四种方式：[1]

1. 占用（Appropriation）：这种转移指，高质量的研究和开发成果认为，如果想法和观念足够好便会自我推销。*

2. 扩散（Dissemination）：这种转移注重对技术受体的知识普及。一旦技术受体和技术确立了稳固联系，那么知识将会持续流转下去。

3. 利用（Utilization）：这种转移通过鉴别转移过程中的有利因素和不利因素，注重建立技术研究

---

* Appropriation 有挪用和据为己有的意思，也有适用化的意思。——译者注

者和客户之间的人际共性关系。

4. 交流（Communication）：认为技术转移过程具有交互性，要持续不断地交流想法。

第一种和第三种技术转移都是线性转移模式。这四种方式都有技术供体和技术受体，意味着都存在某种形式的交流，但最后一种转移方法需要建立一种开放的、共同化的工作模式。第四种技术转移意味着将装配式技术当作在一个动态的非层级产业网络中发生的有关过程和产品技术的持续性交换过程，身在其中的各方共享知识从而实现全体的共同利益。技术不仅从汽车工业和航空工业转移到建筑业，也从商业和其他领域的共同协作范式转入建筑实践本身。因此，第四种技术观点认为转移的不是各方所持有的现成理论或工具，而是关乎高效集成的过程模型。

戴维·E. 内伊（David E. Nye）定义了三种层面的技术以及相关联的专业人士。第一种是发明家、科学家和理论家，他们提供有关技术开发的假说或预言，经过较长的周期将会贡献突破性的发现和发明。第二种是工程师和企业家，为市场开发技术，预料通过 10 年左右实现技术的革新。然而，设计师和直接为市场提供产品的群体，如分包商和建筑商等，在不到 3 年时间里就能实现从概念到新型产品的开发。[2] 虽然其他领域的设计师对预判并影响市场的支配力度可能不如建筑师，但建筑领域中的机会其实也在变化之中。建筑师群体正在复兴那种对各个技术开发阶段的广泛兴趣和参与程度，包括为市场提供有关材料和数字化技术的假说预言、技

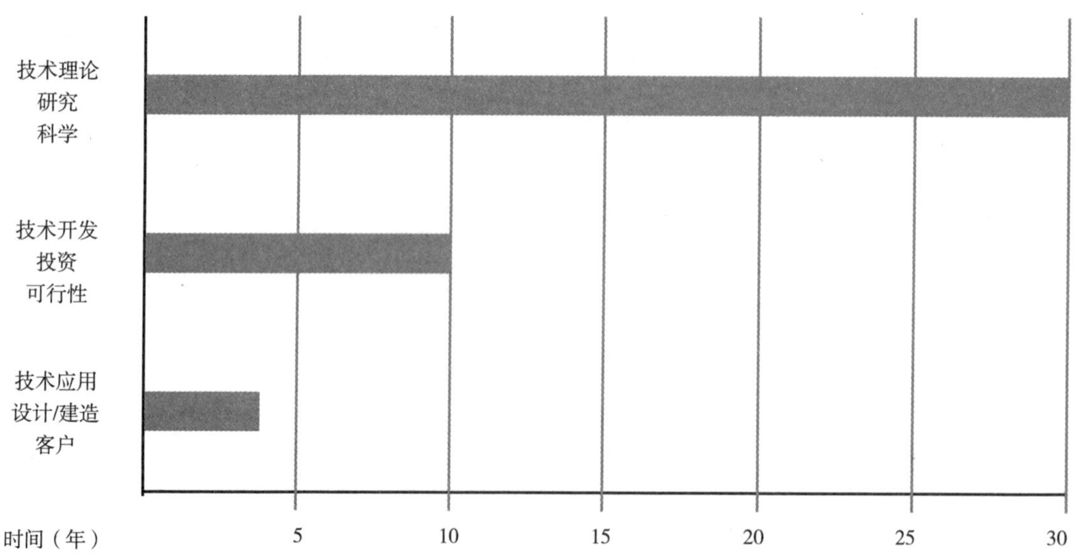

图 11.1　科学技术发展的三个层次及其持续时间。科技理论包括研究和科学发现；技术开发包括对思想或想法的融资或投资用以评估其可行性；借助设计实现技术应用。这说明理论、开发和应用这三种技术阶段都肩负着让某种技术如装配式扎根于社会和生活的责任，但业主和建筑师在日常业务中就建筑项目是否使用装配式技术的决定会直接影响技术的应用和发展

图 11.2 建筑师需要培养计算机科学所指的组件（部品）知识，即关于建筑物的核心技术知识；及架构（体系）知识，即关于如何集成构件或部品的知识

术革新和设计方案。然而，要做到这一点，知识必不可少。

计算机科学将“建筑”一词收纳为“体系架构”（architecture）这一术语为己所用，用作描述计算机系统的概念设计和指令结构的专业名词。至于在知识层面，亨德森（Henderson）和克拉克（Clark）早在《架构革新》（*Architectural Innovation*）一书中就指明，计算机工程师应具备组件的知识（关于每个核心设计概念的知识），也应具备架构知识［知晓组件（部品）如何集成并联系为一致整体的方法］。[3]尽管作为一个有效的合作者极为重要，但建筑师的知识不应仅限于宏观层面，不只是了解不同组件（部品）在建筑物中是如何相互联系的。建筑师还需要建立有关部品的知识，或者说，应理解每个参与者为团队所作的贡献，利用合力实现项目创新。在团队中分享各自专业的具体知识的好处是显而易见的。邦特罗克（Buntrock）指出：

> “技术正在快速发展之中，现今的建筑物变得日益复杂，没有哪一个专业领域能够充分了解建筑团队所面对的所有问题。建筑师职业有一种成为通才的倾向，其实这种通才真正起作用的方面仅在于将团队中其他成员的对立价值糅合于一体……然而，如果不能深刻理解施工技术，建筑师就不可能真正成为通才。无论在建造之前还是在建造期间，协作，必须也必定发生。”[4]

我们不用去假设有一种正在酝酿中的理论或工具能够解决我们在建造实践中所面临的那些碎片化和分裂性问题。我们应该对所有参与者都给予充分关注，思索自身何以综合为所谓的建筑共同体（a building collaborative）。在各建筑协作方中，有一位持有通往创新大门的钥匙——项目分包方，包括制造商和生产商。分包商在建设项目中参与有关制造、生产和所有的交易事务。随着生产工具的普及，分包商的创新性和先进性正不断得到强化。通过联合制造业，建筑师将有更多的机会交付更加高效且更具创新性的产品、装配子体和整个建筑产品。

这种一体化范式要求改变建筑学和工科院校的基本教学任务，即面向跨学科的学习范式。大学校园可作为综合的学习环境，建筑学、工程学和工程管理专业的学生在此共同学习，以协作方式解决复杂问题，也可将工业企业引入课堂，像工业设计专业那样，邀请设计公司参与和分享新一代的设计理念。建筑院校资助设计工作室的情状屡见不鲜，虽然看起来可能像是违反教育道德，但这种方式为学生提供了终身的行业导师，帮助他们在同样受控的课堂环境中实现职业目标。将制造商、承包商和业主等产业合作方置于思想学术界，各方理智地批判现存的建造方法和惯例，提供更好的解决出路，当然这往往也是在推进建筑交付中颇具危险性的一个话题。在这种新的教育范式中，未来建筑业的专业人士将有能力影响之后建筑业的创新。因此，无论对于理论教育还是应用教育模式，有关装配式技术的教育是培养学生迎接未来挑战的重要组成部分。

麻省理工斯隆管理学院的教授埃里克·冯·希佩尔（Eric von Hippel）创造了“领先用户”（Lead Users）的概念，用来形容能先于竞争对手预判市场规律的、具有前瞻性和创新性的个体。达娜·邦特罗克（Dana Buntrock）也将利用建筑施工材料和工艺而实现创新的建筑师称为“领先用户”。“领先用户不会，也不可能在像建筑业这样的技术多元化的市场中独善其身。生产商同样受益于与建筑师的密切合作关系，因为他们的投入可以激励创新，并能帮助建筑业更加准确地预测市场的未来需求。”[5]

图 11.3 弗吉尼亚大学的 EcoMOD 项目邀请学生参与针对低收入群体的模块化住房的设计与交付过程。因此，这种建筑教育方式将涉及必要的合作技能，帮助建筑专业的学生成为一体化建造过程中的布道者

建筑设计向一体化协作的范式转变使得建筑师、工程师和建筑商都有机会成为领先用户，利用行业资源同分包商、制造商和生产商并肩合作，实现创新。一体化建筑产业的蓄势待发要求各利益相关方能够冲破行业文化的桎梏藩篱，努力推动合同 / 法律结构的更新发展，在商业和技术协作过程中都能承担更多的责任和风险。

本书最后勾勒出未来建筑业的天际线：涉及所有利益相关方的一体化建造过程要全方位地利用制造业（工业）的产能，将之转化为建筑业的生产力，从而提高设计品质和生产质量。然而，我们建筑业若要继续前进，就必须找到更好的方式。装配式正当其时。装配式技术在其他产业中都取得了成功，目前正在建造部门中开拓其领域。在建筑设计领域，能够提高生产率、促进创新和提升品质的装配式技术也在逐步发展之中。为了加快这项技术的进展步伐，建筑业要求业主、建筑师、工程师和承包商等同道主动点燃非现场建造——这座通向未来的烽火台，接续披荆斩棘，而后薪火相传，最终实现建筑业更加辉煌的明天。

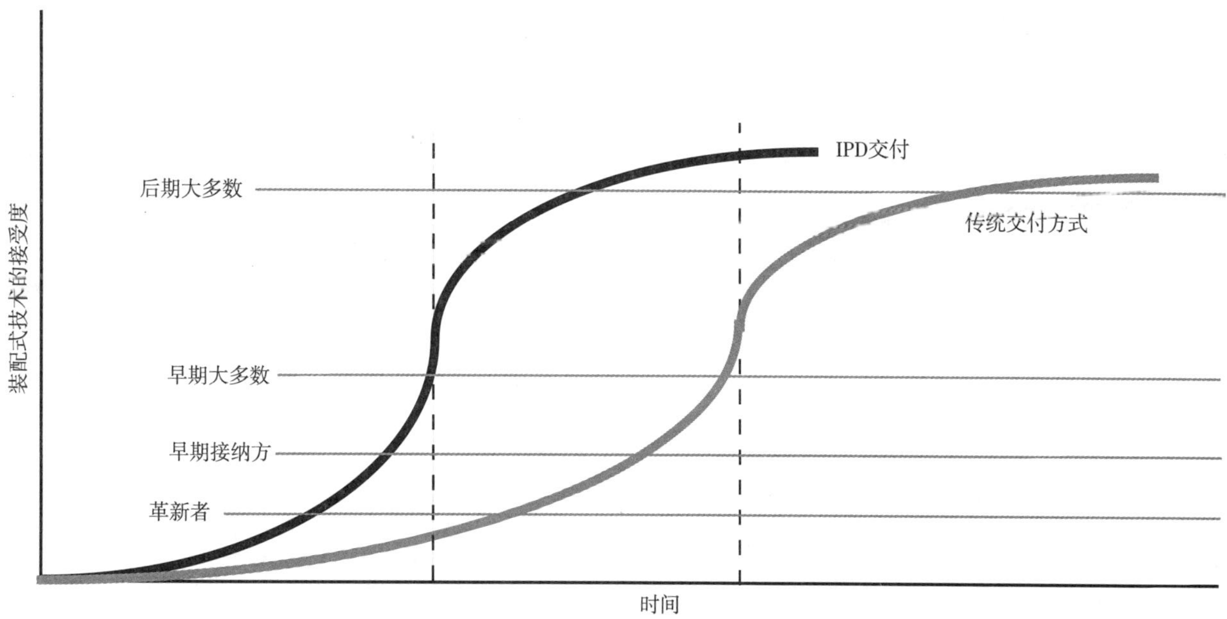

图 11.4 建筑业需要革新者和早期接纳方主动采用并推广装配式技术，从而实现更高效、更具创新性的建筑工程交付方法。综合交付模式会加速装配式技术的接受过程

彩图 1　俯瞰密歇根湖的变色龙住宅，呈塔状，由安德森兄弟建筑事务所设计，墙体和屋面采用 SIP 板工程建造

彩图 2　桑树街 290 号公摊共有产权住宅由劭普建筑事务所设计，表层砖饰面被嵌入混凝土外墙板中

彩图 3　位于纽约林肯中心的爱丽丝塔利音乐厅是表演艺术类室内设计项目，由迪勒·斯科菲迪奥和伦弗洛设计。内部装修采用透光的合成树脂板，在现场表演时充当背光灯

彩图 4　纽约曼哈顿的苹果商店“Cube”是众多玻璃和金属楼梯中的一种，由博林·西万斯基·杰克逊（Bohlin Cywinski Jackson）设计

彩图 5　暗室摄像是一座位于纽约米歇尔公园的展馆，由劭普建筑事务所设计。该展馆的设计和制造完全由数字化生成，生产完后直接在现场组装

彩图 6 “集装箱城市”是英国集装箱建筑的一个系列作品，由多位建筑师进行建筑设计，工程设计由布罗·哈波尔德工程公司完成

彩图 7　费尔蒙特酒店位于加拿大温哥华，改造后的外立面为穿孔金属雨幕墙，由 A. 策纳建筑金属公司制造安装

彩图 8　美国洛杉矶的阿尔科加油站是由 Office dA 公司采用数字化方法设计和制造的建筑小品

彩图 9　犹他州盐湖城图书馆的双曲预制混凝土外墙板由莫希奇 · 萨夫迪联合公司和 VCBO 建筑事务所设计

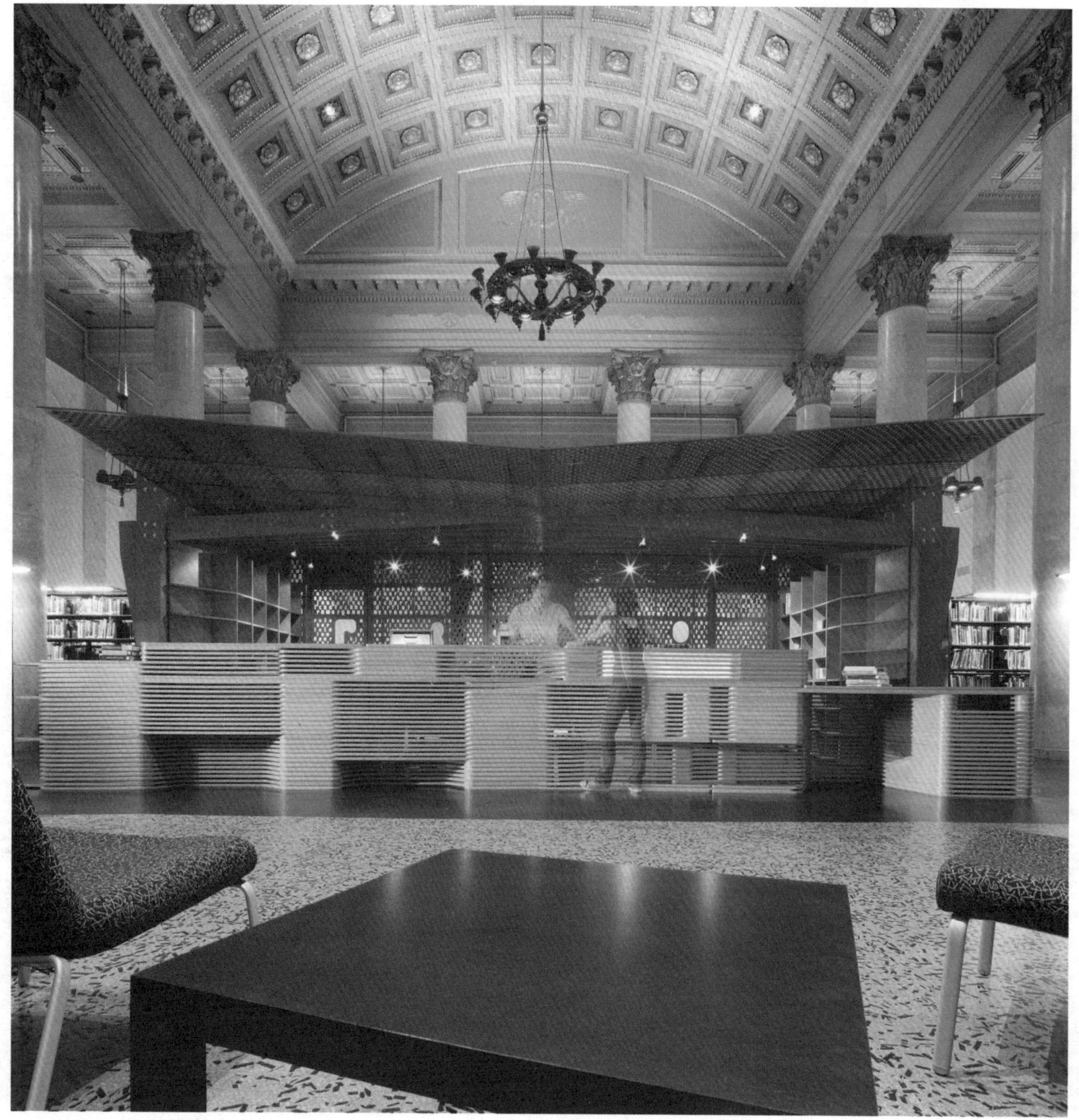

彩图 10　RISD 图书馆的翻新工程由 Office dA 公司设计，附设了由 CNC 加工定制的室内馆

彩图 11　火炬松住宅位于切萨皮克湾，由基兰廷伯莱克公司设计。该房屋的框架、楼板、墙体和雨幕墙板完全采用非现场制造方法生产

彩图 12　PF 公司是建筑产品设计方，开发了可定制的套件系统，采用绿色材料和复杂高效的技术指标

彩图 13　波特住宅是纽约的公摊共有产权住宅，特点是采用定制的金属预制表皮，由劭普建筑事务所设计

彩图 14　安德森兄弟建筑事务所设计并利用 CNC 加工技术制造了图中的顶棚

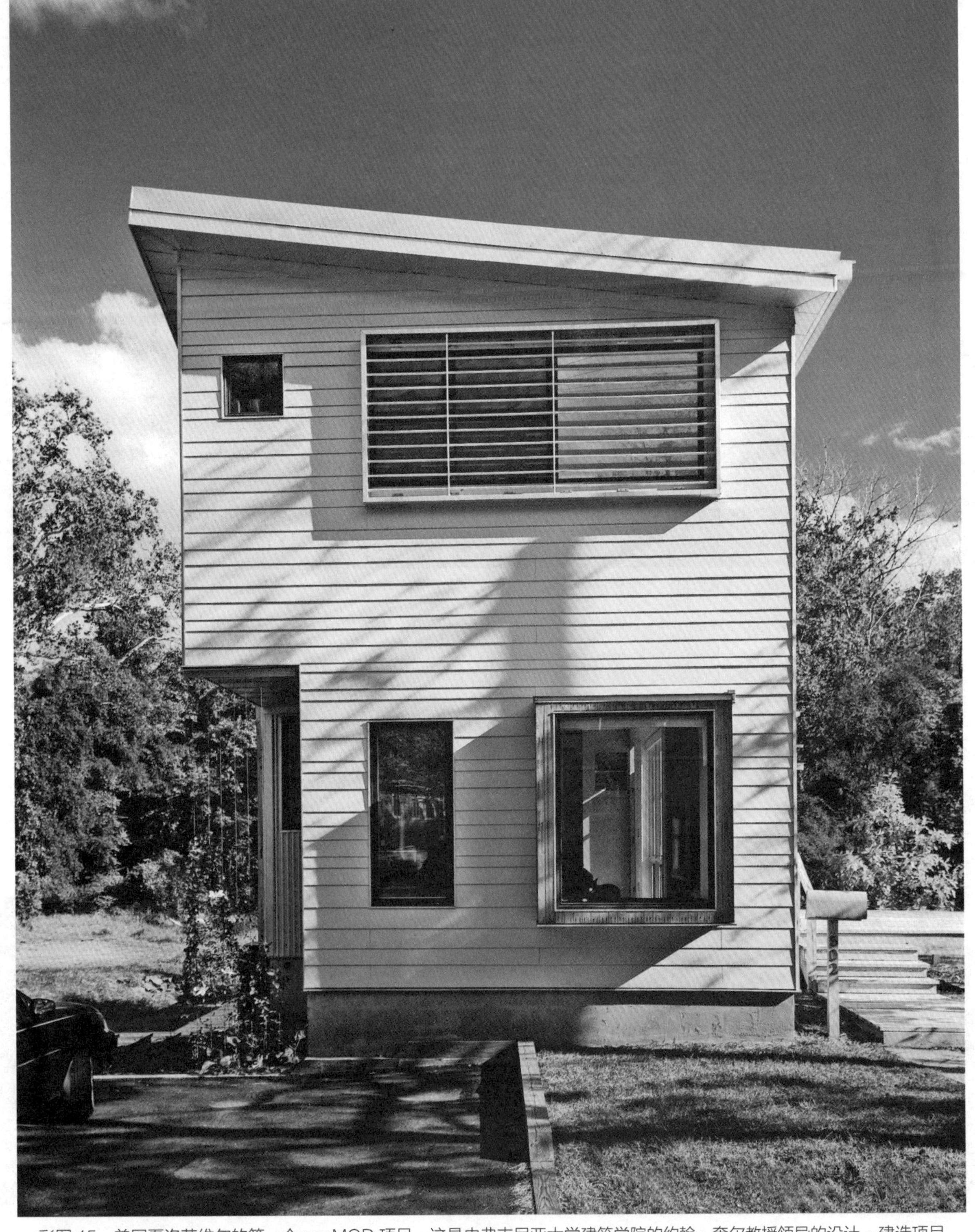

彩图 15　美国夏洛茨维尔的第一个 ecoMOD 项目，这是由弗吉尼亚大学建筑学院的约翰 · 奎尔教授领导的设计 – 建造项目

彩图 16　罗西奥 · 罗梅罗的 LV 住宅是一个与场地无关的套件式住宅，可由顾客订购并由其建造，类同于 20 世纪早期的预切割套件住宅

彩图 17　日落山脉住宅是“现代模数”项目中的一个案例，由 Res4 公司的负责人乔 · 塔内主持

彩图 18　美国旧金山德·杨博物馆的扭曲塔的外墙是涟漪状的铜制穿孔表皮，赫尔佐格与德梅隆负责设计，A. 策纳负责制造

彩图 19　缅因州尤尼蒂学院的一统之家是一座由本森伍德公司开发的净零能耗住宅，由 50 个部品在现场组装而成

彩图 20　西雅图的圣伊格内修斯礼拜堂的非比寻常在于该建筑使用了由斯蒂夫·霍尔建筑事务所和 OSHA 设计的翻升式混凝土工程

注　释

文前

1. Fernandez, John. *Material Architecture: Emergent Materials for Innovative Buildings and Ecological Construction.* Burlington: Architectural Press, 2006, pg. 10.
2. *Merriam-Webster Online Dictionary*: "prefabricate." http://www.merriam-webster.com/dictionary/prefabricate. Accessed 02.09.10.

第1章　工业化建筑的历史

1. H. Pearman, "Creative Lego: are prefabricated homes architecture or building?" *Gabion: Retained Writing on Architecture*. Commissioned for The Sunday Times. (First Published August 2003. http://www.hughpearman.com/articles4/creativelego.html) Accessed November 19, 2009.
2. B. Bergdoll, "Home Delivery: Viscidities of a Modernist Dream from Taylorized Serial Production to Digital Customization" *Home Delivery: Fabricating the Modern Dwelling*. B. Bergdoll and P. Christensen (Eds.) (New York: Museum of Modern Art, 2008): 12.
3. A. Arieff and B. Burkhart, *Prefab*. (Layton: Gibbs Smith, 2002): 13.
4. G. Herbert, *Pioneers of Prefabrication: The British Contribution in the Nineteenth Century* (Baltimore: Johns Hopkins University Press, 1978): 6.
5. Ibid: 8
6. Louden, John Claudius. *The Encyclopedia of Cottage, Farm, and Villa Architecture and Furniture* (London: Longman, Orme, Brown, Green and Longmans) 1839.
7. G. Herbert, *Pioneers of Prefabrication: The British Contribution in the Nineteenth Century* (Baltimore: Johns Hopkins University Press, 1978): 11–12
8. C. Davies, *The Prefabricated Home* (London: Reaktion Books, 2005): 44–47.
9. Herbert: 30.
10. Ibid: 149–156.
11. *The Illustrated London News* (July 6, 1850): 13.
12. A. Mornement and S. Holloway, *Corrugated Iron: building on the frontier* (Singapore: W.W. Norton & Company, 2007): 10–14.
13. C. Peterson, "Prefabs in the California Gold Rush, 1849." *Journal of the Society of Architecture Historians* (1965): 318–324.
14. D.D. Reiff, *House from Books: treatises, pattern books, and catalogs in American architecture, 1738–1950, a history and guide* (University Park: The Pennsylvania State Press, 2000).
15. R. Schweitzer and M.W.R. Davis, *America's Favorite Homes: mail-order catalogues as a guide to popular early 20th-century houses* (Detroit: Wayne State University Press, 1990).
16. Bergdoll. *Home Delivery*: 48.
17. R. Batchelor, *Henry Ford: mass production, modernism, and design* (Manchester University Press, 1994): 93.
18. C. Sabel and J. Zeitlin, "Historical Alternative to Mass Production; Politics, Markets and Technology in Nineteenth-Century Industrialization," Draft of article for *Past and Present* (London, 1985): 2.
19. Davies: 53–55.
20. A. Bruce and H. Sandbank, *A History of Prefabrication* (New York: Arno Press, 1972): 26–27.
21. Arieff: 16.
22. T.T. Fetters, *The Luston Home: the history of a postwar prefabricated housing experiment* (McFarland & Company, Inc. Publishers, 2002).
23. U. Jurgens, T. Malsch, and K. Dohse. *Breaking from Taylorism: changing forms of work in the automobile industry* (Cambridge University Press, 1993): 2.

24. J. Ditto, L. Stern, M. Wax, and S. B. Woodbridge, *Eichler Homes: Design for Living* (San Francisco: Chronicle Books, 1995).
25. B. Vale, *Prefabs: A History of the UK Temporary Housing Programme* (London: E & FN Spon, 1995): 52–59.
26. Manufactured Housing Institute, "Understanding Today's Manufactured Housing," *US Department of Commerce, Bureau of the Census*: 1.
27. A. D. Wallis, *Wheel Estate: The Rise and Decline of the Mobile House* (Johns Hopkins University Press, 1997).
28. *Automated Builder*. Manufactured Housing Institute. Online Trade Journal. http://www.automatedbuilder.com/industry.htm. Accessed 12/16/09.
29. Davies: 69–87.
30. G. Staib, A. Dorrhofer, and M. Rosenthal, *Components and Systems: Modular Construction, Design, Structure, New Technologies*. (Edition Detail, Birkhauser, 2008): 21–22.
31. J. F. Reintjes, *Numerical Control: Making a New Technology* (New York: Oxford University Press, 1991).
32. L. Mumford, *Technics and Civilization* (New York: Harcourt Brace & Company, 1963): 9–59
33. M. R. Smith, "Army Ordinance and the "American system of Manufacturing" *Military Enterprise and technological Change: Perspective on the American Experience* (Cambridge: MIT Press, 1985): 39–86.
34. Ibid:13–15.
35. D. Schodek, M. Bechthold, J.K. Griggs, K. Kao and M. Steinberg, *Digital Design and Manufacturing: CAD/CAM Applications in Architecture and Design* (Hoboken: John Wiley & Sons, Inc, 2004): 17–25.
36. Ibid: 25.

第2章 工业化建筑学的历史

1. U. Pfammatter, *The Making of the Modern Architect and Engineer: The Origins and Development of a Scientific and Industrially Oriented Education* (Basel: Birkhauser, 2000): 8–14.
2. Ibid: 281.
3. M. N. Woods, *From Craft to Profession: The Practice of Architecture in Nineteenth-Century America* (Berkeley: University of California Press, 1999): 30–31.
4. Ibid: 154–158
5. Pfammatter: 280–291.
6. Ibid: 284–290.
7. L. M. Roth, *Understanding Architecture. Its Elements, History, and Meaning* (Boulder: Westview Press, 1993): 464–465.
8. W. Gropius, "Dessau Bauhaus—Principles of Bauhaus Production," *Conrads, Programs and Manifestoes* (March 1926): 95–96.
9. C. Davies, *The Prefabricated Home* (London: Reaktion Books, 2005): 20–21.
10. I. Osayimwese, "Konrad Wachsmann: Prefab Pioneer." *Dwell Magazine The Prefab Issue: Real Homes for Real People* (February 2009): 98,100.
11. G. Herbert, *Dream of the Factory-Made House: Walter Gropius and Konrad Wachsmann* (Cambridge: MIT Press,1984).
12. Roth: 471.
13. Ibid: 471–472.
14. P. Blake, *The Master Builders: Le Corbusier, Mies van der Rohe, Frank Lloyd Wright* (New York: W.W. Norton & Company, 1976): 414.
15. Ibid: 288.
16. "Snapshot of an Infant Industry," *Architectural Forum* (February 1942): 84–88.
17. B. Kelly, *The Prefabrication of Houses* (Cambridge: MIT Press, 1951): 60.
18. A. Bruce and H. Sandbank, *A History of Prefabrication* (New York: Arno Press, 1972): 18–21.
19. Davies: 33–34.
20. B. Huber and J. Steinegger, *Jean Prouve: Prefabrication: Structures and Elements* (Zurich: Praeger Publishers, 1971): 11.
21. Davies: 33–34.
22. Ibid: 35.
23. B. Bergdoll, *Home Delivery: Fabricating the Modern Dwelling*. B. Bergdoll and P. Christensen (Eds.) (New York: Museum of Modern Art, 2008): 94–96.
24. Davies: 36.

25. A. Arieff and B. Burkhart, *Prefab* (Layton: Gibbs Smith, 2002): 33.
26. A.E. Komendant, *18 Years with Architect Louis I. Kahn* (Englewood: Aloray Publisher, 1975): 1–24.
27. N. Silver, *The Making of Beaubourg: A Building Biography of the Centre Pompidou, Paris* (Cambridge: MIT Press, 1994): 19–22.
28. Ibid: 134.
29. Interview with Rick Smith, mechanical engineer credited with bringing CATIA from Boeing to Gehry's office in the 1990's. Smith was the model manager for the Concert Hall project.
30. Davies: 203.
31. K. Frampton, "Seven Points for the Millennium: an untimely manifesto." International Union of Architects Keynote Address. Beijing, 1999.
32. M. Anderson and P. Anderson, *Prefab Prototypes: site specific design for offsite construction* (Princeton Architecture Press, 2007).
33. Davies: 203.
34. T. T. Fetters, *The Luston Home: the history of a post-war prefabricated housing experiment* (McFarland & Company, Inc. Publishers, 2002).
35. "Taking Care of Business." *Dwell The Prefab Issue: Real Homes for Real People* (February 2009): 107.
36. Fetters.
37. Herbert: 247.
38. A. Gibb, *Off-site Fabrication: Prefabrication, Pre-assembly, Modularization* (Scotland: Whittles Publishing distributed by John Wiley and Sons, Inc, New York, 1999): 228–229.
39. Ibid: 226–228.
40. *Dwell:* 105.

第3章 环境、组织和技术

1. L. G. Tornatzky and M. Fleischer, *The Process of Technological Innovation* (Lexington Books, 1990): 153.
2. C. Eastman, P. Teicholz, R. Sacks, and K. Liston, *BIM Handbook: A Guide to Building Information Modeling for Owners, Managers, Designers, Engineers and Contractors* (Hoboken: John Wiley and Sons, Inc., 2008): 382.
3. Ibid: 117.
4. M. Konchar and V. Sanvido, "Comparison of U.S. Project Delivery Systems." *Journal of Construction Engineering and Managcment* (American Society of Civil Engineers, 1998): 124(6): 435–444.
5. Eastman: 118.
6. C. Geertsema, E. Gibson, and D. Ryan-Rose, "Emerging Trends of the Owner-Contractor Relationship for Capital Facility Projects from the Contractor's Perspective" *Center for Construction Industry Studies* (Report No. 32, University of Texas Austin): 50–51.
7. "Integrated Project Delivery: A Guide, Version 1" *IDP Guide*. AIA National/AIA California, 2007. Available gratius download at the AIA's website: www.aia.org.
8. ConsensusDOCS consists of twenty-one member organizations, including the Associated General Contractors of America (AGC), the Construction Owners Association of America (COAA), the Construction Users Roundtable (CURT), Lean Construction Institute (LCI), and a large number of subcontractor organizations. *See* http://www.consensusdocs.org.
9. P.J. O'Conner, *Integrated Project Delivery: Collaboration Through New Contract Forms* (Faegre & Benson, LLP, 2009): 23.
10. S. Stein and R. Wietecha, *Whose Ox Is Being Gored?: A Comparison of ConsensusDOCS and AIA Form Construction Contract Agreements* (Stein, Ray & Harris, LLP, 2008): 8.
11. IDP Guide.
12. AndersonAnderson website http://andersonanderson.com.
13. "So Many Materials, So Little Time." *Architecture Boston* (Volume 8. March – April 2005): 21.
14. M. Dodgson, *The Management of Technological Innovation: An International and Strategic Approach* (Oxford University Press, 2000): 166.
15. S. Thomke, *Experimentation Matters: Unlocking the Potential of New Technologies for Innovation* (Cambridge: Harvard Business School Press, 2003): 10–14.

16. A. Gibb, *Off-site Fabrication: Prefabrication, Pre-assembly, Modularization* (Scotland: Whittles Publishing distributed by John Wiley and Sons, Inc, New York, 1999): 226–228.
17. M. Dodgson, *Technological Collaboration in Industry: Strategy, Policy and Internationalization in Innovation* (London: Routledge, 1993): 152.
18. H. Ford, *Today and Tomorrow* (Productivity Press, 1988).
19. J. Liker, *The Toyota Way* (McGraw Hill, 2003): 15–21.
20. J.P. Womack and D.T. Jones, *Lean Thinking: Banish Waste and Create Wealth in Your Corporation* (London: Simon and Schuster, 2003).
21. Y. Kageyama, "Toyota banking on famed production ways in housing business." The Associated Press, *The Seattle Times*. June 15, 2006. http://seattletimes.nwsource.com/html/busniesstechnology2003062192 toyotahousing15 Accessed August 2009.
22. J. Miller, "Workstream Kaizen for Project Teams." Gemba Pana Rei http://www.gembapantarei.com/2005/12/workstream_kaizen_for_project.html Accessed August 2009.
23. Womack: 15–29.
24. "Prefabricated Housing: A Global Strategic Business Report." Global Industry Analysts, Inc., 2008.
25. Kageyama.
26. M. Horman and R. Kenley, "Quantifying Levels of Waste Time in Construction with Meta-Analysis." *Journal of Construction and Engineering Management*. (ASCE, January 2005): 52–61.
27. Eastman: 330–331.
28. D. Sowards, "Manufacturers Need to Look At Lean Construction." *Leadership in Manufacturing*. IndustryWeek.com. May 05, 2008.
29. Tornatzky: 9.
30. T. Mayne, "Change or Perish: Remarks on building information modeling." *AIA Report on Integrated Practice*. (Washington D.C.: American Institute of Architects, 2006).
31. U. Jurgens, T. Malsch and K. Dohse, *Breaking from Taylorism: changing forms of work in the automobile industry* (Cambridge Press, 1989): 1–5.
32. Liker.
33. D. Buntrock, *Japanese Architecture as a Collaborative Process: Opportunities in a Flexible Construction Culture* (London & New York: Spon Press, 2002): 105–106.
34. Dodgson, 2000: 19.
35. J. Woudhuysen, *Why is Construction so Backward* (Academy Press, 2004): 50.
36. B.J. Pine, Mass Customization: The New Frontier in Buisness Competition (Harvard Buisness Press, 1992).
37. P. Goodrum, D. Zhai, and M. Yasin, "The relationship between changes in material technology and construction productivity. *ASCE Journal of Construction Engineering and Management*. 2008: 135(4): 278–287.
38. D. Schodek, M. Bechthold, J.K. Griggs, K. Kao and M. Steinberg, *Digital Design and Manufacturing: CAD/CAM Applications in Architecture and Design* (Hoboken: John Wiley & Sons, Inc, 2004): 184–185.
39. WP 1202 'Collaboration, Integrated Information and the Project Life Cycle in Building Design, Construction and Operation,' *Construction Users" Roundtable*, 2003.
40. www.gsa.gov
41. T. Sawyer, "Soaring Into the Virtual World: Build It First Digitally," *Engineering News Record*, October 10, 2005.
42. S. Kieran and J. Timberlake. *Refabricating Architecture* (McGraw-Hill, 2003): 79–80.
43. Eastman:180–181.
44. Ibid: 20.
45. J. Gonchar, "Diving Into BIM." *Architectural Record* December 2009 Issue.
46. P.J. Arsenault, "Building Information Modeling (BIM) and Manufactured Complementary Building Products." *Architectural Record* December 2009 Issue.

第4章　一般原理

1. "The Partnering Process – Its Benefits, Implementation and Measurement Construction Industry Institute (CII)." (Clemson University Research Report 102–11, 1996).

2. *Advancing the Competitiveness and Efficiency of the U.S. Construction Industry*. (National Research Council. 2009): 1.
3. As quoted in C. Eastman, P. Teicholz, R. Sacks, and K. Liston, *BIM Handbook: A Guide to Building Information Modeling for Owners, Managers, Designers, Engineers and Contractors* (Hoboken: John Wiley and Sons, Inc., 2008): 8–10.
4. R. E. Smith, *Outline Specifications*. Salt Lake City: ARCOM Education www.arcomeducation.com. Chapter 1.
5. C. Ludeman, "Prefab Is Not the Answer to Affordable, Modern, and Green Homes." *Jetson Green*, September 16, 2008. http://www.jetsongreen.com/2008/09/prefab-is-not-t.html Accessed January 18, 2010.
6. A. Gibb, *Off-site Fabrication: Prefabrication, Pre-assembly, Modularization* (Scotland: Whittles Publishing distributed by John Wiley and Sons, Inc, New York, 1999): 33.
7. Tedd Benson Lecture, ITAP, Fall 2009 University of Utah, School of Architecture.
8. Gibb: 44.
9. "Prevention: A Global Strategy: Promoting Safety and Health at Work." *International Labor Organization 2005,. Genea.* http:www.ilo.org/public/englisth/protection/safework/worldday/products05/report05_en.pdf
10. "Census of Fatal Occupational Injuries 2008." *U.S. Bureau of Labor Statistics*. http://www.bls.gov/iif/oshwc/cfoi/cftb0240.pdf Accessed November 2009.
11. H. Lingard & V. Francis. *Managing Work-Life Balance in Construction* (Abingdon: Spon Press, 2009).
12. Nutt-Powell, T. E. "The House that Machines Built." *Technology Review* 88 (8), 1985: 31–37.
13. P. Goodrum, D. Zhai, and M. Yasin, "The relationship between changes in material technology and construction productivity. *ASCE Journal of Construction Engineering and Management*. 2008: 135(4): 278–287.
14. Gibb: 45.
15. C. M. Harland, "Supply Chain Management, Purchasing and Supply Management, Logistics, Vertical Integration, Materials Management and Supply Chain Dynamics." *Blackwell Encyclopedic Dictionary of Operations Management*. N. Slack (Ed. (UK: Blackwell Publishing, 1996).
16. M. K. Lavassani, B. Mohavedi, and V. Kumar, "Transition to B2B e-Marketplace enabled Supply Chain: Readiness Assessment and Success Factors." *Information Resources Management (Conf-IRM)*, 2008, Niagara, Canada.
17. J. Schwartz, and D. J. Guttuso, "Extended Producer Responsibility: Reexaming its Role in Environmental Progress." *Policy Study Number 293*. (The Reason Foundation, Los Angeles, 2002).
18. J. Broome, "Mass housing cannot be sustained." *Architecture and Participation*. Blundell Jones (Ed.) (London: Spon Press, 2005): 65.
19. M. Hook, "Customer Value in Lean Prefabrication of Housing Considering Both Construction and Manufacturing." *Proceedings IGLC–14* (July 2006, Santiago, Chile): 583–594.
20. N. G. Blismas, "Off-site Manufacture in Australia: Current State and Future Directions." (Brisbane: CRC for Construction Innovation, 2007).
21. Eastman: 8–10.

第5章　基本原理

1. S. Brand, *How Buildings Learn: What Happens After They're Built* (Penguin Publishers, 1995): 13.
2. G. Staib, A. Dorrhofer, and M. Rosenthal, *Components and Systems: Modular Construction, Design, Structure, New Technologies*. (Edition Detail, Birkhauser, 2008): 59.
3. C. Schittich, *In Detail: Building Skins* (Basel: Birkhauser, 2006): 29.
4. Ibid: 40.
5. C. Sauer, "Interior Surfaces and Materials." *In Detail: Interior Surfaces and Materials: aesthetics technology implementation*. C. Schittich (Ed.) (Basel: Birkhauser, 2008): 145–157.
6. J. Fernandez, *Material Architecture: emergent materials for innovative buildings and ecological construction* (Architectural Press, 2006).
7. Ibid: 85–87.

8. T. Herzog, J. Natterer, R. Schweitzer, M. Volz, and W. Winter, *Timber Construction Manual* (Basel: Birkahauser, 2004).
9. Fernandez: 116.
10. Ibid: 138
11. L.W. Zahner, *Architectural Metal Surfaces* (Hoboken: John Wiley and Sons, Inc., 2005).
12. E. Allen, *Fundamentals of Building Construction. 4th edition* (Hoboken: John Wiley and Sons, Inc., 2003): 444.
13. A. Bentur, "Cementitous Materials: nine millennia and a new century: Past, Present and Future." ASCE, *Journal of Materials in Civil Engineering* (Vol. 14, No. 1: 2–22).
14. Fernandez: 216–222.
15. Ibid: 153.
16. Ibid: Section 3.4.
17. Staib: 42–43.
18. Ibid: p.45.
19. T. Herzog, R. Krippner and W. Langet, *Façade Construction Manual* (Basel: Birkhauser, 2004): 48–49.
20. Ibid: 51.

第6章 单元

1. Staib, G., A. Dorrhofer, and M. Rosenthal. *Components and Systems: Modular Construction, Design, Structures, New Technologies* (Munich: Reaktion DETAIL, 2008) 41.
2. Interview with Joshua Bellows, Euclid Timber Frames, Heber, Utah - December 2009.
3. P. Paevere and C. MacKenzie, "Emerging Technologies and Timber Products in Construction – analysis and recommendations." *Market Knowledge and Development Project No. PN05.1022* (Forest and Wood Products Research and Development Corporation, March 2007).
4. Interview with Kip Apostel, Euclid Timber Frames, Heber, Utah - November 2009 and Janaury 2010.
5. A. Deplazes, *Bauen + Wohnen, ½*. (Zurich: 2001): 10–17.
6. Ibid.
7. D. Buettner, J. Fisher, and C. Miller, *Metal Building Systems. 2nd Ed.* (Cleveland: Building Systems Institute, Inc., 1990): 1–7.
8. Ibid.
9. Interview with Michael Gard, Fast Fab Erectors, Tucson, Arizona – December 2008.
10. Interview with Joss Hudson, EcoSteel, Park City, Utah– October 2009 and December 2009.
11. Interview with James McGuire, Hanson Eagle Precast, West Valley City, Utah. December 2009.
12. C. Eastman, P. Teicholz, R. Sacks, and K. Liston, *BIM Handbook: A Guide to Building Information Modeling for Owners, Managers, Designers, Engineers and Contractors* (Hoboken: John Wiley and Sons, Inc., 2008): 270–271.
13. E. Allen, *Fundamentals of Building Construction: materials and methods 4th Ed.* (John Wiley and Sons, Inc. 2003): 560–565.
14. Automated Home Builder Magazine website, http://www.automatedbuilder.com/industry.htm Accessed January 3, 2010.
15. M. Crosbie, "Making Connections: Innovative Integration of Utilities in Panelized Housing Design." *Without a Hitch: New Directions in Prefabricated Architecture*. Clouston, P., Mann, R. and Schreiber, S. (Ed.) (Proceedings of the 2008 NE Fall Conference, ACSA, University of Massachusetts, Amherst, September 25–27, 2008): 86–204.
16. Interview with Debbie Israelson & Clint Barratt, Burton Lumber, Salt Lake City, Utah - November 2009.
17. D. Simpson and R.E. Smith, *Features, Benefits and Applications of Structural Insulated Panels: AIA and CSI Continuing Education Course*. AEC Daily Online, 2007.
18. Interview with Tom Riles, Premier Building Systems, Belgrade, MT – September 2009.
19. Interview with Mervyn Pinto, Minean International Corporation, Vancouver, BC – November 2009.
20. *Modular Advantage*, eNEWS from the Modular Building Institute. www.modular.org
21. Interview with Eric Miller, FoamBuilt, Park City, Utah – March 2009 and August 2009.

22. U. Knaack, T. Klein, M. Bilow, and T. Auer, *Facades: Principles of Construction* (Basel: Birkhauser, 2007): 60.
23. Ibid: 46.
24. S. Murray, *Contemporary Curtain Wall Architecture* (Princeton Architectural Press, 2009): 95–97; and S. Kieran and J. Timberlake, *Refabricating Architecture* (McGraw-Hill 2003): 40–143.
25. Interview with Udo Clages and Zbigniew Hojnacki, POHL, Inc. of America, West Valley City, Utah – November 2009.
26. Allen: 720–722.
27. W.L. Zahner, *Architectural Metal Surfaces* (Hoboken: John Wiley and Sons, Inc., 2005).
28. Interview with Gary Macdonald, GMAC Steel, Salt Lake City, Utah - August 2007.
29. "Dimensioning and Estimating Brick Masonry." *Technical Notes and Brick Construction* (The Brick Industry Association, February 2009).
30. *Modular Architecture Manual*. Kullman Buildings Corp. 2008
31. Interview with Lance Henderson, DIRTT Product Representative, Salt Lake City, UT – August 2009.
32. Interviews with Thomas Hardiman, Modular Building Institute (MBI), January 2010; and Kendra Cox, Blazer Industries, January 2010.
33. M. Anderson and P. Anderson, *Prefab Prototypes: Site-Specific Design for Offsite Construction* (Princeton Architectural Press, 2006): 183.
34. "21-Story Modular Hotel Raised the Roof for Texas World Fair in 1968." *Modular Building Institute Website*. http://www.modular.org/htmlPage.aspx?HtmlPageId=400 Accessed 01/27/10.
35. "O'Connell East Architects Design 24-Story Modular." *Modular Building Institute Website*. http://www.modular.org/htmlPage.aspx?name=24_story_modular Accessed 01/27/10.
36. Modular Building Institute 2007, Commercial Modular Construction Report. http://www.modular.org.
37. Interview with Kam Valgardson, Irontown Homebuilding Company, Spanish Fork Utah – November 2009.
38. Interview with Paul Warner, Architect, San Francisco, California. December 2009.
39. Interview with Kendra Cox, Blazer Industries, Aumsville, OR – November 2009.
40. Interview with Joe Tanney, Resolution: 4 Architecture, New York City, NY – November 2009.
41. Interview with Amy Marks, Kullman Buildings Corporation, Lebanon, NJ – January 2010.
42. "Reducing Bathroom Waste: Rice's Prefabricated Pods." July 28, 2008. http://swamplot.com/reducing-bathroom-waste-rices-prefabricated-pods/2008-07-28/ Accessed January 18, 2010.
43. "Bathroom "pods" coming to Rice University student residence halls;. *Building Design & Construction*, 4/1/2008 http://www.bdcnetwork.com/article/382232Bathroom_pods_coming_to_Rice_University_student_residence_halls.php Accessed January 18, 2010.
44. Thomas Hardiman, MBI.
45. J. Kotnik, *Container Architecture* (Barcelona: Links Books, 2008); and P. Sawyers, *Intermodal Shipping Container Small Steel Buildings* (Paul Sawyers Publications, 2008).
46. Interview with Jeroen Wouters, Architectenburo JMW, Tilberg, NL – July 2009.
47. Interview with Quinten de Gooijer, Tempohousing, Amsterdam, NL – July 2009.
48. Interview with Adrian Robinson, Burro Happold, UK. October 2009.

第7章 组装

1. A. Redford and J. Chal, *Design for Assembly: principles and practice* (Berkshire: McGraw-Hill Book, 1994): 3–4.
2. M. Hook, "Customer Value in Lean Prefabrication of Housing Considering both Construction and Manufacturing. *Proceedings IGLC–14* July 2006, Santiago Chile: 583–593.
3. G. Ballard, "Construction: One Type of Project Production System." *Proceedings of IGLC–13*, Sydney, Australia, 2005.
4. J.B. Pine, *Mass Customization: The New Frontier in Business Competition* (Boston: Harvard Business Press, 1993).

5. D. Schodek, M. Bechthold, J. K. Griggs, K. Kao, and M. Steinberg, *Digital Design and Manufacturing: CAD/CAM Applications in Architecture and Design* (Hoboken: John Wiley & Sons, Inc, 2004): 341.
6. Ibid: 156–157.
7. Redford: 140.
8. G. Boothroyd, and P. Dewhurst, *Design for Assembly Handbook*. (University of Massachusetts, Amherst, 1983).
9. Shodek: 317; and G. Boothroyd, *Assembly Automation and Product Design.* (New York: Marcel Deker, Inc. 1992).
10. E. Allen and P. Rand, *Architectural Detailing: Function - Constructability – Aesthetics. 2nd Edition* (John Wiley & Sons Inc., 2006): 163–186.
11. Ibid.
12. L. Brock, *Designing the Exterior Wall: An Architectural Guide to Designing the Vertical Envelope* (Hoboken: John Wiley and Sons, Inc., 2005).
13. G. Ballard, Lean Construction Institute - Prefabrication and Assembly and Open Building Championship Area.
14. A. Gibb, *Off-site Fabrication: Prefabrication, Preassembly, Modularization* (Scotland: Whittles Publishing, distributed by John Wiley and Sons, Inc, New York, 1999): 222.
15. Allen & Rand: 187–188.
16. Interview with Kelly L'heureux, Ocean Air, Connecticut – October 2009.
17. *Utah Trucking Guide*. Motor Carrier Division, Utah Department of Transportation, 2009 Edition. http://utahmc.com/trucking_guide/ accessed 12.15.09
18. Code of Federal Regulations (CFR), 23 CFR Part 658. Statutory provisions U.S. Code (USC), 49 USC 31111, 31112, 31113, and 31114.
19. *Utah Trucking Guide*.
20. Ibid.
21. Interview with Jason Brown, MSC Constructors, South Ogden, UT – October 2009.
22. *Utah Trucking Guide.*
23. Interview with Kam Valgardson, Irontown Homebuilding Company, Spanish Fork, Utah – December 2009.
24. Interview with Jermey Young, Over-dimensional Products. Progressive Rail Specialized Logistics, Headquarters in Minnesota – November 2009.
25. Kelly L'heureux.
26. F. Zal and K. Cox, "Pre.Fab: Myth, Hype + Reality." *Without a Hitch: New Directions in Prefabricated Architecture*. Clouston, P., Mann, R., and Schreiber, S. (Eds.) Proceedings of the 2008 NE Fall Conference, ACSA, University of Massachusetts, Amherst. September 25–27, 2008: 128–141.
27. R. Seaker and S. Lee, "Assessing Alternative Prefabrication Methods: Logistical Influences." *Advances in Engineering Structures, Mechanics and Construction*. M. Pandey et al. (Ed.) (Netherlands: Springer, 2006): 607–614.
28. J. R. Stock and D. M. Lambert. *Strategic Logistics Management, 4th ed.* (Boston: McGraw-Hill Irwin, 2001).
29. "Demand Drives Homebuilders to Build Fast and Innovate." *Engineering News Record.* McGraw Hill 2005. http://enr.ecnext.com/comsite5/bin/enr_description_docview_sav.pl Accessed January 4, 2006.
30. American Institute of Steel Construction. *Teaching Tools - Cranes*. www.aisc.org Accessed December 2009.
31. K. Willer, Industrielles Bauen 1. Grundlagen und Entwicklung des Industrielen, (Energie- und Rohstoffsparenden Bauens. Stuttgart/Berlin/Cologne/Mainz 1986): 96.
32. Allen & Rand: 163–183.

第8章 可持续性

1. M. Anderson and P. Anderson, *Prefab Prototypes: Site-Specific Design for Offsite Construction* (Princeton Architectural Press, 2006): 16–17.
2. "2007 U.S. Energy Report." U.S. Department of Energy.
3. A.C. Nelson, "The Boom To Come, America Circa 2030." *Architect*, 95, no. 11 (Hanley Wood Business Media, October 2006): 93–97.
4. *1987 Report of the World Commission on Environment and Development: Our Common Future.* United

Nations General Assembly. Transmitted to the General Assembly as an Annex to document A/42/427 – Development and International Co-operation: Environment. Accessed February 2009.

5. P. Hawken, A. Lovins, and L. Hunter Lovins, *Natural Capitalism: creating the next industrial revolution*. (Snowmass: Rocky Mountain Institute, 2010).
6. M. Kaufmann and C. Remick. *Prefab Green* (Layton: Gibbs Smith, 2009).
7. C. Eastman and R. Sacks, "Relative productivity in the AEC industries in the United States for onsite and off-site activities." *Journal of Construction Engineering and Management*, 134 (7): 517–526. 2008.
8. N. Blismas and R. Wakefield, "Engineering Sustainable Solutions Through Off-site Manufacture." *Technology, Design and Process Innovation in the Built Environment*. P. Newton, K. Hampson, & R. Drogemuller (Eds.) (Spon Press, 2009).
9. M. Horman, D. Riley, A. Lapinski, S. Korkmaz, M. Pulaski, C. Magent, Y. Luo, N. Harding, and P. Dahl, "Delivering Green Buildings: Process Improvements for Sustainable Construction." *Journal Green Building*: Volume 1 Number 1 10/5/05.
10. J. Fernandez, *Material Architecture: emergent materials for innovative buildings and ecological construction* (Architectural Press, 2006): Chapter 2.
11. S. Brand, *How Buildings Learn: What Happens After They're Built* (Penguin Publishers, 1995): 12–13.
12. F. Duffy, "Measuring Building Performance." *Facilities*. (May 1990): 17.
13. W. McDonough and M. Braungart, *Cradle to Cradle* (New York: North Point Press, 2002).
14. J. Benyus, *Biomimicry: innovation inspired by nature* (New York: William Morrow and Company Inc., 1997).
15. G. Murcutt, Leccture at the University of Arizona School of Architecture, Fall 2001.
16. N. J. Habraken, *Supports: An Alternative to Mass Housing*. B. Valkenburg Ariba (Trans.) (London: Praeger Publishers, Architectural Press (Trans.), 1972).
17. Ibid: 51.
18. Ibid: 69.
19. S. Kendall and J. Teicher, *Residential Open Building* (Spon Press, 1999): 4.
20. Ibid: 36.
21. P. Crowther, "Designing for Disassembly." *Technology Design and Process Innovation in the Built Environment*, P. Newton, K. Hampson, & R. Drogemuller (Eds.) (Spon Press 2009): 228–230.
22. Ibid: 230–235.
23. M. Pawley, "XX architecten." *World Architecture*, 69. 1998: 96–99.
24. T. Dowie and M. Simon, "Guidelines for Designing for Disassembly and Recycling." Manchester Metropolitan University. http://sun1.mpce.stu.mmu.ac.uk/pages/projects/dfe/pubs/dfe18/report18.htm Accessed 1998.
25. T. Yashiro and N. Yamahata, "Obstructive factors to reuse waste from demolished residential buildings in Japan." *Sustainable Construction, Proceedings of CIB TG 16 Conference*. Tampa, Florida, November 6–9, 1994: 589.
26. T. E. Graedel and B. R. Allenby, *Industrial Ecology* (Englewood, NJ: Prentice Hall, 1995): 263.
27. M. A. Hassanain and E. L. Harkness, *Building Investment Sustainability: Design for Systems Replaceabiilty* (London: Minerva, 1998): 100.
28. G. Miller,"Buildabilty: a design problem." *Exedra*, 2 (2), 1998: 34–38.
29. Fernandez: 58–62.
30. J. Siegal, *Mobile: The Art of Portable Architecture*. (Princeton Architectural Press, 2002).
31. Ibid: Introduction.
32. Architecture for Humanity Website: http://architectureforhumanity.org/ Public Architecture Website: http://www.publicarchitecture.org/
33. T. Schneider and J. Till, *Flexible Housing* (Architectural Press, 2007): 4–7.
34. 'Annual Report to the President of the United States.' National Institute of Building Sciences 2003.
35. D. Jones, S. Tucker, and A. Tharumarajah, "Material Environmental Life Cycle Analysis." *Technology Design and Process Innovation in the Built Environment*. P. Newton et al. (Ed.) (Spon Press, 2009): 55–56.
36. S. Fuller, *Life-Cycle cost Analysis (LCCA)*. National Institute of Standards and Technology (NIST). 2005.
37. "External Issues and Trends Affecting Architects, Architectural Firms, and the AIA." *American Institute of Architects,* February 2008.

38. "Behind the Logos: Understanding Green Product Certifications." *Environmental Building News*. BuildingGreen.com Accessed 02.01.10.
39. D. Armpriest and B. Haglund, "A Tale of Two City Halls: icons for sustainability in London and Seattle." *Eco Architecture: Harmonisation between Architecture and Nature*. Broadbent and Brebbia (Ed.) (WIT Press. Southampton, UK. 2006): 133–142.
40. K. Mulday, "Seattle's new City Hall is an energy hog." *Seattle Post Intelligencer*, July 5, 2005.
41. L. Scarpa, University of Utah, College of Architecture + Planning, Spring 2008 Lecture Series.
42. M. Kaufmann and K. Melia-Teevan, "Nutritional Labels for Homes: A way for homebuyers to make more ecological, economic decisions." Michelle Kaufmann Companies 2008. http://blog.michellekaufmann.com/wp-content/uploads/2008/09/nutrition_labels_for_homes.pdf Accessed 01/31/10
43. Interview with Joerg Rugemer, Assistant Professor University of Utah, School of Architecture – August 2009.
44. K. R. Grosskopf and C. J. Kibert, "Market Based Incentives for Green Building Alternatives." *Journal of Green Building*. Volume 1 Issue 1 Winter 2006: 141–147.
45. P. Torcellini, S. Pless, M. Deru, and B. Griffith, "Lessons Learned from Case Studies of Six High-Performance Buildings." U.S. Department of Energy, National Renewable Energy Laboratory. Report No. NREL/TP–550–37542. June 2006.

第9章 住宅

1. T. Benson, "What Good Is Prefab?" Posted September 24, 2008 http://teddbenson.com/index.php?/categories/2-Prefab-Homes Accessed 12/31/08
2. W. Rybczynski, "The Prefab Fad." *Slate*. http://www.slate.com/id/2171842/fr/flyout. Posted August 8, 2007. Accessed 11/19/09
3. Manufactured Housing Institute 'Automated Building' trade journal. http://www.automatedbuilder.com/industry.htm. Accessed 12/16/09.
4. Engineering News Record. http://enr.ecnext.com/comsite5/bin/enr_description_docview_save.pl McGraw Hill 2005. Accessed January 4, 2006.
5. Engineering News Record. http://enr.ecnext.com/comsite5/bin/enr_description_docview_save.pl McGraw Hill 2005. Accessed January 4, 2006.
6. Engineering News Record. http://enr.ecnext.com/comsite5/bin/enr_description_docview_save.pl McGraw Hill 2005. Accessed January 4, 2006.
7. S. Goldhagen, *The New Republic*. February 8, 2009.
8. D. Egan, "The Prefab Home is Suddenly Fab." May 31, 2005. *Tyee News*. http://thetye.ca/News/2005/05/31/PrefabHome/ Accessed 12/16/09.
9. This case study was developed by Ryan Hajeb, student at the University of Utah, School of Architecture in the summer of 2009.
10. Interviews with Joe Tanney of Resolution: 4 Architecture, New York City, NY - November and December 2009.
11. Interview with John Quale, ecoMOD Project - November 2009.
12. M. Kaufmann and C. Remick. *Prefab Green* (Layton: Gibbs Smith, 2009): 61.
13. M. Drueding, "Top Firm: Michelle Kaufmann, AIA, LEED AP Leadership Awards 2008." *Residential Architect.* (November – December 2008): 32–36.
14. M. Kaufmann, Michelle Kaufmann's blog. http://blog.michellekaufmann.com Accessed 1/8/10.
15. This case study was developed by Chase Hearn, a student at the University of Utah, School of Architecture. Interview with Michelle Kaufmann December 2009.
16. This case study was developed by Chase Hearn, a student at the University of Utah School of Architecture. Interview with Todd Jerry, Marmol Radziner Prefab, November 2009.
17. This case study was developed by Chase Hearn, a student at the University of Utah School of Architecture. Interview with Jennifer Siegal, Summer 2009 and November 2009.
18. Interview with Joel Egan and Robert Humble, Hybrid Architects - November 2009.
19. Q. Hardy, "Ideas Worth Millions." *Forbes magazine*. 01.29.09 http://www.forbes.com/2009/01/29/innova-

tions-venture-capital-technology_0129_innovations.html Accessed 01/28/10.

20. Interview with Evan Nakamura and Ash Notaney, Project Frog, San Francisco, CA – November 2009.
21. M. Anderson and P. Anderson, *Prefab Prototypes: site specific design for offsite construction* (Princeton Architecture Press, 2007).
22. The author studied under Mark Anderson at UC Berkeley. Subsequent interviews in 2007, 2008, and in September 2009.
23. T. Benson, ITAP Fall 2009 Lecture, University of Utah; and Interview with Tedd Benson of Bensonwood, October 2009 and January 2010.

第10章 商业建筑和室内设计

1. S. Kieran and J. Timberlake, *Refabricating Architecture* (McGraw-Hill, 2003).
2. S. Kieran and J. Timberlake, *Loblolly House: Elements of a New Architecture* (Princeton Architectural Press, 2008).
3. S. Kieran, Keynote Address at *Without a Hitch: New Directions in Prefabricated Architecture Conference*. NE Fall Conference, ACSA, September 25–27, 2008 University of Massachusetts, Amherst.
4. B. Bergdoll and P. Christensen, *Home Delivery: Fabricating the Modern Dwelling*. (New York: Museum of Modern Art, 2008): 224–227.
5. Interview with Steve Glenn, Living Homes, Santa Monica, CA – August 2009.
6. Interview with Billie Faircloth, KieranTimberlake, Philadelphia, CA – October 2009.
7. Interview Chris MacNeal, KieranTimberlake – January 2010.
8. J. Newman, INSIGHT: Mod Mods: Manufacturing Markets for Modulars. ArchNewsNow.com. January 11, 2008. http://www.archnewsnow.com/features/images/Feature0239_03x Accessed 12/16/09
9. A. Chen, "Teaching Tools." July 25, 2007 MetropolisMag.com. www.metropolismag.com/story/20070725/teaching-tools. Accessed 12/16/09
10. Interview with Richard Hodge, KieranTimberlake – January 2010.
11. K. Jacobs, "Industrialists Without Factories." July 16, 2008. Metropolismag.com http://www.metropolismag.com/story/20080716/industrialists-without-factories. Accessed 12/16/09.
12. Kieran, *Loblolly House*: 158–159.
13. Interview with Chris Sharples and Greg Pasquerelli, SHoP Architects, New York City, NY – December 2009.
14. S. Holl, *The St. Ignatius Chapel* (Princeton Architectural Press, New York, 1999).
15. Interview with Tim Bade, Steven Holl Architects, New York City, NY – July 14, 2009.
16. Interview with Tom Kundig, OSKA Architects, Seattle, WA – July 17, 2009.
17. This case study was developed by Brian Hebdon, University of Utah School of Architecture.
18. J. Cohen and G. Moeller, Jr. (Eds.) *Liquid Stone: New Architecture in Concrete* (New York: Princeton Architectural Press, 2006).
19. Interview with Guy Nordenson, Structural Engineer – August 2009.
20. T. Gannon, *Simmons Building: Steven Holl* (New York: Princeton Architectural Press, 2004); and the casting beds were analyzed by James McGuire from Hansen Eagle Precast during an interview in August 2009.
21. Interview with Steve Crane and Nathan Levitt, VCBO Architecture, Salt Lake City, UT – November 2009.
22. Interview with Christiane Phillips, MJSAA, and Derek Losee, Steel Encounters, Salt Lake City, UT – January 2010.
23. Interview with Min Ra, Front Inc. San Francisco, CA – December 2009.
24. Interview with Nader Tehrani, Office dA, Boston, MA – November 2009.
25. DSRNY website. http://www.dillerscofidio.com/
26. Interview with Jeremey Porter, Ty Young and Willi Gatti, 3Form, Salt Lake City, UT – October 2009.

第11章 结论

1. F. Willams and D. Gibson, *Technology Transfer: a communication perspective* (California: Sage Publications,1990): 15–16.
2. D. Nye, Technology Matters: Questions to Live With (MIT Press, 2007): 33-35.
3. R. Henderson and K. Clark, "Architectural Innovation: The Reconfiguration of Existing Product Technologies and the Failure of Established Firms." *Administrative Science Quarterly March 1990*. (Cornell University Graduate School of Management 1990): 4.
4. D. Buntrock, Japanese Architecture as a Collaborative Process: Opportunities in a Flexible Construction Culture (Taylor & Francis, 2002): 170–171.
5. Ibid: 40.

图片来源

封面 Courtesy Michelle Kaufmann

第1章

- F1.1 Adapted from A. Gibb, *Off-site Fabrication: Prefabrication, Preassembly, and Modularization* (John Wiley & Sons Inc., 1999): 10, Fig. 1.2.
- F1.2 Excerpted from *South Australian Record*, November 27, 1837, illustration attributed H. Manning.
- F1.3 British patent number 10399: John Spencer, November 23, 1844.
- F1.4 Courtesy of the National Archives, Air Force RG 342-FH-3a3929656.
- F1.5 Excerpted from Aladdin "Built in a Day" House Catalog, 1917.
- F1.6 Photo by Peter Goss, Courtesy University of Utah, School of Architecture.
- F1.7 Credit: Author
- F1.8 Credit: Author
- F1.9 Courtesy Thomas Edison Archives
- F1.10 © 1800s, Source Unknown

第2章

- F2.1 Credit: Author
- F2.2 Excerpted from *Teknisk Ukeblad*, 1893 Technical Journal in Norway.
- F2.3 © 1905, Chicago Architectural Photo Company
- F2.4 © 1900, Source Unknown
- F2.5 © 1909, Source Unknown
- F2.6 Photo by Matthew Metcalf, University of Utah, School of Architecture.
- F2.7 © 1920, Source Unknown
- F2.8 Source Unknown
- F2.9 Source Unknown
- F2.10 Photo by Scott Yribar, University of Utah, School of Architecture.
- F2.11 © Moshie Safdie Associates
- F2.12 Courtesy Paul Rudolph Foundation and Library of Congress Prints and Photographs Division.
- F2.13 Photo by Dijana Alickovic, University of Utah, School of Architecture.
- F2.14 Photo by William Miller, Courtesy University of Utah, School of Architecture.
- F2.15 Source: Dell and Wainwright, EMAP/Architectural Press Archive.

第3章

- F3.1 Adapted from L. Tornatzky and M. Fleischer, *The Process of Technological Innovation* (Lexington Books, 1990): 153.
- F3.2 Photo by Xiaoxia Dong, University of Utah, School of Architecture.
- F3.3 Credit: Author
- F3.4 Excerpted from G. Elvin, *Integrated Practice in Architecture: Mastering Design-Build, Fast-Track, and Building Information Modeling* (John Wiley & Sons, Inc., 2007): 22, Fig. 2-3.
- F3.5 © Anderson Anderson Architects
- F3.6 Adapted from MacLeamy Curve: *Construction Users Roundtable's "Collaboration, Integrated Information, and the Project Lifecycle in Building Design and Construction and Operation"* WP-1202, August 2004.
- F3.7 Adapted from *A Working Definition Version 1—May 2007 Integrated Project Delivery.* AIA California Council and McGraw-Hill Construction.
- F3.8 Credit: Author
- F3.9 Photo by Dijana Alickovic, University of Utah, School of Architecture.
- F3.10 © 3Form

F3.11 Adapted from A. Gibb, *Off-site Fabrication: Prefabrication, Preassembly, and Modularization* (John Wiley & Sons Inc., 1999): 228, Fig. 6.1.
F3.12 Credit: Author
F3.13 Credit: Author
F3.14 Credit: Author
F3.15 Credit: Author

第4章

F4.1 Source: Engineering News-Record, 254 (1): 12–13.
F4.2 Courtesy Paul Teicholz
F4.3 Credit: Author
F4.4 Adapted from M. Kaufmann and C. Remick, *PreFab Green* (Gibbs and Smith Publishers, 2009): 18–19.
F4.5 Adapted from *Modular Architecture Manual*. Kullman Buildings Corp., 2008.
F4.6 Credit: Author
F4.7 Credit: Author
F4.8 Credit: Author
F4.9 Adapted from "Pre-Assembly Perks: Discover why modularization works," *The Voice.* 2007 Fall Issue (Cincinnati, OH: Construction Users Roundtable, 2007): 28–31.

第5章

F5.1 Adapted from S. Brand, *How Buildings Learn: What Happens After They're Built* (Penguin Publishers, 1995): 13.
F5.2 Credit: Author
F5.3 Credit: Author
F5.4 Credit: Author
F5.5 Photo by David Scheer, Courtesy University of Utah, School of Architecture.
F5.6 Credit: Author
F5.7 Photo by VIA, Courtesy Front, Inc.
F5.8 © Kullman Buildings Corp.
F5.9 Credit: Author
F5.10 Credit: Jonathan Moffitt
F5.11 Credit: Jonathan Moffitt
F5.12 Credit: Jonathan Moffitt
F5.13 Credit: Author
F5.14 Credit: Author
F5.15 Credit: Jonathan Moffitt
F5.16 Credit: Jonathan Moffitt
F5.17 Credit: Jonathan Moffitt
F5.18 Zahner Architectural Metals
F5.19 Credit: Jonathan Moffitt
F5.20 Joshua Michael Weber, University of Utah, School of Architecture.
F5.21 Credit: Author
F5.22 Credit: Author
F5.23 BURST*008 Douglas Gauthier and Jeremy Edmiston
F5.24 © 3Form
F5.25 Credit: Author
F5.26 © 3Form
F5.27 Credit: Author
F5.28 Credit: Author

第6章

F6.1 Adapted from *Modular Architecture Manual*. Kullman Buildings Corp., 2008.
F6.2 Provided by Hundegger USA
F6.3 Provided by Hundegger USA
F6.4 © Eco Steel, Courtesy Joss Hudson.
F6.5 ©Eco Steel, Courtesy Joss Hudson.
F6.6 Credit: Jonathan Moffitt
F6.7 Photo Courtesy of Hanson Structural Precast, Inc.
F6.8 Credit: Jonathan Moffitt
F6.9 Photo by Jennifer Gill, ITAC, University of Utah.
F6.10 Mervyn Pinto, President, Minaean International Corp.
F6.11 Courtesy Eric Miller, Foambuilt.
F6.12 © KieranTimberlake
F6.13 Credit: Author
F6.14 Zahner Architectural Metals
F6.15 Irontown Housing Company, Inc.
F6.16 © Hanson Eagle Precast, Courtesy James McGuire.
F6.17 © DIRTT, Courtesy Lance Henderson.
F6.18 © OEM
F6.19 Irontown Housing Company, Inc., Courtesy Paul Warner, Architect.
F6.20 © Blazer Industries, Courtesy Kendra Cox.
F6.21 © Kullman Buildings Corp.
F6.22 © Kullman Buildings Corp.
F6.23 © Kullman Buildings Corp.
F6.24 © Kullman Buildings Corp.
F6.25 © Kullman Buildings Corp.
F6.26 Credit: Adam Lafortune

F6.27 © Buro Happold (2010), Courtesy Adrian Robinson.
F6.28 © Buro Happold (2010), Courtesy Adrian Robinson.
F6.29 © Travelodge

第7章

F7.1 Bensonwood
F7.2 © KieranTimberlake
F7.3 © KieranTimberlake
F7.4 Adapted from G. Ballard, "Lean Construction Institute Prefabrication and Assembly and Open Building Championship Area."
F7.5 Bensonwood
F7.6 © Kullman Buildings Corp.
F7.7 Credit: Author
F7.8 Office of Mobile Design
F7.9 Courtesy ecoMOD Project, University of Virginia.
F7.10 © Kullman Buildings Corp.
F7.11 Credit: Author
F7.12 Marmol Radizer Prefab, Courtesy Todd Jerry.
F7.13 © Resolution 4: Architecture
F7.14 Courtesy ecoMOD Project, University of Virginia.
F7.15 Credit: Author
F7.16 Adapted from *Modular Architecture Manual*. Kullman Buildings Corp., 2008.
F7.17 Credit: Author
F7.18 Adapted from E. Allen and P. Rand, *Architectural Detailing: Function—Constructability—Aesthetics,* 2d Ed. (John Wiley & Sons Inc., 2006): 165, Table 12-1.
F7.19 © Kullman Buildings Corp.
F7.20 Bensonwood
F7.21 © Kullman Buildings Corp.
F7.22 Credit: Author

第8章

F8.1 Credit: Author
F8.2 Credit: Author
F8.3 Excerpted from C. Eastman and R. Sacks, "Relative Productivity in the AEC Industries in the United States for On-site and Off-site Activities," *Journal of Construction Engineering and Management*, 2008:134 (7): 525.
F8.4 Adapted from S. Brand, *How Buildings Learn: What Happens After They're Built* (Penguin Publishers, 1995): 13.
F8.5 Adapted from P. Crowther, "Designing for Disassembly," *Technology, Design and Process Innovation in the Built Environment*. P. Newton, K. Hampson, and R. Drogenmuller (Eds.) (Spon Press, Taylor and Francis, 2009): 230.
F8.6 Adapted from P. Crowther (2009).
F8.7 Credit: Author
F8.8 Adapted from J. Fernandez, *Material Architecture: emergent materials for Innovative Buildings and Ecological Construction* (Architectural Press, 2005): 61.
F8.9 Prefab Course Project by Aaron Day, University of Utah, School of Architecture.
F8.10 Credit: Author
F8.11 Assembling Architecture Project by Eric Hansen, University of Utah, School of Architecture.

第9章

F9.1 © Rocio Romero
F9.2 Resolution 4: Architecture, Courtesy Joe Tanney.
F9.3 Resolution 4: Architecture, Courtesy Joe Tanney.
F9.4 Resolution 4: Architecture, Courtesy Joe Tanney.
F9.5 Courtesy ecoMOD Project, University of Virginia.
F9.6 Courtesy ecoMOD Project, University of Virginia and Scott F. Smith.
F9.7 Michelle Kaufmann
F9.8 Marmol Radiner Prefab
F9.9 Marmol Radiner Prefab
F9.10 Office of Mobile Design, Dave Lauridsen
F9.11 Office of Mobile Design
F9.12 Hybrid Architects/Owen Richards
F9.13 Robert Nay, Courtesy Hybrid Architects and Mithun.
F9.14 Courtesy Hybrid Architects
F9.15 Project Frog, Inc.
F9.16 Project Frog, Inc.
F9.17 © Anderson Anderson Architects
F9.18 © Anderson Anderson Architects
F9.19 © Anderson Anderson Architects
F9.20 © Anderson Anderson Architects
F9.21 © Anderson Anderson Architects
F9.22 © Anderson Anderson Architects
F9.23 Bensonwood
F9.24 Credit: Author
F9.25 © Naomi Beal Photography, Courtesy Bensonwood.

第10章

F10.1 © KieranTimberlake and Bensonwood
F10.2 © KieranTimberlake
F10.3 © KieranTimberlake
F10.4 © KieranTimberlake
F10.5 © KieranTimberlake
F10.6 © SHoP Architects
F10.7 © SHoP Architects
F10.8 © SHoP Architects
F10.9 © SHoP Architects
F10.10 © SHoP Architects
F10.11 © Steven Holl Architects
F10.12 Photo by William Miller, Courtesy University of Utah, School of Architecture.
F10.13 © Steven Holl Architects
F10.14 © Steven Holl Architects
F10.15 Credit: Author
F10.16 © VCBO Architecture
F10.17 © VCBO Architecture
F10.18 © VCBO Architecture
F10.19 © University of Utah, Courtesy MJSAA.
F10.20 © Steel Encounters, Inc.
F10.21 © Steel Encounters, Inc.
F10.22 Photo by VIA, Courtesy Front, Inc.
F10.23 Photo by VIA, Courtesy Front, Inc.
F10.24 © Office dA and © John Horner Photography
F10.25 © Office dA and © John Horner Photography
F10.26 © Office dA
F10.27 Courtesy Joerg Rugemer
F10.28 © 3Form
F10.29 © Iwan Baan Photography, Courtesy 3Form.

第11章

F11.1 Adapted from D. E. Nye, *Technology Matters: Questions to Live With* (The MIT Press, 2006): 33–35.
F11.2 Credit: Author
F11.3 Courtesy ecoMOD Project, University of Virginia.
F11.4 Credit: Author

彩插

C1 © Anderson Anderson Architects
C2 © SHoP Architects
C3 © Iwan Baan Photography
C4 Courtesy Dijana Alickovic
C5 © SHoP Architects
C6 © Buro Happold (2010)
C7 Zahner Architectural Metals
C8 Courtesy Joerg Rugemer
C9 Credit: Author
C10 © John Horner Photography
C11 Bensonwood
C12 © Project Frog
C13 © SHoP Architects
C14 © Anderson Anderson Architects
C15 © Scott Smith Photography
C16 © Rocio Romero
C17 Resolution 4: Architecture
C18 Zahner Architectural Metals
C19 © Naomi Beal Photography, Courtesy Bensonwood
C20 Photo by William Miller, Courtesy University of Utah, School of Architecture.